普通高等教育"十一五"国家级规划教材
中国石油和化学工业优秀教材一等奖

功能高分子材料

罗祥林　主编

化学工业出版社
·北京·

功能高分子材料是高分子学科中的一个重要分支，它的重要性在于所包含的每一类高分子都具有特殊的功能。本书遵循培养学生"基础扎实，知识面宽"的宗旨，在论述功能高分子的基本理论和设计思想的基础上，主要论述了在工程上应用较广和具有重要应用价值的一些功能高分子材料，如吸附分离功能高分子、反应型功能高分子、光功能高分子、电功能高分子、医用功能高分子、液晶高分子、高分子功能膜材料等。在阐述这些功能高分子材料时，对涉及的基本概念、基本原理作了介绍，阐明了功能高分子材料的结构和组成与功能性之间的关系，同时也对发展方向以及最新成果作了一定的介绍。

本书可作为高等学校高分子材料、复合材料、应用化学等相关专业的本科生和研究生的教学用书或参考书，也可供从事功能高分子材料生产和研究的科技人员参考。

图书在版编目（CIP）数据

功能高分子材料/罗祥林主编. —北京：化学工业出版社，2010.2（2025.2重印）
普通高等教育"十一五"国家级规划教材
ISBN 978-7-122-07572-7

Ⅰ．功… Ⅱ．罗… Ⅲ．功能高聚物：高分子材料-高等学校-教材 Ⅳ．TB324

中国版本图书馆 CIP 数据核字（2010）第 002742 号

责任编辑：杨　菁　　　　　　　　　文字编辑：李　玥
责任校对：蒋　宇　　　　　　　　　装帧设计：杨　北

出版发行：化学工业出版社(北京市东城区青年湖南街 13 号　邮政编码 100011)
印　　装：北京科印技术咨询服务有限公司数码印刷分部
787mm×1092mm　1/16　印张 15　字数 371 千字　　2025 年 2 月北京第 1 版第 13 次印刷

购书咨询：010-64518888　　　售后服务：010-64518899
网　　址：http://www.cip.com.cn
凡购买本书，如有缺损质量问题，本社销售中心负责调换。

定　　价：**49.00 元**

前　言

功能高分子材料是研究内容十分丰富、发展相当迅速的一门学科，尤其是近年来，功能高分子材料的研究取得了相当大的成就。功能高分子材料作为高分子材料的一个分支已经有相当长的历史，但作为一门学科却是近几十年的事，而且它在高分子材料科学中所占的地位也越来越重要。

目前，国内许多院校已经将功能高分子材料作为高分子材料、复合材料、应用化学等专业的专业课程。同时，功能高分子材料发展迅速，不仅其概念和原有的内容在不断更新，而且研究领域也在不断扩展。本书作者从事这门课程的教学已有较长时间，积累了较为丰富的教学经验，结合大量研究资料和科研成果，编写了这本教材。本书着重介绍功能高分子各领域的基本理论和基本知识，对论文、综述中的研究成果，尽量进行系统归纳和整理，以便读者能更好地理解和掌握。

本书共分 9 章，编写的基本思路是在论述功能高分子材料的基本理论和设计思想的基础上，主要论述功能高分子的各领域。因此，第 1 章内容主要包括关于功能高分子材料的基本概念、材料的结构和组成与功能性之间的关系以及各类功能高分子材料设计和加工的共同性问题。第 2 章从吸附、分离的角度，将具有吸附分离功能的高分子材料合为一章，包括了离子交换树脂、螯合树脂、高吸水性树脂、高吸油性树脂。第 3 章是反应型功能高分子，讨论了高分子化学反应试剂和高分子催化剂。在第 4 章光功能高分子中，将由光产生功能的高分子归纳到一章内，包括光化学功能高分子、光导电高分子、光能转换高分子、光致变色高分子以及高分子非线性光学材料和高分子光导纤维。第 5 章论述了导电高分子、电活性高分子和压电高分子。第 6 章在对医用高分子进行了概述后，从生物惰性和生物降解性的角度对各种医用高分子进行了简述。第 7 章首先讨论了液晶高分子的基础知识、合成和性质，然后分别介绍了主链型液晶高分子和侧链型液晶高分子。第 8 章对高分子功能膜材料的主要内容进行了介绍，力求简洁、易懂。在第 9 章中对新的功能高分子——环境敏感高分子材料进行了归纳和整理、介绍。

本书的第 1～3 章由罗祥林编写，第 4 章由李建树编写，第 5 章由谭鸿编写，第 6 章由陈元维编写，第 7 章由李洁华编写，第 8、9 章由赵凌编写。全书由罗祥林主编。为了使本书更有系统性和可读性，在本书的编写过程中，也参阅了相关的专著和教科书。在此，向这些作者们表示由衷的谢意。由于功能高分子材料包括的领域宽，而且涉及高分子科学各个基础学科与其他学科领域、应用领域相互交叉渗透，特别是限于编者的学识水平，文中难免有遗漏和不当之处。另一方面，由于功能高分子材料正处于发展阶段，许多内容目前还没有得到一致认可的科学结论。因此，书中若有不妥之处，恳切希望相关专家和广大读者的批评指正。

编者

2009 年 12 月

目　　录

第1章 绪 论

21世纪的科技发展迅猛，信息科学和技术发展方兴未艾，依然是经济持续增长的主导力量；生命科学和生物技术发展速度惊人，为改善和提高人类生活质量正在发挥越来越关键的作用；能源科学和技术再次成为关注的热点，将为解决世界性的能源与环境问题开辟新的途径；纳米科学和技术新突破接踵而至，将带来深刻的技术革命，而材料学是这些科学和技术发展的共同基础。功能高分子材料作为材料学的分支，正受到人们越来越多的关注。具有各种功能的高分子材料在工业、农业、国防、环境保护以及生命科学领域发挥着越来越重要的作用。功能高分子材料学是研究功能高分子材料规律的科学，学科交叉程度最高，涉及的领域除高分子化学、高分子物理外，还有力学、光学、电学、医学以及生物学等。

1.1 功能高分子材料

1.1.1 功能高分子材料的定义

功能高分子材料从20世纪40年代开始萌芽，到20世纪70年代成为高分子学科的一个分支。由于它正处于成长期阶段，因此学术界对它至今还没有非常严密的、科学的定义。通常认为，功能高分子是与常规聚合物相比具有明显不同的物理化学性能，并具有某些特殊功能（如化学活性、光敏性、导电性、催化活性、生物相容性、药理性能、选择分类性能等）的聚合物大分子。

有人也将功能高分子材料称为功能高分子。严格地说，功能高分子材料与功能高分子还是有一定区别的。从组成和结构上，功能高分子材料可分为结构型和复合型两大类。大分子链中具有特定功能基团的高分子材料属于结构型功能高分子材料，这种材料的功能是由高分子本身的结构所决定的，这种具有特种功能团结构的分子就是功能高分子；而以普通高分子材料为基体或载体而与某些特定功能（如导电、导磁等）的其他材料复合制成的功能材料属于复合型功能高分子材料，这种材料的特殊功能不是高分子基材本身具备的，而是其他组分提供的。因此，功能高分子材料要比功能高分子的范围更广。但实际上，在通常情况下认为功能高分子材料与功能高分子具有相同涵义。

1.1.2 功能高分子材料的特点

功能高分子材料具有的特点之一是产量小、产值高、制造工艺复杂。而这些特点也是精细高分子的特点，因而人们常常又将功能高分子和精细高分子混为一谈。实际上，精细高分子是相对于通用高分子而言的一类高分子，而功能高分子则是这个范畴中的重要部分。

功能高分子材料具有的特点之二是具有与常规聚合物明显不同的物理化学性能，并具有某些特殊功能。一般来说，"性能"是指材料对外部作用或外部刺激（外力、热、光、电、磁、化学药品等）的抵抗特性。对外力抵抗的宏观性能表现为强度、模量等；对热抵抗的宏观性能表现为耐热性；对光、电、磁及化学药品抵抗的宏观性能表现为耐光性、绝缘性、抗磁性及防腐性等。具有这些特有性能之一的高分子是特种高分子，如耐热高分子、高强度高分子、绝缘性高分子。"功能"是指从外部向材料输入信号时，材料内部发生质和量的变化或其中任何一种变化而产生的输出特性。如材料受到外部光的输入，材料可以输出电能，称为光电功能，材料的压电、防震、热电、药物缓释、分离及吸附等均属于"功能"范畴。

功能高分子材料具有的特点之三是既可以单独使用，如导电高分子、高分子试剂或高分子分离膜，也可以与其他材料复合制作成结构件，实现结构/功能一体化，如将具有吸波功能的树脂材料作为飞机和导弹的结构件。

与常规高分子材料相比，功能高分子材料常表现出与众不同的性质。例如，大多数高分子材料是化学惰性的，而作为功能高分子材料之一的高分子试剂的反应活性却相当高；常规的聚合物是电绝缘体，而导电聚合物却可以作为电子导电或离子导电材料。它们除了具有通用材料一样的对外部刺激（外力、热、光、电、磁、化学药品等）有抵抗力之外，还有通用材料所不具备的功能：对输入的各种信号（外力、热、光、电、磁、化学药品等）会引起质和量的变化或对任何一种变化而产生输出信号的作用。

功能高分子材料至少应具有下列功能之一。

（1）物理功能　主要指导电、热电、压电、焦电、电磁波透过吸收、热电子放射、超导、形状记忆、超塑性、低温韧性、磁化、透磁、电磁屏蔽、磁记录、光致变色、偏光性、光传导、光磁效应、光弹性、耐放射线、X射线透过、X射线吸收等。

（2）化学功能　主要指离子交换、催化、氧化还原、光聚合、光交联、光分解、降解、固体电解质、微生物分解等。

（3）介于化学和物理之间的功能　主要指吸附、膜分离、高吸水、表面活性等。

（4）生物或生理功能　主要指组织适应性、血液适应性、生物体内分解非抽出性、非吸附性等。

正是功能高分子材料这些独特的功能引起了人们的广泛重视，成为当前材料科学界研究的热点之一。通过精心的分子设计及材料设计的方法，通过合成加上制备、加工等手段所取得的、具有期望性能的材料能满足某些特殊需要，因而在材料科学领域占有越来越重要的地位。

1.1.3　功能高分子材料的分类

功能高分子材料涉及的范围很广，品种繁多，其分类主要按性质、功能或实际用途等方法来划分。

按照功能划分，功能高分子材料可以包括物理功能高分子材料、化学功能高分子材料、生物功能和医用高分子材料及其他功能高分子材料。

（1）物理功能高分子　包括导电高分子、高分子半导体、高分子驻极体、光导电高分子、压电高分子、热电高分子、磁性高分子、光功能高分子、高分子颜料、液晶高分子和信息高分子材料等。

（2）化学功能高分子　包括反应性高分子、离子交换树脂、氧化还原树脂、高分子分离膜、螯合高分子、高分子催化剂以及高分子试剂。

（3）生物功能和医用高分子　包括生物高分子、模拟酶、高分子药物及人工器官用高分子材料。

（4）其他功能高分子材料　包括吸附树脂、膜分离高分子、高吸水树脂、表面活性高分子等。

按照性质和功能划分，功能高分子材料可以分为以下9种类型。

（1）反应型高分子材料　包括高分子试剂和高分子催化剂，特别是高分子固相合成试剂和固化酶试剂等。

（2）光敏型高分子　包括各种光稳定剂、光刻胶、感光材料、非线性光学材料、光导材料和光致变色材料等。

（3）电活性高分子材料　包括导电聚合物、能量转换型聚合物、电致发光和电致变色材料以及其他电敏材料。

（4）膜型高分子材料　包括各种分离膜、缓释膜和其他半透性膜材料。

（5）吸附型高分子材料　包括高分子吸附性树脂、离子交换树脂、高分子螯合剂、高分子絮凝剂和吸水性高分子吸附剂等。

（6）高性能工程材料　如高分子液晶材料、功能纤维材料等。

（7）高分子智能材料　包括高分子记忆材料、信息存储材料和光、电、磁、pH、压力感应材料等。

（8）医用高分子　包括生物高分子、模拟酶、药用高分子及人工器官用高分子材料。

（9）其他功能高分子　包括将化学能转为机械能的人工肌肉、信息传递功能高分子及减阻功能高分子等。

如果按照实际用途划分，功能高分子材料可划分的类别将更多，比如医药用高分子、分离用高分子、高分子化学反应试剂、高分子染料、导电高分子材料、高分子吸附剂和吸水性高分子等。这种分类方法符合人们已经形成的习惯，并能与实际应用相联系。但有些功能高分子材料可能同时兼具多种功能和多种用途，如纳米塑料、液晶高分子；不同功能之间也可以相互转换和交叉，如具有光电效应的材料可以说具有光功能，也可以说具有电功能。因此上述划分也并不是绝对的。

1.2　功能高分子结构和功能的关系

1.2.1　功能高分子材料的结构层次

功能高分子材料之所以能够表现出常规高分子所不具备的特殊功能，主要与其化学组成、分子结构、聚合物的微观构象、聚集态和宏观形态有密切关系。以离子交换树脂为例，其分子结构中必须存在离子交换官能团，以便进行离子交换；其分子链应当是部分交联的，以避免在某些溶剂中被溶解，并且在工作条件下有良好的力学性能、耐热性、耐化学药品性等；其微观结构中必须存在微孔，以增加比表面积和孔隙率并利于被交换的离子通过；其宏观形态通常为球形珠状颗粒，这种结构以便于收集和在吸附装置中装填均匀、洗涤、再生和回收。

归纳功能高分子材料的结构可以将功能高分子分为以下几个结构层次：①功能高分子的元素组成；②功能高分子的官能团结构；③功能高分子的链结构和分子结构；④功能高分子的微观构象和聚集态；⑤功能高分子材料的宏观结构。

功能高分子材料的各个结构层次都有可能对功能高分子的功能产生影响。

1.2.2　化学组成和官能团与功能的关系

功能高分子材料的功能首先体现在受元素组成的影响，因为元素是构成任何物质的基础。如含有硅、氧元素组成的 Si—O—Si 结构的聚合物能够用作为医用高分子，具有螯合功能的树脂的分子中通常有能够螯合配位的元素。改变功能高分子材料的元素组成时可以改变功能高分子材料的性能和功能。

功能高分子材料的功能更多地取决于材料分子中具有特殊功能的功能基团（官能团），如羧基（—COOH）、羟基（—OH）、氨基（—NH_2）和醛基（—CHO）等。官能团结构决定了分子大部分化学性质，如氧化还原性、酸碱性、亲电亲核性、螯合性等。此外，官能团结构也与材料的许多物理化学性质如溶解性、亲油性和亲水性、导电性等有关。

由于同时存在官能团和高分子骨架，所以功能高分子的性质和功能既与分子结构中的官能团有关，又与具有连接和承载功能基团的聚合物骨架的性质有关，即官能团所起的作用有时是其功能性的决定因素，有时则只起辅助作用，一般可将其归纳为以下四种。

（1）官能团的性质对材料的功能性起主要作用　这种功能高分子材料，高分子骨架仅仅起支撑、分隔、固定和降低溶解度等辅助作用，其性质主要依赖于结构中的官能团的性质。例如，高分子氧化剂中的过氧酸基、电活性聚合物中具有电显示功能的 N,N-二取代联吡啶结构、离子交换树脂中的季铵盐和磺酸基等就属于这类官能团。

（2）官能团与聚合物骨架的协同作用决定了功能高分子的功能性　这类功能高分子材料所具有的功能性需要分子中所含的官能团与高分子骨架的作用相互结合才能实现。例如，固相合成用的高分子试剂聚对氯甲基苯乙烯。在合成中甲基氯与小分子试剂（如氨基酸）反应，生成芳香酯，通过酯键将小分子试剂固化到聚合物载体上成为进一步反应的起点，使以后所有的反应成为非均相的高分子化学反应。这里，固相合成的功能是甲基氯功能团与聚合物的结合实现的，聚合物骨架的参与提供了固相合成场所；氯甲基官能团提供了固相合成反应活性点，小分子试剂通过酯化被固化到聚合物载体上成为固化试剂。氯甲基官能团和聚合物骨架间的协同作用，使该反应得以在固相中进行。

（3）聚合物骨架本身具有官能团的作用　这类功能高分子材料聚合物骨架与官能团在形态上不可区分，官能团是聚合物骨架的一部分，或者说聚合物骨架本身起着官能团的作用。例如主链型聚合物液晶和导电聚合物就是如此。

（4）官能团对功能高分子的功能性起辅助作用　这类功能高分子材料聚合物骨架是实现"功能"的主体，而官能团仅仅起辅助作用。如利用引入官能团改善溶解性能、降低玻璃化温度、改变润湿性和提高机械强度等作用。例如，在主链型液晶聚合物中的芳香环上引入一定体积的取代基用于降低玻璃化温度，这一基团仅起降低使用温度的目的，而与其"液晶"功能无关。

1.2.3　微观结构与功能的关系

功能高分子的微观结构包括了聚合物链的结构、分子结构、微观构象、超分子结构和聚集态等，它们在很大程度上影响着功能高分子的物理化学性质，因而对功能的发挥产生影响。

通过比较可以发现，带有相同官能团的高分子化合物的化学和物理性质不同于其小分子类似物，这是高分子骨架产生的影响。这种由于引入高分子骨架后产生的性能差别被定义为高分子效应。高分子效应产生的原因既有高分子骨架的链段结构（包括化学结构、链接方式、几何异构、立体异构、链段支化结构、端基结构和交联结构等，如均聚物中的直链结构、分支结构等，在共聚物中还包括嵌段结构、无规共聚结构）以及分子量及其分布，又有分子构象和聚集态结构等。在功能高分子中表现较突出的高分子效应有以下几种。

（1）物理效应　由于高分子的分子量大，分子间的力大大增加，使得材料的挥发性、溶解性、熔点和沸点都大大下降，扩散速度随之降低，材料的机械强度也会得到提高。挥发性的降低、分子运动速度减慢可以提高功能高分子材料的稳定性，某些易燃易爆的化学试剂，经过高分子化后稳定性得到大大增强，同时有利于降低或消除材料的毒性和不良气味。溶解性降低，尤其引入交联聚合物作骨架，材料在溶剂中只溶胀不溶解，使固相的材料易于与液相分离，使高分子试剂容易回收再生，高分子催化剂可以反复多次使用，并使固相合成变为现实。

（2）支撑作用　在多数情况下功能高分子材料中的官能团是连接到高分子骨架上的，骨架的支撑作用对官能团的性质和功能可能产生重要影响。如官能团稀疏地连接到刚性的骨架上得到的高分子试剂具有类似合成反应中的"无限稀释"作用，结果使官能团之间不相互干扰，当其用于固相合成时能得到高纯度的产物。类似地，在聚合物骨架上相对"密集"地连接官能团，可以得到由官能团相互作用而产生的所谓"高度浓缩"状态，产生明显邻位效应，即相邻基团参与并促进反应的进行。作为支撑骨架的高分子的构象、结晶度、次级结构都对官能团的活性和功能产生重要的影响。

(3) 模板效应　模板效应是利用高分子骨架的空间结构，包括其构型和构象，建立起独特的局部空间环境，为有机合成提供一个类似于工业浇铸过程中使用的模板的作用，从而有利于立体选择性合成乃至光学异构体的合成。

(4) 邻位效应　功能高分子材料中，骨架上邻近官能团的结构和基团种类对功能基的性能具有明显的影响，这个现象称为骨架的邻近效应。在离子交换树脂中离子交换基团附近引入一个氧化还原基团，通过控制该基团的带电状态，将直接控制离子交换树脂的离子交换能力。

(5) 包络作用和半透性　多数聚合物对某些气体或液体都存在一定的透过性，而对另外的物质则透过性很小，这种性质叫做半透性。半透性可能是由于聚合物中有微孔结构导致的，而微孔结构则是由结晶、拉伸取向等形成的；半透性也可能是由于聚合物对通过物质具有一定的溶解能力，由溶解的分子的扩散引起的。此外，溶胀状态的高分子网状结构也可以透过一定粒径分子的物质。用物理法制备的固化酶正是利用了这种效应，使小分子得以透过聚合物与酶接触反应，而酶本身则被该聚合物包络固化。高分子缓释药、聚合物电极中聚合物修饰层的选择性都是依靠骨架的包络作用和半透性。

(6) 其他作用　由于骨架结构的特殊性，它还会引起其他一些特殊的功能。利用大多数高分子骨架在体内的不可吸收性，可以将某些有害的食品添加剂，如色素、甜味素等高分子化，利用其不被人体吸收的特性，可以消除其有害性。如利用聚合物主链的刚性结构可以构成主链型聚合物液晶；利用线形共轭结构的聚乙炔、聚芳杂环等，可以制备聚合物导体。

在功能高分子的微观结构中值得特别一提的是高分子骨架的形态，即线形的、分枝形的或交联的，在相同化学组成的情况下，这三种聚合物形态具有明显不同的物理化学性质，使用范围也不相同。

线形聚合物有一条较长的主链，没有或较少分支，分子链具有柔性，根据链的结构可以成为非晶态，或者不同程度的结晶态。线形聚合物在良性溶剂中分子比较伸展，可以形成分子分散态溶液；在不良溶剂中分子趋向于卷曲；在聚合物制备和加工过程中溶剂选取比较容易。在线形聚合物中小分子和离子容易扩散。因此，反应型功能高分子材料和聚合物电解质常选用这种类型的骨架形态。但线形聚合物的力学强度和稳定性相对较差。

分枝形的聚合物没有明显的主链或者主链上带有较多分支，还可以细分为长支链、短支链、星形支化、树形支化及梳形支化结构，支链的存在影响到分子链的刚性和结构规整性，容易形成非晶态结构，其熔融性能和溶液黏度不同于线形高分子。与此同时，较多的链末基团可以引入功能基团，使其具有更强的反应性、光电性能等。

在交联聚合物中各分子链间相互交联，形成网状，因此只能在适当的溶剂中溶胀，不能充分溶解、形成分子分散型真溶液。交联会直接影响聚合物的机械强度、物理和化学稳定性以及其他与材料功能发挥相关的性质。交联通常都会提高聚合物的力学强度和稳定性，但同时造成小分子或离子在聚合物中扩散困难。吸附分离功能的高分子为了实用性，很多情况下都采用了交联聚合物骨架形态。

1.2.4　宏观结构与功能的关系

功能高分子的宏观结构对其功能的发挥产生很重要的影响。宏观结构包括了聚合物的形态，如粉末、颗粒或球形、膜结构或块结构等，更细微地包括表面的粗糙度、微孔的数目和形态以及孔隙率等。

聚合物的形态以及含有孔的结构总体常用比表面积、孔隙率、孔体积和平均孔径等参数表示。这些参数在吸附、离子交换、多相反应等过程中都是重要的，很大程度上影响高分子吸附剂、高分子试剂、高分子催化剂等功能高分子的使用性能，也是考察高分子功能膜的重要参数。

溶胀性聚合物在宏观上常用溶胀度表示，而溶胀度又与聚合物的微观结构如链的组成和结构有关，即与聚合物的表观密度、骨架密度和溶剂密度有关。溶胀性是高吸水性树脂、高分子吸附剂和高分子试剂的重要性质之一。

1.3　功能高分子的设计

1.3.1　通过已知结构和功能设计功能高分子

存在许多已知结构和功能的小分子化合物，将这些结构引入高分子骨架，就有可能设计出相应功能的高分子材料（图1-1）。例如，对甲基过氧苯甲酸具有催化烯烃合成环氧化合物的功能，它的缺点是稳定性不好、容易失效，将过氧酸结构引入聚苯乙烯高分子骨架中形成功能高分子，不仅具有催化功能，而且可以克服小分子化合物的缺点，还具有容易分离、可以回收利用的优点。

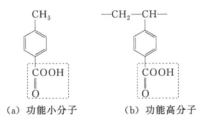

（a）功能小分子　　　（b）功能高分子
图1-1　将过氧苯甲酸结构引入高分子骨架

在这种设计方法中要注意，在高分子骨架与功能结构结合时，应有利于原有功能的发挥，并能弥补其不足。最终的功能高分子材料的性质取决于原有结构特征和选取的高分子骨架的结构类型以及高分子化的方法。

将具有所需功能的小分子化合物直接引入高分子骨架，也有可能获得功能高分子材料。例如，小分子液晶是已经被发现并使用了很长时间的小分子功能材料，但它的流动性差、不易加工处理的缺点限制了其在某些领域中的使用。将液晶小分子直接引入高分子网络中成为高分子液晶，是设计新的液晶材料的方法之一。

在嵌段聚氨酯中当硬段和软段形成微相分离结构时，材料具有良好的血液相容性。因此，为获得血液相容性的医用高分子材料，在合成聚氨酯时通过选择软段、硬段组成，采用适当的合成方法，特意地获得微相分离的结构。由聚醚、聚丁二烯、聚二甲基硅氧烷作为软段，构成连续相；由脲基和氨基甲酸酯基作为硬段，通过强的氢键使硬段聚集成微区，形成分散相。这样的材料硬段部分提供了一定的机械强度，具有加工性；软段成分的血小板的黏附性、活性和凝血酶的吸收很低，呈现最佳的血液相容性。

由于功能高分子材料的许多功能是官能团结构与大分子骨架协同作用的效果，因此，在功能高分子设计上，要在引入官能团的同时考虑和研究高分子效应，如空间位置、空间位阻、邻位基团的作用等。

1.3.2　用仿生方式设计功能高分子

生物的范畴中不管是动物还是植物，都是由无机或有机材料通过组合而形成形形色色的结构和组织，例如，仅仅用少数的几种高分子构造了纤维素、木质素、甲壳质、蛋白质和核酸等，进一步构造了从细胞到纤维乃至各种器官，并且能够发挥各种各样的功能。因此，仿造生物的结构、性质和功能为我们设计新型的功能高分子提供了广阔的途径。

西瓜含水量极高的原因是西瓜中有一种纤维素,仿照西瓜纤维素的构造可以设计超吸水性树脂,它能够吸收超越自身重量数百倍到数千倍的水分;竹子在其表皮组织有密集的纤维束,在内部这样的结构却很稀少,这样形成了一种高强度的复合材料;同样,树木也是由高密度的木质素和低密度的木质素交替形成的高强度材料。仿照植物用相同材料、以不同密度结构复合,为设计高强度材料提供了思路。

陆生动物的肺能够分离空气中的氧气,水生鱼类的鳃能够分离溶解在水中的氧气,供给身体使用。仿造这种特性,设计和制作功能高分子膜用于制造高浓度氧气、分离超纯水等,以达到节省能源以及高分离率的目的。

1.4 功能高分子材料制备与加工

功能高分子材料的制备与加工与其组成和结构有关。按组成和结构,功能高分子材料可分成结构型、复合型和混合型三种。结构型功能高分子材料是指在大分子链中连接有特定功能基团的高分子材料,复合型功能高分子材料是指以普通高分子材料为基体或载体与具有特定功能的其他材料进行复合,也有的功能高分子材料是既有结构型又有复合型的特点,故称作混合型。

对结构型功能高分子材料,必须采用化学合成的手段;对复合型功能高分子材料,主要采用物理或加工的方法;对有些功能高分子,采用化学方法的同时,又采用物理方法。

1.4.1 化学方法制备功能高分子材料

化学方法制备功能高分子是通过化学键将功能性结构或官能团连接到高分子的主链或侧链上。这种方法可以归纳为下列三种类型。

(1) 功能型小分子的高分子化 这种方法就是将功能性结构或官能团引入可聚合单体中,再通过聚合形成高分子,即含有功能基团的可聚合单体通过均聚或共聚等聚合反应形成功能高分子材料。

反应式(1-1)代表性地示意了合成功能型小分子单体的过程。其中,可聚合单元为丙烯酸酯的双键,功能基为联苯(液晶的单元),过渡结构为6个亚甲基,该单体进一步均聚或共聚可以得到液晶高分子。表1-1列出了部分可聚合单体以及功能基位置。

功能型小分子高分子化的优点是获得的功能高分子的功能基分布均匀,产物的稳定性较好,可以通过分析小分子功能基并结合聚合机理测定生成的聚合物结构;其缺点在于,必须合成含功能基团的可聚合单体。而合成反应有可能较复杂,当需要的功能基稳定性不好时需要加以保护;在功能基团和可聚合基团之间有一个过渡结构,以避免引入高分子骨架后影响小分子原有功能的发挥和影响高分子化过程。

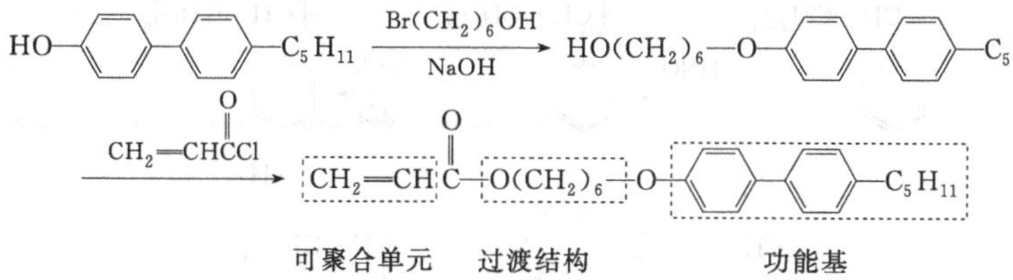

可聚合单元　　　过渡结构　　　功能基　　　反应式(1-1)

(2) 已有通用高分子材料的功能化 这种方法主要是用接枝反应、利用聚合物已有的一些基团如苯基、羟基等或在骨架上引入活性官能团,再引入功能基,从而改变聚合物性质,赋予其新的功能。

聚苯乙烯:利用苯环比较活泼,能进行一系列的亲电或亲核反应。如先硝化后还原反应,可以得到氨基取代聚苯乙烯,而后者可以再引入功能基。反应式(1-2)代表性地示意了用这种途径

表 1-1　部分功能型小分子高分子化可聚合单体以及功能基位置

可聚合基团的类型	可聚合单体	聚合物中带功能基的单元	功能基位置
乙烯基	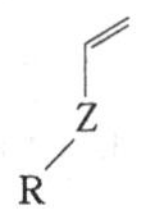	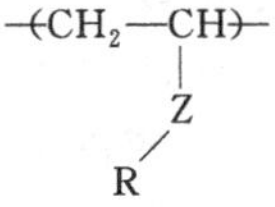	侧链
吡咯	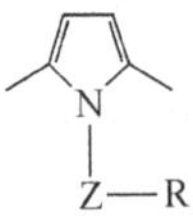	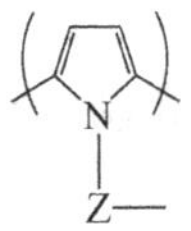	侧链
吡咯	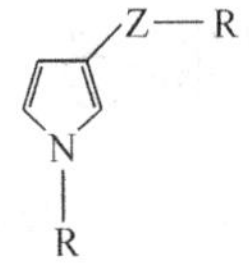	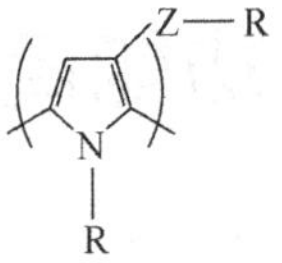	侧链
噻吩	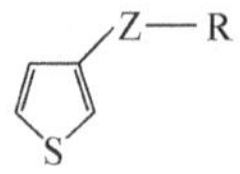	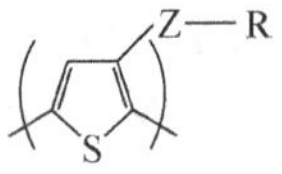	侧链
三氯硅烷	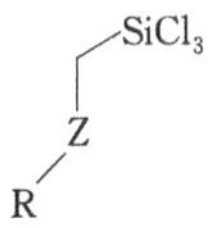	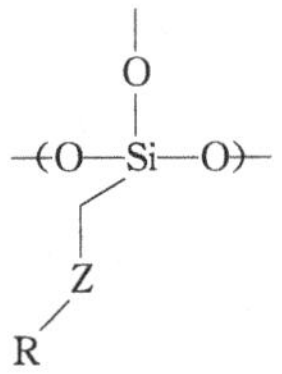	侧链
二元醇	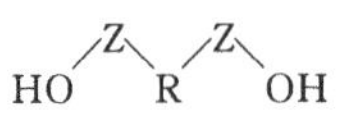 $HO-Z-R-Z-OH$	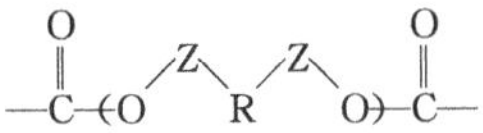	主链
二元胺	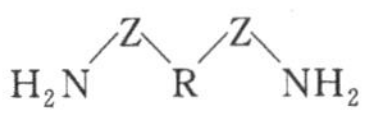 $H_2N-Z-R-Z-NH_2$	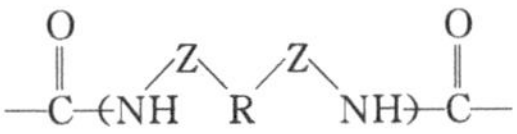	主链
二元酸	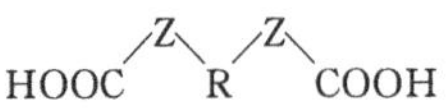 $HOOC-Z-R-Z-COOH$	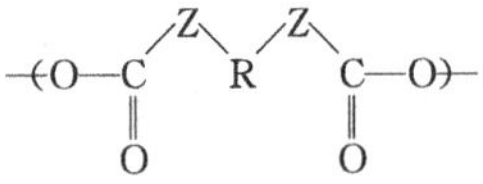	主链

注：R 为功能基；Z 为过渡结构。

获得了某种功能高分子。

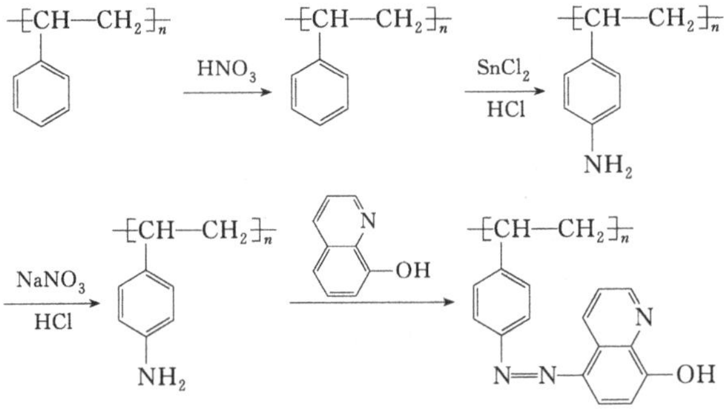

反应式(1-2)

聚乙烯醇：利用羟基引入活性官能团再引入功能基。反应式(1-3) 代表性地示意了用聚乙烯醇得到亲和吸附树脂的过程。

8

$$\begin{array}{c} \text{—[CH}_2\text{—CH]}_n\text{—} \\ | \\ \text{OH} \end{array} \xrightarrow{\text{BrCN}} \begin{array}{c} \text{—[CH}_2\text{—CH]}_n\text{—} \\ | \\ \text{OCN} \end{array} \xrightarrow[\text{HBsAg 抗体}]{\text{H}_2\text{N—A}} \begin{array}{c} \text{—[CH}_2\text{—CH]}_n\text{—} \\ | \\ \text{OC—NH—A} \\ \| \\ \text{O} \end{array}$$

聚氯乙烯：在氯原子所在位置的碳原子通过反应引入官能团。例如，与芳香结构化合物反应可以引入芳香基团，再利用苯环进行亲电或亲核反应引入官能团；脱去小分子氯化氢生成带双键的聚合物等。

缩合型聚合物如聚酰胺、聚酯、聚己内酰胺等由于芳香环处在聚合物主链上，能够进行芳香亲电取代反应，如在氯化锡存在的条件下与氯甲基乙醚反应可以在苯环上引入氯甲基；如果苯环上含有取代甲基，可以通过丁基锂试剂反应引入活性很强的烷基锂官能团等。

其他的聚合物：聚丙烯酸衍生物、聚丙烯酰胺、聚乙烯亚胺、纤维素、聚酰胺、聚环氧化合物、聚苯醚、聚氨酯、有机硅和一些无机高分子都能够用接枝反应形成功能高分子材料。

（3）在功能高分子引入多种功能基 同一种材料中甚至同一个分子中引入两种以上的官能团，可以集多种功能于一体；各种功能相互协同可以创造出新的功能。如在离子交换树脂中，离子取代基邻位通过化学反应引入氧化还原基团，如二茂铁基团，以该法制备的材料对电极表面进行修饰，修饰后的电极对测定离子的选择能力受电极电势的控制。

1.4.2 物理方法制备功能高分子材料

（1）聚合包埋法 使用普通的单体，在聚合过程中加入功能小分子，利用生成的高分子网络的束缚作用包埋功能小分子化合物，它们之间没有化学键连接。

这种方法具有简便、功能小分子的性质不受聚合物性质影响的优点，因此适用于酶这种敏感材料的固定化；但缺点在于使用过程中包络的小分子功能化合物容易逐步失去，特别是在溶胀条件下流失更快。

（2）已有通用高分子材料的功能化的物理方法 这种方法主要是用小分子功能化合物与已有通用高分子材料共混来实现的。共混方法既可以采用熔融共混，又可以采用溶液共混。

熔融共混是在熔融状态下的聚合物中加入功能化小分子，搅拌均匀制得。根据其相容性的不同，又可以形成均相结构和多相结构。溶液共混是将聚合物和功能性小分子同时溶解在溶剂中，蒸发溶剂后得到的，它也可以是小分子和大分子溶液中的混悬体经溶剂蒸发后得到的。

溶液共混这种方法快速简便，多数情况不受场地和设备的限制，不受聚合物和小分子官能团反应活性的影响，适用范围较宽，功能基团的分布比较均匀。该方法使小分子通过聚合物的包络作用得到固化，适用于小分子缺乏反应活性或不易采用化学反应进行功能化以及功能性物质对反应过分敏感，不能承受化学反应等条件。其缺点是共混体系不够稳定，易于逐步失去活性。

（3）功能高分子再度功能化的物理方法 这种方法是将两种以上功能高分子复合，形成新的功能材料，或是将一种功能高分子通过物理方法处理，形成新的功能。

普通的氧化还原导电聚合物导电没有方向性，当两种不同氧化还原电位的导电聚合物复合在一起，放在两电极之间，就会产生单向导电功能材料。感光材料也是由多种功能材料复合而成，类似的复合方法还可以制备出其他多种多样的新型功能材料。

将离子交换树脂的成膜或将吸附性树脂的微孔化，前者可以制备离子交换膜，而后者则可制备吸附分离膜。

1.4.3 功能高分子材料加工

功能高分子的有些种类在制备的过程中通过控制工艺就可以得到能够使用的材料，如吸附分离功能高分子材料，不需要进一步加工；另一些功能高分子则是通过特定的加工方法和加工工艺，较精确地控制集聚状态结构及宏观形态，使普通的高分子体现功能性，如将高透明的聚丙烯酸酯熔融拉丝，使其分子链高度取向，可以得到塑料光导纤维；第三类功能高分子材料，是在加工的过程中获得不同功能的。

部分在加工过程中掺混各种助剂填料获得功能的高分子材料列于表1-2。

表1-2　加工助剂或填料名称与所获得的功能

助剂或填料名称	功　能	助剂或填料名称	功　能
银、铜粉	导电性、屏蔽电磁干扰	金刚砂、刚玉粉	耐磨性
磁粉	磁性	石墨、二硫化钼	润滑性
三氧化二锑、十溴联苯醚硅、钛偶联剂	提高高分子和无机材料间黏结力	防生物剂	防止白蚁、霉菌生长，免受老鼠、鸟类的侵害

液体高分子树脂掺混各种助剂填料，通过混合、悬浮、乳化等方法制成，也可以通过反应注射成型（RIM）直接成型，还可以与纤维及其织物制成料团（BMC）、片料（SMC），浸渍漆布通过层压或模压制成功能性高分子材料。例如碳化硅纤维和聚酯或环氧树脂可制成吸收电磁波、耐中子和γ射线辐射、半导体性质的层压材料。

固体树脂通过掺混各种助剂填料制备复合型功能高分子材料时，加工方法主要有粉末化技术、造粒技术、薄膜、型材表面加工技术等。

高分子固体材料通过表面处理技术，如表面涂覆、表面接枝、表面等离子体聚合等，可以制备功能高分子材料。例如，通过涂覆功能化涂料可赋予高分子材料以导电、磁记录、示温、伪装隐身、生物相容性等功能。

【阅读材料】　功能高分子发展历史及前沿

"功能高分子"一词在国际上出现于20世纪60年代，当时主要指离子交换树脂。但实际上1935年就合成了离子交换树脂，1944年生产出凝胶型磺化交联聚苯乙烯离子交换树脂并成功用于铀的分离提取。其后，以离子交换树脂、整合树脂、高分子分离膜为代表的吸附分离功能材料和以利用其化学性能为主的高分子负载催化剂迅速发展起来，并初步实现了产业化。20世纪60~70年代，光电活性材料（如导电高分子、感光高分子等）、生物医用高分子材料（如抗凝血高分子材料、医用硅橡胶等）以及吸附树脂和吸附性碳纤维等发展十分迅速。

20世纪80年代以后，光敏高分子如光敏涂料、光致抗蚀剂、光稳定剂、光可降解材料、光刻胶、感光性树脂以及光致发光和光致变色高分子材料都已经实现了工业化生产。现在，功能高分子已经拓展到了分离膜、高分子催化剂、高分子试剂、高分子液晶、导电高分子、光敏高分子、医用高分子以及电、光、磁信息材料等领域。

功能高分子材料正在向着高功能化、多功能化（包括功能/结构一体化）、智能化和实用化方向发展。纳米科学和技术与功能高分子结合是功能高分子的发展前沿。通过精确操作使构成高分子的分子聚集体成键，形成具有高度精确的多级结构的材料，进一步的精确操作链段、结构单元、官能团、原子团、原子，准确实现高分子的设计。使纳米微粒、纳米孔的小尺寸效应、表面与界面效应、量子尺寸效应和宏观隧道效应在光、电、磁、热、声、力学等方面在功能高分子中呈现特异的物理、化学、生物等方面的性能和功能。将金属、无机非金属和高分子的纳米微粒、纳米纤维、纳米薄膜、纳米块体以及由不同组元构成的纳米复合材料组合，以实现组元材料的优势互补与加强。

思　考　题

1. 什么是功能高分子或功能高分子材料？功能高分子的特点有哪些？

2. 试述功能高分子、特种高分子、精细高分子之间的区别和联系。

3. 功能高分子材料应具有哪些功能？

4. 按照功能划分功能高分子材料可以分为哪些类别？

5. 按照性质和功能划分，功能高分子材料可以分为哪些类型？

6. 功能高分子材料的主要结构层次有哪些？

7. 在功能高分子中官能团所起的作用有哪些？

8. 在功能高分子中常见高分子效应有哪几种？

9. 举例说明从已知结构和功能的化合物设计功能的高分子。

10. 化学方法制备功能高分子时制备功能可聚合单体应该注意什么？

11. 对通用高分子材料的功能化可以采用哪些途径来实现？

参 考 文 献

[1] 马健标. 功能高分子材料. 北京：化学工业出版社，2000.

[2] 何天白，胡汉杰. 功能高分子与新技术. 北京：化学工业出版社，2001.

[3] 董建华. 高分子科学前沿与进展. 北京：科学出版社，2006.

[4] 赵文元，王亦军. 功能高分子材料化学. 第二版. 北京：化学工业出版社，2003.

[5] 韩冬冰，王慧敏. 高分子材料概论. 北京：中国石化出版社，2003.

[6] 郭卫红，汪济奎. 现代功能高分子材料及其应用. 北京：化学工业出版社，2002.

[7] Akelahand A，Moet A. Functionalized Polymers and Their Applications. Chapman and Hall，1990.

第2章　吸附分离功能高分子

2.1　概　述

吸附（adsorption），是指液体或气体中的分子通过各种相互作用（如离子键、配位键、氢键或分子间作用力）结合在固体材料表面上。固体物质对液体或气体中的不同组分的吸附性有差别，即具有吸附选择性。利用吸附选择性可以分离复杂物质和进行产品提纯，这种利用吸附现象实现分离某些物质的方法，称为吸附性分离（adsorptive seperation）。

吸附过程实际涉及分离和富集两个方面：被吸附的物质或分子（即吸附质）从原先所在的一相中被分离出来，而在另一相（即吸附相，吸附剂的表面）堆积或富集。吸附与吸收是完全不同的两个概念，后者是指物质从原来的一相转移到另一相中，并非富集于表面，而是进入到第二相中形成了"溶液"。

按吸附机理分类，吸附质与吸附剂之间的吸附可以分为化学吸附、物理吸附以及亲和吸附三大类。化学吸附，是指形成了化学键的吸附。吸附化学键可以是离子键、共价键和配位键。物理吸附主要通过范德华力、偶极-偶极相互作用、氢键等较弱的作用力吸附物质。亲和吸附是指一些生物分子对某些物质的吸附呈现专一性或高选择性，如抗原-抗体、配体-受体、酶-底物、互补 DNA 链等的特异性相互作用。

吸附剂是一大类物质（见图 2-1），不仅包括有机的高分子材料，也包括一些无机的材料，既可以是天然或半天然的，又可以是人工合成的。

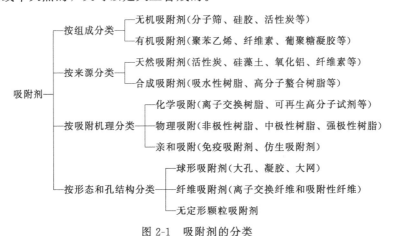

图 2-1　吸附剂的分类

吸附分离功能高分子材料又称为高分子吸附剂或高分子树脂，是功能高分子材料的一个重要分支。它是利用高分子材料与被吸附物质之间的各种相互作用，使其发生暂时或永久性结合，从而发生各种功能的材料。

吸附分离功能高分子材料主要分为以下几类：①非离子型的高分子吸附树脂；②离子型的高分子吸附树脂；③金属离子配位型的螯合树脂；④亲水性的高分子吸水剂；⑤亲油性的高分子吸油剂；⑥离子交换膜；⑦高分子电解质絮凝剂。前五类吸附分离功能高分子材料在形态结构上较类似，将是本章涉及的主要内容。离子交换膜将在本书第 8 章中讲解。由于篇幅的关系，本书不涉及高分子电解质絮凝剂。

吸附分离功能高分子材料也可以按吸附机理或形态及孔结构分类，这种分类方法参照一般吸附剂分类方法。

高分子吸附剂与无机吸附剂相比具有以下优势：①在聚合物骨架内可以通过化学或物理作用引入不同结构与性能的基团进行改性，从而得到本体性能与表面性能均十分优异的各种用途的吸附剂；②通过调整制备工艺，可以制作各种规格的多孔性材料，使吸附剂有效吸附面积大大增加；③具有一定交联度的聚合物在溶剂中溶胀后，充分扩张的三维结构又为吸附的动力学过程提供便利条件；④强度高，寿命长，耐氧化，耐辐射，耐热，易再生和回收。

2.1.1 影响吸附分离功能的因素

2.1.1.1 影响吸附分离功能高分子吸附能力的内因

（1）聚合物的化学组成

① 基本元素的影响。一般而言，吸附分离的高分子主链以 C—C 键为宜；若侧链上含有配位原子，如 O、N、S、P 等，聚合物具备潜在的络合能力，可能作为高分子螯合剂。

② 官能团的影响。吸附分离的高分子的官能团主要是作为侧基被引入，在很大程度上能决定高分子吸附剂的选择性。

当聚合物链上连接强酸基团，离解后的酸根能够与阳离子结合成盐，具有阳离子交换和吸附能力；若连接季铵基团，则可以与阴离子结合，具有阴离子交换能力。对离子型交换树脂而言，不同离子型基团与各种离子的结合能力与稳定性不同，因此各种离子型树脂便呈现选择性吸附和交换能力。

对非离子型交换树脂而言，官能团的作用同样非常重要：引入极性基团会使高分子吸附剂的吸附性能和选择性特征发生明显改变。例如，非极性的吸附树脂适合于从极性溶剂（如水中）吸附非极性有机物，当引入极性基团使其成为中等极性或强极性的高分子吸附剂时，对极性较强的有机化合物也有一定的吸附能力，适合于从非极性有机溶剂中吸附不同极性的物质。

（2）聚合物链结构和超分子结构　高分子吸附剂在很大程度上取决于聚合物链结构和超分子结构。聚合物链结构包括主链、支链的结构与交联度等。影响吸附剂性能的超分子结构包括分子间作用力、结晶度和取向度等。而支链的结构与数目又直接影响分子间作用力、结晶和取向等。聚合物的链结构和超分子结构对吸附高分子材料的溶解和溶胀能力有显著影响，而溶解和溶胀性能对高分子吸附剂的吸附量和选择性有重大影响。

（3）吸附树脂的宏观结构　高分子吸附剂的宏观结构对吸附剂的机械强度、吸附量和吸附速度等性能有直接影响。对于吸附剂而言，表面性能是其最重要的指标。由于吸附过程发生在吸附剂表面，比表面积的大小往往与吸附量成正比。因此，在不影响材料强度等其他方面指标的前提下，增加比表面积具有重要意义。通常情况下，比表面积的增加是通过制成多孔形状，增加其内表面积来实现的。

吸附剂的内表面必须通过各种孔道与外部连接，即整体上形成一个所谓的"开孔"结构，而且连接孔道的最小直径应该允许被吸附物质通过。若内部的表面形成闭合的孔结构，则为无效表面。

孔隙率、孔径分布和比表面积等是影响吸附指标与吸附量的最重要的宏观结构指标。宏观结构指标对吸附过程主要产生两方面的影响：一是热力学方面的影响，主要是吸附高分子材料的有效吸附面积和表面性质，影响其吸附量、选择性和稳定性；另一方面是动力学影响因素，包括孔径大小、孔深度、孔径分布和树脂外观等，主要影响被吸附物质的扩散过程和吸附速度。孔径大小决定被吸附物质的范围和吸附速度，孔径分布直接影响选择性高低。增大孔隙率有助于提高比表面积，但会相应削弱树脂强度。

吸附分离高分子材料制品外观形状多做成球状，以利于在保证强度的前提下，最大限度地增加其孔隙率。此外，还有利于填充、清洗、回收、活化等处理过程。

2.1.1.2 影响吸附分离功能高分子吸附能力的外界因素

（1）温度　由于大多数物质在高温下分子活动性增强，因此，温度高时，不利于吸附；而低温条件下吸附能力增强，吸附量增大。也就是说，吸附剂的吸附量和吸附能力与温度高低成反比。故在实践中人们常在低温或常温下完成吸附过程，最大限度地发挥吸附剂的作用，而在适当升高温度的条件下使吸附剂上被吸附物质脱除，从而使高分子吸附剂再生。

当然，不同的吸附物质对温度的敏感程度是不同的。这与吸附机理等因素有关。一般纯吸附作用受温度影响较大，而离子交换和配位络合起主要作用的吸附过程受温度影响相对较小。

（2）周围介质的影响　除被吸附物质之外，吸附剂周围还存在大量不应被吸附的物质，主要是一些液体和气体介质。被吸附物质和介质与吸附剂之间往往存在着竞争吸附关系。当介质与吸附剂作用强时，将导致被吸附物质发生脱吸附现象。

根据介质与吸附剂相互作用的强度大小可以将介质分为以下三类。

① 介质与吸附剂作用强烈，吸附作用力远远大于被吸附物质与吸附剂之间的作用力，此时，吸附剂的活性表面几乎全被介质占据，被吸附物质几乎完全被脱除。这类介质只能作为脱吸附剂。

② 介质与吸附剂的作用力和被吸附物质与吸附剂的作用力处在同一数量级，这时，介质将与被吸附物质发生竞争性吸附，造成不完全吸附。这类介质的存在虽然不利于吸附，但可用来提高吸附过程的选择性，以排除某些干扰。

③ 介质与吸附剂作用很小，远远小于吸附剂与被吸附物质的作用力。此时介质的存在基本不影响吸附过程，仅仅起分散作用，这是理想的吸附介质。

同时，周围介质对吸附物质本身也有一定影响。这些影响主要来源于介质与被吸附物质之间的物理和化学作用。

（3）pH值　溶液的pH值往往会影响吸附剂或吸附质的吸附状态，从而影响吸附量。对蛋白质或酶等两性物质，一般在其等电点附近吸附量最大。而有机酸在酸性条件下、胺类物质在碱性条件下易被非极性吸附剂所吸附。

2.1.1.3 影响吸附能力的其他影响因素

除温度和介质以外，其他影响吸附过程的环境因素还包括流动相的流速、溶液黏度和被吸附物质的扩散系数等动力学因素。一般情况下，吸附是一个慢速过程，流速过快有可能使吸附来不及完成。溶液的黏度会影响被吸附物质的扩散速率，表面张力影响吸附剂的润湿性能，这些都会对吸附过程产生影响。

2.1.2 吸附分离功能高分子的合成

吸附分离功能高分子在多数情况下呈球形，而孔可以呈微孔（凝胶）、中孔、大孔等结构，孔结构是影响吸附选择性和吸附动力学的重要因素。因此，在吸附分离功能高分子的合成和制备中，成球与致孔技术至关重要。

2.1.2.1 成球技术

（1）球形聚苯乙烯的合成　聚苯乙烯具有较高的力学强度和较好的热稳定性，是目前吸附分离功能高分子材料的主体。通常采用悬浮聚合技术，可以制备直径0.007～2mm的交联聚苯乙烯小球。影响交联聚苯乙烯微球强度、溶胀度等性能的主要因素在于交联度及交联的均匀性。

交联度及交联的均匀性主要取决于交联剂。常用的交联剂为二乙烯苯，由于二乙烯苯基具有双乙烯基，可以使生成的共聚物链发生交联成为具有三维结构的网状大分子。调节二乙烯苯与苯乙烯的比例，可以得到不同交联度的聚合物。在均匀交联的情况下，交联度越高，溶胀度越小，强度越大。

二乙烯苯通常为混合物：间二乙烯苯、对二乙烯苯、间乙基苯乙烯、对乙基苯乙烯和少量二乙基苯。在二乙烯苯中，苯乙烯（St，M1）/间二乙烯苯（m-DVB，M2）的竞聚率 r_1＝0.65，r_2＝0.6，而 St/对二乙烯苯的 r_1＝0.24，r_2＝0.5。所以，在聚合反应早期，对二乙烯苯聚合得多，交联密度大；在聚合反应后期，它参与聚合反应少，交联密度小，导致交联密度不均匀；而间二乙烯苯与苯乙烯聚合速率相近，可以制备交联均匀性较好的苯乙烯。

交联聚苯乙烯微球的直径和分散性可以通过分散剂的类型与加入量、调节搅拌速度、油相/水相比例、反应器及搅拌装置的结构进行控制。常用的分散剂为明胶和聚乙烯醇。明胶常因产地和规格不同而性质差异较大；聚乙烯醇的分散性能取决于其分子量和醇解度。当聚乙烯醇分子量较高、醇解度较低或用量较大时，制备的聚合物微球粒径较小。工业用的交联聚苯乙烯微球分的粒径一般为 0.15～0.84mm（20～100 目），通常采用 0.5％的聚乙烯醇（聚合度 1000～2000，醇解度 80％～90％）。

（2）含不同极性基团的取代烯烃单体的悬浮聚合　当烯烃单体含极性基团，如丙烯酸甲酯、甲基丙烯酸甲酯、丙烯腈、乙酸乙酯、丙烯酰胺等，在水中有一定的溶解度，虽然仍能采用悬浮聚合技术，但为了形成均匀圆球、避免单体在水相或两相界面上的非成球聚合还必须采取以下措施：①在水相中加入食盐或同时在有机相中加入非极性溶剂，以增大两相之间的极性差异，减少单体在水中的溶解度；②用偶氮二异丁腈为引发剂，以降低聚合温度，抑制单体在水相中的溶解；在水相中加入自由基捕捉剂，如亚甲级蓝等，进一步控制水相中聚合反应的进行；③采用交联均匀性较好的交联剂，如使用二甲基丙烯酸乙二酯、衣康酸二丙烯酸酯、甲基丙烯酸烯丙酯代替二乙烯苯。

（3）反相悬浮聚合　当单体和聚合物均为水溶性时，通常采用反相悬浮聚合。聚合过程是将单体、交联剂和致孔剂溶解在水中，在适当温度下预聚成黏稠的预聚物，再倒入溶有分散剂的油相，在较高温度下继续聚合形成微球。油相通常为黏度较高、密度较大、化学惰性的有机液体，最常用的为液状石蜡。

2.1.2.2　致孔技术

为了使吸附分离高分子有足够的吸附容量，在使用状态下有较高的比表面积，在制备过程中在树脂中形成均匀、大小适宜的孔是很重要的。致孔技术主要研究孔的形成及孔径大小、孔径分布、孔隙率的控制等。广泛采用的致孔技术包括惰性溶剂致孔、线形高分子致孔和后交联成孔以及无机微粒致孔。

（1）惰性溶剂致孔　在悬浮聚合体系的单体相中，加入不参与聚合反应、能与单体相容、沸点高于聚合温度的惰性溶剂，在聚合完成后，溶剂保留在聚合物微球体内，然后通过蒸馏、溶剂提取或冷冻干燥处理，可除去聚合物微球体内的惰性溶剂，得到有孔的聚合物微球。

从原理看，原来惰性溶剂占据的空间成为聚合物微球中的孔。但是，在后处理过程中，由于溶剂的改变，孔结构会发生显著变化。在未处理的含致孔剂的大孔聚合物微球体内，存在两种主要的相互作用：溶剂/高分子链之间的作用、高分子链之间的相互作用。当溶剂发生改变时，两种作用的相互关系也要发生改变。如果其中的溶剂由高分子的良溶剂向非良溶剂转变，则高分子链间的相互作用将得到加强，使链间微孔释放出来，最终形成的孔应大于致孔剂存在时的孔。同时，这种溶剂改变也使整个大孔聚合物微球体内敛作用加强，使孔的总体积缩小，一些大孔的孔径收缩，甚至塌陷，出现所谓的塌孔现象。反之，当其由不良溶剂改为良溶剂时，聚合物溶胀，孔体积增加，同时微孔增多。这种溶剂变换导致的大孔数值、孔结构变化不仅在制备时出现，在其表征和使用中也常遇到。

（2）线形高分子致孔　在悬浮聚合单体中加入线形高分子，线形高分子聚合时促进相分离的发生；随着聚合反应的进一步进行，作为线形高分子溶剂的单体逐渐减少并消失，使线形高分子卷曲成团；悬浮聚合反应完成后，用溶剂抽提出聚合物微球体内的线形高分子，得到孔径较大的大孔树脂。

常用的线形高分子有聚苯乙烯、聚乙酸乙烯酯、聚丙烯酸酯类等，可以溶解于聚合物单体中。高分子致孔剂的用量与溶剂致孔剂一样，也存在一个与交联度有关的临界值，但形成大孔时的用量和交联度显著低于溶剂致孔剂。

采用高分子致孔剂合成的树脂具有特大孔，孔径可以达到 10mm 以上，而比表面积较小。为此，采用线形高分子与良溶剂或非良溶剂混合使用，可以增加小孔的比例，从而提高比表面积。

线形高分子的分子量对其致孔性能会有影响。当分子量较低时，线形高分子在单体中的溶解度大，故引起相分离的作用小，形成特大孔的能力也较弱。例如，对苯乙烯/二乙烯苯悬浮共聚体系，使用相对分子质量大于 5 万的线形聚苯乙烯致孔剂致孔作用比较稳定。

（3）后交联成孔　以线形聚苯乙烯或低交联（1%以下）聚苯乙烯微球体为原料，使用氯甲醚等引入官能团，通过弗里德尔-克拉夫茨（Fridel-Crafts）反应进行交联成孔。如反应式（2-1）所示。

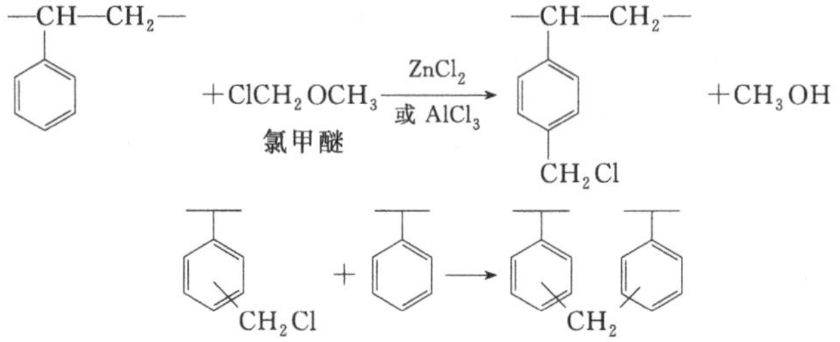

反应式（2-1）

在较高温度下，引入的氯甲基可与邻近的苯环发生反应，这样分属于两个高分子链上的苯环通过亚甲基实现了交联。由于交联点均匀分布于高分子链上较远的位置，形成大网均孔结构，故这类树脂称为大网均孔树脂。大网均孔树脂的比表面积可以高达 $1000m^2/g$ 以上，是其他成孔方法难以达到的。

交联剂中两个反应基团之间的间隔臂可以很短，如一氯二甲醚等，也可以较长，如 $4,4'$-二氯甲基联苯、二氯甲基苯和含双键的芳香化合物等。

催化剂有氯化铁、氯化锌等，溶剂通常采用二氯乙烷、卤代芳烃、硝基苯及其混合物等。

（4）无机纳米微粒致孔　将均一粒径的无机纳米粒子如二氧化硅、二氧化钛分散在单体中，悬浮聚合后再将其在碱性条件下溶出，原无机粒子占据的空间就成了孔。

无机粒子在聚合过程中外形稳定，留下的孔形规整，如果使用量较大，粒子间能接触，则形成连通的贯穿孔，有利于提高吸附动力学性能。

2.2　吸　附　树　脂

吸附树脂是指通过物理相互作用，如范德华力、偶极-偶极间作用以及氢键等较弱的作用力使吸附质吸附的高分子树脂。另外通过生物中特异性的相互作用，如抗原-抗体、药物-受体、酶-底物，使吸附质吸附的树脂有时也归入这一类。

2.2.1　吸附树脂的分类

通过物理相互作用吸附物质的吸附树脂按极性可分为以下几类。

（1）非极性吸附树脂　主要通过范德华力从水溶液中吸附具有一定疏水性的物质。工业上生产应用的非极性吸附剂均是交联聚苯乙烯大孔树脂，只是由于孔径和比表面积不同，从而对吸附质的分子大小呈现不同的选择性。

（2）中极性吸附树脂 从水中吸附物质，除范德华力之外，也有氢键的作用。树脂内一般存在酯或酮等极性基团。常见的有交联聚丙烯酸甲酯、交联聚甲基丙烯酸甲酯，以及其与丙烯酸的共聚物。

（3）强极性吸附树脂 主要是通过氢键与偶极-偶极相互作用对吸附质进行吸附，有些也被称为氢键吸附剂。树脂内一般存在极性基团，如吡啶、氨基。常见的有亚砜类、聚丙烯酰胺类、氧化氮类、脲醛树脂等。

值得注意的是，按极性分类有时是不严密的。例如，含有少量中极性基团的交联聚苯乙烯是介于非极性与中极性之间的弱极性吸附树脂；而具有微相分离结构的聚氨酯吸附微球，很难按上述分类方法分类。

通过生物中特异的物理相互作用的亲和吸附剂，是根据生物亲和原理设计合成的，对目标吸附质的吸附具有专一性和选择性，这种吸附性来源于氢键、范德华力、偶极-偶极作用等多种键力的空间协同作用。

2.2.2 吸附树脂的制备

以聚苯乙烯和二乙烯苯共聚得到的吸附树脂为非极性吸附树脂。当在苯环上引入极性基团可以改变树脂的吸附性能，得到中等极性和强极性的吸附树脂。

2.2.2.1 中极性吸附树脂的合成

中极性吸附树脂的合成可采用以下三种方法。

① 中极性单体聚合得到，如聚丙烯酸甲酯、聚甲基丙烯酸甲酯。

② 由交联聚苯乙烯通过功能基化，可以合成多种类型的吸附分离功能高分子材料。这种方法生产的树脂制备成本较高。

反应式(2-2) 和反应式(2-3) 是通过聚苯乙烯获得中等极性吸附树脂的实例。

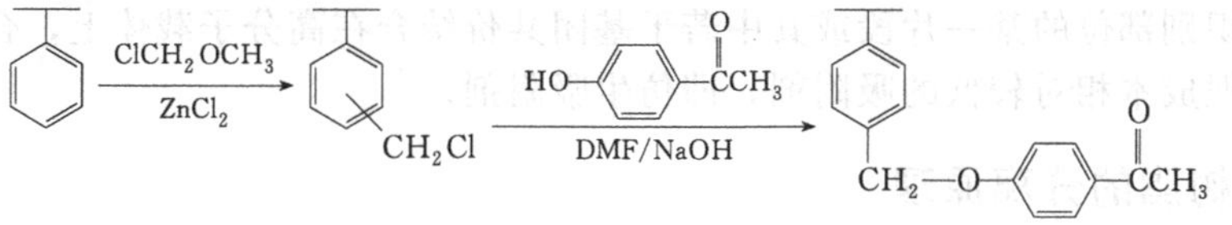

反应式(2-2)

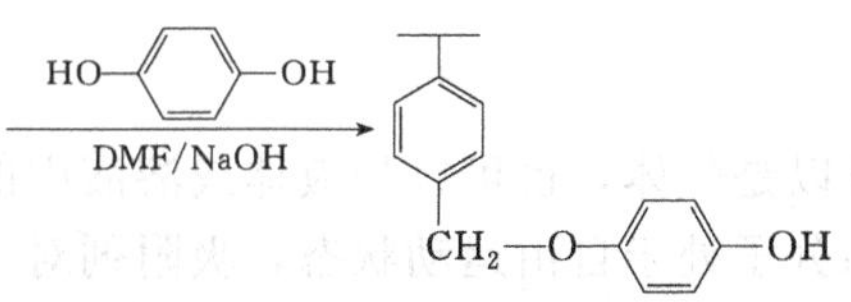

反应式(2-3)

③ 采用中极性单体与苯乙烯、二乙烯苯悬浮共聚，如反应式(2-4) 所示。

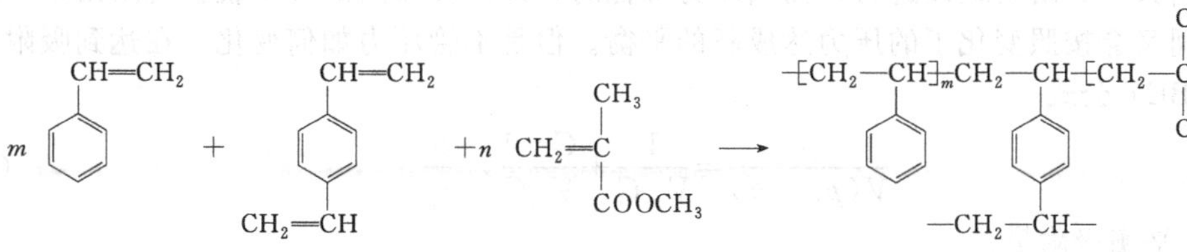

反应式(2-4)

2.2.2.2 强极性吸附树脂的合成

强极性吸附树脂按极性基团的不同可由多种方法合成。

（1）含氰基的吸附树脂 可由悬浮聚合法合成，如将 DVB 与丙烯腈共聚，得到含氰基的树脂。

（2）含砜基的吸附树脂 用低交联度聚苯乙烯，以二氯亚砜为后交联剂，在无水三氯化铝催化下于 80℃下反应 15h，制得含砜基的吸附树脂，比表面积在 $136m^2/g$ 以上。

（3）含酰氨基的吸附树脂　将含氰基的吸附树脂用乙二胺胺解，或将含仲氨基的交联大孔聚苯乙烯用乙酸酐酰化，都可得到含酰氨基的吸附树脂。

（4）含氨基的强极性吸附树脂　将大孔吸附树脂与氯甲醚反应，引入氯甲基—CH_2Cl，再用不同的胺进行胺化，便可得到不同氨基的吸附树脂。这类树脂的氨基含量必须适当控制，否则会因氨基含量过高而使其比表面积大幅度下降。也可以通过聚苯乙烯获得，如反应式（2-5）所示。

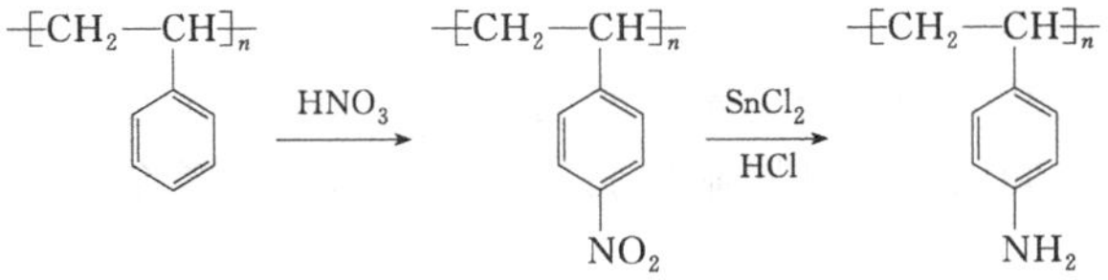

反应式（2-5）

强极性吸附树脂也可以由中极性吸附树脂结构改造来获得，如反应式（2-6）所示。

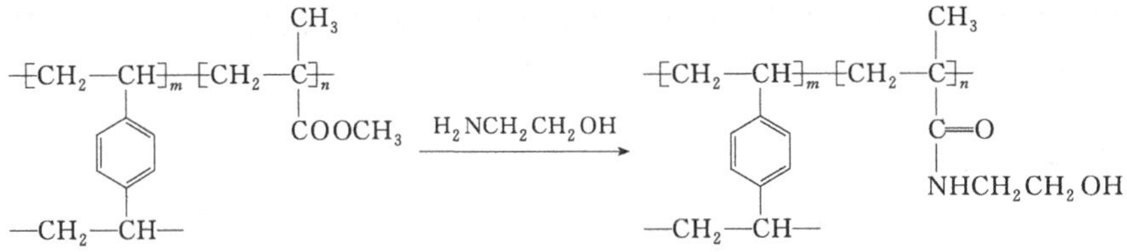

反应式（2-6）

亲和吸附剂的合成是将能互相识别的主体分子或客体分子固定在高分子载体上，以便能专一性地结合客体分子或主体分子。反应式（2-7）是合成含有免疫球蛋白的实例。

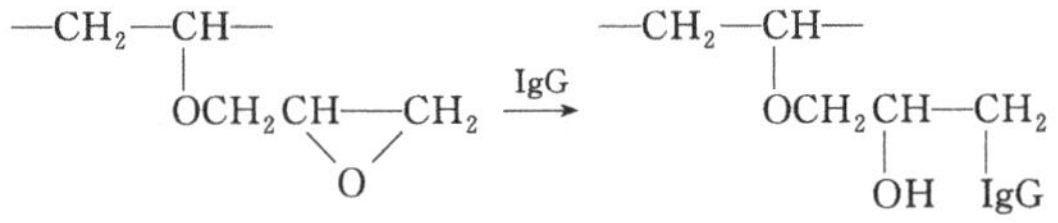

反应式（2-7）

由于抗原、抗体、酶等均为生物大分子，固定化过程中极易失活，而且成本极高。因此，也可以将涉及识别部位的某一片段或其中若干基团共价结合在高分子载体上，合成出仍然具有较高选择性的但成本相对较低的吸附剂，即仿生吸附剂。

2.2.3　吸附树脂的分离原理

2.2.3.1　吸附平衡

吸附树脂吸附的吸附质可以是气体，也可以是液体或溶液中的溶质。

在吸附气体时，由于气态分子处于自由运动状态，吸附剂对气体物质的吸附量仅与气体的压力 p 有关，并且吸附可以是多分子层的。当达到了动态吸附平衡时，可以用 BET 公式来描述。当压力增大，吸附会继续进行；而当压力降低时，部分被吸附的分子就会脱附出来。经过足够长的时间又会按照变化了的压力达成新的平衡。但是不管压力如何变化，在达到吸附平衡时总是遵循 BET 公式：

$$\frac{p}{V(p_0-p)}=\frac{1}{V_mC}+\frac{C-1}{V_mC}\times\frac{p}{p_0} \tag{2-1}$$

式中　V——平衡吸附量；

V_m——单分子层吸附量；

p——吸附平衡时的气体压力；

p_0——吸附温度下的吸附质的饱和蒸气压；

C——BET 方程系数，与温度、吸附热、冷凝热有关。

在从溶液中吸附溶质时，溶质通常是被溶剂化了的，也就是在溶剂与溶质之间存在着相互作用。这时的吸附实质是吸附剂对溶质的吸附与溶质对溶剂脱附之间的竞争。因而吸附剂对溶质的吸附量既与溶质的浓度有关，也会受到溶剂性质的影响。但不管在什么溶剂中，也同样存在吸附平衡。只是溶剂不同，吸附平衡点不同而已，即吸附剂对某一物质的吸附量不同。溶液吸附的另一特点是多为单分子层吸附，其吸附规律往往符合 Langmuir 公式：

$$V = \frac{V_m ac}{1 + ac} \tag{2-2}$$

式中 V——吸附量；

c——溶质的浓度；

V_m——吸附剂表面被吸附物质盖满时的饱和吸附量；

a——Langmuir 常数。

溶液吸附平衡有时也可用弗里德尔（Fridel）公式来表示，此式为半经验公式，比较简单。即：

$$q = Kc^{1/n} \tag{2-3}$$

式中，K 和 n 为常数。

在达到吸附平衡时，一部分吸附质被吸附，一部分吸附质不被吸附，仍残留在气相或溶液中。通常用分配系数 a 和分配比 a' 来描述，它们与吸附平衡点有关，从其值的大小可以看出物质被吸附的难易程度。分配系数可以表示为：

$$a = \frac{\bar{c}}{c} \tag{2-4}$$

式中 $\bar{c}$——在达到吸附平衡时吸附质在吸附剂中的浓度；

c——残留在溶液中的吸附质浓度。

$$a' = \frac{\bar{c}}{c} \times \frac{\overline{V}}{V} \tag{2-5}$$

式中 $\overline{V}$——吸附剂体积；

V——溶液的体积。

2.2.3.2 吸附动力学

吸附动力学表示吸附过程的速度。研究表明，影响分子"吸附"速度有两个方面：在液膜中扩散和在吸附剂内扩散。

（1）液膜中扩散 当吸附质分子从溶液中"跑"到吸附剂的表面时要越过包围吸附剂的一层液膜。如果这一过程较慢，就会成为整个"吸附"过程的控制步骤。这时吸附的饱和程度 $F(t)$ 与时间 t 的关系遵循公式(2-6)：

$$F(t) = 1 - \exp\left(-\frac{3Dct}{r_0 \delta \bar{c}}\right) \tag{2-6}$$

式中 D——吸附质分子在溶液中的扩散系数；

c 和 $\bar{c}$——分别为吸附质分子在溶液中和吸附剂中的浓度；

r_0——吸附剂的颗粒半径；

δ——液膜的厚度，一般为 10^{-3} 数量级。

吸附饱和程度达到一半的时间，即 $F(t) = 0.5$ 的时间为 $t_{1/2} = \frac{0.23 r_0 \delta \bar{c}}{Dc}$。由此可知，吸附质分子在溶液中浓度和扩散系数越大，达到一半的吸附饱和度所需的时间越短。相反地，吸附剂的粒径、饱和吸附量和液膜厚度较大时，$t_{1/2}$ 就会变大。

（2）吸附剂内扩散 如果吸附质分子从溶液中越过液膜进入吸附剂表面之后，在吸附剂内的运动（扩散）速度较慢，则吸附速度就被粒内扩散所控制。这时吸附的饱和程度 $F(t)$ 与时间 t 的关系由公式(2-7)决定：

$$F(t)=1-\frac{6}{\pi^2}\sum_{n=1}^{\infty}\frac{1}{n^2}\exp\left(-\frac{\overline{D}t\pi^2n^2}{r_0^2}\right) \qquad (2\text{-}7)$$

吸附饱和程度达到一半的时间，即 $F(t)=0.5$ 的时间为 $t_{1/2}=\dfrac{0.030r_0^2}{\overline{D}}$。式中，$\overline{D}$ 为吸附剂（粒内）扩散系数。由此可知，吸附速度与溶液中吸附质的浓度无关。$\overline{D}$ 越大，$t_{1/2}$ 越小，即吸附速度越快。在吸附剂内扩散的过程中吸附剂的粒径对吸附速度的影响很大，粒径 r_0 增大一倍，$t_{1/2}$ 增大四倍；而在膜扩散为控制步骤时，r_0 增大一倍，$t_{1/2}$ 增加仅一倍。但无论在哪种情况下，尽量采用较小粒径的吸附剂对增加吸附速度都是有利的。

2.2.4 吸附树脂的应用

吸附树脂比表面积大，而且具有不同的极性，因而在许多方面都有应用：①有机物分离，如含酚废水中酚的提取；②药物的分离提取，如红霉素、丝裂霉素、头孢菌素等抗生素的提取，中草药中有效成分的提取；③在医疗卫生中的应用，如作为血液的清洗剂；④在制酒工业中的应用，如选择性地吸附分子较大或分子极性较强的物质，降低白酒浊度。

2.3 离子交换树脂

离子交换树脂又称为离子交换与吸附树脂，是指在聚合物骨架上含有离子交换基团，能够通过静电引力吸附反离子，并通过竞争吸附使原被吸附的离子被其他离子所取代，从而使物质发生分离的功能高分子材料。

2.3.1 离子交换树脂的结构和分类

2.3.1.1 离子交换树脂的结构

离子交换树脂是一类带有可离子化功能基的网状高分子化合物，其结构中含有三部分：一是三维空间网状骨架，其作用是担载离子交换基团、提供离子交换过程所必需的空间和动力学条件；二是连接在骨架上的功能基团；三是与功能基团所带电荷相反的可交换离子。以聚苯乙烯型磺酸树脂为例，聚苯乙烯骨架上带有—$SO_3^-H^+$ 功能基团，它可以解离出 H^+，而 H^+ 可以与周围的外来离子互相交换，如反应式(2-8)所示。

$$P—SO_3^-H^+ + Na^+Cl^- \Longleftrightarrow P—SO_3^-Na^+ + H^+Cl^- \qquad 反应式(2\text{-}8)$$

聚苯乙烯骨架上的磺酸根不能自由移动，而它解离出 H^+ 可以自由移动并能与其他离子交换，这种离子被称为可交换离子。通过改变离子交换树脂所在环境的条件，如接触溶液的浓度、pH 值、离子强度，利用功能基团与不同离子间亲和性差异，使可交换离子与其他同类离子进行反复的交换，达到浓缩、分离、提纯和净化等目的。

2.3.1.2 离子交换树脂的分类

离子交换树脂可以按可交换基团和骨架结构来分类。

(1) 根据可交换基团性质不同分类　离子交换树脂可分为阳离子交换树脂和阴离子交换树脂。阳离子交换树脂可进一步分为强酸型（如—SO_3H）和弱酸型（—$COOH$、—PO_3H_2、—AsO_3H_2 等），阴离子交换树脂也可以进一步分为强碱型（如季铵盐类）和弱碱型（伯胺、仲胺和叔胺等）。若树脂上既有阳离子交换基团，又有阴离子交换基团，则称为两性离子交换树脂。

(2) 根据树脂骨架物理结构不同分类　可分为凝胶型、大孔型和载体型三大类，凝胶型离子交换树脂具有均相结构，干态和湿态均呈透明状，溶胀时有 $2\sim4nm$ 微孔。在溶胀状态下使用，能使小分子通过。依据交联度不同，又可分为低交联度（交联度＜8）、标准交联度（交联度＝8）和高交联度（交联度＞8）树脂。

大孔型树脂内存在粗大孔结构，呈非均相状态，外观不透明，孔径从几纳米到几百纳米甚至微米不等。因为树脂本身具有多孔型结构，可以在非溶胀状态下使用。大孔型树脂又可分为一般大孔树脂和高大孔树脂，一般大孔树脂的交联度通常为8，而高大孔树脂的交联度远远大于8。

载体型离子交换树脂是将离子交换树脂包覆在载体如硅胶或玻璃珠上制备的。其优点是能经受流动介质的高压，通常用作为液相色谱的固定相。

2.3.2 离子交换树脂的合成

离子交换树脂的合成方法很多，但基本上可以归纳为两种类型的途径：①含有可交换基团的单体经过自由基聚合、缩聚等方法制备；②利用已有的高分子通过化学反应引入可交换基团。前者的优点是制得的树脂的交换容量大，可交换基团均匀分布在树脂上，机械强度高。后者的优点是可以利用现有的、已知性能的高分子材料，可交换基团在树脂上的浓度和分布可以调节，但得到的交换容量较低，交联密度不易均匀。

2.3.2.1 强酸性阳离子交换树脂

强酸性阳离子交换树脂中以交联聚苯乙烯为骨架、交换基团为—SO_3H的树脂是目前离子交换树脂产品应用最广泛的品种。合成过程是：首先合成聚苯乙烯-二乙烯苯小球，然后用溶胀剂溶胀聚苯乙烯进行磺化反应。

强酸性阳离子交换树脂也可以用缩聚型高分子为骨架，通过磺化反应引入—SO_3H制备。反应式(2-9)是用苯酚和甲醛缩聚得到交联的酚醛、再磺化制备强酸性阳离子交换树脂的示例。

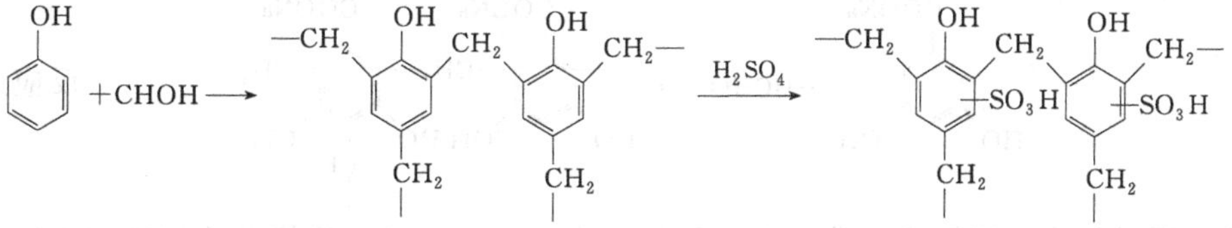

反应式(2-9)

磺化试剂包括浓硫酸、氯磺酸、三氧化硫和发烟硫酸等。溶胀剂为二氯乙烷、四氯乙烷、二甲基亚砜等。溶胀有利于磺化试剂进入树脂内部反应。苯乙烯-二乙烯苯共聚球体的磺化，一般是用93％的工业硫酸在70～80℃下进行的。

影响磺化反应的因素主要包括共聚物的结构、交联剂的成分、磺化反应温度、溶胀剂以及极性共聚单体等。

树脂共聚球体结构中交联度愈高，磺化速率愈低。大孔树脂的结构有利于硫酸的扩散，因而有利于磺化反应进行，即使在交联度较高的情况下反应也能顺利进行。交联度与致孔剂所引起的共聚物结构上的差别对磺化速率的影响，在磺化温度较低时更为显著。

交联剂二乙烯苯异构体对共聚物的结构影响很大，因而能显著地影响磺化反应的速率。

磺化反应速率随温度的升高而加快，使用二氯乙烷作溶胀剂时，一般在80℃反应。随着磺酸基团导入，聚合物变得亲水，可在反应后期提高反应温度，使其充分磺化。磺化反应结束，反应料液应进行逐步稀释，防止稀释过程温度过高及磺化树脂在水中过快溶胀。温度过高造成磺酸基水解，溶胀过快导致树脂破裂。

通过缩聚制备强酸性阳离子交换树脂也可以先磺化苯酚，生成苯酚磺酸，然后再用苯酚、苯酚磺酸与甲醛缩聚得到。

缩聚型磺酸基离子交换树脂的耐热性、耐氧化性和机械强度都不及苯乙烯系强酸树脂，所以这类树脂现在已较小使用。

2.3.2.2 弱酸性阳离子交换树脂

带有羧酸基（—COOH）、磷酸基（—PO$_3$H$_2$）、砷酸基（—AsO$_3$H$_2$）、酚基的离子交换树脂是弱酸性阳离子交换树脂，磷酸基的酸性介于磺酸基与羧酸基之间，而含羧酸基的树脂用途最广。这些功能基酸性弱，因而只能在中性或碱性溶液中才能解离而显示离子交换功能。

（1）丙烯酸型　使用丙烯酸或甲基丙烯酸为聚合单体，以二乙烯基苯为交联剂聚合直接合成含羧基的阳离子交换树脂。

这种阳离子交换树脂也可使用丙烯酸衍生物为聚合单体，如丙烯酸甲酯，与二乙烯基苯交联共聚后经水解获得。但其水解比较困难，水解反应需在较为苛刻的条件下进行。

此外，用丙烯腈的交联共聚物进行水解，也可以得到具有羧酸基的弱酸性交换树脂。

这种离子交换树脂的典型结构如下：

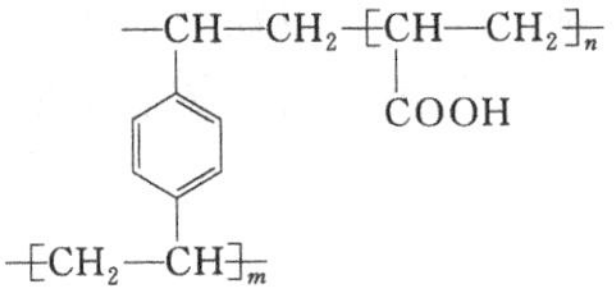

聚丙烯酸-二乙烯基苯离子交换树脂 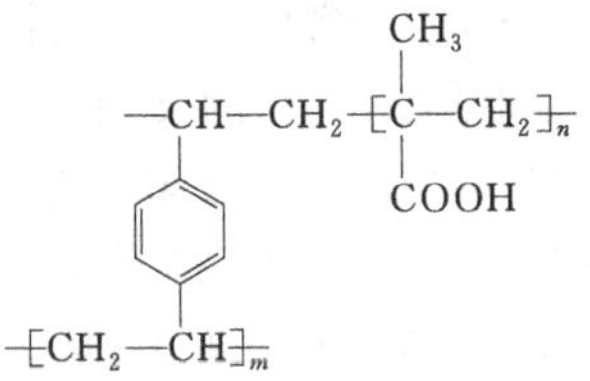　　　　聚甲基丙烯酸-二乙烯基苯离子交换树脂

聚丙烯酸型阳离子交换树脂为白色，或者乳白色球状颗粒，最高使用温度与强酸性阳离子交换树脂相近，为100℃左右。但是适用的酸度范围比较窄，为 pH 4～12。聚丙烯酸型阳离子交换树脂也可以分成凝胶型和大孔型两种。

（2）缩聚型　缩聚型弱酸树脂可通过羟基苯甲酸、3,5-二羟基苯甲酸与甲醛缩合来制备。

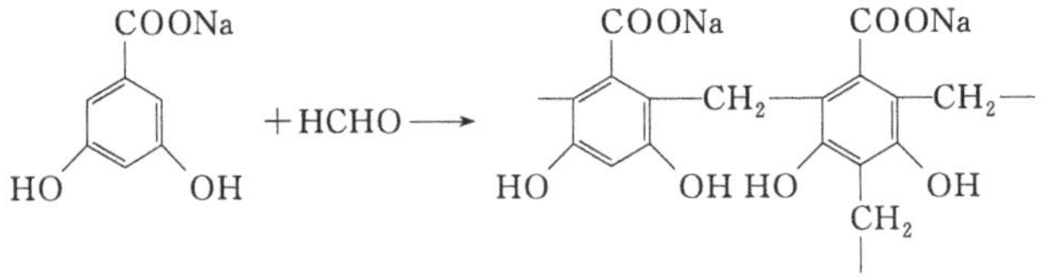

反应式(2-10)

缩聚型弱酸树脂也可制成大孔树脂。例如，将 20g 2,4-二羟基苯甲酸溶于碱水后加入 10g NaCl 和 6g 苯酚，在搅拌下加入 44g 甲醛于 40℃反应一定时间（约 50min）至成为浆状暗红色树脂，然后悬浮分散在透平油中在 55℃进一步缩合固化，升温到 110℃脱水，得到球状的大孔弱酸树脂。

用水杨酸与甲醛缩合，致孔剂用可溶性淀粉、NaSO$_4$ 或 NaCl，在乳化之后再加入一定量的苯酚、醛，聚合至体系黏稠时，于透平油中继续进行悬浮聚合，也可得到结构相似的弱酸性树脂。

（3）磷酸型　磷酸型树脂多数以聚苯乙烯-二乙烯苯为骨架，按下式反应制备。

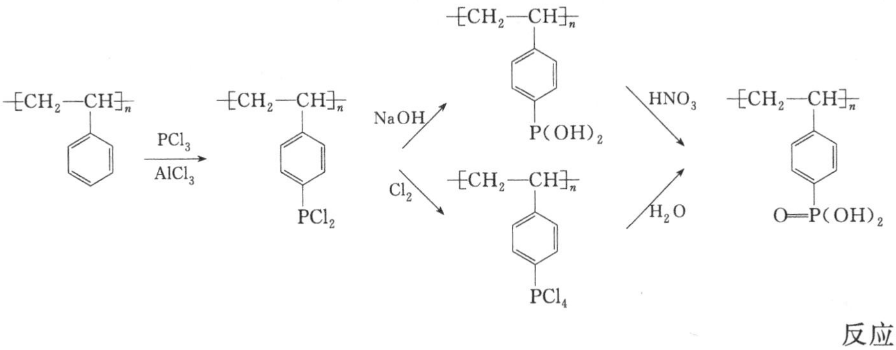

反应式(2-11)

2.3.2.3 强碱性阴离子交换树脂

强碱性阴离子交换树脂是一类在骨架上含有季铵基的聚合物，主要有—N$^+$(CH$_3$)$_3$，称为

强碱 I 型，和含—N$^+$(CH$_3$)$_2$CH$_2$CH$_2$OH 基团，称强碱 II 型。

I 型强碱树脂的碱度强于 II 型树脂，对于 SiO$_3^{2-}$、HCO$_3^-$、CO$_3^{2-}$、BO$_3^{2-}$ 等弱酸能起作用；II 型树脂对 SiO$_3^{2-}$ 的作用差一些，对于比乙酸更弱的酸则不起作用。I 型树脂的耐热性、抗氧化性、强度与寿命皆优于 II 型。II 型树脂的再生效率却高于 I 型，不需要过量再生剂。II 型树脂的抗污染能力也优于 I 型树脂。

属于强碱性阴离子树脂的还有带叔锍基$\left(-\overset{+}{S} \right)$、季鏻基$\left(-\overset{+}{P} \right)$阴离子树脂。其碱性相当于季铵碱，它在酸性、中性甚至碱性介质中都显示离子交换功能。

强碱性阴离子交换树脂一般以化学稳定的 Cl 盐型出售，应用时其碱型要用 NaOH 溶液进行转型。

（1）聚苯乙烯型　大部分强碱性阴离子交换树脂是从聚苯乙烯-二乙烯苯共聚物小球出发，经氯甲基化和胺化反应制得。反应式(2-12) 是制备强碱 I 型和 II 型的典型反应示例，I 型和 II 型的区别在于加入的胺化反应试剂不同。

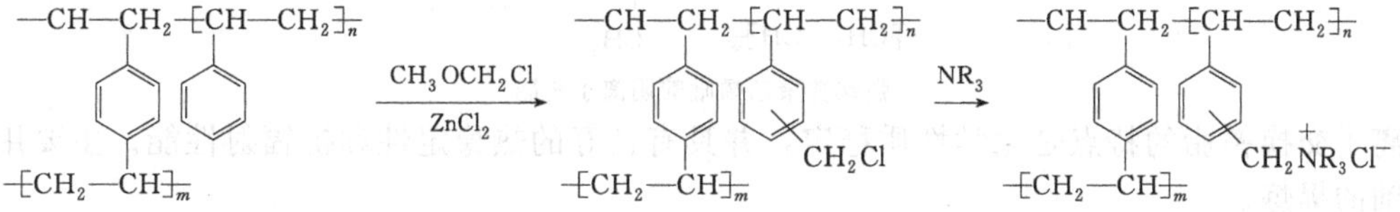

反应式(2-12)

氯甲基化试剂包括氯甲醚、二氯甲醚、甲醛水溶液—HCl、多聚甲醛—HCl 和甲醛缩二甲醇等。氯甲基化的催化剂有 ZnCl$_2$、AlCl$_3$、SbCl$_5$、FeCl$_3$、SnCl$_4$ 等。氯甲基化反应后形成的氯甲基苯基仍然是一个活泼的烷基化试剂，可继续与其他苯环发生烷基化反应而形成亚甲基桥。这一副反应会对最后的氯甲基化树脂产生两方面的影响：减小氯甲基化树脂的氯甲基含量；形成附加交联，增加树脂的表观交联度。研究表明，采用活性较低的 Fridel-Crafts 反应催化剂 ZnCl$_2$、较低的反应温度 30～40℃和过量的氯甲醚时，后交联反应程度较低，得到的树脂的氯甲基含量较高。

聚苯乙烯母体的交联度对氯甲基化程度和速度有影响。普通凝胶型阴离子交换树脂的交联度 7 或 8，需用 2.6 倍量的氯甲醚才能使其充分溶胀，并能进行搅拌。交联度越高，氯甲基化产物的氯含量越低，使随后导入的交换基团的数量减少。在低交联共聚或大孔共聚物进行氯甲基化时，所需氯甲醚的量更多。为了节省氯甲醚，有时可选择适当的溶剂与氯甲醚混合使用，如二氯乙烷、二氯甲烷、四氯乙烯等，但这些溶剂的加入会使氯甲基化速度变慢。

凝胶型树脂胺化时容易破裂，一般在胺化时加入 NaCl。制备强碱 I 型树脂时三甲胺采用分批投料的方式，反应完成后逐渐加水稀释、洗涤。与凝胶型比较，大孔型树脂母体胺化时可加快投料速度，反应料液中不加 NaCl 时树脂球体也不易破裂。

（2）其他类型　其他类型强碱离子交换树脂有聚丙烯酸型，其合成的典型路线如反应式(2-13) 所示。

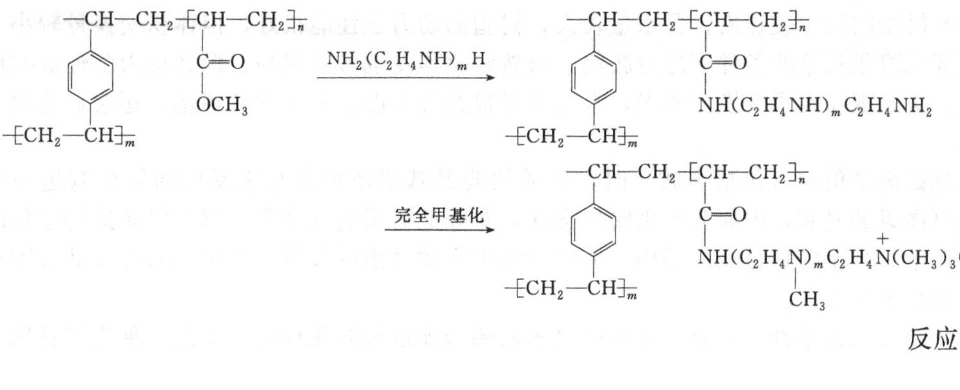

反应式(2-13)

也可以用 N-(N'-二烷基胺)甲基丙烯酰胺与二乙烯苯共聚，可直接得到带叔胺基的树脂，将带叔胺基的丙烯酸系树脂和溶有 Na_2CO_3 的水溶液加到高压釜中，通入氯甲烷直到达到 0.3MPa 以上，并在此压力下反应 18h，得到聚丙烯酸型强碱性树脂：

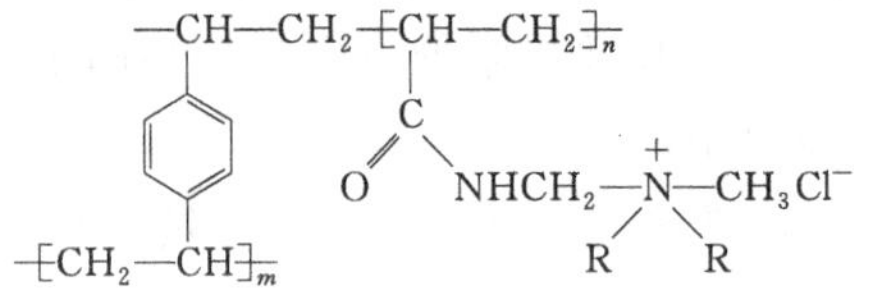

$$R=-CH_3，-CH_2CH_3，-C_3H_7，-C_4H_7，-C_4H_9，-C_6H_{13}$$

聚丙烯酸型强碱性树脂

另一类强碱性阴离子交换树脂是以杂环上的碱性氮原子作为离子交换基团，使用较多的杂环是吡啶类，如聚乙烯基吡啶，杂环上的氮原子经季铵化之后，表现出强碱性：

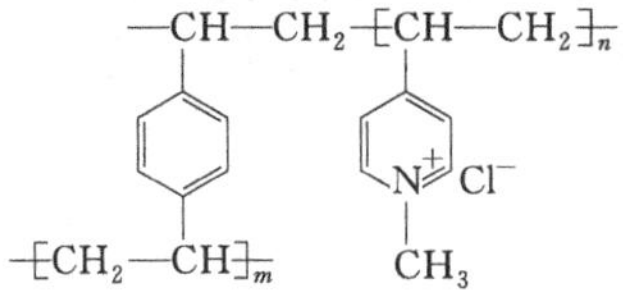

强碱性聚乙烯吡啶阴离子树脂

这种离子交换树脂的特点是化学性质稳定，并具有良好的热稳定性和抗辐射性能。主要用于放射性铀的提炼。

2.3.2.4 弱碱性阴离子交换树脂

弱碱性阴离子交换树脂在骨架上有各种脂肪和芳香型伯胺、仲胺、叔胺基，在水中的解离常数比较小，显示弱碱性。因此，它们的离子交换能力较弱，只能在中性和酸性条件下使用，适用的酸度范围在 pH=1～9 之间。只能交换强酸的阴离子，对硅酸等弱酸根没有吸附交换能力。这类树脂具有较高的交换容量和良好的再生率。

（1）聚苯乙烯型　首先是交联聚苯乙烯母体的氯甲基化，然后经胺化导入弱碱性交换基团，所用的胺为伯胺或仲胺，如二甲胺、乙二胺、乙烯多胺等。

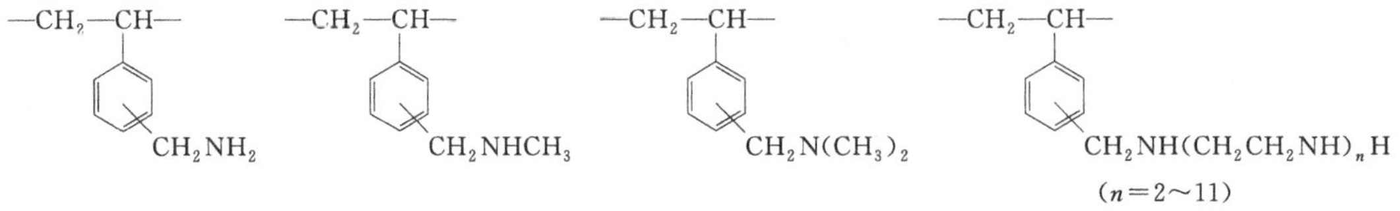

$$(n=2～11)$$

聚苯乙烯弱碱性离子交换树脂

在胺化过程中，由于弱碱基团的水合能力较差，在碱性溶液中的膨胀也较小，胺化反应的速度可以快一些。尤其是大孔氯甲基化聚苯乙烯母体，在较高的温度（40～60℃）下进行胺化也能得到强度很好的弱碱性树脂。

溶胀剂对胺化产物的性能影响很大。例如，用二氯乙烷充分溶胀时，以二甲胺进行胺化，所得叔胺基树脂结构比较疏松，含水量较大，树脂的动力学性能很好，但体积交换量较小。若在无溶胀剂或溶胀较差的条件下进行胺化，虽然胺化程度也可以很高，但其动力学性能与前者相差很大。这表现在离子交换速率慢，水洗耗量很大等方面。对于大孔树脂，还会显著地影响其孔结构。

当胺化试剂是伯胺（包括多胺）时，生成的弱碱基团还可能与未反应的氯甲基进一步反应，生成更高级的氨基，因而会产生附加交联，并降低树脂的交换量。以二甲胺进行胺化时还会因此而产生相当量的强碱交换基团。为尽量减少强碱基团的含量，在胺化时应使共聚物充分溶胀，并提高胺的浓度。

在溶胀和无水的条件下，氯甲基交联聚苯乙烯与胍进行胺化反应，得到一种性能特殊的中强碱性树脂。这种在离子交换性能上像强碱性树脂一样能分解中性盐，而再生又像弱碱性树脂那样可以用氨水来进行：

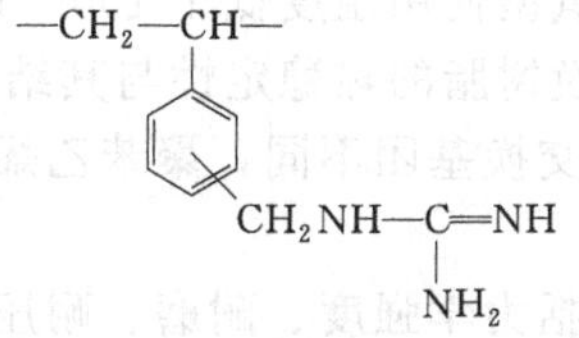

$$-CH_2-CH-$$

聚苯乙烯中强碱性离子交换树脂

（2）其他类型　弱碱性树脂也可以以聚丙烯酸衍生物为骨架，这种类型树脂的显著特点是交换速率快，抗污染性能强。它的合成一般以丙烯酸衍生物的甲酯为单体，与适量的二乙烯基苯共聚，得到适度交联的珠状树脂；然后酯基用多胺进行胺解形成多胺聚合物；最后使用烷基化试剂进行不完全烷基化，得到含有各种氨基的弱碱性离子交换树脂：

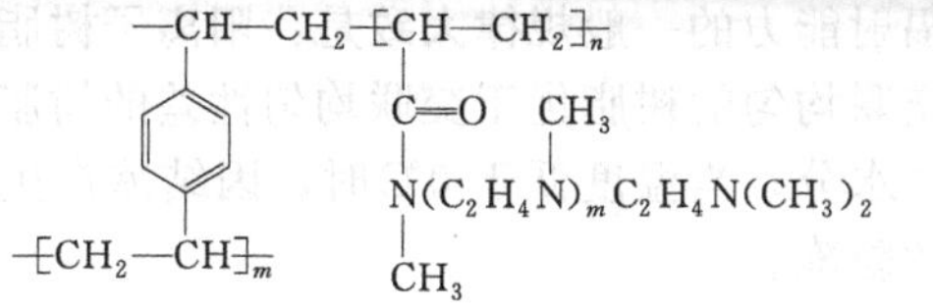

聚丙烯酸型弱碱性阴离子树脂 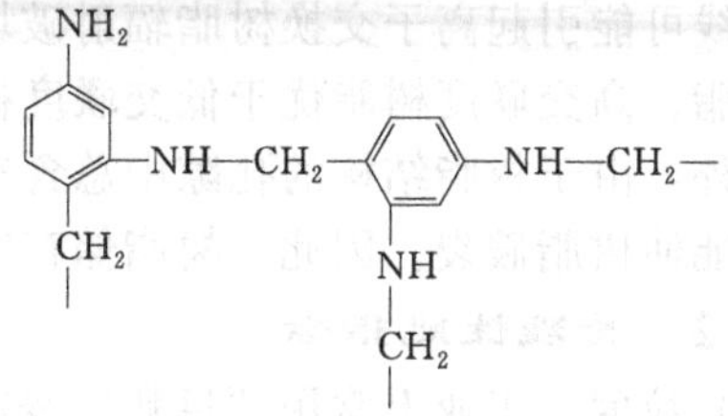　　　　　　　　　　　芳香胺-甲醛缩聚型弱碱性阴离子树脂

缩聚型阴离子交换树脂的制备方法之一是用芳香胺与甲醛缩聚制备的。例如，用间苯二胺与甲醛的盐酸盐溶液反应得到非常弱碱性的阴离子交换树脂。

2.3.2.5　两性阴离子交换树脂

两性树脂是阳离子交换基团和阴离子交换基团连接在同一高分子骨架上构成的离子交换树脂。这类树脂中的两种基团彼此接近，可以互相结合，遇到溶液中的离子又可同时与阳、阴两种离子进行离子交换。饱和之后只需大量水洗，便可使树脂得到再生，恢复其原有的交换能力。两性树脂的两种基团必须是强酸-弱碱型、弱酸-强碱型或弱酸-弱碱型。强酸-强碱型树脂不能表现出两性树脂的特点。

"蛇笼树脂"是两性树脂中的一种特殊形式。"蛇笼树脂"是指在同一树脂颗粒中包含各带有阴、阳两种离子交换树脂的两种聚合物。一种是交联的阴树脂（或阳树脂）为"笼"，另一种是线型的阳树脂（或阴树脂）为"蛇"，交联链和线型链绞缠在一起，相邻的阳、阴交换基团又互相作用，形成两种不同聚合物静电相吸及机械缠绕的混合物，其分子结构恰似笼中之蛇而得名。

2.3.3　离子交换树脂的性能和功能

2.3.3.1　物理性能

离子交换树脂的物理性能包括外观、化学稳定性、热稳定性和力学稳定性等方面。

在外观上，离子交换树脂一般呈粒径为 0.04～1.2mm 的胶状球粒，形状、颜色随种类、制备方法及用途的不同差异很大。

在化学稳定性方面，通常对酸的稳定性较高，耐碱性稍差。阴离子交换树脂对碱都不很稳定，交联度低的树脂长期放在强碱中容易破裂溶解，常以比较稳定的氢型树脂储存。阳离子交换树脂也有类似情况。各种树脂耐氧化性能差别很大，主要与骨架结构的类型和交联度有关，通常交联度越高耐氧化性越好。在各种类型骨架树脂中聚苯乙烯树脂耐氧化性能较好。孔结构对离子交换树脂化学稳定性也有影响。大孔型树脂耐酸、碱及耐氧化性能均比凝胶型树脂强。

在热稳定性方面，离子交换树脂干树脂在空气中受热容易使骨架及功能基降解破坏，耐热性随离子存在的类型不同有很大差异，通常盐型比酸型和碱型稳定。例如，钠盐型磺化聚苯乙烯阳树脂可在150℃下使用，而其氢型使用温度低于100~120℃。阴树脂耐热性能较差，氯型树脂只能耐热80~100℃。离子交换树脂的热稳定性与其结构有密切关系。普通凝胶型树脂使用上限温度比大孔型树脂低；由于交换基团不同，聚苯乙烯强碱性Ⅰ型树脂就比Ⅱ型树脂热稳定性好。

离子交换树脂的力学稳定性包括力学强度、耐磨、耐压及耐渗透压变化等，是树脂的重要使用性能指标，在流动系统中这些指标更重要。树脂力学稳定性随其交联度提高而增强，同合成的原料及工艺条件也有关。但当交联度提高时，往往会导致交换容量下降。解决的办法是适当控制交联度，并引入较多官能团以提高其交换容量。

树脂受氧化后力学强度会下降，特别是强酸性阳树脂易于被氧化。强碱性阴树脂则易于吸附有机物而被污染，使其力学强度降低。一般大孔型树脂的力学性能优于凝胶型树脂。

射线可能引起离子交换树脂辐射破坏，抗辐射能力的一般规律大致是：阳离子树脂优于阴离子树脂；高交联度树脂优于低交联度树脂；交联均匀的树脂优于交联均匀性差的树脂。

此外，由于树脂结构的孔隙中总含有一定量水分，当温度低于0℃时，因结冰产生的体积变化可能使树脂破裂。因此，树脂储存时应注意防冻。

2.3.3.2 物理性能指标

(1) 粒度　工业上常用"目数"表示树脂粒径的大小，用标准筛进行筛分测定，一般给出的是粒度范围。为了比较树脂的粒度，使用有效粒径和均匀系数两项数值。有效粒径是指颗粒总量的10%通过而90%保留的筛孔孔径；均匀系数是指通过60%球粒的筛孔孔径与通过10%球粒的筛孔孔径的比值。均匀系数反映树脂粒度的分布情况，其值愈小表示粒度分布愈均匀。

(2) 密度　离子交换树脂是多孔性物质。多孔物质的堆积体积 $V_堆$ 由三部分组成：颗粒间的空隙体积 $V_空$，颗粒内部的孔洞体积 $V_孔$ 及颗粒骨架的体积 $V_真$。

因此，离子交换树脂的密度有三种：堆积密度、表观密度和真密度。

堆积密度 $\rho_堆$，也称视密度，是指每单位体积中树脂的重量，它包括了树脂的颗粒间隙。其测定方法是将干燥至恒重的 w (g) 树脂装入一小量筒中，经小心敲打敦实至体积不变时读出体积刻度数 V (mL)，按式(2-8)计算：

$$\rho_堆 = \frac{w}{V_堆} \tag{2-8}$$

树脂的堆积密度与树脂的颗粒大小和形状有关，因为不同粒度的树脂有不同的颗粒间隙。

在离子交换树脂的实际应用中，湿态树脂的堆积密度具有更重要的意义。湿态树脂的堆积密度是指树脂在水中溶胀状态下单位体积中树脂的重量，其测定方法与干态树脂的测定方法相同。

表观密度 $\rho_表$ 是指单位表观体积 (mL) 树脂的重量，它包括颗粒内部的微孔、中孔和大孔的体积，但不包括粒间空隙体积。使用汞比重瓶法测定，其原理是利用汞的表面张力大，不浸润树脂表面，接触角大，不能进入树脂内部的孔隙之中而进行的。因此，在一固定容积的比重瓶内，测定完全充汞的重量，然后再测定加有树脂样品和充汞的重量，算出树脂的体积和原样品的重量即可求出树脂的表观密度，按式(2-9)计算：

$$\rho_表 = \frac{w}{V_孔 + V_真} = \frac{13.546}{g_1 - (g_2 - w)} \tag{2-9}$$

式中　w——树脂样品质量，g；

　　　g_1——比重瓶和汞的质量，g；

　　　g_2——比重瓶、树脂样品和汞的总质量，g；

13.546——25℃下汞的密度。

真密度 $\rho_{真}$，也称树脂的骨架密度，是指树脂骨架本身的密度。其测定方法是使用能与树脂骨架互相浸润、能渗入树脂内部孔隙但又不与树脂发生溶胀作用的液体和比重瓶法。所用的液体一般是正庚烷、正己烷、环己烷。例如以正庚烷为测定介质时，在比重瓶内准确称取一定量的树脂样品，加入一定量的正庚烷浸泡4~6h，然后把正庚烷加到比重瓶的刻度处，准确称量。同样方法做一空白试验，按式(2-10)计算：

$$\rho_{真}=\frac{w}{V_{真}}=\frac{\rho_{庚}w}{g_1-(g_2-w)} \tag{2-10}$$

式中　w——树脂样品质量，g；

$\quad\quad g_1$——比重瓶和正庚烷质量，g；

$\quad\quad g_2$——比重瓶、树脂样品和正庚烷的总质量，g；

$\quad\quad \rho_{庚}$——正庚烷在测定温度下的密度。

（3）孔性能指标　孔容和孔度对于多孔树脂是具有实际意义的性能指标。已知表观密度 $\rho_{表}$ 和真密度 $\rho_{真}$ 后，可算出孔容和孔度。

孔容 $V_{孔容}$ 是指单位质量干树脂内孔洞的体积（mL/g），按式(2-11)计算：

$$V_{孔容}=\frac{1}{\rho_{表}}-\frac{1}{\rho_{真}} \tag{2-11}$$

孔度 $V_{孔度}$ 是指树脂内孔洞体积占树脂（干）本身体积的百分数，按式(2-12)计算：

$$V_{孔度}=1-\frac{\rho_{表}}{\rho_{真}}\times100\% \tag{2-12}$$

树脂实际的孔形状是不规则、孔道大小是不均匀的，不能用孔径来描述，更不能进行精确的测量。为了描述和方便比较，将树脂实际的孔简化为圆筒孔模型，即所有的孔是平均半径 $\bar{r}$、长度为 l 的圆筒孔。这时，孔体积（孔容）$V_{孔容}$ 的值为 $\pi\bar{r}^2 l$，比表面积 $S=2\pi\bar{r}l$，因此，由孔体积和比表面积可计算得到树脂的平均孔径：

$$\bar{r}=\frac{2V_{孔容}}{S} \tag{2-13}$$

描述大孔树脂孔结构特性的另一个重要参数是孔径分布。测定方法有毛细管凝聚法、热孔计法、X射线小角散射法、压汞仪法、氮吸附法和体积排除色谱法（凝胶渗透色谱法）及反相体积排除色谱法（反相凝胶渗透色谱法）。其中压汞法、氮吸附法和反相凝胶渗透色谱法用得最多。

压汞法测定的基础是把汞压入多孔物质的孔洞时，所施加的压力与孔洞大小间所具有的函数关系。压力越大，汞可进入的孔越小，从压力与孔径的关系可得到孔径分布曲线。用压汞法测定大孔树脂的孔分布时，压力过高，树脂骨架被压缩变形，使结果产生偏差，因此只适合于较大孔径范围的测定。

氮吸附法测定孔分布，是利用氮气于液氮温度及较高的相对压力下，在多孔物质孔洞中的吸附凝聚作用来进行的。发生凝聚作用的孔的半径与氮的相对压力间存在一定的关系，以此为基础可测定孔分布曲线。氮吸附法测定孔分布一般只限于较小的孔径范围。

反相凝胶渗透色谱法可测定5000Å以下孔径范围内的分布。孔径5000Å以下的很大区间，正好是在压汞法和氮吸附法的测定范围之外，因此弥补了上述两种方法的不足。同时，反相凝胶渗透色谱法对测定溶胀状态下大孔树脂的孔结构有特别的意义。

（4）比表面积　比表面积是树脂重要的性能参数之一，其含义是指每克树脂所具有的面积（m²），即每克树脂所具有的内、外表面积的总和（m²/g）。凝胶型树脂的比表面一般都在0.1mol/g左右，每克多孔树脂的表面积由数平方米到上千平方米。表面积的测定方法有多种，最常用的是基于BET原理的低温氮吸附法，吸附量按BET公式(2-14)计算：

$$\frac{p}{V(p_0-p)}=\frac{1}{V_m C}+\frac{C-1}{V_m C}\times\frac{p}{p_0}\qquad(2\text{-}14)$$

式中　V——平衡吸附量；

V_m——单分子层吸附量；

p——吸附平衡时的气体压力；

p_0——吸附温度下的吸附质的饱和蒸气压；

C——常数。

以 $p/V(p_0-p)$ 对 p/p_0 作图为一直线，从该直线的截距和斜率可求得 V_m（mL）。样品的比表面积 S 按式(2-15) 计算：

$$S=\frac{4.36\times V_m}{W}\qquad(2\text{-}15)$$

式中　W——树脂样品质量，g；

4.36——以每个氮分子截面积 16.2A^2 及阿佛伽德罗常数等计算得到的常数。

（5）含水量　含水量是离子交换树脂的重要性能指标之一，指达溶胀或吸收平衡时树脂所含水量的百分数，主要由树脂的骨架结构，如交联度、孔度及功能基的性质和数量所决定。

对于在 105～110℃下连续干燥不发生化学变化的离子交换树脂的含水量可按国际 GB/T 5757—1986 的方法测定。将吸水量达平衡状态的离子交换树脂置于一支带有玻璃砂过滤板的离心管内，然后放在电动离心机中以 （2000±200）r/min 的速度离心 5min，除去树脂颗粒外的水分。取出离心管内的树脂样品，分别放入到已恒重的两个具塞称量瓶中称重，将这两个称量瓶敞盖放入烘箱中，在 （105±3）℃烘干 2h。将盖严的称量瓶在干燥器中冷却到室温后称量，按式(2-16) 计算树脂的含水量：

$$X=\frac{m_2-m_3}{m_2-m_1}\times100\%\qquad(2\text{-}16)$$

式中　m_1——空称量瓶质量，g；

m_2——烘干前树脂和称量瓶的质量，g；

m_3——烘干后树脂和称量瓶的质量，g。

应该注意的是，氢氧型阴离子交换树脂在 105～110℃不稳定，其含水量的测定不能用上述方法。氢氧型阴离子交换树脂的含水量是指用氢氧化钠溶液将阴离子交换树脂的全部强碱基团转化成氢氧型，弱碱基团转化为游离胺型后的离子交换树脂颗粒内所含的平衡水量。其测定法与上法略有差别，需按国标 GB/T 5759—2000 的方法进行测定。在一含水量测定器（带玻璃砂芯和活塞的玻璃柱）内准确称取约 1g 离心脱水的氢氧型强碱性阴离子交换树脂样品，用 1mol/L HCl 将树脂转成氯型，用无水乙醇洗涤。然后在 （105±3）℃下烘 2h，将盖严的称量瓶在干燥器中冷到室温后称重，按式(2-17) 计算树脂的含水量：

$$X=\left[1-\left(\frac{m_3-m_1}{m_2-m_1}\right)-\left(36.5-\frac{E_2}{E_1}\times18\right)\times E_1\times10^{-3}\right]\times100\%\qquad(2\text{-}17)$$

式中　m_1——含水量测定器质量，g；

m_2——烘干前树脂和含水量测定器质量，g；

m_3——烘干后树脂和含水量测定器质量，g；

E_1——阴离子交换树脂湿基全交换容量，mmoL/g（另测）；

E_2——强碱基团交换容量，mmoL/g（另测）。

2.3.3.3　化学性能

离子交换树脂能够得到广泛的应用与其化学性能即能进行离子交换反应并具有离子交换选择性有关。

离子交换反应是离子交换树脂最基本、最重要的性能。在电解质溶液中离子交换树脂的功能基发生解离，可动的反离子与溶液中扩散到功能基附近的同类离子进行化学交换。离子交换反应的主要类型有：中性盐分解反应、中和反应，以及复分解反应。

中性盐分解反应：

$$RSO_3^- H^+ + Na^+ Cl^- \rightleftharpoons RSO_3^- Na^+ + H^+ Cl^- \qquad \text{反应式(2-14)}$$

$$RNHOH + Na^+ Cl^- \rightleftharpoons RNHCl + NaOH \qquad \text{反应式(2-15)}$$

中和反应：

$$RSO_3^- H^+ + Na^+ OH^- \rightleftharpoons RSO_3^- Na^+ + H_2O \qquad \text{反应式(2-16)}$$

$$RNHOH + H^+ Cl^- \rightleftharpoons RNHCl + H_2O \qquad \text{反应式(2-17)}$$

$$RCOOH + NaOH \rightleftharpoons RCOONa + H_2O \qquad \text{反应式(2-18)}$$

$$RNH_3OH + H^+ Cl^- \rightleftharpoons RNH_3Cl + H_2O \qquad \text{反应式(2-19)}$$

复分解反应：

$$RSO_3Na + KCl \rightleftharpoons RSO_3K + NaCl \qquad \text{反应式(2-20)}$$

$$RNHCl + NaBr \rightleftharpoons RNHBr + NaCl \qquad \text{反应式(2-21)}$$

$$R(COONa)_2 + CaCl_2 \rightleftharpoons R(COO)_2Ca + 2NaCl \qquad \text{反应式(2-22)}$$

$$RNH_3Cl + NaBr \rightleftharpoons RNH_3Br + NaCl \qquad \text{反应式(2-23)}$$

离子交换反应一般是可逆的，反应方向受树脂交换基团的性质和含量、溶液中离子性质和浓度、溶液 pH 值、温度等因素的影响。各类树脂的交换基团性质不同，因而进行离子交换反应的能力也不同。强酸、强碱性树脂能发生中性盐分解反应，而弱酸、弱碱性树脂基本没有这种反应。各种树脂都能进行中和反应，但强型树脂的反应能力比弱型树脂大。

2.3.3.4 化学性能指标

（1）交换容量 反映离子交换树脂对离子的交换吸附能力的重要指标是交换容量。交换容量也叫交换量，是指一定数量的离子交换树脂所带的可交换离子的数量，随着测定方法和计算方法的不同用不同方式来表示。其中最常用的有总交换量、解盐交换量、表观交换量、工作交换量、穿漏交换量和再生交换量。

总交换量指经干燥恒重的单位质量或单位体积在水中所具有的可交换的离子的总数。它反映了离子交换树脂的化学结构特点，是其质量的主要标志。对于强酸和强碱树脂，其总交换量一般与元素分析所测得的功能基的数量相当。

解盐交换量是反映离子交换树脂酸碱性强弱的标志。如 H^+ 型的强酸树脂和 OH^- 型的强碱树脂各自能将中性的氯化钠水溶液分解转化为 HCl 型的酸性溶液和 NaOH 型的碱性溶液，这也是测定强酸性和强碱性离子交换树脂交换量的方法之一。

表观交换量是指在某实验条件下所表现出来的离子交换量。若功能基未完全电离，或树脂孔径太小，离子不易扩散进行交换的条件下所测得的交换量会低于总交换量。在树脂粒度较小，同时会伴有吸附作用发生时，其表观交换量往往会大于总交换量。

工作交换量是指离子交换树脂在一定的工作条件下表现出的交换量，它是离子交换树脂实际交换能力的量度。树脂的工作交换量不仅同其结构有关，而且同溶液组成、流速、温度、流出液组成及再生条件等因素有关。在一定的工作条件下，交换基团可能未完全电离，故工作交换量一般小于总交换量。一种树脂的工作交换量可在模拟离子交换树脂实际工作条件下测得。因此，在表示树脂工作交换量时，必须指明工作条件和贯流点。在实际应用中，工作交换量意义更大。

穿漏交换量是指使用离子交换柱进行离子交换时，在流出液中出现需要除去的离子时所表现出的树脂交换量，这种交换量一般随操作条件变化而变化。在出现离子穿透时，树脂上的功能基的离子交换并未达到平衡。因此，它的交换量总是小于总交换量。

在被处理的流出液达到穿漏点时，离子交换树脂就要进行再生。再生的基本原理是利用离子交换的逆反应加入再生剂使交换饱和的基团复原。在实际应用中出于经济的原因，常常不使离子交换树脂的被饱和基团全部再生恢复，而只控制再生一部分。因此，再生剂的用量对树脂的工作交换量影响很大。

再生交换量是离子交换树脂在指定再生剂用量条件下的交换容量。离子交换树脂的交换容量测定，可以采用直接酸碱滴定或 pH 计指示滴定。对于强酸和强碱离子交换树脂，多数采用解盐法测定。

新鲜强酸树脂用解盐法测得的交换量与其总交换量是一致的。但经长期使用后因树脂受到氧化而出现弱酸基团（—COOH）。强酸树脂中的弱酸基团的交换量可在解盐法测定交换量后用酸碱滴定法测定，测得的弱酸交换量与解盐法测得的交换量之和为强酸树脂的总交换量。强碱树脂在生产及使用过程中都可能产生少量弱碱基团。这类弱碱基团也可在解盐法测定交换量后进一步用酸碱滴定法测定，将测得的两种交换量相加，即得强碱树脂的总交换量。强碱树脂的总交换量也可用酸碱滴定法一次测得。

弱酸、弱碱树脂的交换量可用酸碱滴定法测定。弱酸树脂测定交换量时，树脂先充分转化成 H^+ 型，然后在过量 NaOH 标准溶液中浸泡。通过用 HCl 标准溶液滴定 NaOH 浸泡液，可计算得到弱酸树脂的交换量。同样，转化成 OH^- 型的弱碱树脂用过量 HCl 标准溶液浸泡，然后用 NaOH 标准溶液滴定 HCl 浸泡液，可计算得到弱碱树脂的交换量。弱酸、弱碱树脂用酸碱滴定法测得的交换量与其总交换量一致。

阳离子交换树脂的交换容量直接酸碱测定方法为：准确称取预处理成 H^+ 型的阳离子交换树脂约 1.5g 和 2g 各两份置于三角瓶中。在 1.5g 样品的三角瓶中移入 0.1mol/L NaOH 标准溶液 100.0mL，一定温度下（强酸性阳离子交换树脂为室温，弱酸性阳离子交换树脂为 60℃）浸泡 2h。从中取出 25.00mL 上清液，用 0.1mol/L HCl 标准溶液滴定之。同时进行空白实验。在 2g 样品的三角瓶中移入 0.5mol/L $CaCl_2$ 溶液 100mL，室温浸泡 2h。从中取出 25.00mL 上清液，用 0.1mol/L NaOH 标准溶液滴定之。同时进行空白实验。阳离子交换树脂湿基全交换容量 Q'_T（mmol/g）为：

$$Q'_T = \frac{4(V_2 - V_1)c_{HCl}}{m_1} \qquad (2-18)$$

式中　V_1——滴定浸泡液所消耗的 HCl 标准溶液的体积，mL；

　　　V_2——空白样所消耗的 HCl 标准溶液的体积，mL；

　　c_{HCl}——HCl 标准溶液的浓度，mol/L；

　　　m_1——树脂样品的质量，g。

阳离子交换树脂全交换容量 Q_T（mmol/g）为：

$$Q_T = \frac{Q'_T}{1-X} \qquad (2-19)$$

式中　X——含水量。

阳离子交换树脂湿基强酸基团交换容量 Q'_S（mmol/g）为：

$$Q'_S = \frac{4(V_3 - V_4)c_{NaOH}}{m_2} \qquad (2-20)$$

式中，V_3 和 V_4 分别为滴定浸泡液及空白样所消耗的 NaOH 标准溶液的体积；c_{NaOH} 为 NaOH 标准溶液的浓度，mol/L；m_2 为树脂样品的质量，g。

阳离子交换树脂强酸基团交换容量 Q_S（mmol/g）为：

$$Q_S = \frac{Q'_S}{1-X} \qquad (2-21)$$

阳离子交换树脂弱酸基团交换容量 Q_W（mmol/g）为：

$$Q_W = Q_T - Q_S \qquad (2\text{-}22)$$

对于弱酸性阳离子交换树脂，其弱酸基团交换容量等于全交换容量。

阴离子交换树脂的交换容量测定方法为：准确称取两份预处理成 OH^- 型强碱性阴离子交换树脂约 2.5g 或自由胺型弱碱性阴离子交换树脂约 2g 置于三角瓶中。移入 0.1mol/L HCl 标准溶液 100.0mL，在 40℃下浸泡 2h。从中取出 25.00mL 上清液，用 0.1mol/L NaOH 标准溶液滴定之。另准确称取两份 OH^- 型强碱性阴离子交换树脂约 2.5g 或自由胺型弱碱性阴离子交换树脂约 10g 置于三角瓶中。移入 0.5mol/L Na_2SO_4 溶液 100mL，室温下浸泡 20min。从中取出 25.00mL 上清液，用 0.1mol/L HCl 标准溶液滴定之。

阴离子交换树脂交换容量的计算方法与上面介绍的阳离子交换树脂的交换容量的计算方法类似，不再详细介绍。

除交换容量外，评价离子交换能力的指标还有交换反应速率和再生速率等。

（2）选择性　离子交换树脂的选择性是指某种树脂对不同离子所表现出来的不同的交换亲和吸附性能。离子交换树脂的选择性与树脂本身所带的功能基、骨架结构、交联度有关，也与溶液中离子的浓度、价数、离子的水合半径的大小、交换体系的 pH 值有关。

树脂对不同离子的交换能力差别可用选择性系数来表示，其数值等于树脂相和溶液相中交换的 A 和 B 离子对的摩尔分数的比。选择性系数测定方法如下：已知交换量的一定质量的树脂与含有已知浓度的 A、B 离子的溶液进行交换，达到平衡后，取出树脂，用滴定或其他物理方法测定溶液中所剩的 A、B 离子的浓度，推算出树脂上 A、B 离子的含量，按式(2-26)计算树脂的选择性系数：

$$K_A^B = \frac{[R_B][A]}{[R_A][B]} = \frac{[R_B]/[R_A]}{[B]/[A]} \qquad (2\text{-}23)$$

式中　K_A^B——树脂的选择系数；

$[R_A]$——达到平衡时结合在树脂上的 A 离子浓度；

$[R_B]$——达到平衡时结合在树脂上的 B 离子浓度；

$[A]$——达到平衡时溶液中的 A 离子浓度；

$[B]$——达到平衡时溶液中的 B 离子浓度。

当 $K>1$，表明树脂对 B 离子的选择性高于 A 离子；$K=1$，则选择性相同，此时 A、B 两种离子无法用树脂分离。

影响离子交换树脂选择系数的因素有许多，但已经获得了一些经验规律。

强酸型阳离子交换树脂在室温下稀水溶液中，总是优先吸附多价离子：$Th^{4+} > Cr^{3+} > Ca^{2+} > Na^+$；对同价离子而言，当原子序数增加时，离子表面的电荷密度相对减少，离子吸附的水分子也减少，水合离子半径也减少。因此，选择性随着原子序数的增加而增加，随着水合离子半径减少而增加：$Ba^{2+} > Sr^{2+} > Ca^{2+} > Mg^{2+} > Be^{2+}$，$Cs^+ > Ag^+ > Rb^+ > K^+ > NH_4^+ > Na^+ > Li^+$。

羧酸型弱酸性阳离子交换树脂同样对多价金属离子选择性高，但它对氢离子的选择性更强，所以用酸进行处理很容易再生：$H^+ > Fe^{3+} > Ba^{2+} > Ca^{2+} > Mg^{2+} > K^+ > Na^+$。

磺酸树脂、磷酸树脂和羧酸树脂都是阳离子交换树脂，对 H^+ 的选择性和对多价金属离子的选择性顺序：羧酸树脂＞磷酸树脂＞磺酸树脂。弱酸性阳离子交换树脂对 H^+ 的选择性特别强，对多价金属离子的选择性特别大，对能生成络合物的 Cu^{2+}、Co^{2+}、Ni^{2+} 等有特殊的选择性。

在常温下用强碱性阴离子交换树脂处理稀溶液时，各离子的选择性次序为：$SO_4^{2-} > CrO_4^{2-} > I^- > NO_3^- > Br^- > Cl^- > OH^- > F^-$。强碱Ⅱ型树脂对 OH^- 的选择要高于强碱Ⅰ型树脂，因此强碱Ⅱ型的再生效率高。对其他各种阴离子的选择性，强碱Ⅰ型树脂要高于强碱Ⅱ型树脂。

弱碱阴离子交换树脂，对 OH^- 的亲和力很大，甚至大于 SO_4^{2-}；它对阴离子的选择也取决于离子的价态、水合离子的半径、阴离子的结构及阴离子相对应酸的强弱；是游离碱型还是氯型弱碱树脂，它们对阴离子的选择有明显的差异。

对强酸性阳离子交换树脂而言，酸溶液（盐酸、硝酸、硫酸）的浓度越高，选择性越差；对强碱性阴离子交换树脂来说，高浓度的碱溶液中的不同价数的离子选择性差异减少，甚至会倒过来。因此，可以用高浓度、低价数、原子序数小的 H^+、Na^+、OH^-、Cl^- 等再生剂对树脂进行再生。

一般树脂对尺寸较大的离子，如络阴离子、有机离子的选择性较高。

树脂的骨架结构对离子选择性也有很大影响。树脂交联度增大，选择性增强，但交联度超过 15% 后选择性反而降低。

树脂的选择性对树脂交换效率有很大影响。树脂的选择系数越大，离子的穿漏越少，处理溶液越纯，树脂的实际交换吸附能力也越高。相反，选择系数越大，再生就越不容易。因此，在实际应用中常采取改变浓度或 pH 的方法，使再生的选择系数降低，达到更完全的再生。

在非水溶液中离子交换树脂体积要收缩，结构更紧密。离子交换树脂在非水溶液中离子交换速率较在水溶液中慢，交换容量也比在水溶液中小。但是，溶剂性质对大孔型树脂交换速率及交换容量的影响较小，所以，在处理非水溶液时，大孔型树脂比凝胶型树脂更适宜。

2.3.3.5 功能

离子交换树脂的功能按使用机理可以分为化学功能和物理功能，具体包括离子交换功能、催化功能、吸附功能、脱水和脱色功能。

（1）离子交换功能 离子交换功能是离子交换树脂最重要、最基本的功能。离子交换过程大致如下：溶液内离子扩散至树脂表面，再由表面扩散到树脂内部功能基所带的可交换离子附近，进行离子交换反应后，被交换的离子从树脂内部扩散到表面，再扩散到溶液中。

（2）催化功能 催化功能是指离子交换树脂与无机酸、碱一样对某些有机化学反应起催化作用。

（3）吸附功能 吸附功能是指通过离子交换树脂除功能基外的骨架结构产生的氢键、极化、诱导、色散等范德华引力吸附非电解质的能力。它与非离子型吸附剂的吸附行为类似，吸附作用也是可逆的，可用适当的溶剂使其解吸。例如，强酸型阳离子树脂从水醇溶液中吸附不同结构的醇，由于树脂结构中的非极性大分子链与醇中烷基的作用力随烷基增长而增大，因此对长链烷基醇的吸附更好。大孔型离子交换树脂有更强的吸附功能。它不仅可以从极性溶剂中吸附弱极性或非极性物质，而且可以从非极性溶剂中吸附弱极性物质，还可作气体吸附剂。

（4）脱水功能 由于功能基的强极性使离子交换树脂有很强的亲水性，因此，干燥的离子交换树脂有很强的脱水功能。吸水性的能力与交联度、化学基团的性质和数量等有关。交联度增加，吸水性下降；功能基极性越强，吸水性越强。

（5）脱色功能 色素大多数为阴离子物质或弱极性物质，可用离子交换树脂吸附从而去除掉。其中，大孔型离子交换树脂脱色功能尤为显著。

2.3.4 离子交换树脂的应用

2.3.4.1 离子交换树脂应满足的基本要求

一般来说，根据使用目的和使用条件不同对离子型吸附树脂有不同的具体要求。在多数情况下要求离子型吸附树脂应该满足以下基本要求。

（1）良好的耐溶剂性质 离子交换树脂在使用时需要接触各种各样的溶剂体系，因此需要保证在使用条件下不溶解、不流失，通过适当交联剂交联可以满足要求。

（2）良好的稳定性 为了保持较长的使用寿命，树脂应具有较好的物理和化学稳定性。同时，离子交换树脂经常作为分离分析材料，为了不干扰分离分析结果，树脂不与使用体系发生化学反应是必要的。

（3）良好的机械性能　由于离子交换过程经常在高压下和动态条件下使用（如离子交换色谱），为了保证树脂具有一定使用寿命，要求树脂在使用压力下，不碎、不裂、不变形。

（4）具有一定的离子交换容量　使用尽可能少的材料，完成尽可能多的任务是人们追求的理想目标，为此，在树脂内应含有尽可能多的有效交换点和尽可能大的有效表面积。

（5）对特定离子应具有选择性吸附能力　分离各种离子是离子交换树脂的主要任务之一，为了保证较好的分离结果，使用的离子交换树脂对被分离离子应该具有明显区分作用。

（6）具有较大的比表面积、适宜的孔径和孔隙率　为了提高交换容量和交换速率，具有尽可能大的比表面积和合适的孔径是非常重要的，这些条件能够使树脂具有较好的动力学性质。

2.3.4.2　离子交换树脂的应用

（1）水处理　水处理包括水质的软化、水的脱盐和高纯水的制备等。

水的软化就是将 Ca^{2+}、Mg^{2+} 等离子通过钠型阳离子交换树脂的交换反应除去。这个过程仅使硬度降低，而总合盐量不变。

$$2RSO_3Na + Ca^{2+}(Mg^{2+}) \Longrightarrow (RSO_3)_2Ca + 2Na^+ \qquad \text{反应式(2-24)}$$

去除或减少了水中强电解质的水称为脱盐水。将几乎所有的电解质全部去除，还将不解离的胶体、气体及有机物去除到更低水平，使含盐量达 0.1mg/L 以下，电阻率在 $10 \times 10^6 \Omega \cdot cm$ 以上，则称为高纯水。制备纯水或将水脱盐就是将水通过 H^+ 型阳离子交换树脂和 OH^- 型阴离子交换树脂混合的离子交换。

（2）环境保护　用于废水、废气的浓缩、处理、分离、回收及分析检测等。例如，影片洗印废水中的银是以 $Ag(SO_3)_2^{3-}$ 等阴离子形式存在的，使用Ⅱ型强碱性离子交换树脂处理后，银的回收率可达 90% 以上。

（3）海洋资源利用　从海水制取淡水，也可从许多海洋生物如海带中提取碘、溴、镁等重要化工原料。

（4）冶金工业　用于分离、提纯和回收重金属、轻金属、稀土金属、贵金属和过渡金属、铀、钍等超铀元素。

选矿方面，在矿浆中加入离子交换树脂可改变矿浆中水的离子组成，使浮选剂更有利于吸附所需要的金属，提高浮选剂的选择性和选矿效率。

（5）原子能工业　用于包括核燃料的分离、提纯、精制和回收等；核动力用循环、冷却、补给水是用离子交换树脂制备的高纯水；原子能工业废水的去除放射性污染处理。

（6）食品工业　某些食品及食品添加剂的提纯分离、脱色脱盐、果汁脱酸脱涩等。

（7）化学合成　作为催化剂使用已由最初的催化酯化反应、酯和蔗糖的水解反应为主扩展到烯类化合物的水（醇）合，醇（醚）的脱水（醇），缩醛（酮）化，芳烃的烷基化，链烃的异构化，烯烃的齐聚和聚合、加成、缩合等反应。离子交换树脂作为催化活性部分的载体用于制备固载的金属络合物催化剂，阴离子交换树脂作为相转移催化剂等也在有机合成中得到了广泛的应用。目前，利用强酸离子交换树脂催化的反应已由实验室研究发展到大规模的工业应用。

H^+ 型强酸性阳离子交换树脂和 OH^- 型强碱性阴离子交换树脂作为固体强酸和强碱，其酸性和碱性分别与无机强酸如硫酸的酸性和无机强碱如氢氧化钠的碱性相当，因此可以代替无机强酸和无机强碱作为酸、碱催化剂。固体强酸和强碱的优点有：避免了无机强酸、强碱对设备的腐蚀；催化反应完成后，通过简单的过滤即可将树脂与产物分离，避免了麻烦的从产物中去除无机酸、碱的过程；避免了废酸、碱对环境的污染；H^+ 型强酸性阳离子交换树脂作为催化剂时，避免了使用浓硫酸时的强氧化性、脱水性和磺化性引起的不必要的副反应；另外，由于离子交换树脂的高分子效应，通过调整树脂的结构，有时树脂催化的选择性和产率会更高。

通过离子交换树脂的功能基连接上反应官能团后，可以作为高分子试剂，用来制备许多新的化合物，如有机化合物的酰化、过氧化、溴化二硫化物的还原、大环化合物的合成、肽键的增长、不对称碳化合物的合成、羟基的氧化等。

当离子交换树脂用在化学合成中时应注意：树脂的热稳定性较低，不能在高温下使用；价格较昂贵，一次性投资较大。

2.4 螯合树脂

螯合树脂，也称为高分子螯合剂，是一类能与金属离子形成多配位络合物的交联功能高分子材料。与离子交换树脂不同，螯合树脂在吸附溶液中的金属离子时，没有离子交换。

在螯合树脂的功能基中存在着未成键孤对电子 O、N、S、P、As 等原子，这些原子能以一对孤对电子与金属离子形成配位键，构成与小分子螯合物相似的稳定结构。螯合树脂需要满足两方面的要求：首先是含有配位基团，其次是配位基团在高分子骨架上排布合理，以保证螯合过程对空间构型的要求。

2.4.1 螯合树脂的结构和分类

螯合树脂种类繁多，结构十分复杂，已见报道的品种、结构有两百余种。按高分子来源分类，主要分成两类：天然高分子螯合树脂（包括含螯合基团的纤维素、海藻酸、甲壳素衍生物等）和合成型高分子螯合树脂。

从结构上分，合成高分子螯合剂又可分成两大类：一类是螯合基团作为侧基连接于高分子骨架，另一类的螯合基团处于高分子主链上。它们的结构如下：

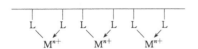

螯合基团位于侧链的螯合树脂　　　　　螯合基团位于主链的螯合树脂

按配位原子分类，有以下六种类型：①N、O 配位基螯合树脂；②N、N 配位基螯合树脂；③O、O 配位基螯合树脂；④含硫螯合树脂；⑤含磷螯合树脂；⑥冠醚型螯合树脂。下面以最常见的几种原子为配位原子详细讨论。

2.4.1.1 氧为配位原子

氧在通常情况下以两个外层电子和其他原子成键，另外四个构成两对孤对电子，可以形成配位键。以氧为配位原子的螯合树脂又分为以下几类。

(1) 含羟基螯合树脂　醇类高分子螯合树脂最常见的为聚乙烯醇，在饱和的碳主链上每间隔一个碳原子连接作为配位基，与螯合的离子形成六元环的稳定配位结构。由于高分子骨架的柔性和自由旋转特性，骨架上的配位原子空间适应性比较强，能与 Cu^{2+}、Ni^{2+}、Co^{3+}、Co^{2+}、Fe^{3+}、Mn^{2+}、Ti^{3+}、Zn^{2+} 等离子形成高分子螯合物，其中二价铜的螯合物最稳定。

苯环上的酚羟基具有配位作用，其孤对电子与苯环共轭，形成的络合物也比较稳定。

(2) β-二酮螯合树脂　β-二酮螯合树脂以 β-二酮结构为络合基团，结构如下，两个羰基连同中间的碳原子与螯合的离子一起形成六元环的稳定配位结构。

$$-\text{CH}_2-\text{CH}\overset{}{]}_n$$
$$\text{O}-\text{C}-\text{CH}_2-\text{C}-\text{R}$$
$$\quad \text{O} \qquad\qquad \text{O}$$

$$-\text{CH}_2-\text{CH}\overset{}{]}_n$$
$$\text{CH}_3-\text{C}-\text{CH}_2-\text{C}-\text{R}$$
$$\quad \text{O} \qquad\qquad\quad \text{O}$$

(3) 羧酸型螯合树脂　虽然羧基中的羟基和羰基上均有氧原子，但在配位时它们参与的形式是不同的，羟基氧常以氧负离子的形式参与配位，而且羧基单独不能与离子形成稳定的螯合物，往往需要与其他配位体协同作用才能生成稳定的螯合物。因此，常采用与带有其他配位基团的单体共聚的方法制备。

（4）冠醚型螯合树脂　冠醚型螯合树脂的配位氧原子均匀分布在大环内，可以络合碱金属和碱土金属离子，而这些离子往往是难以被其他络合剂络合的。比小分子冠醚优越之处在于冠醚型螯合树脂可以作为固相吸附剂富集碱金属离子。冠醚型螯合树脂的结构如下：

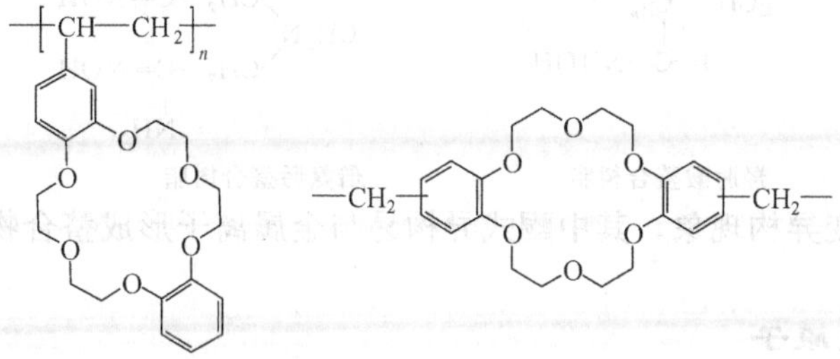

2.4.1.2　氮为配位原子

氮原子通常情况下以三个电子与其他原子成键，另外两个构成一对孤对电子作为配位电子。以氮为配位原子的螯合树脂又分为以下几类。

（1）含氨基的螯合树脂　氨基作为配位原子的聚合物是一类重要的高分子螯合剂，包括脂肪胺和芳香胺。脂肪胺型螯合树脂的饱和碳链柔性好，在空间取向和占位方面具有优势，适于多种金属离子的吸附和富集，但对碱金属和碱土金属离子几乎没有络合能力。而芳香胺型高分子螯合剂对金、汞、铜、镍、锌和锰等金属离子有较强络合作用，尤其对金、汞、铜的选择性高。

如果氨基以氨基酸或氨基多酸结构出现，这种高分子螯合剂属于氨基酸型，这类螯合剂中有时羧基中的氧原子也参与配位。

（2）含偶氮的螯合树脂　偶氮螯合树脂中的氮原子具有较强的配位能力和鲜明的颜色。其结构为：

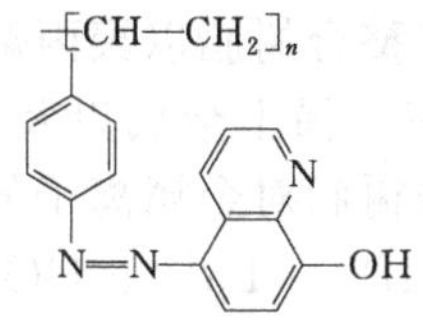

（3）含有氮杂环的螯合树脂　含有氮杂环的螯合树脂的氮杂环可以是五元环、六元环和大环。五元氮杂环又可以是含有一个氮原子的吡咯、卟啉、吡咯酮等，以及含有一个以上氮原子的咪唑、吡唑、三唑、苯并咪唑和嘌呤等。六元含氮杂环主要为含有吡啶、咯嗪等结构的杂环化合物。常见的大环型含氮杂环有考啉环和卟啉环。

（4）含席夫碱的螯合树脂　席夫碱螯合树脂在高分子的主链或侧链中含有席夫碱基团—N＝C—，能够与金属离子螯合形成稳定结构。这种树脂又分为含羟基和不含羟基的两种（结构如下），其中主链型含羟基的席夫碱螯合树脂形成的螯合物具有良好的络合作用和热稳定性。

含羟基席夫碱的螯合树脂 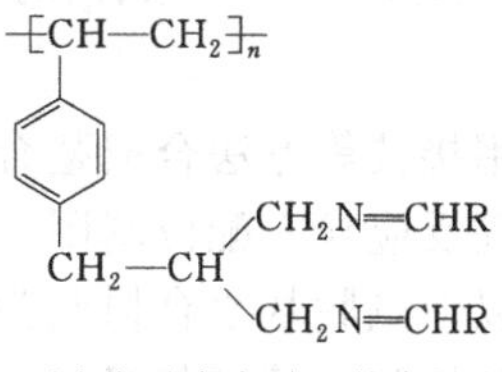　　　　　不含羟基席夫碱的螯合树脂

（5）含肟结构的螯合树脂　螯合树脂中只含有肟结构的螯合剂种类不多，比较常见的是由丙烯醛聚合得到的聚丙烯肟。肟螯合树脂的络合作用是由结构中氮原子与氧原子共同作为配位原子完成的。

螯合树脂中含有羟肟酸和偕氨肟的结构如下：

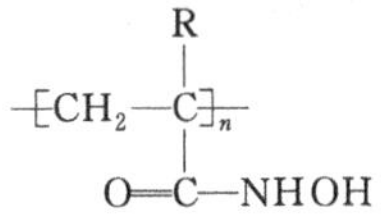

羟肟酸螯合树脂 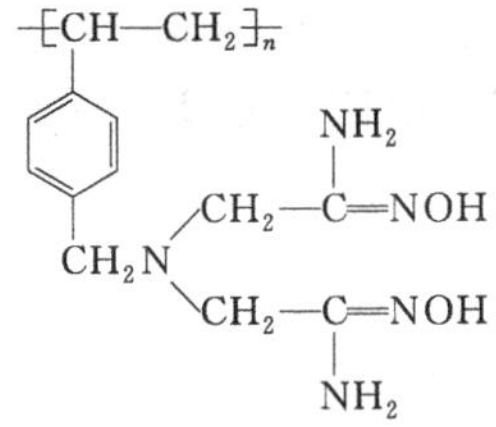　　　　偕氨肟螯合树脂

羟肟酸结构有互变异构现象，其中酮式异构易与金属离子形成螯合物；偕氨肟具有较强络合作用。

2.4.1.3　硫为配位原子

硫原子同氧原子一样具有配位功能，主要是硫醇和硫醚，如聚乙烯硫醇和对巯甲基聚苯乙烯具有定量吸附二价汞离子的能力。具有氨二硫代羧酸结构的螯合树脂（结构如下）对重金属具有良好的络合能力，可以从海水中捕集多种痕量级浓度的重金属离子。另外，聚硫醚螯合树脂能够选择性地吸附 Au^{3+}（结构如下）。

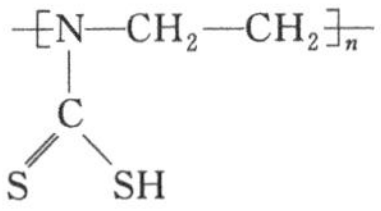

氨二硫代羧酸螯合树脂 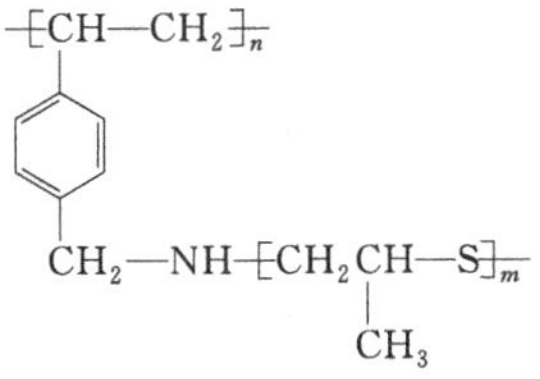　　　　聚硫醚螯合树脂

2.4.1.4　其他原子为配位原子的螯合树脂

除氧、氮、硫等原子外，在螯合树脂中还存在磷和砷为配位原子的树脂，它们在生物活动研究中具有较重要的意义。已有的含磷螯合树脂以聚丙烯酸、聚多胺和聚苯乙烯为骨架，最后一种磷螯合树脂对 U、Mo、W、Zr、V、稀土金属以及某些二价和三价金属离子具有较高的吸附性。以聚苯乙烯为骨架的胂酸螯合树脂对金属离子的吸附与溶液酸度有密切关系，在强酸中对金属离子的吸附选择性按 Zr^{4+}、Hf^{4+}、La^{3+}、UO_2^{2+}、Bi^{3+}、Cu^{2+} 顺序递减。

2.4.2　螯合树脂的合成

高分子螯合剂的制备主要有两种合成路线，一是首先制备含螯合基团的单体，再通过均聚、共聚、缩聚等聚合方法制备［见反应式(2-25)］。另一种方法是利用接枝等方法将螯合基团引入天然或合成高分子骨架。两种制备方法各有所长，均获得了广泛应用。

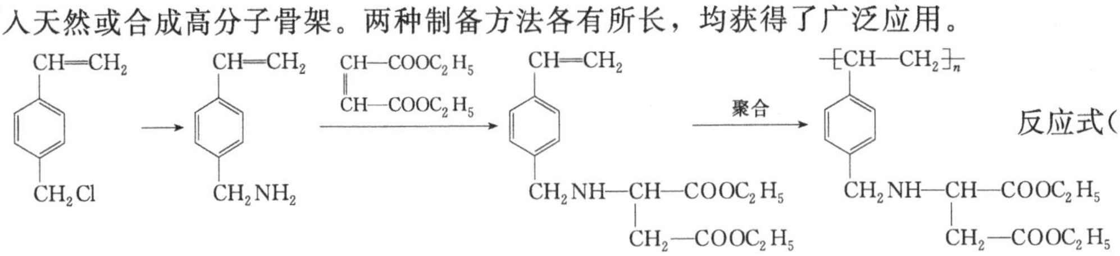

反应式(2-25)

用接枝等方法合成螯合树脂与合成离子交换树脂大致相似，即先合成树脂母体，然后通过功能基反应导入配位基团。如反应式(2-26)所示。

以偕氨肟基螯合树脂为例，可先使聚苯乙烯母体经氯甲基化路线，然后通过双取代得到偕双腈基树脂，腈基与羟氨反应引入偕氨肟基。

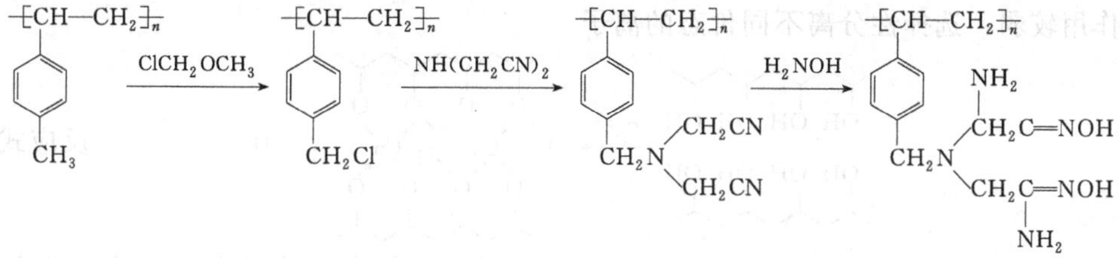

反应式(2-26)

2.4.3 螯合树脂的性能

在螯合树脂中，螯合基团能够与金属离子形成螯合环，导致螯合物比相应的单配位化合物稳定。这种由于与金属离子形成螯合环而使稳定性增加的现象叫做螯合效应。

螯合物的稳定性与螯合基团的种类、螯合物结构和金属离子的种类密切相关，一般呈现的规律是：①通常五元螯合环比六元螯合环稳定，如果螯合环中含有双键，有时六元螯合环更稳定；②相同螯合基团不同金属离子形成螯合物的稳定性，随金属离子正电荷的增大、离子半径的减小而增大；③同种结构的配位基团，配位数越多、形成螯合环越多，螯合物的稳定性就越高。例如，下列氨基羧酸型配基的螯合物稳定性依次增大：

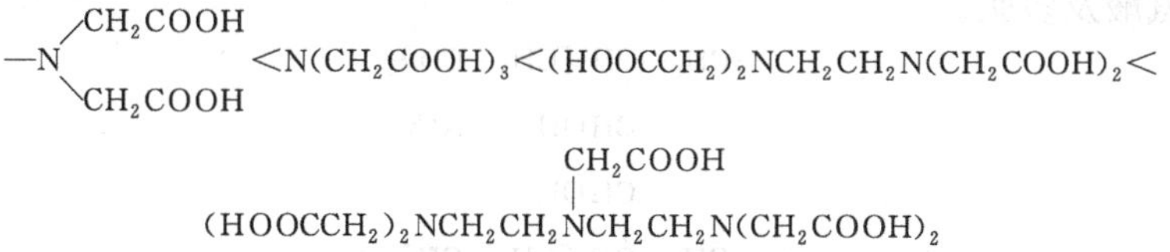

$$-N\begin{array}{c}CH_2COOH\\CH_2COOH\end{array} < N(CH_2COOH)_3 < (HOOCCH_2)_2NCH_2CH_2N(CH_2COOH)_2 <$$

$$(HOOCCH_2)_2NCH_2CH_2NCH_2CH_2N(CH_2COOH)_2$$
$$\underset{CH_2COOH}{\overset{|}{}}$$

螯合树脂与小分子螯合剂相比更优越之处，这就是高分子骨架的不溶性、基团间的协同作用以及在骨架上可以同时引入不同官能团以提高对金属离子的吸附选择性。

2.4.4 螯合树脂的应用

螯合树脂的结构特征是高分子骨架上连接有螯合基团，对多种金属离子有选择性螯合作用，因此，它们在无机、冶金、分析、放射化学、药物、催化、海洋化学等领域里得到了应用，特别是近年来金属离子对水质的污染、化学工业污水的净化处理等问题日趋严重，地球化学、环境保护化学、公害防治等领域对高分子螯合剂的需求也越来越高。同时从工业废液中分离回收有用的物质，这不仅有利于环境保护，而且可以充分利用资源、提高经济效益。

另一方面，树脂螯合了金属离子之后，改变了树脂的力学、热、电、磁等性能。高分子组合物有的可以用作耐高温材料、半导体材料，有的可以作为氧化、还原、水解、聚合等反应的催化剂，有的用作输送氧的载体、光敏树脂、耐紫外线剂、抗静电剂、黏合剂、表面活性剂等，用途极为广泛。

(1) 贵金属的分离富集　酰胺-膦酸酯树脂、含烷基吡啶基聚苯乙烯树脂、大孔咪唑螯合树脂和含聚硫醚主链的多乙烯多胺型树脂，对 Au、Ag、Pt、Pd 的吸附性能较强。AP 树脂能吸附 Au 等贵金属，已用于湖水、海水中 Au 的富集。3926-Ⅱ螯合树脂对贵金属 Au、Pt、Pd、Ir、Os 和 Ru 有高的选择吸附性。NK8310 树脂可吸附富集铜矿中的 Au，使其与大量铜铁分离。

(2) 稀有金属的分离　用 EDTA 大孔螯合树脂（D401）对钨中微量钼进行分离，PAR 螯合树脂用于铀矿、废水中 UO_2^{2+} 的分离，大孔膦酸树脂用于 In^{3+}、Ga^{3+} 的分离，用 D546 硼特效树脂和 XE-243 树脂富集地质样品中痕量硼。

(3) 同种离子不同价态的分离　利用二价铜与聚乙烯醇形成螯合物稳定、而与一价铜离子的络合作用较弱，选择性分离不同价态的离子。

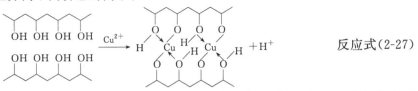

反应式(2-27)

螯合过程由于放出 H^+ 而使原来的中性溶液显酸性；螯合也使原来溶液的比黏度大大下降，并发生体积收缩。如果采用还原反应将二价铜离子还原成一价离子时，螯合物被破坏而释放出一价铜离子，体积重新膨胀。因此，可以利用氧化还原反应控制螯合过程，通过体积膨胀-收缩产生机械能转换，起到人工肌肉的作用。

（4）金属离子痕量分析　用多乙烯多胺与甲苯-2,4-二异氰酸酯进行缩聚制得聚胺-聚脲树脂能够定量地吸附浓度低达 $4×10^{-10}$ 的 Cu^{2+}、Ni^{2+}、Co^{2+} 等重金属离子，不吸附碱金属和碱土金属离子，因而能对这些离子进行定量分析。

其他如肟类树脂对 Ni^{2+} 等金属离子有特殊的选择性，氨基磷酸树脂则对 Ca^{2+}、Mg^{2+} 选择性很高。

（5）分离有机物　聚乙烯胺树脂（结构式如下）可用于层析分离酸性氨基酸、丙氨酸、酪氨酸、天门冬氨酸及多肽。

$$-CH_2-CH \underset{\substack{| \\ CHOH}}{\overset{}{\underset{}{}}} CH_2-CH \underset{\substack{| \\ NH_2}}{\overset{}{\underset{}{}}}$$

当该树脂用于重金属离子分离时，选择吸附性依下列顺序递减 $Cu^{2+} \gg Zn^{2+} > Ni^{2+} \approx Co^{2+} \gg Na^+ \approx Mg^{2+}$。

2.5　高吸水性树脂

高吸水性树脂也被称为超强吸水剂，是吸水能力特别强的高分子物质，其吸水量为自身的几十倍至几千倍，是目前吸水剂中吸水功能最强的材料。

2.5.1　高吸水性树脂的结构和性质

2.5.1.1　树脂的结构

高吸水性树脂的结构如图 2-2 所示，具有以下特点。

① 分子中具有强亲水性基团，能与水分子形成氢键或其他化学键，对水等强极性物质有

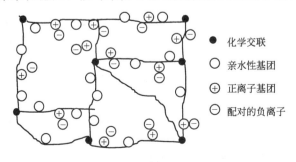

● 化学交联
○ 亲水性基团
⊕ 正离子基团
⊖ 配对的负离子

图 2-2　高吸水性树脂结构

一定表面吸附能力；强亲水性基团包括羧基、羟基、酰胺基、磺酸基等。

② 聚合物为适度交联高分子，在溶剂中一般不溶，吸水后能迅速溶胀，体积增大许多倍，水被包裹在分子网络内部，不易流失与挥发，保水能力非常强。

③ 聚合物内部有较多的离子性官能团，吸水后离子性基团电离产生离子，由此产生的离子强度形成了指向体系内部的渗透压，以保证环境中的水向树脂内部扩散。

④ 聚合物具有较高分子量，分子量增加，溶解度下降，吸水后机械强度也增加，吸水能力也可提高。

由此可以看出，高吸水性树脂的三维空间网络的孔径越大，吸水倍率越高，反之，孔径越小，吸水倍率越低，树脂的网络结构是能够吸收大量水的结构因素。但孔径太大，吸水后机械强度又太低。因此，高吸水性树脂必须具有一定的交联度，但交联度又不能太高。

2.5.1.2　吸水机制

高吸水性树脂都具有天然的或合成的高分子电解质的三维交联结构。首先，由于树脂中亲水基团与水形成氢键，产生相互作用，水进入树脂而使其溶胀，但交联构成的三维结构又阻止树脂的溶解；此后，吸水后高分子中电解质电离形成离子相互排斥而导致分子扩展，同时产生的由外向内的浓度差又使得更多的水进入树脂，使树脂三维结构扩展，但是交联结构又阻止扩展的继续；最后，扩展和阻止扩展的力达到平衡，水不再进入树脂内，而吸附的水也被保持在树脂内构成了含有大量水的凝胶状物质。当受到外力或者植物吸收时，所吸收的水分可以源源不断地脱附出来。当水溶液中含有质子（酸性溶液）或者有溶解的盐存在时，由于盐效应使高分子解离度下降，因此其吸水量也大大下降。

由此可见，吸水能力（吸水后的体积与吸水前的体积之比）与树脂的交联度、亲水性、电荷密度、离子浓度有关，它们之间可以用式（2-24）表示：

$$Q^{5/3} = \frac{\left(\dfrac{i}{2V_\mu S^{1/2}}\right)^2 + \dfrac{\dfrac{1}{2} - X_1}{V_1}}{\dfrac{V_e}{V_0}} \qquad (2\text{-}24)$$

式中，i/V_μ 为固定在树脂中的电荷密度；S 为溶液中电解质的离子浓度；$(1/2 - X_1)/V_1$ 为树脂的亲水性；V_e/V_0 为树脂的交联度。在式中，分子的第一项表示溶液离子强度的影响，分子的第二项表示树脂与水的亲和力，分母则表示吸水树脂网络的橡胶弹性。

2.5.1.3　高吸水性树脂的性质

离子型的高吸水性树脂吸水能力优于非离子型树脂，亲水基团的亲水能力顺序为：$-SO_3H > -COOH > -CONH_2 > -OH$。

（1）吸水率受溶液 pH 值影响　溶液 pH 值能够对吸水树脂的固定离子的离解产生作用，因此对吸水性树脂的吸水能力影响很大。通常，pH 值为 6～7 时，吸水能力最强。当溶液偏酸性或碱性较强时，由于存在明显的酸、碱离子电荷间的吸引和排斥交互作用，树脂的吸水能力显著降低，如图 2-3 所示。

（2）吸水率受溶液盐影响　含有离子基团的高吸水性树脂，其溶胀过程受溶液离子强度-盐的种类和浓度的影响。其原因是盐溶液使水向树脂内部的渗透压降低，因此，盐类使吸水性树脂的吸水能力降低。

不同种类的盐对高吸水性树脂的影响程度不同。例如，盐溶液使丙烯酸酯-乙酸乙烯酯嵌段共聚高吸水性树脂的吸水能力降低，并按以下顺序递减：$K^+ < Na^+ < Mg^{2+} < Ca^{2+}$。

盐的浓度对于吸水性树脂的吸水能力影响也很大。当盐的浓度增加时，吸水能力降低。一般来说，水溶液中盐的浓度在 0～2% 之间，随着盐的浓度增加，吸水性树脂的吸水倍率降低

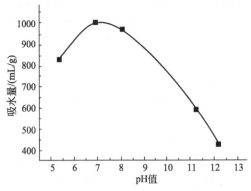

图 2-3 吸水倍率与 pH 值的关系

较快。但当盐的浓度在 2％以上时，随着盐的浓度增加，吸水性树脂的吸水倍率降低将趋缓慢，变化较小。

（3）吸水率受树脂水解度影响　当高吸水性树脂的可离子化官能团是由水解得到的，如三乙二醇双丙烯酸酯交联的聚丙烯酸甲酯部分水解，这样的高吸水性树脂的吸水率一般随水解度的增加而增加，但当水解度高于一定数值后，吸水率反而下降。产生这种现象的原因是，水解增加亲水性基团的同时也会部分破坏高吸水性树脂的网络结构。

（4）吸水速率受树脂形态影响　树脂形态会影响吸水速率，即在吸收水分达到饱和点之前每克树脂在单位时间内吸收水的量。相同的树脂，粒径越小，比表面积越大，吸水速率越快。但粒径不能太小，以免吸水性树脂吸水出现"面团"现象，不能均匀分散于被吸液中。此外，高吸水性树脂如果吸水速率太快，则表面的树脂膨胀太快，会产生凝胶阻塞现象，阻止液体的进一步渗透和吸收。一般粒度多控制在 20～145 目，最好制成多孔、鳞片状或薄膜。

（5）温度和压力对树脂的影响　温度和压力变化对高吸水性树脂吸液性的影响并不明显，其原因是树脂吸收液体主要是通过溶剂化作用来实现的，而这种作用与温度和压力的联系不是很密切。

另一方面，吸水后在压力作用下高吸水性树脂失水远比普通的吸水性物质如纸、棉花低得多。从热力学的观点看这是可以理解的：在一定温度和压力下，水能自动地被吸收到高吸水性树脂中，体系的自由能降低，直到满足平衡；而失水过程是使体系的自由能升高，不利于体系稳定，因此，由于高分子的网络束缚作用，使水封闭其中，加压时水也不易逸出。只有当水分子的热运动超过网络束缚力时，水才能挥发逸出。高吸水性树脂吸收的水，在 150℃时仍有 50％水封闭在网络中，当温度超过 200℃时，才可挥发出来。

（6）吸氨性质　含有羧基的高吸水性树脂，其羧基大部分被转化为钠盐，中和度一般为 80％左右，残余的羧基使树脂呈弱酸性，因而对氨类物质有吸收作用。

2.5.1.4　吸液特性指标

高吸水性树脂可以用于不同用途，不同用途时吸收的液体是不同的。例如，用于卫生巾中，主要吸收血液；用于纸尿裤则吸收尿液。一般测试吸收血液时用动物血，如羊血、马血、猪血等，也有用模拟血进行测试的。为防止血液凝固，可加抗凝固剂 EDTA 或柠檬酸。测试纸尿裤用生理盐水（0.9％NaCl 水溶液）或模拟尿。性能指标都可以概括为吸液率、吸液速率和保液能力。

（1）吸液率　吸液率是指单位质量树脂对特定溶液在给定时间内的吸收倍率，其计算公式为：

$$吸液率 = \frac{树脂净吸液量(g)}{树脂质量(g)} \tag{2-25}$$

高吸水性树脂吸收纯水的量可为自重的几倍至上千倍，而对含电解质的液体，如血液、尿液的吸收量则只有几十倍。

(2) 吸液速率　吸液速率又分为相对吸液速率和绝对吸液速率。

相对吸液速率是指给定时间内树脂的吸液率与饱和吸液率的比值。它反映了材质、粒径和内部结构对树脂吸液速率的影响。可表示为：

$$相对吸液速率=\frac{给定时间的吸液率(g/g)}{饱和吸液率(g/g)} \tag{2-26}$$

绝对吸液速率是指树脂达到给定吸液率所需的时间，反映树脂对液体的实际吸收速率。

(3) 保液能力　保液能力是指树脂吸液后，在外力（压力、离心力等）作用下，继续保持所吸收的液体的能力。

2.5.2 高吸水性树脂的分类和制备

2.5.2.1 高吸水性树脂分类

高吸水性树脂的分类方法有多种，如从制备的反应过程分类、从交联方式分类、从产品形状分类以及从原料来源角度分类，而最后一种是最常见的分类方式（见表2-1），它又可以分为天然淀粉类、纤维素类衍生物和合成树脂三大类。

表 2-1　从原料来源对高吸水性树脂分类

品　　种		主要产品	优　　点	缺　　点
天然高分子	淀粉系	淀粉接枝丙烯腈 淀粉接枝丙烯酸盐 淀粉接枝丙烯酰胺 淀粉羧甲基化反应 其他	原料来源广泛,成本低,吸水率高,有生物降解性	工艺复杂,吸水后凝胶强度低,长期保水能力差,容易受微生物分解而失去吸水、保水能力
	纤维素系	纤维素羧甲基化 纤维素接枝丙烯腈 纤维素接枝丙烯酸盐 纤维素黄原酸化接枝丙烯酸盐	原料来源丰富,价格低廉	耐盐性差,吸水率低,容易受微生物分解而失去保水能力
	多糖	透明质酸 琼脂糖		
	蛋白质	胶原蛋白 其他蛋白		
合成树脂	聚丙烯酸类	聚丙烯酸盐 聚丙烯酰胺 丙烯酸与丙烯酰胺共聚	聚合工艺简单,单体转化率高,吸水率高,保水能力强	生物降解性差
	聚乙烯醇类			

2.5.2.2 高吸水性树脂的制备

高吸水性树脂的合成主要有两种方法：①利用一些多羟基物质，如淀粉、纤维素等与乙烯基单体进行接枝共聚，然后再以适当的方式水解交联；②完全用合成单体经聚合交联后得到。

(1) 淀粉类　淀粉类高吸水性树脂是早期开发的产品。其特征结构是以支链淀粉为主要原料，经过适当衍生化，在分子内引入亲水基团，并适当交联，在形成的网状结构内可以吸收大量水分。

使用单体丙烯腈接枝淀粉最早工业化，目前采用的其他单体有丙烯酸、丙烯酰胺、丙烯酸酯、甲基丙烯酸酯、乙酸乙烯酯等。接枝淀粉所得的聚合物的吸水能力非常有限，必须经过水解，将腈基、酯基等转化为亲水性的羧酸基、羧酸钠基、酰氨基等亲水性的基团，才具有较好的吸水能力。研究发现，多种单体共同参与接枝聚合所得的产物，比一种单体参与接枝聚合得到的产物对各种溶液的适应性要好得多。

引发接枝聚合反应较早使用硝酸铈铵，目前较普遍使用的是由过硫酸盐与亚硫酸氢钠、尿素等组成的氧化还原体系，也有使用焦磷酸盐与 Mn(Ⅲ) 组成的配合物。光、热、辐射能也可以引发接枝聚合反应，但是在实际工业化生产中很少采用。

交联淀粉接枝共聚物的方法很多，但多采用交联剂交联。所用的交联剂主要包括：①能参与聚合反应的双烯类化合物，如 N,N-亚甲基双丙烯酰胺、二乙烯基苯等；②能与淀粉链羟基或单体官能团反应的多官能团化合物，如环氧氯丙烷、丙三醇、乙二醇缩水甘油醚、顺丁烯二酸酐、乙二胺、乙二醛等；③某些多价金属离子，如钙、镁、铬等。

聚合方法多采用水溶液聚合，即将淀粉与水按一定的比例混合，例如 1∶10 的比例制成淀粉糊，然后在 75～95℃ 下加热糊化 15～30min 使淀粉分子链伸展开，然后加入适当的单体，在一定条件下引发接枝聚合反应。接枝聚合的反应温度一般控制在 30～50℃，温度过高容易产生更多的自聚物。聚合方法也可以用反相悬浮聚合，用环己烷、正己烷、汽油等作有机相，并主要采用不溶于水的非离子型悬浮剂。

（2）纤维素类　天然纤维素来源丰富，通常具有非常大的比表面积和毛细能力，本身就具有吸水性，因此在制备高吸水性树脂中有广泛应用。对纤维素进行化学改性，再进行交联反应，就可以得到吸水能力更强的高吸水性树脂。

纤维素类高吸水性树脂性能比较好的有羧甲基纤维素、羧乙基纤维素、甲基羟乙基纤维素等，吸水倍数一般为几十倍。

纤维素具有与淀粉类似的分子结构，因此，也可以采用接枝淀粉的类似单体、引发剂、交联剂进行接枝聚合反应。但是由于纤维素极难溶于水，所以制备工艺上与淀粉类有一些差别，主要是解决纤维素难溶于水的问题。方法之一是利用悬浮聚合或反相悬浮聚合等聚合方法增强纤维素在水中的分散，以便易于进行接枝聚合。方法之二是将纤维素进行化学改性，如纤维素羧甲基化、羟乙基化等，使其变成易溶于水的物质，然后采用与淀粉系完全类似的单体、引发剂、交联剂及接枝聚合工艺。

纤维素羧甲基化的过程是将纤维素与氢氧化钠水溶液反应制备纤维素钠，然后与氯乙酸钠反应，引入羧甲基，再经过中和、洗涤、脱盐和干燥后即可得到羧甲基纤维素。经过适当交联的该类产品已经商品化。羧甲基纤维素型吸水树脂一般为白色粉末，易溶解于水形成高黏度透明胶状溶液，使用时需要有支撑材料，多用于制造尿不湿，这种纤维状吸水产品吸水量方面稍差，但吸水速度快。

（3）聚丙烯酸体系　聚丙烯酸盐类高吸水性树脂主要由丙烯酸或其盐与二官能度的单体聚合而成。制备方法有溶液聚合后干燥粉碎和悬浮聚合两种。使用单体除了丙烯酸盐，还可以用多种乙烯基单体如丙烯腈、丙烯酸酯、乙酸乙烯酯等。

除了上述的直接聚合法外，采用聚丙烯腈水解法和聚丙烯酸酯水解法也可以制备聚丙烯酸系高吸水性树脂，而且水解法是制备聚丙烯酸盐系高吸水性树脂的最常用方法。其原因是丙烯酸酯单体品种多，自聚、共聚性能好，可使用不同聚合工艺制备不同外形的树脂；用碱水解时，可以控制水解度，以获得粉末状、颗粒状甚至薄膜状的吸水能力各异的高吸水性树脂。

（4）聚乙烯醇系　用聚乙烯醇与环状酸酐反应，不外加交联剂就可以得到不溶于水的吸水性树脂，吸水倍率为 150～400，初期吸水速度较快，耐热性和保水性能都较好。

将聚乙酸乙烯酯-甲基丙烯酸甲酯共聚物水解，转化为亲水性的含羟基和羧基的聚合物，这类聚合物不仅可以大量吸收水分，而且对乙醇也有较强的吸收能力。

此外，将水溶性的聚乙烯醇用交联剂交联，或采用亲水性的单体进行接枝共聚，也可以获得不溶于水的高吸水性树脂。

（5）非离子类　一些只含有醚键、羟基、酰胺的非离子型高吸水性树脂近年来也先后被制备出来，由于不含离子性官能团，因此耐盐性强，盐的存在几乎不降低其吸水能力。如聚环氧乙烷交联得到含醚键的高吸水性树脂；将甲基丙烯酸二甲氨基乙酯及丙烯酰胺用低温等离子体引发水溶液共聚得到含酰胺和酯键的高吸水性树脂。但实际上这类树脂的吸水能力有限，比其他类型的高吸水性树脂要低很多。

2.5.3 高吸水性树脂的应用

高吸水性树脂由于有优良吸水、保水特性，使得它有广阔的应用前景，在农业、工业、医疗卫生、日常生活等各个方面都有广泛应用。

（1）在农业上的应用 利用高吸水性树脂的吸水、保水性能，与土壤混合，不仅改善土壤团粒结构，增加土壤的透水性和透气性，同时也作为土壤保湿剂、保肥剂，在沙漠防治、绿化、抗旱方面极具前景。

高吸水性树脂可以用于保护植物如蔬菜、高粱、大豆、甜菜等种子所需要的水分，也可以以包装膜的形式用于蔬菜、水果保鲜。

（2）在工业上的应用 在建筑工程中，将高吸水性树脂混在泥中胶化可作墙壁抹灰的吸水材料，添加在清漆或涂料内可防止墙面及天花板返潮，混在堵塞用的橡胶或泥土中可用来防止水分渗透，与聚氨酯、聚乙酸乙烯酯或橡胶聚氯乙烯等一起压制后，可制成水密封材料。

在油田开发中，作为钻头的润滑剂、泥浆固化剂，作为油的脱水剂，从油中有效去除所含的少量水分。在城市污水处理和疏浚工程中，用它可使污泥固化，从而改善挖掘条件，便于运输。

对环境敏感的高吸水性树脂作为凝胶传动器是新兴的研究领域，添加了高吸水性树脂的材料可用作机器人的人工"肌肉"，通过调节树脂凝胶溶胀状态控制传动器，当改变光强、温度、盐浓度、酸碱度或电场强度时，凝胶溶胀度的变化带动"肌肉"作相应的运动。

（3）在医疗卫生上的应用 在医用方面，除了用作药棉、绷带、手术外衣和手套、失禁片等物品，以代替天然吸水性材料、克服吸水能力低而导致的使用量多外，还可以用于含水量大的药用软膏、能吸收浸出液并防止化脓的治疗绷带、人工皮肤、缓释性药剂等。

卫生用品是最早被开发的用途，一般是将高吸水性树脂制成吸收膜或粉末，将其夹在薄纸之间形成层压物，也有将高吸水性树脂粉末与纸浆混合后再制成薄膜或片状制品；还有将高吸水性树脂制成蜂窝状固定于两层薄纸中间制成吸水板，并在其压花加工时打上微孔制成体液吸收处理片。甚至有的用一种透水性包覆材料将上述体液吸收处理片包覆起来的生理用品等，形式多种多样。目前高吸水性树脂中有 90% 以上用于卫生材料。

（4）在日常生活上的应用 将高吸水性树脂与三聚磷酸二氢铝等除臭剂以及纤维状物质等增强材料一起成型，在其中保持二氧化氯溶液，可用作空气清新剂，达到消臭、杀菌的目的。另外还可以制造人造雪、膨胀玩具等。

2.6 高吸油性树脂

高吸油性树脂是指对有机分子油类具有吸收能力的聚合物，由于它独特的吸收功能，在工业生产和日常生活中发挥重要的作用。

2.6.1 高吸油性树脂的结构和性质

高吸油性树脂的吸油作用是通过树脂中的亲油性基团与油分子之间的亲和作用——范德华力来实现的。亲油性基团包括—$(CH_2)_n CH_3$ 以及—C_6H_5 等，目前，研究得较多的是具有不同碳链长度的酯类单体和烯烃的聚合物的吸油特性。

吸油方式有两种，一是通过溶剂化，把油吸引到高分子链的周围；二是利用高分子树脂聚集态结构中的毛细通道来集聚油分子。

溶剂化的发生是由于低交联型聚合物中亲油基链段和油分子存在弱的范德华相互作用，使吸油树脂发生溶胀。吸油倍率可以用式(2-27) 表示：

$$Q^{5/3} \approx \frac{(1/2 - X_1)/V_1}{(V_e/V_0)} \tag{2-27}$$

式中，Q 表示树脂的吸油倍率；V_1 表示树脂的分子体积；X_1 表示树脂与油品之间的相互作用参数；V_e/V_0 表示树脂的交联度。

在交联密度比较高的聚合物中，吸油主要以毛细管通道为主。这类聚合物较多的微孔导致了高比表面积、高孔隙率，而由于树脂与油分子间较弱的范德华力，在表面上可以进行较大量的吸附。吸附速率主要由油分子与多孔树脂中孔的相对大小来决定，因为油分子要进入孔内后才被吸附，油分子愈大，扩散就愈慢；对于同一种油分子，则由树脂中孔的大小决定；孔径愈大，吸附速度就愈快；但若孔径太大，就会降低比表面积，吸附量也会减少。

不管以哪一种方式吸油，高吸油树脂与油分子之间只存在较弱的范德华力，因此，没有饱和吸油倍数，一般只能吸收树脂质量几十倍的油，而不像高吸水性树脂存在氢键和离子，能吸收几百甚至上千倍水分。

吸油初始阶段是油分子在树脂中的扩散。扩散系数与高吸油性树脂的弹性模量成正比，与油分子的黏度系数成反比。若树脂的交联度小，则交联点间网链长度大，链段之间的相互作用力减小，于是油分子在树脂中的扩散能力增大，吸油速度上升；但交联度下降，则吸油树脂的弹性模量也下降，因而扩散系数也减小，于是达到平衡的时间延长，即吸油速度下降。树脂吸油后树脂也会发软、发黏，甚至可能会溶于油中，不利于回收和使用。因此交联剂的用量要适中。

2.6.2 高吸油性树脂的制备

目前，高吸油性树脂以合成高分子为主。根据单体种类的不同，高吸油树脂基本可分为两大类，即丙烯酸酯类和烯烃类。丙烯酸酯和甲基丙烯酸酯类是比较常见的单体。这类单体来源广，聚合工艺也较为成熟。至于烯烃类树脂，由于烯烃分子内不含极性基团，该类树脂对油品的亲和性能更加优越，但高碳烯烃来源较少是一个重要的制约因素。

高吸油性树脂是以亲油性单体、经适当交联制备，一般采用悬浮聚合法，选用油溶性自由基引发剂，如过氧化苯甲酰（BPO）、偶氮二异丁腈（AIBN）。

2.6.2.1 聚（烷基）丙烯酸酯系

高吸油性树脂通常采用烷基链长度不同的甲基丙烯酸酯或丙烯酸酯为单体，使用的交联剂有二乙烯基苯、乙二醇二丙烯酸甲酯、甲基丙烯酸二甘酯、邻苯二甲酸烯丙酯等双烯单体。一般随着单体侧链碳原子数增加，树脂的综合吸油性能显著增加，尤其是对汽油、煤油的吸油倍率增大很多，其中当侧链碳原子数为 12～16 时树脂的吸油性能最佳。

为了使形成的树脂具有较大的比表面积、树脂疏松多孔，还可在反应过程中加入致孔剂，以增加树脂的吸油量和吸油速度。

制备方法有乳液聚合及悬浮聚合法等。例如，日本三菱油化公司以丙烯酸十八烷基酯为单体，二乙烯基苯为交联剂，聚乙烯醇为分散剂，过氧化二苯甲酰为引发剂，在 60～80℃ 下经悬浮聚合，所得树脂可吸甲苯和三氯甲烷。

2.6.2.2 聚烯烃系

聚烯烃分子中不含极性基团，因此该类树脂对油品的亲和性能更加优越。尤其是长碳链烯烃对各种油品均有很好地吸收能力，已成为国内外研究开发的新热点。最常见的聚烯烃系高吸油性树脂是聚丙烯和聚苯乙丙烯，另外的有叔丁基苯乙烯-二乙烯基苯共聚物、α-烯烃与顺丁烯二酸酐共聚物等。

除上述两个系列外，还可以将不同聚合物复合制备高吸油性树脂。例如，日本三洋化成开发的丙烯酸系交联共聚物与聚氨酯泡沫复合形成的吸油树脂，可吸收自重约 100 倍的甲苯。

2.6.3 高吸油性树脂的应用

高吸油性树脂由于有三维网状化学交联结构，具有吸油种类多、吸油时不吸水、体积小、回收方便和受压时不漏油等诸多优点，而日益受到人们的重视，成为新型的高效环保材料和特种吸油材料。

(1) 环境净化中的应用　高吸油性树脂在治理由含油污水、废弃液体以及油船、油罐泄漏事故而造成的环境污染中有广阔的应用前景，它不仅吸油速率快，吸油倍率高，而且能有效回收水面浮油，净化水环境。高吸油性树脂由于其密度低，可以浮在水面上直接吸油，因而处理水面浮油以及运输泄漏等方面的事故现场特别有效。它也可以与其他材料一起形成吸油垫使用。还可将这类树脂覆载在织物上得到油雾过滤材料和水净化剂等。

(2) 作为缓释材料　高吸油树脂吸收了有机物质后，由于有机物质在树脂中和周围环境之间存在着浓度梯度，会慢慢地释放出来，因此可以作为这些物质的缓释材料。如果吸收的是芳香剂，则会缓慢释放香味；如果吸收的是杀虫剂，则具有杀虫功能。

(3) 改性密封材料　将高吸油性树脂添加到纤维基材以及合成树脂密封材料中制成混合各种形状的树脂密封材料，具有很好的油封性能，并且油溶胀后强度损失很小。

(4) 改性橡胶　将高吸油性树脂添加橡胶中，能增强橡胶的耐热耐寒性能。

(5) 纸张添加剂　将高吸油性树脂与聚乙烯膜、层压纸黏合，可得到吸油性的包装材料。

【阅读材料】　吸附分离高分子材料发展展望

随着不同学科的快速发展，吸附分离功能高分子材料的合成技术与应用将不断发展。在材料制备方面，利用低成本的线形高分子通过后交联技术可制备出新型多孔球形树脂，不仅可以降低成本，而且有可能发展高性能〔如耐高温等〕的吸附分离功能高分子材料；由于生物技术的进步，要求发展适于生化物质分离的新型吸附分离功能高分子材料，因此具有稳定结构的人工合成亲水载体及其功能化产品将继续受到重视。吸附分离功能材料的使用形态及其孔形态将更加多样化，除了常规的凝胶型和大孔型球形树脂之外，通过在色谱柱中原位聚合可制备棒状吸附分离材料，从而避免原球形树脂填充柱中颗粒间孔隙；发展新的成孔技术，制备具有均一孔径或具有贯穿孔的吸附分离功能高分子材料，将显著提高分离效果。在吸附分离功能高分子材料物理化学结构表征方面，交联结构的表征技术将取得重要进展，对其微观结构的揭示将更加深入；高分子链与小分子的相互作用规律的研究，将有助于加深对吸附机理的认识；孔结构的研究将引入新的技术手段，从而从亚微观的基础上阐明材料与被吸附物质之间的相互作用规律。

吸附分离功能高分子材料的应用领域将日益扩展，与其他学科的交叉联系更加紧密。在生命科学领域，除了生化物质分离纯化和血液净化治疗之外，吸附分离功能高分子材料在临床检测、药物控制释放等方面的应用也在增加。在环境科学领域，吸附分离材料的应用已从过去的废水处理、海洋的除油、净化，扩展到其他更多的方面，如环境监测和废气处理、沙漠改造、控制土壤沙化和流失、防治沙尘暴的侵害等。在组合化学领域，吸附分离功能高分子材料除了在固相有机合成载体方面的应用以外，清除树脂、吸油树脂的应用开辟了有机合成化学分离技术的新方向。在各种各样的工业领域，吸附分离材料不仅用于分离目的，而且将大量用于产品制备。在军事领域，从核技术到战场防护，都离不开吸附分离材料。

综上所述，近年来吸附分离功能高分子材料不论在合成技术方面，还是在结构和机理研究方面，以及在实际应用方面，都获得了长足进步。尤其是新结构吸附分离功能高分子材料的合成及其微观结构与性质的研究，大大促进了吸附分离功能高分子材料领域的发展。

思　考　题

1. 什么是吸附选择性和吸附性分离？什么是吸附分离功能高分子材料？
2. 列举吸附分离功能高分子的优势和分类。
3. 试分析影响吸附分离功能的因素有哪些？
4. 吸附分离高分子致孔的方法有哪些？各有什么特点？
5. 物理相互作用吸附物质的吸附树脂可分为非极性、中极性和强极性三类，它们各有什么特点，对它们的制备各举一例。
6. 什么是离子交换树脂？阳离子交换树脂和阴离子交换树脂分别含有哪些官能团？
7. 以交联聚苯乙烯为骨架如何分别在苯环上引入阳离子交换基团和阴离子交换基团？
8. 表征离子交换树脂物理性能指标有哪些？
9. 含有 Fe^{3+}、Ca^{2+}、Mg^{2+}、Na^+ 的被处理液自上而下通过 H^+ 型强酸阳离子交换树脂柱，达到贯流点的标志是什么？为什么？
10. 离子交换树脂有哪些主要功能？试述离子交换树脂的用途。
11. 试分析影响高吸水性树脂吸水性能的结构因素。高吸水性树脂有哪些应用？
12. 有哪些环境因素会影响高吸水性树脂吸水性能。高吸油性树脂有哪些应用？
13. 影响高吸油性树脂吸油性能的因素有哪些？

参　考　文　献

[1] 王国建，王公善. 功能高分子. 上海：同济大学出版社，2006.
[2] 卞建国. 苯乙烯型阴离子交换树脂的研究进展. 化工时报. 2004，18（3）：19-21.
[3] 陈义镛. 功能高分子. 上海：上海科学技术出版社，1988.
[4] 孙酣经. 功能高分子材料及应用. 北京：化学工业出版社，1990.
[5] 钱庭宝. 离子交换剂应用技术. 天津：天津科学技术出版社，1984.
[6] 王方. 离子交换树脂. 北京：北京科学技术出版社，1989.
[7] 何炳林，王文强. 离子交换与吸附树脂. 上海：上海科技教育出版社，1989.
[8] 钱庭宝. 吸附树脂及其应用. 天津：天津科学技术出版社，1990.
[9] 王解新，陈建定. 高吸水性树脂研究进展. 功能高分子学报，1999，12（2）：211-217.
[10] 张宁，叶华，赵建青. 耐盐性高吸水性树脂的研究进展. 合成材料老化与应用，2003，32（3）：42-47.
[11] 尹国强，雀英德，廖列文等. 高吸油性树脂的网络结构与性能. 高分子材料科学与工程，2003，19（6）：N9-152.
[12] 邹新禧. 超强吸水剂. 北京：化学工业出版社，2002.
[13] 刘廷栋，刘京. 高吸水性树脂的吸水机理. 高分子通报，1994（3）：181-185.
[14] 黄歧善，翁志学，黄志明等. 高吸油树脂缓释动力学研究. 高分子材料科学与工程，2002，18（1）：79-82.
[15] Shan G R, Xu P Y, Wang Z X, Huang Z M. Systhesis and properties of oil adsorption resins filled of polybutadiene. J Appl Polym Sci, 2003, 89: 3309-3314.
[16] 单国荣，超霞，黄志明等. 石蜡或聚丁二烯填充型高吸油树脂的合成及其性能比较. 高分子学报，2004（4）：523-527.
[17] 焦剑，姚军燕. 功能高分子材料. 北京：化学工业出版社，2007.

第3章 反应型功能高分子

为了克服小分子试剂或催化剂的缺点，将小分子试剂或催化剂用化学键合的方法或物理方法与特定的高分子相结合，或者将带有可聚合基团的试剂或催化剂直接聚合而得到的功能高分子材料，即反应型功能高分子。

反应型功能高分子不仅具有普通的小分子试剂或催化剂具有的化学活性或催化反应的特性，而且由于高分子骨架的存在，可以简化反应过程，减少废物排放，提高材料的使用效率，因而更加符合绿色化学的要求，适宜化学反应的发展趋势。目前已经研究出各种独特性质的反应型功能高分子，不仅推动了化学工业和合成反应的研究，而且在实际生产中得到了广泛应用。

实际上，除通常所指的高分子试剂和高分子催化剂外，许多高分子药物、高分子除草剂、高分子杀虫剂、高分子抗氧剂、高分子紫外线稳定剂、离子交换树脂、氧化还原树脂、离子络合聚合物等也都属于反应型功能高分子范畴，由于篇幅所限，本章只涉及高分子试剂和高分子催化剂。

3.1 概　　述

3.1.1 反应型功能高分子的定义

反应型功能高分子是指具有化学活性、能够参与或促进化学反应进行的高分子材料，主要包括高分子化学反应试剂和高分子催化剂，大多用于化学合成和化学反应，有时也利用其反应活性制备化学敏感器和生物敏感器。

高分子化学反应试剂是通过高分子功能基化的方法或小分子高分子化的方法使高分子骨架与化学反应活性官能团相连接，得到的具有化学试剂功能的高分子化合物。高分子化的化学试剂，除了必须保持原有试剂的反应性能，不因高分子化而改变其反应能力之外，同时还应具有更多新的性能，如易分离性、稳定性、邻位协同效应等。

高分子催化剂是对化学反应具有催化作用的高分子，包括无机及有机高分子，而后者比前者使用要广泛得多。有机高分子催化剂又大体分为不含有金属的高分子聚合物和含有金属活性物种的高分子配合物。离子交换树脂是不含有金属的高分子催化剂的典型代表，主要是利用其本身的酸、碱特性，在一些以酸碱催化的化学反应中发挥作用。含有活性金属的高分子催化剂又被称为高分子负载催化剂。担当载体的高分子既可以是无机也可以是有机的高分子材料，而活性金属或其配合物以共价键或非共价键形式负载于载体的表面。这类催化剂在加氢、硅氢加成、碳基化、分解、齐聚及聚合等反应中的使用研究比较活跃。催化反应体系多为非均相，其目的是有利于催化剂的回收利用，也有利于产品的分离及纯化。

制备反应型功能高分子的方法有两种：①物理吸附法，即让小反应试剂或催化剂物理吸附在高分子载体上；②化学反应法，通过化学反应将小反应试剂或催化剂共价键合到高分子载体上，或者是合成带有反应活性中心结构或催化活性中心结构的可聚合单体，然后聚合形成反应型功能高分子。物理吸附法较简单，但在使用过程中吸附的试剂或催化剂会解离下来，造成性能不稳定、反应活性损失。化学反应法制备过程步骤多，增加了成本，但性能稳定，可以重复使用。

用于制备反应型功能高分子的有机聚合物载体一般应满足下列要求：①不溶于普通有机溶

剂，但能够溶胀；②物理机械性能好，有适当的刚性和柔性，不易破损；③容易功能基化，功能基在高分子骨架上分布均匀；④聚合物的功能基容易与反应试剂接近；⑤在反应过程中不发生副反应；⑥能通过简单、经济和转化率高的反应进行再生。

3.1.2 反应型功能高分子的特点

反应型功能高分子不仅能像小分子化合物一样起试剂和催化剂的作用，在有机合成反应中对反应的成功与否起决定性的作用，而且它可以克服常见的小分子催化剂和化学试剂在使用中存在的一些局限性，如反应呈均相反应时，试剂和产物难以分离，贵重的催化剂难以回收使用，有些化学试剂和催化剂稳定性也不理想。因此，反应型功能高分子在保留了小分子试剂和催化剂的反应性质的同时，还赋予试剂某些高分子特性。反应型功能高分子的特点或者优点包括以下几项。

（1）化学和物理稳定性好　多数氧化剂的化学性质不稳定，易爆、易燃、易分解失效，而高分子化后则克服了上述缺点，其稳定性好，不会爆炸，保存期变长。高分子化还可以消除相应的低分子有机化合物的毒性和令人讨厌的气味。

（2）试剂和催化剂容易分离和可回收利用　当反应中其他组分为小分子化合物时，反应型功能高分子由于高分子骨架带来的不溶不熔性，在反应完成以后可以很容易地用过滤方法与其他的反应组分分离开，大大简化了操作过程。分离出的反应型功能高分子经再生处理可以重新使用，这样不仅能降低成本，还可以减少污染。这一优点在含有贵金属的反应型功能高分子上显得尤为突出，其他的反应型功能高分子如硫醇、硒类等反应型功能高分子使硫醇、硒类试剂变成了对环境友好的材料。

（3）稀释效应和浓缩效应　由于骨架的刚性使功能基团之间几乎没有相互作用和干扰，反应型功能高分子在相对刚性的高分子骨架上"稀疏"地连接功能基团，可以使试剂具有合成反应中的无限稀释作用，以获得纯度高的产物。反之，由于功能基团之间的相互作用而产生类似于"高度浓缩"状态，在高分子骨架上"密集"地连接功能基团，可以促进反应进行。

（4）实现连续化和自动化操作　对于反应速率较快的反应，可用一根装填有反应型功能高分子的反应柱，其他的反应物依次通过反应柱即可完成反应过程。

典型的例子是肽合成中将第一个氨基酸固定到交联的高分子载体上，形成的反应型功能高分子装柱，其余的氨基酸反应物和偶联剂依次通过反应柱进行反应，由于增长中的肽链共价结合在不溶的聚合物载体上，因此这种被结合的肽具有适宜的物理状态，每一反应步骤完成后彻底洗涤，以除去过量的反应物和副产物，以便使产物和过量的反应物分离，反应过程可能实现连续化、自动化操作，并使反应得到近100%的转化率。

（5）避免副反应和提高产率　当小分子化合物进行反应时，往往会伴随副反应的发生，而副反应不仅使产率下降，而且也会使产物分离纯化困难。而使用反应型功能高分子就可以避免这种情况的发生。例如，苯乙酸乙酯与对硝基苯甲酰氯反应生成对硝基苯基苯乙酮，伴随的副反应是苯乙酸乙酯的自身缩合。如果将苯乙酸通过酯键接到高分子载体上，酯基的含量较低，并且酯基团之间难以接触、反应，对硝基苯基苯乙酮的生成按反应式(3-1)进行，这样产物的产率由原来的22%提高到43%，而且产品纯度提高。

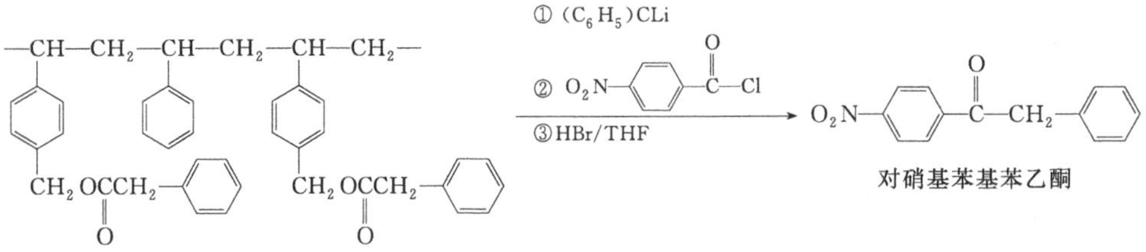

反应式(3-1)

尽管反应型功能高分子有许多优点，但是也存在一些不足，列举如下。

(1) 成本更高　由于反应型功能高分子的制备需要经过多个步骤，因而其成本比低分子试剂要高得多。再生和重复使用是否能弥补制备成本增加的问题，是决定它们能否实用化的关键因素。

(2) 反应速率降低　由于高分子骨架的立体位阻会阻碍反应试剂的扩散，与相应的低分子试剂相比，由高分子试剂进行的反应，反应速率会降低。

(3) 高温反应不能使用　由于有机高分子载体的耐热性较差，因此在高温下进行的反应不能使用反应型功能高分子。

3.1.3　反应型功能高分子的分类

反应型功能高分子种类繁多，且每年都有大量新的品种合成，但主要为高分子化学反应试剂和高分子催化剂两大类。因此，一般可以按图 3-1 进行分类。随着新的合成方法的不断出现，领域的不断拓展，反应型功能高分子的种类和分类方法将会不断发生变化。

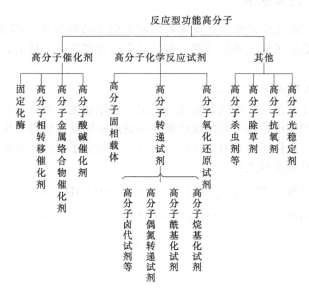

图 3-1　反应型功能高分子的分类

3.2　高分子化学反应试剂

高分子化学反应试剂是将小分子化学反应试剂高分子化得到的。从化学反应的角度可以将高分子化学反应试剂分成两大类：一是高分子承载的反应底物（见图 3-2），也就是将普通的反应底物通过适当的化学反应固载到聚合物上，然后用这种高分子承载的反应底物与小分子化学反应试剂得到高分子承载的产物，再用一定的化学反应方法将产物从高分子载体上解脱下来，除去载体，经简单纯化得到所需要的产物；二是高分子承载的小分子试剂（见图 3-3），也就是将小分子试剂通过适当的化学反应固载到聚合物上，然后用这种高分子承载的试剂与小分子进行计量反应以获得产物。不管是哪一种类型的高分子化学反应试剂，都必须保持原有试剂的反应性能，并由于高分子骨架的引入而比小分子反应更具有优越性。

高分子化学反应试剂的高分子载体通常为有机聚合物，这不仅因为有机聚合物种类繁多、选择范围大、既可以实验室合成又可以从市场上购买到，而且还因为有机聚合物能够通过高分子链的刚柔性变化、聚集态变化为反应提供稀释效应、浓缩效应、邻位效应、基团协同作用等微环境效应，而这些在其他载体中是无法实现的。

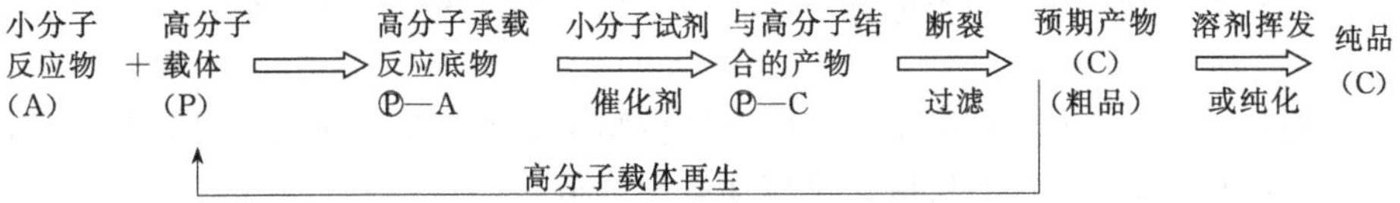

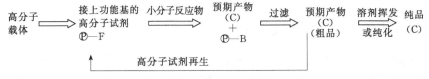

图 3-2　高分子承载反应底物的反应

图 3-3　高分子承载试剂的反应

3.2.1　高分子氧化还原试剂

在高分子试剂参与的化学反应中，反应物之间有电子转移发生，即发生了氧化还原反应。这些高分子试剂称为高分子氧化还原试剂，包括氧化还原型高分子试剂、高分子氧化试剂和高分子还原试剂三类。

3.2.1.1　氧化还原型高分子试剂

氧化还原型高分子试剂是一类既有氧化功能又有还原功能、自身具有可逆氧化还原特性的一类高分子试剂。它们能够根据不同的反应条件表现出不同反应活性，而且反应后试剂容易根据其氧化还原反应的可逆性而得到再生使用。在这一类高分子氧化还原剂分子结构中，活性中心一般含有以下五种结构类型之一。

（1）氢醌或酮式结构　$HO-\langle \rangle-OH \rightleftharpoons O=\langle \rangle=O +2H^+ +2e^-$

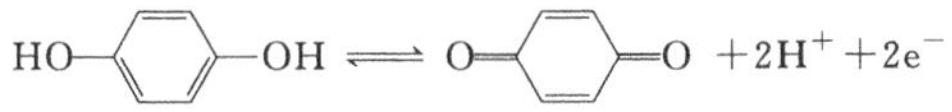

（2）硫醇或硫醚结构　$2R-SH \rightleftharpoons R-S-S-R +2H^+ +2e^-$

（3）吡啶结构

（4）二茂铁结构

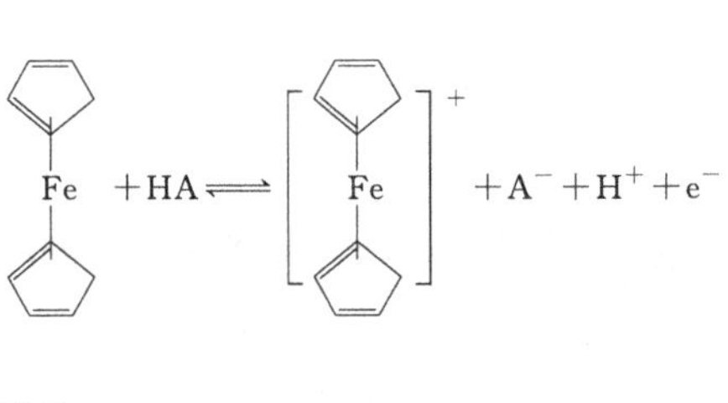

（5）多核杂环芳烃结构

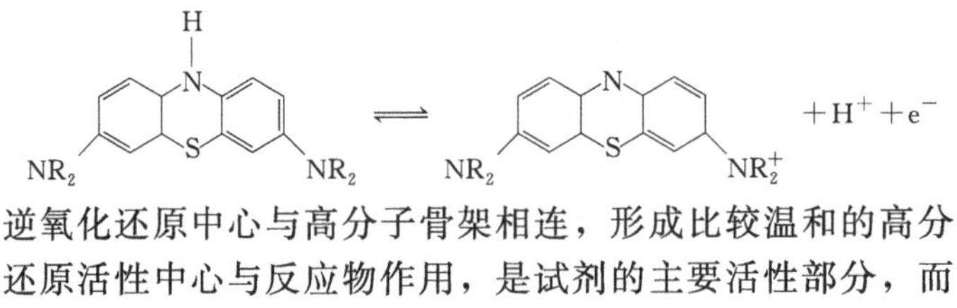

$$+H^+ +e^-$$

这些结构的可逆氧化还原中心与高分子骨架相连，形成比较温和的高分子氧化还原剂。在化学反应中，氧化还原活性中心与反应物作用，是试剂的主要活性部分，而高分子骨架在试剂中一般只起对活性中心的负载作用。

下面举几个实例来说明氧化还原型高分子试剂的合成。

醌型氧化还原型高分子试剂通过首先合成含被保护酚羟基的单体，然后在苯环上引入双键，最后进行自由基聚合制备。

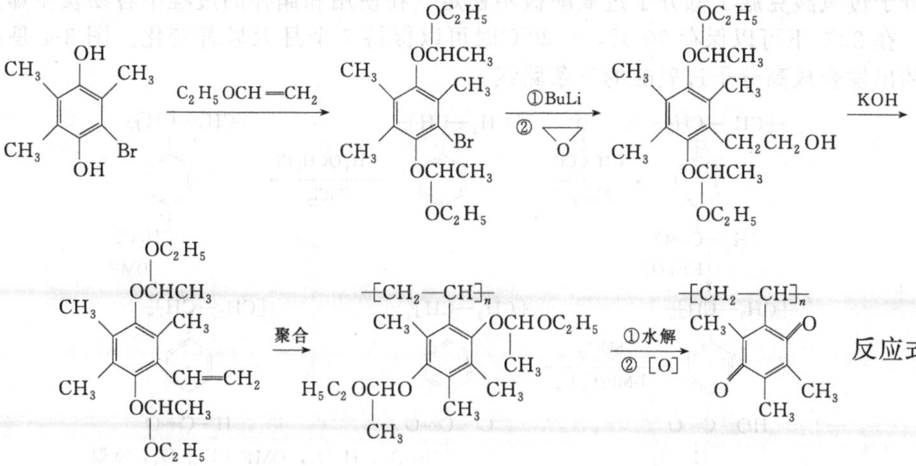

反应式(3-2)

硫醇型氧化还原型高分子试剂既可以通过合成的单体聚合后胺解制备［见反应式(3-3)］，又可以用交联的聚苯乙烯经氯甲基化后在适当溶剂中与 NaHS 反应制备［见反应式(3-4)］。由于苯甲硫醇比酚硫醇更容易氧化，高分子苯甲硫醇比相应的小分子活泼，所以高分子苯甲硫醇是活性较高的氧化还原试剂。

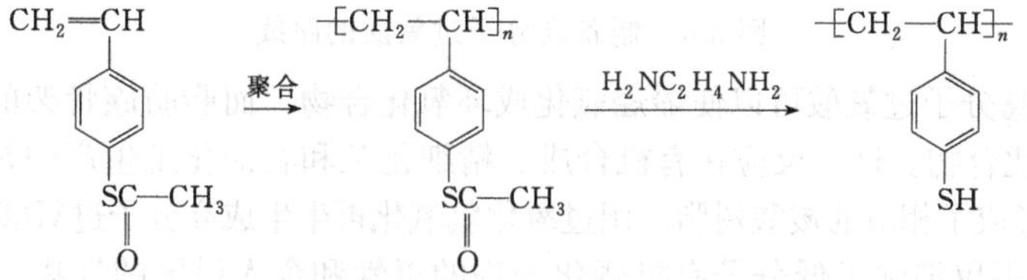

反应式(3-3)

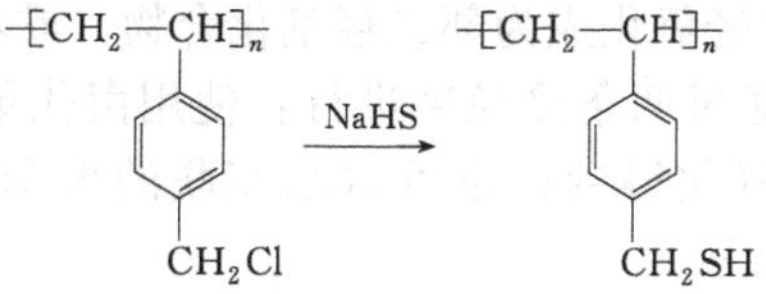

反应式(3-4)

含吡啶的氧化还原型高分子试剂用交联的聚苯乙烯经氯甲基化后与烟酰胺反应获得，或者用对氯甲基苯乙烯与烟酰胺反应［见反应式(3-5)］生成带有吡啶氧化还原活性中心的单体再聚合制备。

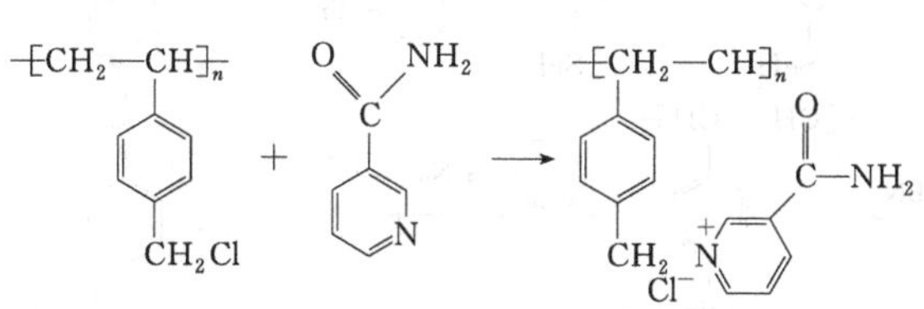

反应式(3-5)

另外，在合成氧化还原型高分子试剂时，还应该注意以下几点：①在含苯环的树脂中，在苯环上引入取代基增加树脂稳定性，避免树脂发生交联引起氧化还原性下降；②适当降低氧化还原基团含量并使其均匀分布在树脂基体中，避免树脂上氧化还原基团之间的相互作用；③使用低交联或高孔穴度树脂，有利于反应过程进行；④使用具有可湿性和溶胀性的树脂，有利于反应过程进行。

3.2.1.2 氧化型高分子试剂

由于自身特点，多数小分子氧化剂的化学性质不稳定，易爆、易燃、易分解失效，有些沸点较低的氧化剂在常温下有比较难闻的气味。为消除或减弱这些缺点，可以将低分子氧化剂进行高分子化，从而得到氧化型高分子试剂，即高分子氧化剂。高分子氧化剂包括高分子过氧酸、高分子硒试剂、高分子高价碘试剂等。

高分子过氧酸克服了低分子过氧酸极不稳定、在使用和储存的过程中容易发生爆炸或燃烧的缺点，在20℃下可以保存70天，−20℃时可以保持7个月无显著变化。图3-4是由交联的聚苯乙烯出发合成高分子过氧酸的三条路线。

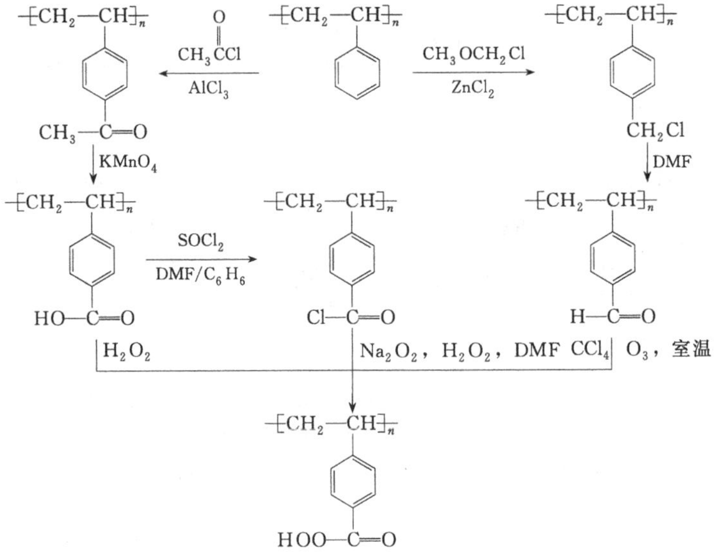

图 3-4　制备高分子过氧酸的路线

芳香族骨架的高分子过氧酸可以使烯烃氧化成环氧化合物，而脂肪族骨架的高分子过氧酸使烯烃氧化成邻二羟基化合物。这一反应在有机合成、精细化工和石油化工生产中是非常重要的。使用过的高分子过氧酸形成了相应的羧酸树脂，用过氧化氢氧化再生生成高分子过氧酸，可以反复使用。

高分子硒试剂不仅消除了低分子有机硒化合物的毒性和令人讨厌的气味，而且还具有良好的选择氧化性，可以选择性地将烯烃氧化成为邻二羟基化合物，或者将芳甲基氧化成相应的醛。

高分子硒试剂的合成可以通过两条途径来进行：使用卤代单体生成含硒单体后聚合，得到还原型的高分子硒试剂，然后氧化得到；也可以用交联的聚苯乙烯经溴代后与苯基硒化钠反应，然后氧化制备。如图3-5所示。

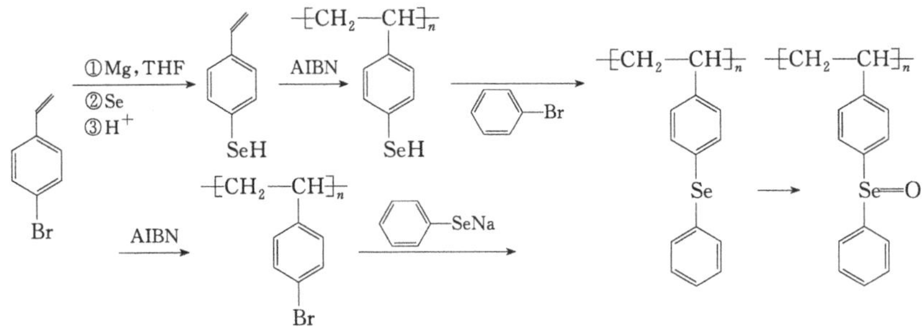

图 3-5　制备高分子硒试剂的路线

与小分子的高价碘试剂一样，高分子高价碘试剂具有很好的氧化活性和选择性。如下所示结构的碘试剂能在温和的条件下使醇氧化成醛、苯乙酮氧化成醇、苯酚氧化成醌，并能发生氧化-脱水反应：

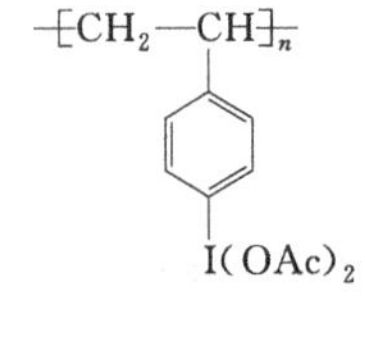

阴离子交换树脂负载的高分子氧化剂也是经常使用的高分子氧化剂之一。最早报道的阴离子交换树脂负载的多卤化物为三碘树脂，即阴离子交换树脂负载的三碘离子。该树脂被用作聚合物杀菌剂，可对饮用水进行消毒。小分子氧化剂 H_2CrO_4 吸附到聚苯乙烯季铵树脂上，形成含铬的高分子氧化剂。H_2CrO_4 氧化性强，反应不容易控制，吸附到高分子上后，由于微环境的改变，提高了 $HCrO_4^-$ 的亲核性，从而增加了氧化反应速率和产率。其结构：

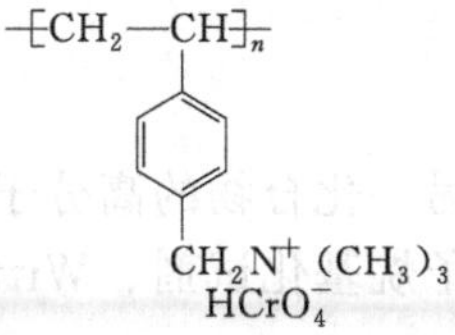

$$\text{-}[CH_2\text{-}CH]_n\text{-}$$
（结构式：聚苯乙烯骨架，苯环对位连接 $CH_2N^+(CH_3)_3$，$HCrO_4^-$）

这种氧化剂可以将卤代烃氧化成酮和醛，将苯基苄基溴氧化成二苯甲酮。

3.2.1.3 还原型高分子试剂

不管是无机的还是有机的小分子还原剂都具有不稳定、易分解失效的缺点，但将低分子还原剂进行高分子化得到还原型高分子试剂，即高分子还原剂，就能克服这些缺点。高分子还原剂具有同类型低分子还原剂所不具备的稳定性好、选择性高、可再生等优点，主要包括高分子锡还原试剂、高分子磺酰肼试剂、硼氢化合物等。

高分子锡还原试剂可以用交联的聚苯乙烯来制备，如反应式(3-6)所示。

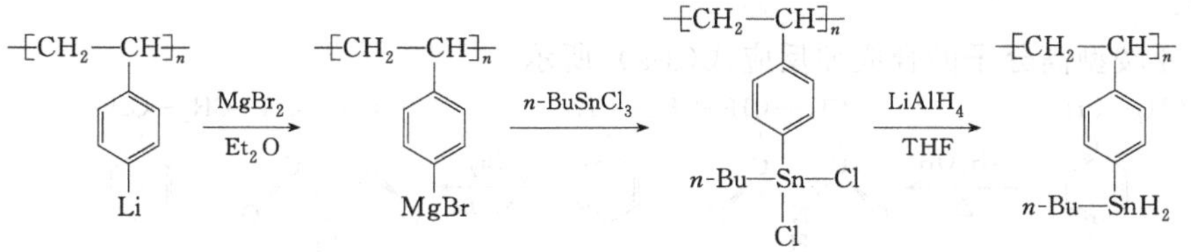

$$\text{反应式(3-6)}$$

高分子锡还原试剂可以将苯甲醛、苯甲酮和叔丁基甲酮等邻位具有能稳定碳正离子基团的含羰基化合物还原成相应的醇类化合物，产率可达 91%~92%。与小分子锡氢还原剂不同，高分子锡试剂还原醛、酮时，首先发生 Sn—H 与 C=O 加成反应，然后水解 CH—O—Sn 键获得还原产物。这主要是由于高分子骨架限制了基团的活动性造成的。这一特性使该试剂具有了较大的选择性，可以还原二元醛中的一个醛基。如对苯二甲醛与此高分子还原剂反应后，单醛基的产物（对羟甲基苯甲醛）占 86%，其余的产物为对二羟甲基苯。该还原剂还能还原脂肪族或芳香族的卤代烃类化合物，形成相应的烷烃和芳烃。

高分子磺酰肼试剂可以用交联的聚苯乙烯经磺化反应后再与肼反应制备，如反应式(3-7)所示。

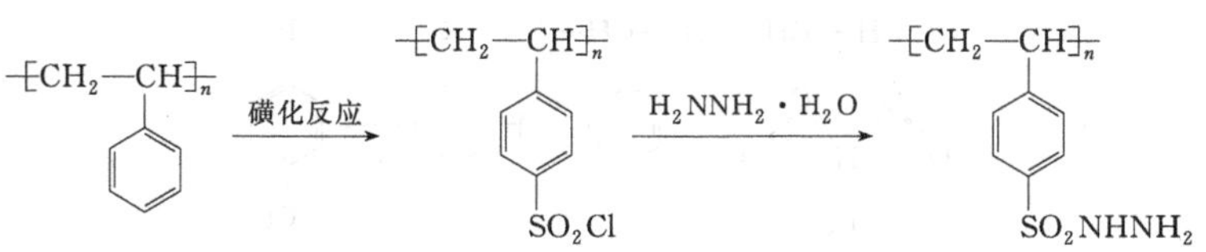

$$\text{反应式(3-7)}$$

高分子磺酰肼试剂是一种选择型还原剂，主要用于对碳-碳双键的加氢反应，对同时存在的羰基不发生作用。

高分子硼氢化合物是将小分子的硼氢化合物负载到高分子上形成的。如用聚乙烯吡啶吸附硼氢化钠，生成含 BH_3 的高分子还原剂，可以还原醛、酮。还原时，首先形成硼酸酯，再用酸分解生成产物醇。

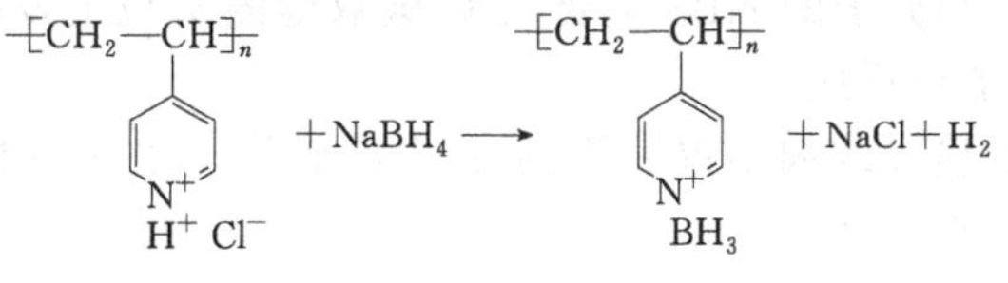

$$\text{反应式(3-8)}$$

交联聚（α-乙烯基吡啶）吸附 BH_3 也可作为高分子还原剂，它还原苯乙酮、环己酮和正辛醛，生成相应的醇，产率为 93%～100%。此外，强碱阴离子交换树脂与硼氢化钠作用，可以制备具有硼氢化季铵盐结构的高分子还原剂。弱碱阴离子交换树脂与 $H_3PO_2^-$、SO_2^{2-}、$S_2O_3^{2-}$、$S_2O_4^{2-}$ 等还原性阴离子作用，形成不同还原能力的高分子还原剂。这一类高分子还原剂在稳定性方面稍差一些，但制备方法相对简单，容易回收和再生。

3.2.2 高分子转递试剂

将分子中的某一化学基团转递给另一化合物的高分子试剂就是高分子转递试剂，它包括高分子卤化剂、高分子酰化试剂、高分子烷基化试剂、Wittig 试剂、亲核试剂等。

3.2.2.1 高分子卤化试剂

在卤化反应中，卤代试剂能够将卤素原子按照一定要求，有选择性地传递给反应物的特定部位。小分子卤化试剂挥发性和腐蚀性较强，容易恶化工作环境并腐蚀设备。高分子卤化后的卤代试剂-高分子卤化试剂除克服了上述缺点之外，还可以简化反应过程和分离步骤。利用高分子骨架的空间和立体效应，高分子卤化试剂也具有更好的反应选择性，因而在有机合成反应中获得了越来越广泛的应用。目前高分子卤代试剂主要包括：二卤化磷型、N-卤代酰亚胺型及多卤化物型，其中研究最多的是 N-溴代丁二酰亚胺型高分子和聚乙烯基吡啶与溴的络合物。

N-溴代丁二酰亚胺型高分子的合成如反应式(3-9)所示。

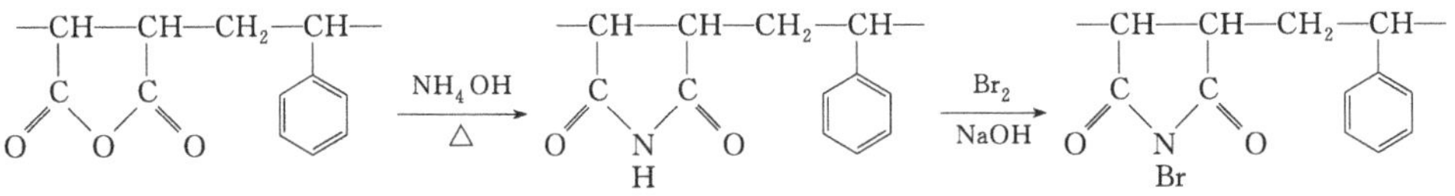

反应式(3-9)

聚乙烯基吡啶（PVP）与 Br_2、HBr_3、$BrCl$、ICl 等络合，生成高效高分子卤代试剂。例如，将苯乙烯、二乙烯基苯和乙烯吡啶共聚，生成的共聚物用二氧六环溶胀后放在 48% HBr 水溶液中反应成盐，然后在 0℃ 与溴反应，得到高分子溴化试剂。

高分子卤化试剂与小分子卤化试剂一样，主要用于卤化取代反应和对不饱和烃的加成反应。但小分子卤化试剂进行卤化反应时，选择性较差。例如在无溶剂和自由基存在下，甲苯与 N-氯代丁二酰亚胺（NBS）进行氯化反应，得到的产物是侧基和苯环氯代反应产物即苄基氯和甲基氯代苯的混合物。如果使用 N-氯代丁二酰亚胺聚合物作氯化试剂，反应产物仅为单一的苯环氯化产物。

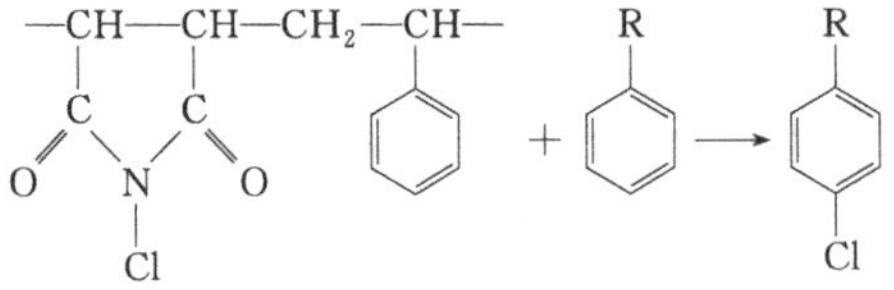

反应式(3-10)

R	CH_3-	t-Bu	i-C_3H_7
产率	85%	70%	80%

N-溴代丁二酰亚胺聚合物作溴化试剂，得到的产物比较复杂，取决于反应物种类、反应物与高分子溴化试剂的比例。当甲苯溴化时，主要产物为侧基溴化物。而当异丙苯或乙苯溴化时，高分子溴化试剂与反应物的比例会影响各种产物的比例，如表 3-1 所示。

与不饱和烃反应时，小分子的 NBS 主要在碳-碳双键的 α-位上发生取代反应，而高分子的 NBS 则在碳-碳双键发生加成反应。

聚乙烯基吡啶高分子溴代试剂不仅使酮的 α-H 被取代，生成溴代产物，而且与烯烃进行加成反应时，条件温和、收率好。

表 3-1 Ⓟ—NBS 的用量对产物的影响

投料比(摩尔比)		产物及产率
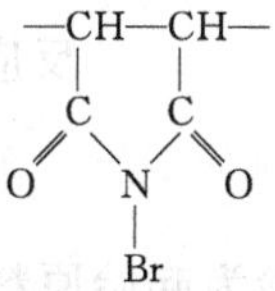	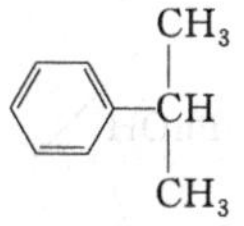	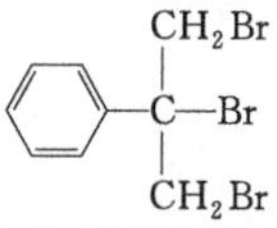
2.33	1	48
3.7	1	85
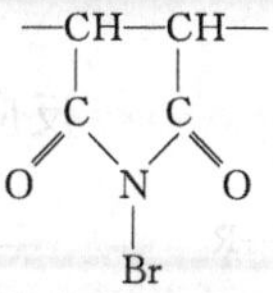	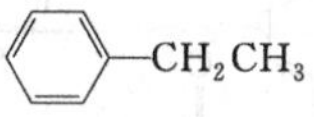	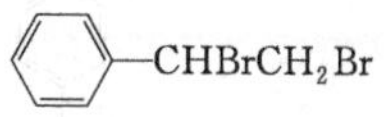
1.13	1	31
3.3	1	71

高分子氟代试剂和高分子氯代试剂的结构及加成烯烃的反应如反应式(3-11) 和反应式(3-12) 所示。高分子氟代试剂对不同的烯烃进行加成反应时，均生成不对称产物。而高分子氯代试剂得到的是 1,2-双取代产物 [见反应式(3-12)]。

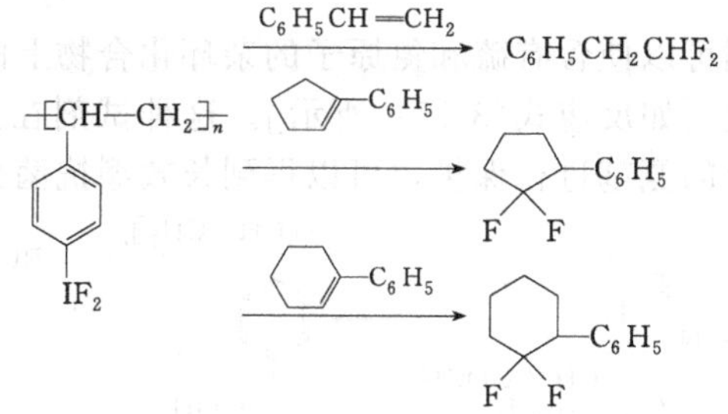

反应式(3-11)

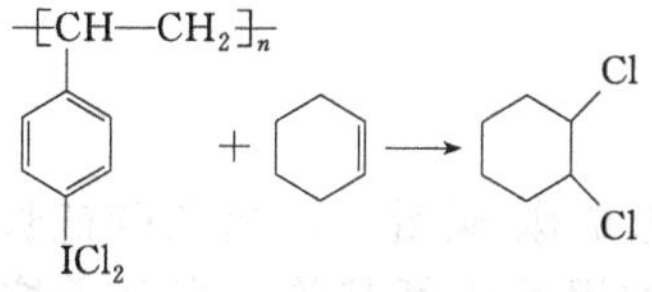

反应式(3-12)

3.2.2.2 高分子酰基化反应试剂

酰基化反应是把有机化合物中的氨基、羧基和羟基分别生成酰胺、酸酐和酯类化合物。由于这类反应常常是可逆的，为了使反应进行得完全，往往需要加入过量的试剂；反应结束后，过量的试剂和反应产物的分离就成了合成反应中比较耗时的步骤。使用高分子酰基化试剂可以大大简化分离过程。高分子酰基化试剂主要有高分子活性酯和高分子酸酐。

最常用的高分子活性酯酰基化试剂的合成见反应式(3-13)。

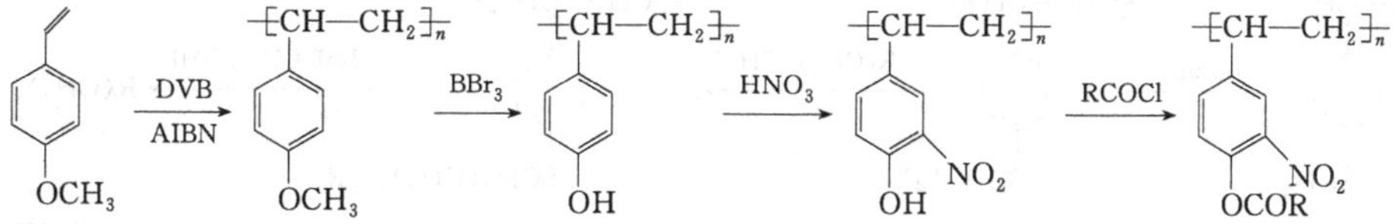

反应式(3-13)

高分子活性酯用于有机合成中的活泼官能团的保护，分别使胺和醇酰化，生成酰胺和酯，如反应式(3-14) 所示。这类反应在肽的合成、药物合成方面都是极重要的反应。

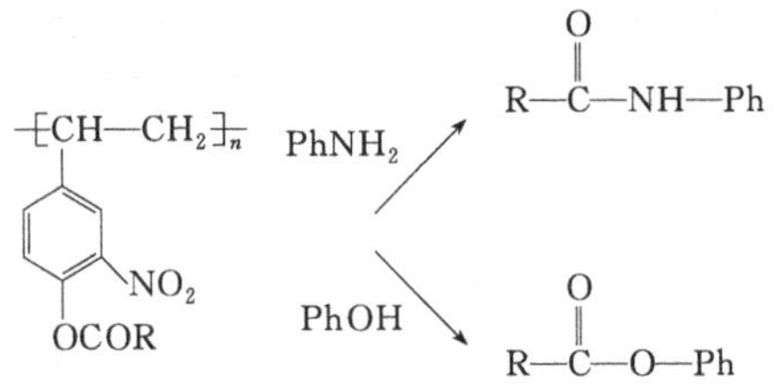

反应式(3-14)

高分子酸酐酰基化试剂也是一种很强的酰化试剂。从聚对羟基苯乙烯为起始原料的合成路线，如反应式(3-15)所示，也可以用乙烯基苯甲酸聚合后与乙二酰氯得到聚合型酰氯，然后与苯甲酸反应制得。

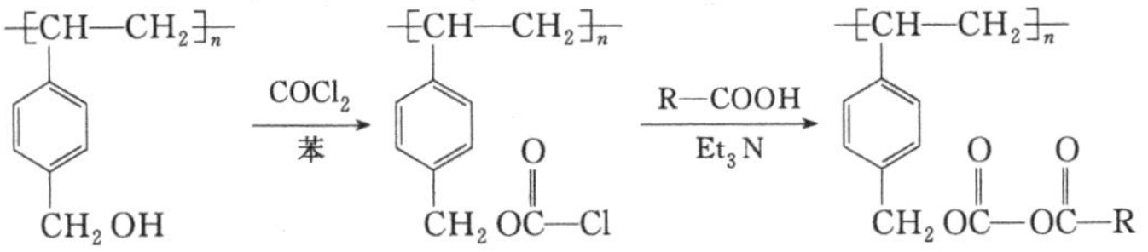

反应式(3-15)

也可以使用离子交换树脂与乙酰氯反应生成混合酸酐［反应式(3-16)］。混合酸酐是一种更活泼的酰化试剂。

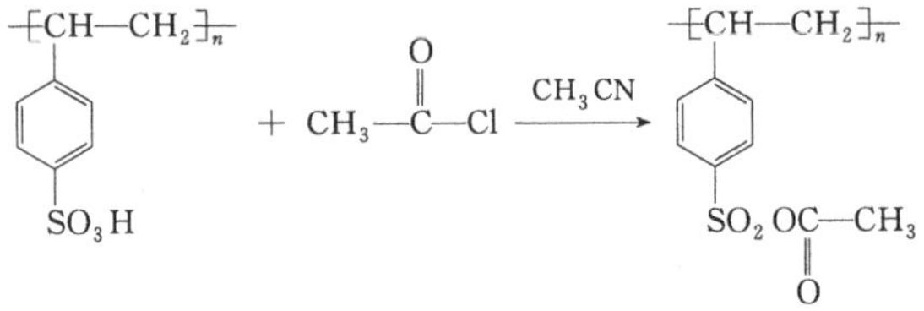

反应式(3-16)

高分子酸酐酰基化试剂可以使含有硫和氮原子的杂环化合物上的氨基酰基化，而对化合物结构中的其他部分没有影响［如反应式(3-17)所示］。这种试剂在药物合成中已经得到应用。如经酰基化后对头孢菌素中的氨基进行保护，可以得到长效型抗菌药物。

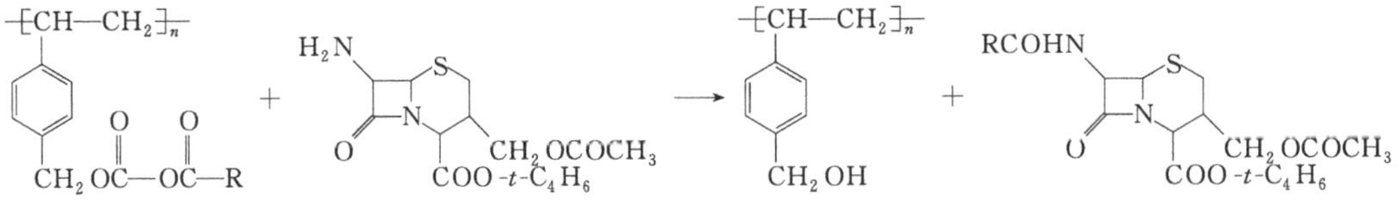

反应式(3-17)

3.2.2.3 高分子烷基化试剂

烷基化反应是在有机合成中形成碳-碳键，以增长碳链长度。高分子烷基化试剂常常在反应中提供含有单碳原子的基团，如甲基或氰基等。高分子烷基化试剂包括高分子金属有机试剂、高分子金属络合物和高分子有机叠氮化合物。它们的制备可以参照前面制备高分子试剂的方法。

硫甲基锂型高分子烷基化试剂可用于碘代烷和二碘代烷的同系列化反应，用以增长碘化物中的碳链长度，如反应式(3-18)所示，有较好的收率。反应后回收的烷基化试剂与丁基锂反应再生后可以重复使用。

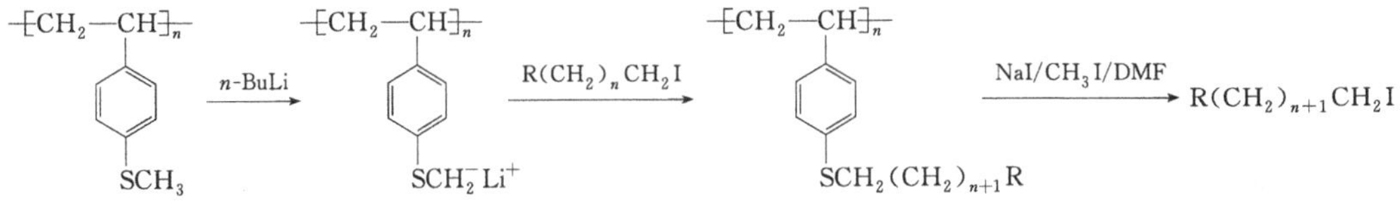

反应式(3-18)

含有—N=N—$NHCH_3$结构的高分子烷基化试剂与羧酸反应制备相应的酯［反应式(3-19)］，副产物氮气在反应中自动除去，使反应很容易进行到底。

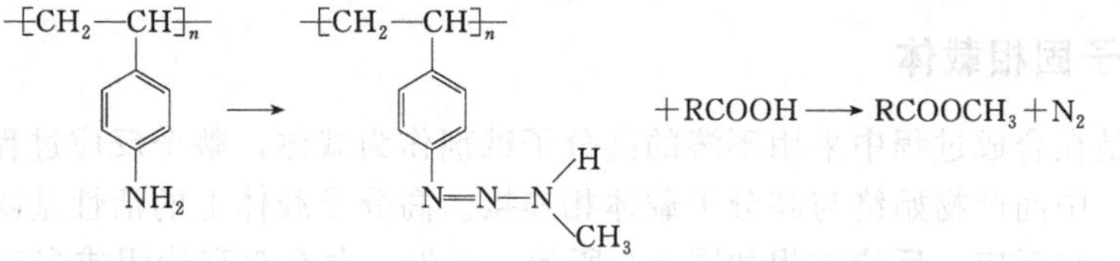

$$+RCOOH \longrightarrow RCOOCH_3 + N_2 \qquad 反应式(3\text{-}19)$$

3.2.2.4 高分子亲核反应试剂

亲核反应是在化学反应中试剂的富电子原子或基团进攻反应物中的缺电子原子或基团，使用的亲核试剂多为阴离子或者带有孤对电子和多电子基团的化合物。高分子亲核试剂多数是用离子交换树脂作为载体，通过阴离子亲核剂与载体之间的离子键合作用而形成的。例如，用强碱型阴离子交换树脂浸入 $10\% \sim 20\%$ KCN 水溶液中，洗涤干燥后就得到含氰的高分子亲核试剂。如果浸入的是 KOCN 水溶液，则得到含异氰酸根的高分子亲核试剂。

高分子亲核试剂通常与含有电负性基团的化合物反应，如卤代烃。由于卤素原子的电负性，使相邻碳原子上的电子云部分地转移到卤元素一侧，该碳原子呈缺电子状态，易受亲核试剂的攻击。氰基高分子亲核试剂在有机溶剂中与卤代烃一起搅拌加热，氰基被转递到卤代烃的碳链上，如反应式(3-20) 所示。

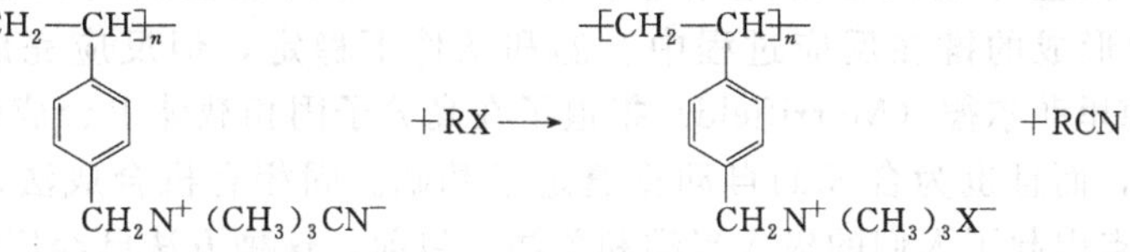

$$+RX \longrightarrow \qquad\qquad +RCN \qquad 反应式(3\text{-}20)$$

通常，上述反应中的卤代烃的分子体积越小，收率越高；对不同的卤素取代物，碘化物的收率高于溴化物和氯化物（RI＞R＞RCl），氟化物不反应。反应后回收的强碱型阴离子交换树脂与 KCN 或 KOCN 水溶液反应再生后可以重复使用。

3.2.2.5 其他高分子转递试剂

其他高分子转递试剂包括 Witting 试剂、Ylid 试剂和偶氮转递试剂等。

高分子 Witting 试剂与小分子的 Witting 试剂一样，使卤代烃和醛或酮合成烯烃，但克服了产物难于从副产物 Ph_3PO 中分离的问题，副产物残留在高分子载体上，通过过滤就得到产率和纯度都较高的烯烃。

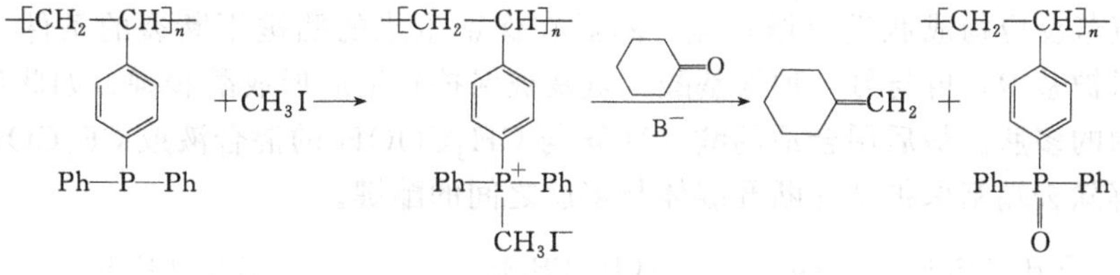

$$反应式(3\text{-}21)$$

反应后的高分子 Witting 试剂用还原剂如三氯硅烷再生 [反应式(3-22)]。

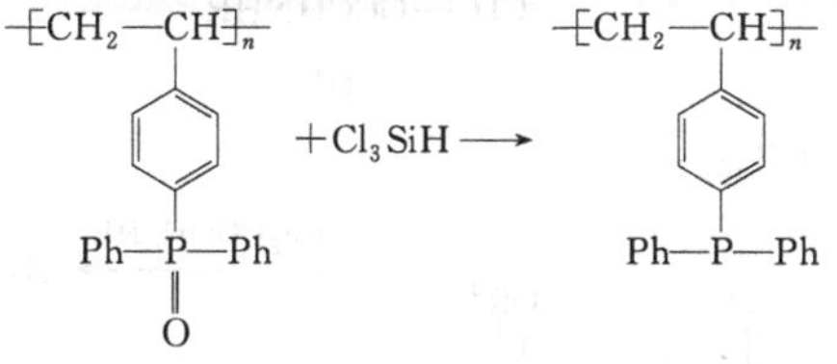

$$+Cl_3SiH \longrightarrow \qquad\qquad 反应式(3\text{-}22)$$

高分子偶氮转递试剂含有叠氮官能团，能够使 β-二酮、β-酮酸酯、丙二酸酯等转变为偶氮衍生物。与小分子叠氮化合物相比，高分子偶氮转递试剂大大提高，在受到撞击时不发生爆炸。

3.2.3　高分子固相载体

固相合成是在合成过程中采用不溶的高分子试剂作为载体，整个反应过程自始至终在高分子骨架上进行，中间产物始终与高分子载体相连接。高分子载体上的活性基团往往只参与第一步反应和最后一步反应，反应过程如图 3-6 所示。首先，含有双官能团或多官能团的低分子有机化合物 A 以共价键的形式与带有活性基团的 X 的高分子载体相连接；然后，这种一端与高分子骨架相接，另一端的官能团处在游离状态的中间产物，能与其他小分子试剂进行单步或多步反应，生成化合物 A-B；最后，将合成好的化合物通过水解从载体上释放下来。

$$\text{(P)}-X +A \longrightarrow \text{(P)}-X-A +B \longrightarrow \text{(P)}-X-A-B \longrightarrow \text{(P)}-X +A-B$$

图 3-6　固相合成过程

反应过程中过量使用的小分子试剂和低分子副产物用简单的过滤法除去，再进行下一步反应，直到预定的产物在高分子载体上完全形成。因此，固相合成使用的高分子载体-高分子固相载体必须满足以下要求：①在反应介质中不溶解，不参与化学反应，是化学惰性的；②在反应介质能很好地溶胀；③载体上的活性基团与反应物的反应活性高；④载体与反应物形成的键在反应过程中、温和条件下稳定，但反应完成后容易离解。

自 1963 年梅里菲尔德（Merrifield）报道了在高分子固相载体上合成多肽，不仅使复杂的有机合成简单化，而且也为合成的自动化奠定了基础。固相有机合成法以其特有的快速、简便、收率高的优点引起了人们的极大兴趣和关注。目前，这种方法已经广泛应用于多肽、寡核苷酸、寡糖等生物活性大分子的合成研究。某些难以用普通方法合成的对称二元醇单酯、单醚等定向合成，也通过这种合成方法得到了解决或改善。因此，固相合成法在有机合成化学研究领域具有重要意义。

3.2.3.1　固相多肽的合成

多肽的固相合成是把氨基酸固定到交联的高分子载体上，按照一定的顺序连接不同的氨基酸，最后产物从聚合物载体上解脱下来。1963 年，Merrifield 首先用这种方法合成了 4 肽，因此这种方法又称为 Merrifield 固相肽合成法。

多肽的固相合成过程如图 3-7 所示。以交联的聚氯甲基苯乙烯作为载体，首先使氨基保护的氨基酸与氯苄反应构成肽反应增长点，然后在保证生成的酯键不断裂的条件（温和酸性水解）下脱下保护基 R，再与另一种氨基酸（氨基被保护）反应形成酰胺键。如此反复，就可以得到预定结构的多肽。最后用合适的酸（HBr 与 CH_3COOH 的混合液或 CF_3COOH 与 HF 的混合液）水解除去端基保护基并断开载体与多肽之间的酯键。

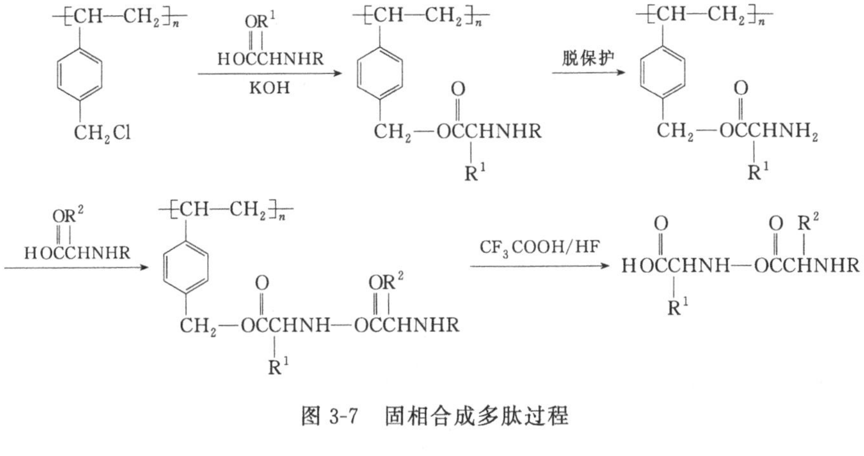

图 3-7　固相合成多肽过程

58

显然，固相合成多肽解决了在溶液中氨基酸之间不能按照预定的方向进行酰胺化反应、生成的产物复杂而使分离十分困难的问题，极大地简化了常规肽化学的操作过程，完全省去了常规肽合成过程中对每个反应中间体都必须进行分离、纯化、重结晶、分析、鉴定等费时并繁杂的操作，取而代之的只是去保护基、去质子化、肽键生成反应、洗涤和过滤等几个步骤。

　　(1) 聚合物载体选择及其与第一个氨基酸的键合　固相肽合成首先必须选择合适的载体。固相载体可以是苯交联的聚苯乙烯和硅球等：

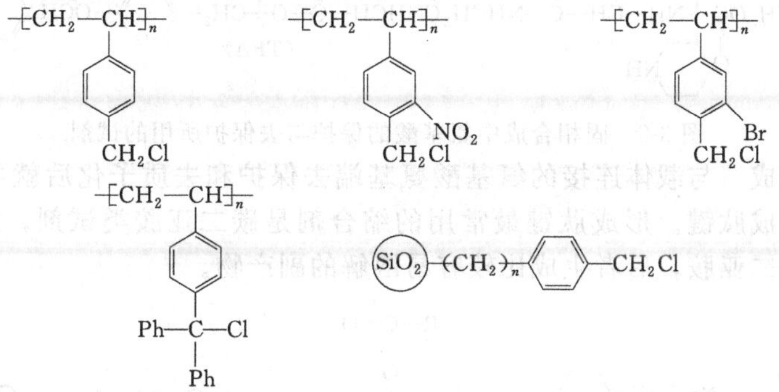

$-[CH_2-CH]_n-$ 　苯基 CH_2Cl

$-[CH_2-CH]_n-$ 　苯基 NO_2、CH_2Cl

$-[CH_2-CH]_n-$ 　苯基 Br、CH_2Cl

$-[CH_2-CH]_n-$ 　苯基 $Ph-C-Cl$、Ph

SiO_2—$(CH_2)_n$—苯基—CH_2Cl

　　用1%二乙烯苯交联的聚苯乙烯树脂经氯甲基化后非常适合作肽固相合成的载体。当不受研磨作用时，它有一定的机械稳定性。在二氯甲烷、氯仿和二甲基甲酰胺这些常用的溶剂中能高度溶胀，并且悬挂的肽链在化学反应中是高度溶剂化的，试剂可以自由扩散进入树脂相中。研究表明，反应不但发生在树脂的表面，而且也发生在交联聚合物载体的内部。

　　除了聚合物载体本身的骨架结构外，载体的功能基团关系到第一个氨基酸与载体结合的难易程度和效率以及最终的肽从树脂上解脱的效率。聚合物载体上的氯甲基、羟甲基是最常用的将第一个氨基酸键合到载体的功能基团。

　　(2) 氨基酸的保护与去保护和质子化　氨基酸的保护与去保护包括α-氨基、α-羧基以及氨基酸侧链的酚基、羧基、氨基的保护和去保护。一般说来，羧基的保护是通过形成酯实现的，而氨基的保护是通过形成酰胺进行的。氨基的保护在肽合成中尤为重要。常用的氨基保护基团有：

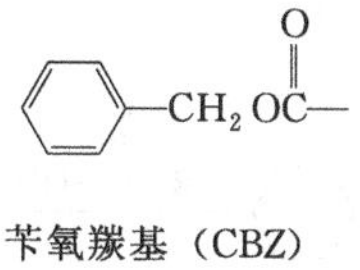

苄氧羰基（CBZ） 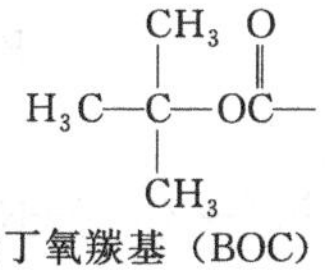　　叔丁氧羰基（BOC） 　　苯基异丙氧羰基（POC）

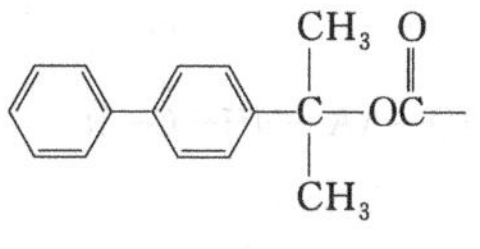

联苯异丙氧羰基（BPOC） 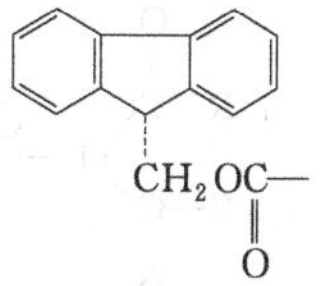　　9-芴甲氧羰基（FMOC）

　　去除氨基的叔丁氧碳基（BOC）保护基可用中等强度的酸，如三氟乙酸（TFA）或盐酸与乙酸混合物。去除氨基的9-芴甲氧羰基保护基用碱试剂如吡啶去保护，脱除反应十分迅速。断开环己基侧链保护基、对甲基二苯甲基酰胺（MBHA）键以及与载体连接的苄酯键则可同时用 HF 或其他强酸裂解并保留肽链中的酰胺键。图 3-8 所示为固相合成中氨基酸的保护与去保护所用的试剂。

　　去保护后的氨基酸在酸介质中氨基仍被酸质子化，在偶联下一个 N 保护的氨基酸之前必须先去质子化。一般使用三乙胺进行去质子化，虽然在溶液中进行反应时可能会发生消旋化，但在固相合成中则不会。也可以使用位阻大的叔胺，如二异丙基乙胺或 N-甲基吗啉。反应结束后用溶剂充分洗涤。

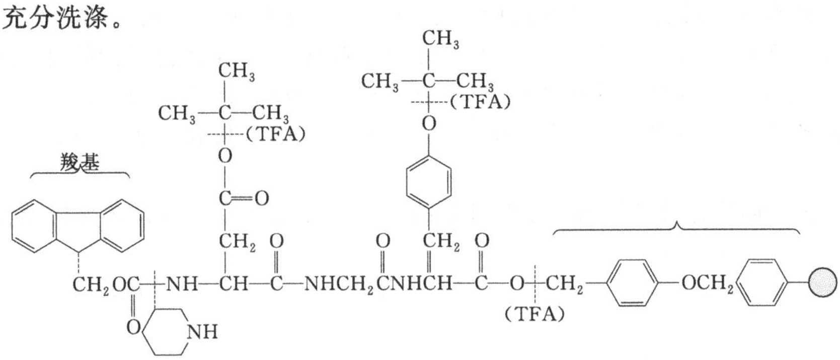

图 3-8　固相合成中氨基酸的保护与去保护所用的试剂

（3）肽键的生成　与载体连接的氨基酸氨基端去保护和去质子化后就可以与下一个 N 保护的氨基酸连接形成肽键。形成肽键最常用的缩合剂是碳二亚胺类试剂，如二环己基碳二亚胺，或二异丙基碳二亚胺，后者生成比较容易溶解的副产物。

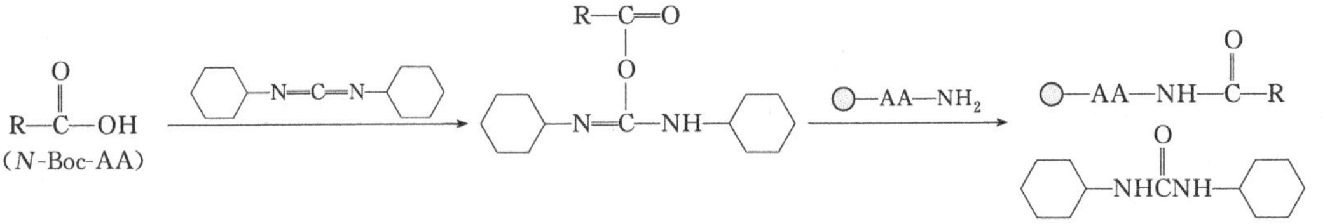

反应式(3-23)

上述反应一般以二氯甲烷为溶剂，也可以用等体积的二甲基甲酰胺与二氯甲烷混合作溶剂，在室温下经过 1～2h 完成。当酰胺化反应没有空间位阻时，偶联反应在几分钟内就可完成。如果氨基酸是门冬氨酸和谷氨酸，在反应中需要加入羟基苯并三氮唑来抑制在脱水时产生的副产物腈。

碳二亚胺也可以使氨基酸形成对称酸酐，并进一步形成肽键，其过程如反应式(3-24)所示，即保护的氨基酸与碳二亚胺在二氯甲烷中在 0℃下进行反应，过滤除去二环己基脲沉淀后，溶剂改为二甲基甲酰胺便可与肽树脂进行偶联反应，一般在 30min 内可完成反应。

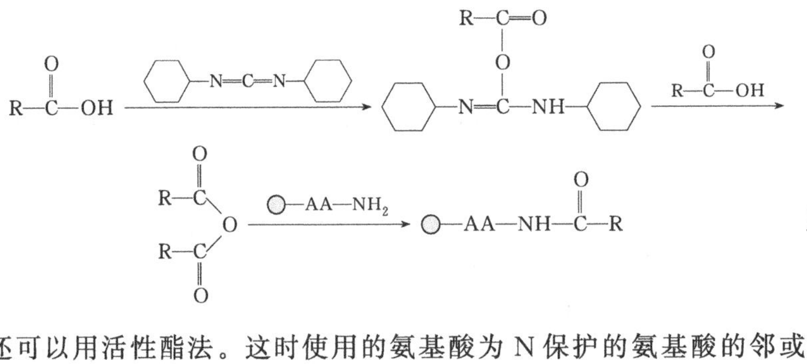

反应式(3-24)

形成肽键还可以用活性酯法。这时使用的氨基酸为 N 保护的氨基酸的邻或对硝基苯酯，偶联反应在二甲基甲酰胺中进行。这种反应一般较慢，但能够避免门冬氨酸和谷氨酸脱水。

（4）肽链从载体上解脱　使用氟化氢水溶液于 0℃处理 30min 就可以将预定结构的多肽链从载体上解脱下来。

3.2.3.2　固相有机小分子化合物合成

高分子固相载体可以用作有机化合物分子的保护基团或载体，这样可得到许多在溶液反应中难以得到的产物。下面几类反应都是高分子固相载体在这方面应用的实例。

（1）对称二醇单醚和单酯的合成　在溶液中合成对称二醇的单醚和单酯，往往很难纯化得到纯的产物，用固相合成则较容易实现。高分子固相载体通常带有酰氯、三苯甲基氯、三苯基氯硅烷等基团。反应式(3-25) 显示了使 ω,ω'-二元醇的一个端羟基与高分子固相载体反应，在反应过程中增大二元醇/固相载体的比例，就可避免二元醇的两个端羟基同时发生反应，即保护一个端羟基，另一个端羟基可以进一步反应，从而得到醚或酯产物。反应式(3-26) 显示了对称二醇单酯的固相合成。

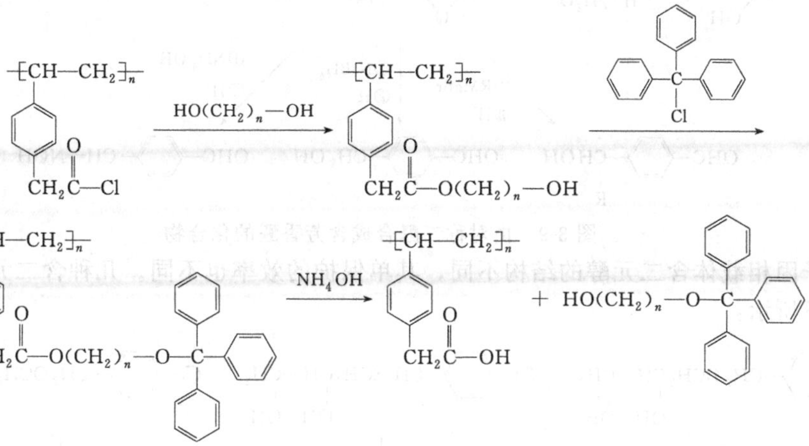

反应式(3-25)

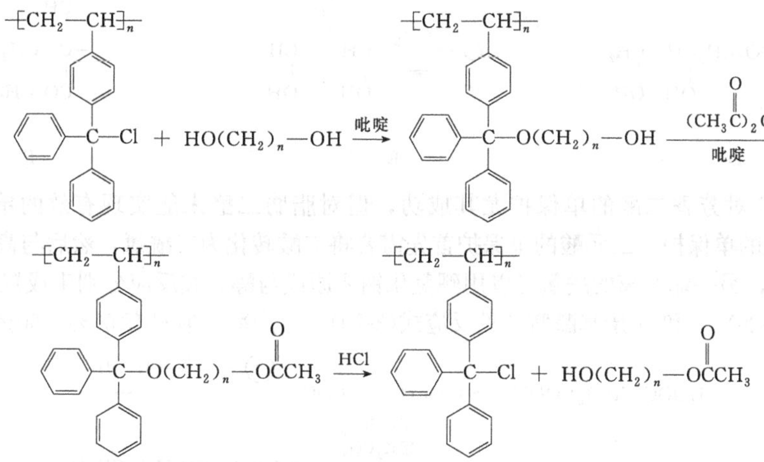

反应式(3-26)

同理，芳香族二酚也可以得到单官能化产物，如反应式(3-27) 所示。

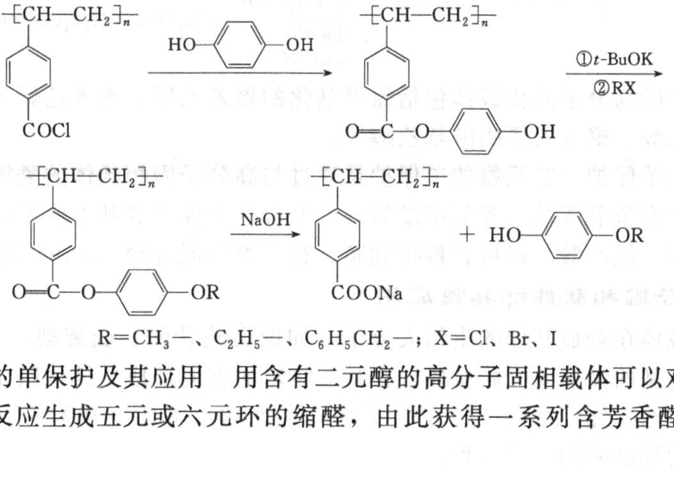

反应式(3-27)

$$R=CH_3-、C_2H_5-、C_6H_5CH_2-；\quad X=Cl、Br、I$$

（2）对称二醛的单保护及其应用　用含有二元醇的高分子固相载体可以对对称二醛进行单保护，二醇与醛基反应生成五元或六元环的缩醛，由此获得一系列含芳香醛的化合物（如图 3-9 所示）。

61

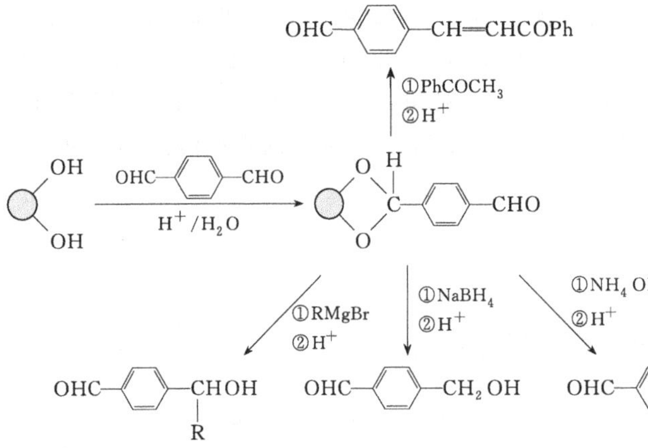

图 3-9 由对称二醛合成含芳香醛的化合物

高分子固相载体含二元醇的结构不同，其单保护的效率也不同。几种含二元醇的固相载体的结构如下所示：

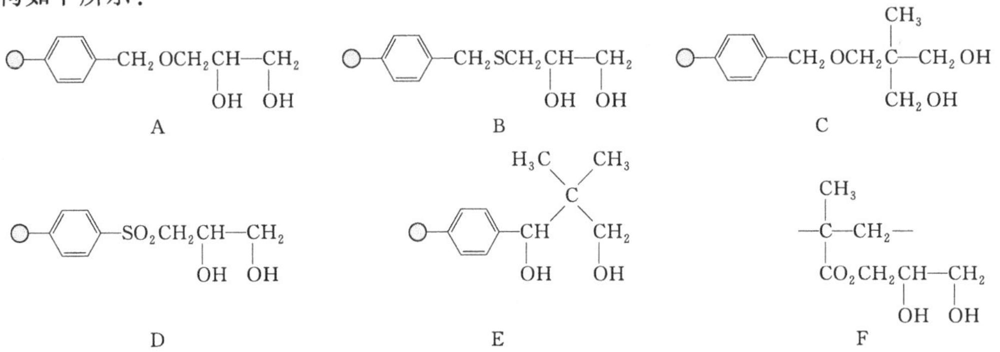

其中 C 和 E 对芳香二醛的单保护尤其成功，但对脂肪二醛未能实现有效的单保护。

（3）二元酸的单保护　二元酸的单保护首先需要将二酸转化为二酰氯，然后与高分子固相载体的功能基团反应，另一端游离的酰氯可以用硼氢化钠还原或与醇、胺反应分别生成羟基酸的 ω-羧基酯 ［见反应式(3-28)］ 和 ω-羧基酰胺 ［见反应式(3-29)］，产率一般只有 $50\%\sim60\%$。

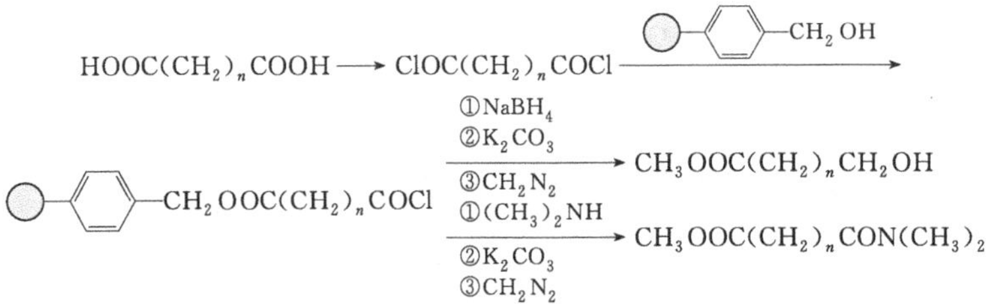

$$HOOC(CH_2)_nCOOH \longrightarrow ClOC(CH_2)_nCOCl$$

反应式(3-28)
$$CH_3OOC(CH_2)_nCH_2OH$$

反应式(3-29)
$$CH_3OOC(CH_2)_nCON(CH_3)_2$$

二元酸单保护的高分子固相载体包括氯甲基化的聚苯乙烯、聚苯乙烯基二苯甲基溴、聚苯乙烯基苄醇或苯乙醇、聚苯乙烯磺酰基乙醇等。

（4）二元氨的单保护　二元氨的单保护是通过与高分子固相载体的酰氯或活性酯形成酰胺进行的。其中，含有苄氧碳基（苄氧甲酰氯）的聚合物在保护氨基中应用比较广泛，因为将生成的产物酸解（如三氟乙酸）就可直接得到胺。在产物中混有约 20% 的对称二酰胺。

3.2.3.3　高分子固相载体的其他应用

高分子固相载体在合成其他的生物大分子（如低聚核苷酸、低聚糖）方面同样也很成功。另外，含手性功能基的高分子固相载体，在某一特定的方向形成立体位阻，使反应物在进行有机反应时产生立体选择性。反应式(3-30)是含有手性功能基 2-氨基苯丙醇的高分子固相载体合成光活性取代的环己酮的反应过程。

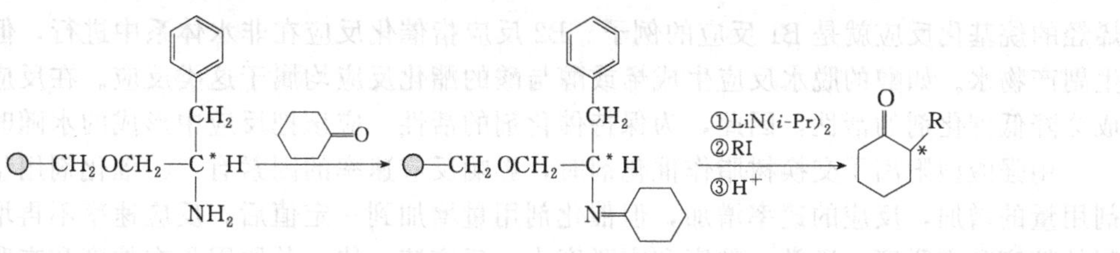

反应式(3-30)

3.3 高分子催化剂

高分子催化剂是含有催化作用的基团并能对许多化学反应起催化作用的聚合物。催化活性基团既可以位于高分子的主链上，也可以位于高分子的侧链上。大多数高分子催化剂是由具有催化活性的低分子化合物，通过化学键合或物理吸附的方法，固定到高分子上构成的。它包括高分子酸碱催化剂、含有金属的高分子催化剂、固定化酶以及高分子相转移催化剂等。

3.3.1 高分子酸碱催化剂

在有机反应中，凡是能够被酸或碱所催化的反应，如水解反应、水合反应、醚化反应、脱水和缩醛化反应、酯化反应、烷基化和异构化反应、缩合和环化反应等，都可以用高分子酸碱催化剂促进反应进行。而高分子酸碱催化剂则是我们在第2章中已经讲到的离子交换树脂。

离子交换树脂可以作为高分子酸碱催化剂的原因是，阳离子交换树脂可以提供质子，其作用与酸性催化剂相同；阴离子交换树脂可以提供氢氧根离子，其作用与碱性催化剂相同。同时，由于离子交换树脂的不溶性，可使原来的均相反应转变成多相反应。

目前，已经有多种商品化的、具有不同酸碱强度的离子交换树脂作为高分子酸碱催化剂使用，其中最常用的是强酸、强碱型离子交换树脂。它们多为聚苯乙烯型载体。

聚苯乙烯型磺酸离子交换树脂催化剂耐高温性能不太好，最高使用温度在120℃以下。如超过该温度，会使磺酸基脱落而使树脂失活。提高聚苯乙烯磺酸树脂催化剂使用温度的方法有：①进行不均匀磺化，使磺化反应仅仅发生在大孔树脂的内表面及外表面，可以使制备的大孔磺酸树脂的使用温度提高到160℃；②在聚苯乙烯树脂的苯环上进行傅克酰基化反应，然后再进行磺化反应，磺酸基团将被引入到酰基的邻位，该磺酸基团可以长时间耐200℃高温，而且有很好的催化活性；③将对位磺酸基异构化转位成间位磺酸基，间位磺酸基在200℃时还没有脱落；④与 F_2 反应进行氟化，得到的树脂具有很好的热稳定性和催化活性，尤其适合催化非极性介质中的有机反应，如苯的烷基化反应。

高分子酸催化剂在有机合成中应用广泛，用高分子酸催化剂时可避免使用浓硫酸催化时产生的产品发黄问题，反应温度也较低。

高分子酸催化的反应分为两大类：有水反应A类和无水反应B类。A类反应又分成A1和A2反应。A1反应在水溶液中进行：高分子酸催化剂能被水溶胀，催化作用是通过水合化质子产生的，催化效果比均相酸催化剂要好。例如，在水介质中进行的酯水解反应，用高分子酸催化剂比用盐酸作催化剂的效果要好。A2反应指催化反应在水/有机溶剂中进行，反应结果与反应物在水相和树脂相之间的分配系数有关。如同样是酯的水解反应，在70%丙酮、30%水的介质中进行时，用盐酸作催化剂的效果优于高分子酸催化剂。其原因是丙酮的存在改变了反应物酯在水相和树脂相之间的分配系数。B类反应也可以分为B1和B2反应。B1反应指催化反应在非水体系中进行，反应中不生成水，同时高分子酸催化剂中也不能有水。水的存在会严重影响该类反应，与反应物竞争树脂催化剂上的活性点，并与催化剂上的磺酸基紧密结合。一个水分子可以同时结合4个磺酸基分子，其结果会导致催化剂活性分子的减少。苯酚与烯烃的烷基化反应就是 B1 反应的例子。B2 反应指催化反应在非水体系中进行，但反应中会产生副产物水。如醇的脱水反应生成烯或醇与酸的酯化反应均属于这类反应。在反应中，水的形成会降低催化剂的活性，因此，为保持催化剂的活性，应该把反应中形成的水随时除去。

用强酸型阳离子交换树脂作催化剂时，影响反应速率的因素有：①催化剂用量，随着催化剂用量的增加，反应的速率增加，但催化剂用量增加到一定值后，反应速率不再增加；②催化剂的粒度和交联度，通常，粒度和交联度小，反应速率快。其原因是在粒度和交联度小的树脂中，反应物扩散速率快。

下面列举一些高分子酸催化的有机反应。

(1) 酯化反应　在乙二醇与乙酸的混合液中，加 Dowex-50 强酸型阳离子交换树脂作催化剂，在 100℃反应 5～6h，过滤出树脂，蒸馏得乙二醇二乙酸酯。Dowex-50 的催化活性几乎与 H_2SO_4 的催化活性相同。

另外，强酸型阳离子交换树脂可以与吸水剂无水 Na_2SO_4 并用，可以使反应在室温或较低温度下进行，且多数情况下都能定量反应。树脂与吸水剂都是不溶的，后处理方便；可再生，重复使用。

在乙酸和醇的酯化反应中，用 H^+ 型 Rexyn 101 树脂作催化剂，反应的收率如下：

$$CH_3-\overset{\displaystyle O}{\overset{\displaystyle \|}{C}}-OH + ROH \xrightarrow[\text{H}^+]{\text{Rexyn 101}} CH_3-\overset{\displaystyle O}{\overset{\displaystyle \|}{C}}-OR \qquad 反应式(3\text{-}31)$$

$$R = CH_3 、C_4H_9 、CH(CH_3)_2$$
$$收率 94\% \quad 100\% \quad 93\%$$

(2) 缩合反应　缩醛化反应是常见的缩合反应之一。正丁醛与乙二醇的缩合反应如果用聚苯乙烯型磺酸离子交换树脂作催化剂、无水 $CaSO_4$ 作吸水剂，在室温反应 30min，收率高达 99%。用甲醇/甲醛缩合在 732 强酸型阳离子交换树脂催化下，当甲醇/甲醛的摩尔比为 3，树脂用量为 1.84mmol H^+/g 甲醛时，甲缩醛的收率为 95%。树脂重复使用多次，其催化活性不降低。

强酸型阳离子交换树脂也可以用于其他缩合反应，如 Perkin 缩合等。

重要的有机化工原料之一——双酚 A，目前工业化生产也采用离子交换树脂催化。

强碱性阴离子交换树脂可以代替无机碱作为催化剂使用，催化羟醛缩合、烯烃水合、消除、重排等反应。

(1) 水解反应　用离子交换树脂催化水解反应，是研究最为深入的方法，如 3-硝基-4-乙酰氧基甲酸用聚（4-乙烯基咪唑）催化水解，反应速率大大提高。催化时，树脂的疏水性有利于酯的吸附，可加速反应进行。酯的空间位阻可降低反应速率，如支链酯的水解速率比相应的直链酯的水解速率慢。

(2) 缩合反应　柠檬醛与丙酮在强碱（KOH-C_2H_5OH 或 NaOH-C_2H_5OH）催化下经 Claisen-Schmidt 缩合制备，产率可以达到 80%～86%，反应时间长达 48h。我国研究人员采用南开大学化工厂生产的 201×7 强碱性苯乙烯系阴离子交换树脂为碱性催化剂，用体积比为 55%丙酮/35%甲醇混合液与柠檬醛在 56℃下缩合反应 5h，产率达 80.2%，树脂可重复使用 15 次以上。

二丙酮醇是丙酮双分子缩合反应的产物，用途广泛。如果在制备该化合物过程中，当二丙酮醇分子形成以后，立即使产物与催化剂系统脱离，就可以避免产物重新分解。使用强碱性阴离子交换树脂在这方面有独特的优越性，因而用这种方法制备二丙酮醇已实现工业化。

以二氧化碳、环氧丙烷为原料合成生物可降解聚合物材料聚碳酸亚丙酯，可以充分利用二氧化碳，变废为宝。用 201×7 苯乙烯系阴离子交换树脂（Cl^-）转换成 I^- 型后，可以对该反应进行异相催化，产率可以达到 92%；催化剂连续使用 10 次，未发现其催化活性的降低。

3.3.2 高分子金属络合物催化剂

高分子金属络合物催化剂由金属离子和高分子配体形成，它可以克服低分子金属催化剂的催化产物被催化剂所污染、催化剂与产物分离困难的缺点，在分离、回收、再生方面都较简单，并且可减少贵重金属的过度损耗，对产品和环境的污染大大减少。

有催化活性的金属离子和高分子可以通过化学作用或物理作用方式形成具有催化功能的高分子金属络合物催化剂。通过化学作用获得的高分子金属络合物催化剂又可根据金属原子与高分子之间的化学键的类型分为离子键、共价键或配位键结合。离子键固载的高分子金属络合物催化剂是利用阴离子交换树脂与金属的阳离子的作用形成的。共价键型的高分子金属络合物催化剂是先制备聚合物载体，再经系列功能基化反应制成带配位功能基的高分子配体，后者与金属盐或其配合物反应即可制得高分子共价键连金属配合物催化剂。通过配位键形成高分子金属络合物催化剂是一种较简单的方法，使用高分子配体直接与金属离子进行配位制备。

用如图 3-10 所示得到的高分子催化剂用于环十二碳二烯选择加氢制备环十二碳一烯，具有高活性、高选择性的特点。

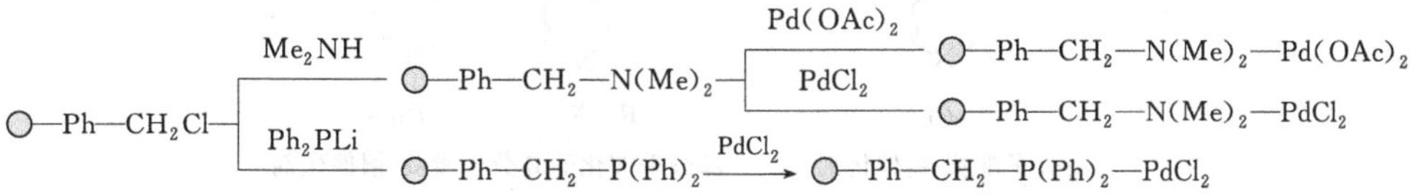

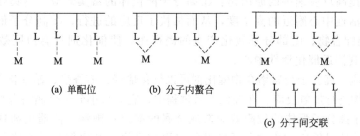

图 3-10　通过配位键形成高分子金属络合物催化剂的途径

通过化学结合的高分子金属络合物催化剂有三种结构：单配位、分子内螯合和分子间交联，其结构如图 3-11 所示。

图 3-11　高分子金属络合物催化剂的三种结构

物理法是制备高分子金属络合物催化剂最简单的方法，可进一步分为干法和湿法两种。干法是将金属盐或配合物溶于易挥发溶剂中，然后把多孔性聚合物载体（如微孔，高比表面积交联聚苯乙烯、碳化树脂、活性硅胶等）加入其中，搅拌下浸渍一段时间，过滤后干燥（驱走挥发性溶剂）。湿法则是将金属盐或配合物溶于由易挥发性溶剂和非挥发性溶剂组成的混合溶剂中，然后将多孔性载体加入其中浸渍一段时间，过滤后驱除挥发性溶剂，溶于非挥发性溶剂的金属配合物即以溶液状态被吸附在多孔性载体的孔壁上。浸渍法有简单易行的优点，但缺点是催化活性组分与载体的结合不甚牢固，在使用过程中金属往往容易脱落流失。

高分子金属络合物催化剂有较高的催化活性和选择性，催化的反应包括：氧化、加氢、醛化、过氧化氢分解、自由基引发的聚合和不对称合成等。

下面列举一些高分子金属络合物催化剂催化的有机反应。

（1）氧化反应　用阴离子交换树脂与 $Na_2Cr_2O_7$ 制成的高分子金属络合物催化剂，如反应式（3-32）所示，可以使伯醇氧化成醛、仲醇氧化成酮（见表 3-2），氧化产物的产率高，而且不会把醛进一步氧化成酸，具有较高的选择性。

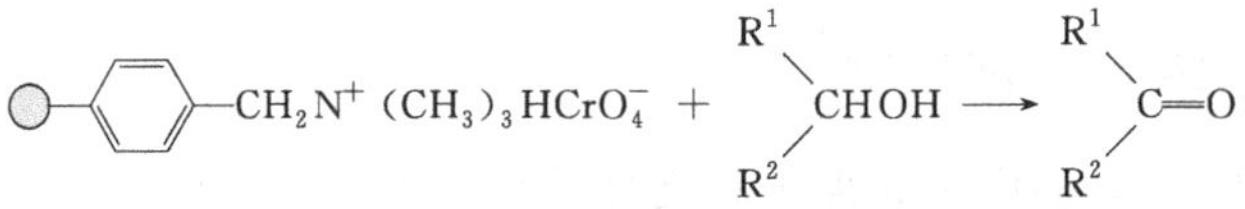

反应式(3-32)

表 3-2 用阴离子交换树脂与 $Na_2Cr_2O_7$ 制成的高分子催化剂催化醇氧化

反 应 物	产 物	产率/%
苄醇	苯甲醛	98
正辛醇	醛	94
3,3-二甲基丙烯醇	3,3-二甲基丙烯醛	91
2-十一醇	2-十一酮	73
环己醇	环己酮	77

含有铜-吡啶配合物的高分子催化剂（结构如下）可以催化 2,6-二甲基苯酚氧化聚合生成耐高温的高分子材料——聚芳醚［反应式(3-33)］，使聚合反应速率提高 8 倍；部分季铵化的高分子吡啶-铜的催化速率还要高，可以提高聚合反应速率提高 13 倍。

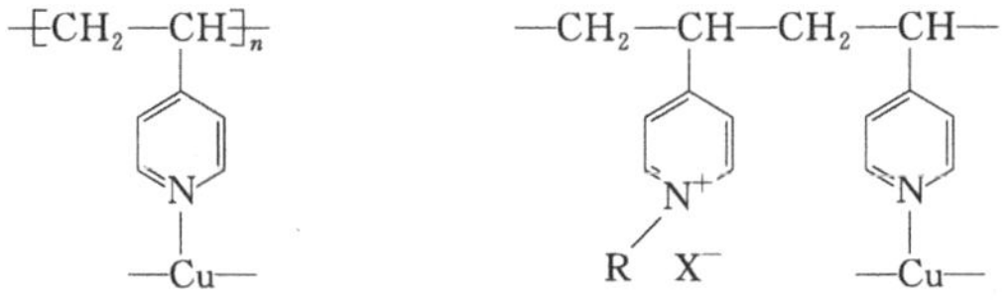

高分子吡啶-铜催化剂　　部分季铵化的高分子吡啶-铜催化剂

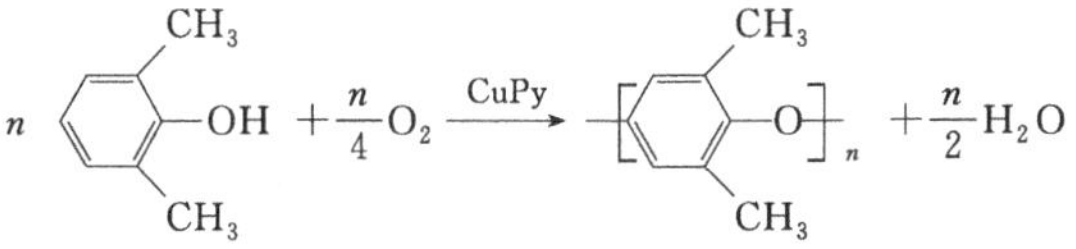

反应式(3-33)

这类催化剂提高反应速率的原因是：①高分子配位体的富集效应，富集效应使得在高分子链上产生了催化活性中心附近的高浓度，从而加快了反应的进行；②高分子催化剂的稳定性高于小分子吡啶-铜配合物；③部分季铵化产生的鎓存在，使催化剂具有协同效应，吡啶鎓能吸引酚氧负离子使其接近催化活性中心。

（2）加氢反应　高分子金属络合物催化剂可以催化烯烃、芳香烃、硝基化合物、醛酮等带有不饱和键的化合物进行加氢反应。在催化加氢过程中，它们与小分子金属络合物催化剂相比具有下述优点：①由于高分子配体的位阻效应造成金属的配位不饱和，使催化剂具有较高的催化活性；②高分子链的位阻效应防止催化活性基的二聚或多聚，产生催化活性降低，如二茂钛络合物；③高分子链能有效地分散金属粒子；④高分子金属络合物催化剂增加催化加氢的选择性。

高分子铑络合物是常采用的催化加氢催化剂之一。它的制备是以聚对氯甲基苯乙烯为高分子骨架原料，经与二苯基磷锂反应得到有配位能力的二苯基磷型高分子配合物，再与 RhCl(PPh$_3$)$_2$ 反应，磷与铑离子配位即得到有催化活性的催化剂。在室温、氢气压力为 1 MPa 的温和条件下即可对烯烃进行催化加氢反应。催化加氢的机理是铑离子上有空配位，而高分子链的位阻效应阻碍了配体与金属离子进一步配位，如聚炔烃-铑络合物，使金属铑存在空配位，提高了它的催化活性。高分子铑催化剂与相应的低分子催化剂相比降低了氧敏感性和腐蚀性，反应物可以在空气中储存和处理。

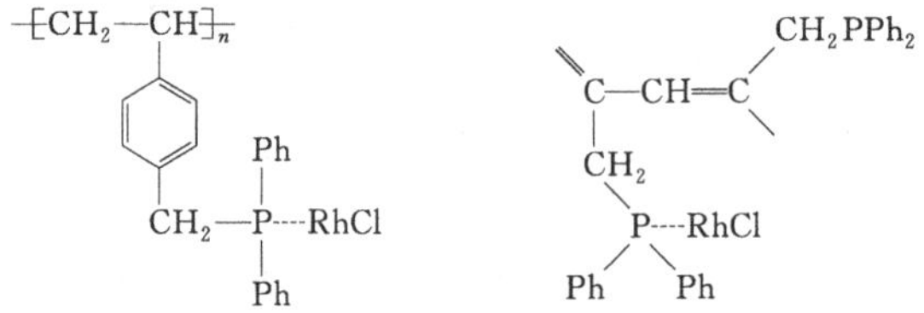

聚对甲基苯乙烯-铑催化剂　　　　聚炔烃-铑催化剂

高分子化后的二茂钛配合物从可溶性均相加氢催化剂转变成不溶性多相加氢催化剂后，性能有较大改进，不仅使催化剂的回收和产品的纯化变得容易，而且由于聚合物刚性骨架的分隔作用，还克服了均相催化剂易生成二聚物而失效的弊病。除了铑和钛配合物之外，钯和铂的高分子配合物也是常用的加氢催化剂。当钯等金属粒子分散在聚合物链结构中时，可以制备粒子小、催化活性高的金属粒子。如将 $PdCl_2$ 和甲醇、聚乙烯吡咯烷酮加热回流，生成纳米级别的金属粒子 [反应式(3-34)]。同样，制备的铑纳米金属粒子具有很高的催化活性，能在常温常压下催化烯烃加氢，并且随着粒子粒径减小，催化活性增加。

$$PdCl_2 + CH_3OH \xrightarrow{\text{聚乙烯吡咯烷酮}} Pd^{(0)} + CHOH + 2HCl \qquad 反应式(3-34)$$

(3) 烯烃聚合　聚乙烯醇、聚乙烯胺、纤维素和淀粉等与 Cu^{2+} 形成的络合物能引发烯烃聚合 [反应式(3-35)]，其活性比相应的低分子络合物高。如尼龙-6 与 Cu^{2+} 的络合物在 CCl_4 存在下，引发甲基丙烯酸甲酯聚合。

$$\xrightarrow{CCl_4} \cdot CCl_3 \xrightarrow{MMA} MMA \cdot \longrightarrow \longrightarrow PMMA \qquad 反应式(3-35)$$

在交联聚苯乙烯上固定镍形成的配合物可催化乙烯聚合反应得到高分子量聚乙烯，而且对应的均相配合物为催化剂只能得到低聚物。

(4) 烯烃的其他反应　高分子金属络合物催化剂还可以催化烯烃的其他反应，如羰基化合生成的脂肪醛、脂肪酸、脂肪酯等。

反应式(3-36)是催化烯烃醛化反应的高分子铑催化剂的制备。在 CO、H_2O 存在下，生成的催化剂能够催化烯烃醛化反应如 1-戊烯生成正构的 1-戊醛和异构的 2-戊醛。生成正/异构醛的比例与高分子铑催化剂中 P/Rh 有关，高膦含量的高分子铑催化剂如当 P/Rh = 19 并且 40％以上苯基接有膦配位基，在催化时形成正/异构醛的比例为 12。其机理是双膦配位铑络合物主要催化生成正构醛，而单膦配位铑络合物主要催化生成异构醛。

$$\text{RhH(CO)(PPh}_3) \qquad 反应式(3-36)$$

烯烃醛化反应也可以用高分子钴络合物作为催化剂，它具有性质稳定的特点，即使在空气中也能保持催化活性，在温和条件下催化 1-戊烯或环己烯进行醛化反应。

双环戊二烯在 $WCl_6\text{-}Et_2AlCl$ 的催化体系作用下发生开环歧化聚合反应，能生成一种交联聚合物，但缺点是聚合物产率不够高，聚合物的力学性能不理想。当用聚合物承载 $WCl_6\text{-}Et_2AlCl$ 催化剂后进行这一聚合反应，不仅使聚合物产率提高，而且也使合成聚合物的力学性能大大改善。

烯烃可以在高分子膦钯锡催化剂作用下生成酯，如丙烯在 CO、CH_3OH 存在下酯化制备丁酸甲酯 [反应式(3-37)]。

$$CH_2=CH-CH_3 \xrightarrow[CO/CH_3OH]{} C_3H_7\overset{O}{\underset{\|}{C}}-OCH_3 + CH_3-\overset{COOCH_3}{\underset{|}{CH}}-CH_3 \qquad 反应式(3-37)$$

(5) 卤代烃酰化　用聚苯乙烯型磺酸离子交换树脂承载 $[Pd(NH_3)_4]$ 作催化剂，可以催化卤代烃羰基化反应合成酰氯 [反应式(3-38)]。

$$反应式(3-38)$$

3.3.3 高分子相转移催化剂

3.3.3.1 多相反应和相转移催化剂

当化学反应中的反应物分别处于不同的液体中，或者一个反应物为液体、另一个反应物为固体，并且互不相容时，所发生的反应为多相反应。在多相反应中，在每一相中总有一种反应物的浓度是相当低的，造成两种分子碰撞概率很低而导致反应速率一般较慢。尽管可以采用增加搅拌速度以增大两相的接触面积来提高反应速率，但这种方法的作用都是十分有限的。另一种方法是在反应体系中加入共溶剂，使两相变为一相，但这些溶剂比较贵，而且一般为高沸点物质，反应结束后难以除去。近年来发展的相转移催化剂既能提高反应速率，又能克服共溶剂的缺点。

相转移催化剂（phase transfer catalysts，PTC）一般是指在反应中能与阴离子形成离子对，或者与阳离子形成配合物，从而增加这些离子型化合物在有机相中的溶解度的物质。这类物质主要包括亲脂性有机离子化合物（季铵盐和磷鎓盐）和非离子型的冠醚类化合物。

下面以相转移催化剂季铵盐催化氯代烷与氰化钠反应为例说明相转移催化反应（图3-12）。通常，氯代烷溶于有机相，氰化钠溶于水，反应速率很慢。加入季铵盐 Q^+Cl^- 后，季铵盐与NaCN迅速平衡，产生 Q^+CN^-，由于 Q^+ 中有机链段的亲油性，把亲核试剂 CN^- 带入有机相，与氯代烷发生反应生成烷基氰。被取代的 Cl^- 被 Q^+Cl^- 带入水相，再与NaCN迅速平衡。如此循环，直到反应结束。

$$RCl \ + \ NaCl \longrightarrow RCN \ + \ NaCl$$

有机相　　　$Q^+CN^- \ + \ RCl \longrightarrow O^+Cl^- \ + \ RCN$

水相　　　$Q^+CN^- \ + \ Na^+Cl^- \Longrightarrow Q^+Cl^- \ + \ Na^+Cl^-$

图 3-12　季铵盐作为相转移催化剂催化氯代烷与氰化钠的反应

3.3.3.2 高分子相转移催化剂

用小分子相转移催化剂连接到高分子上时，就形成了高分子相转移催化剂。它可以克服反应后难以把小分子相转移催化剂分离出来以获得纯产品的缺点，对价格昂贵的相转移催化剂还可以回收利用。

高分子相转移催化剂与小分子相转移催化剂有所不同的是，催化反应是在液（有机相)-固（树脂相)-液（水相）三相之间进行，而不是在两个不同的液相如有机相和水相二相之间进行。

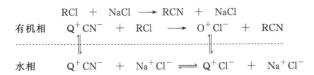

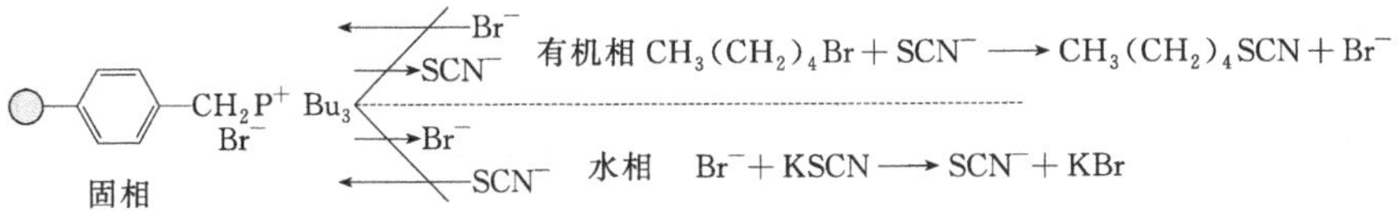

图 3-13　高分子相转移催化剂催化反应的机理

图3-13是高分子季鏻盐催化溴戊烷与异硫氰化钾的反应。溶解在水中的 SCN^- 与树脂上的 Br^- 交换进入树脂相，Br^- 进入水相。树脂相的 SCN^- 与有机相的 Br^- 交换进入有机相，并与溴戊烷反应生成异硫氰酸酯。这一过程就是在树脂上的侧基 $CH_2P^+Bu_3$ 的帮助下，阴离子 SCN^- 和 Br^- 在水相-固相和固相-有机相界面进行输送，实现了将水中的 SCN^- 输送到有机相，将生成的 Br^- 送到水相。

因此，在液-固-液三相相转移反应中，反应的总活性取决于：①反应物从液相到树脂相催化剂表面的质量转移；②反应物从树脂相表面到相转移催化剂活性中心的扩散速率；③相转移催化剂活性基团的活性度。

反应的总活性表现在反应会受搅拌速度、高分子相转移催化剂粒径、树脂交联度、树脂功能基活性、间隔臂长度、反应物结构、盐浓度及溶剂等因素的影响，如图 3-14 所示。

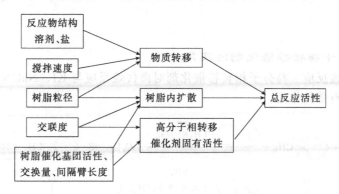

图 3-14　影响高分子相转移催化剂反应活性的因素

当相转移催化活性基团相同时，高分子相转移催化剂的催化活性与相转移催化活性基团距高分子主链的长度有关。下面三种结构的季铵盐对溴戊烷与异硫氰化钠的反应，相转移催化基团离主链越远，相转移催化活性越高。

最常用的相转移催化剂是季铵盐，季鏻盐次之，聚合物键合的高分子冠醚相转移催化活性最高。

高分子季铵类相转移催化剂的合成过程如反应式(3-39) 所示，用聚对氯甲基苯乙烯首先生成聚对胺甲基苯乙烯，然后再与带有季铵基团的酰氯反应获得。

反应式(3-39)

高分子季鏻类相转移催化剂用聚对氯甲基苯乙烯与三苯膦或 P(n-Bu)$_3$ 反应制备〔反应式(3-40) 〕。

反应式(3-40)

高分子冠醚是需要先合成反应性冠醚，再与高分子反应将冠醚连接到高分子骨架上〔反应式(3-41) 〕。

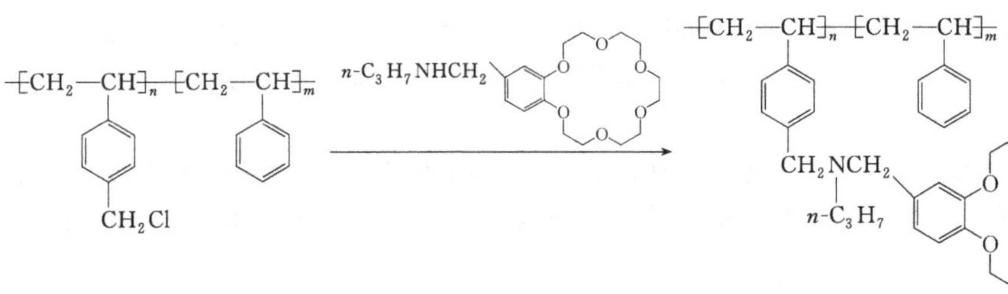

反应式(3-41)

3.3.3.3　高分子相转移催化剂的应用

（1）催化亲核反应　高分子相转移催化剂对卤代烷反应与 KI、NaCN、酚钠和乙酸钾等一类亲核取代反应有催化作用。

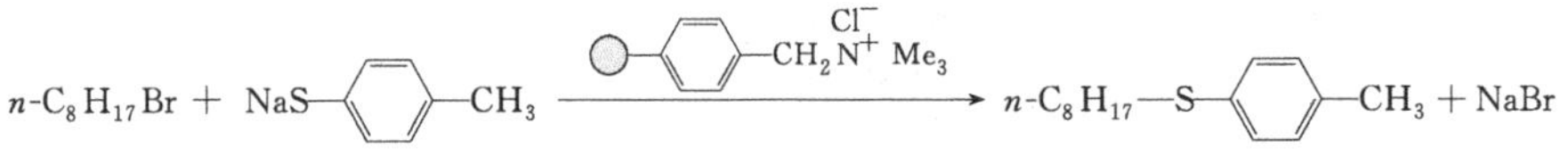

反应式(3-42)

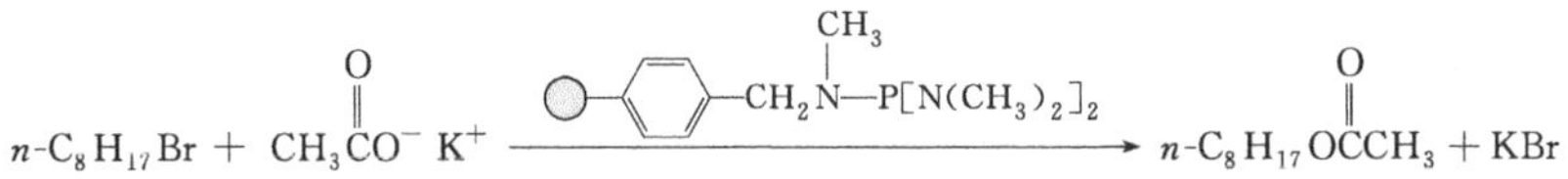

反应式(3-43)

（2）催化醚的合成　卤代烷与酚钠的反应在苯/水两相中进行，生成酚醚，用聚环氧乙烷（PEO）作相转移催化剂，反应比不加催化剂快 11 倍，而且随 PEO 分子量增加，反应速率加快。当 PEO 相对分子质量达到 1×10^4，再增加分子量，反应速率不再增加。

（3）催化 Wolff-Kishmer 反应（W-K 反应）　W-K 反应在无相转移催化剂时，反应几乎不能进行。使用带冠醚 18C6 的聚合物、以 KOH 作催化剂，还原产物产率可达 70%。

（4）催化加成反应　在氯仿加成烯烃过程中需要加入氢氧化钠活化氯仿，因此加入相转移催化剂如季铵树脂，使反应能定量进行。

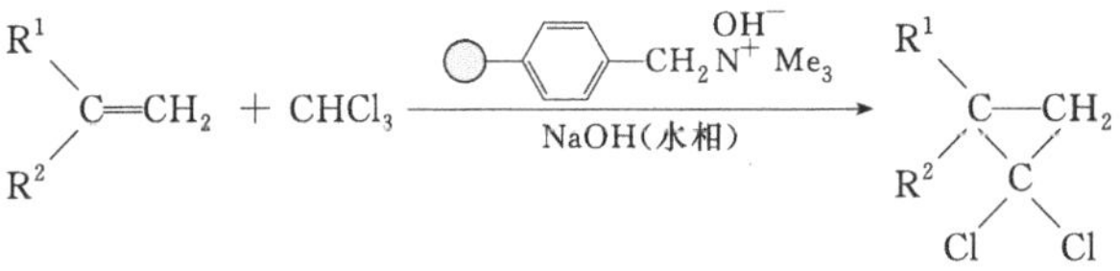

反应式(3-44)

（5）催化固液相反应　固液相反应的反应速率慢、产率不高。加入接有季鏻盐的 SiO_2 或含有 18C6 的聚合物作相转移催化剂，产物收率可以达到 95%。

3.3.4　固定化酶

酶是十分优良的催化剂，具有很高的活性和选择性，反应条件温和。用高分子载体固定酶制成固定化酶，具有下述优点：①能得到不被酶污染的产物；②酶能反复使用，降低成本；③使容易变性的酶性质趋于稳定；④采用柱方法有可能进行连续合成操作。其缺点是固定化酶的过程往往会使酶活性降低。因此，需要选择合适的酶固定化的方法。

3.3.4.1　酶的固定化方法

酶固定化方法可以分为化学方法和物理方法两种。化学方法是将酶通过化学键连接到合成的或天然的高分子载体上，物理方法是通过物理吸附、包埋和微胶囊法将酶固定在高分子载体上。

用化学方法固定酶时，需要选择反应条件，即避免高温、高压、强酸和强碱，尽量减少酶活性降低；同时，应选择酶结构中非催化活性官能团。

在化学方法固定酶中，作为载体的高分子必须含有与酶中的氨基、羟基、硫醇、咪唑基和苯基等发生反应的基团，如羧基、酸酐、醛基、氨基、异氰酸酯基等，很多时候还需要将这些基团转化为更活泼的酰氯、磺酰氯、叠氮官能团。

下面是几个化学方法固定酶的示例。

使用聚丙烯酸为高分子载体，先将聚丙烯酸活化为酰氯，再与酶反应［见反应式(3-45)］。

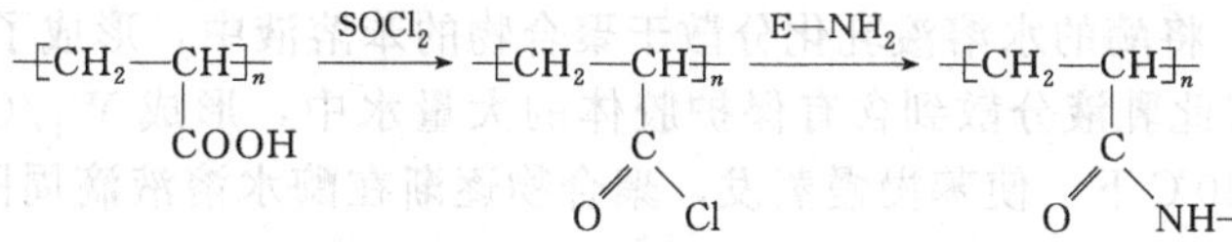

$$\text{—}[CH_2\text{—}CH]_n\text{—} \quad \xrightarrow{SOCl_2} \quad \text{—}[CH_2\text{—}CH]_n\text{—} \quad \xrightarrow{E-NH_2} \quad \text{—}[CH_2\text{—}CH]_n\text{—} \qquad 反应式(3\text{-}45)$$

也可以用 Woodward 试剂活化载体上的羧基，然后再与酶反应［见反应式(3-46)］。

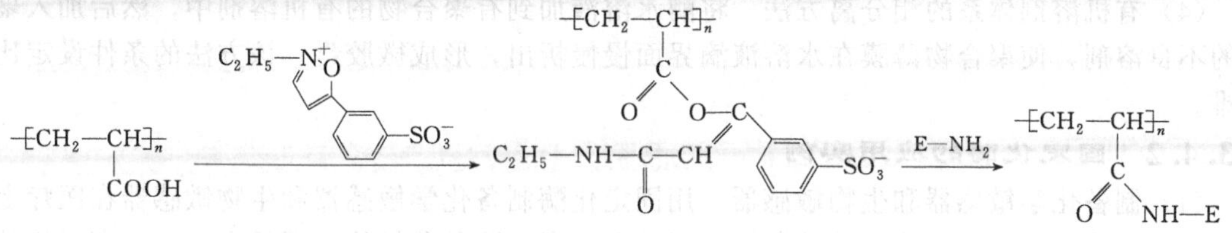

$$反应式(3\text{-}46)$$

聚丙烯酰胺及其共聚物作为高分子载体时，用酰胺的氨基生成比较活泼的叠氮官能团，才能在温和条件下与酶反应［见反应式(3-47)］。

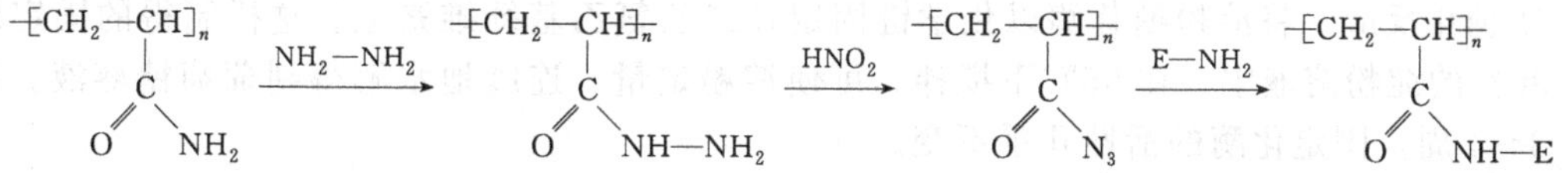

$$反应式(3\text{-}47)$$

聚苯乙烯及其共聚物作为高分子载体时，首先在苯基上引入氨基，再将氨基转化为重氮基，含重氮基的聚苯乙烯可以与淀粉糖化酶、胃蛋白酶、核糖核酸酶反应［见反应式(3-48)］。

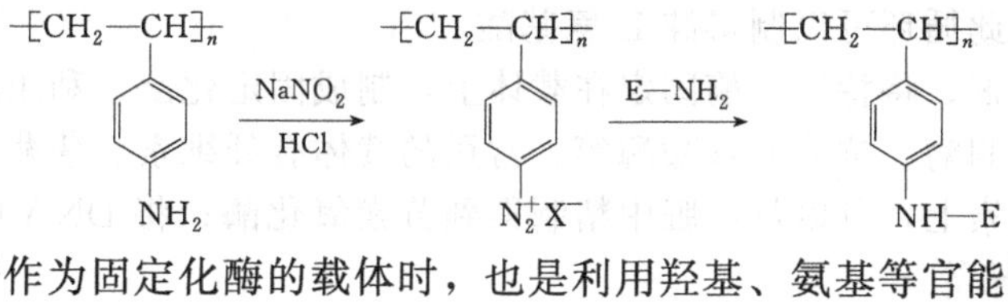

$$反应式(3\text{-}48)$$

使用天然高分子作为固定化酶的载体时，也是利用羟基、氨基等官能团，如在纤维素上固定酶，使用重氮法；或将羧甲基纤维素首先叠氮，再与酶反应；或将多糖的羟基与溴化氰反应后再与酶反应。

物理吸附法是利用载体的毛细孔吸附制备固定化酶。物理吸附方法简单、易行，但缺点是在使用过程中酶会逐渐流失。

物理法中的包埋法利用水溶性单体、交联剂和酶在水溶液中混合均匀后，用引发剂在常温下引发聚合，或用光、X 射线、γ 射线辐射引发单体聚合形成的交联共聚物中包埋酶。典型的实例如下：将丙烯酰胺、N,N'-亚甲基双丙烯酰胺溶解于 0.1mol/L 磷酸缓冲液中，与酶均匀混合后，在光照下聚合 2～14min，得到了包埋酶的共聚物。为防止在光照过程中生温引起酶变性，容器需要冰冷。反应完成后，将聚合物粉碎即可得到固定化酶。包埋法制备的固定化酶，有利于底物的扩散。

物理法中的微胶囊法是用聚合物构成微胶囊，酶被包裹在微胶囊中，底物分子透过囊半透膜，在囊中酶催化作用下反应生成产物，然后扩散出微胶囊。由于底物分子需要穿过囊膜，因此不适于底物分子大的催化反应。形成微胶囊的方法有以下几种。

（1）反相悬浮共聚 将酶、丙烯酰胺和 N,N-二甲基双丙烯酰胺（交联剂）在甲苯中进行反相悬浮共聚，得到的微胶囊包含有酶。

（2）界面缩聚法　将胺（如己二胺）溶解于含有酶的氢氧化钠水溶液中，然后加到有机溶剂（如环己烷-氯仿溶液）中搅拌、乳化，再加入二元酰氯（如癸二酰氯）的溶液，在酶液滴界面进行缩聚反应，形成聚酰胺微胶囊。碱的存在是为了中和缩聚反应过程中生成的酸，该方法仅适用于在强碱下稳定的酶。

（3）水中干燥法　将酶的水溶液乳化分散于聚合物的苯溶液中，形成了水溶液（W_1）/有机相（O）乳液，再将此乳液分散到含有保护胶体的大量水中，形成 $W_1/O/W_2$ 型复合乳液。在较小的负压及 $35\sim40℃$ 下，使苯慢慢蒸发，聚合物逐渐在酶水溶液滴周围析出，形成薄膜。用过滤或离心法分离出制得的微胶囊。

（4）有机溶剂体系的相分离方法　将酶水溶液加到有聚合物的有机溶剂中，然后加入聚合物的不良溶剂，使聚合物薄膜在水溶液滴界面慢慢析出，形成微胶囊。该方法的条件设定比较困难。

3.3.4.2　固定化酶的应用实例

（1）制备化学敏感器和生物敏感器　用固定化酶制备化学敏感器和生物敏感器在医疗上可以用于定量分析血液或尿液中的葡萄糖、尿酸和尿素，这种分析检测器具有快速、高灵敏的特点，还可以实现连续自动化。

（2）在合成化学上的应用

① 糖化反应。将淀粉糖苷酶以化学键固定在二乙氨乙基纤维素上。这样制得的固定酶悬浮在 30％的淀粉溶液中。在 55℃下搅拌，可使淀粉定量、连续地水解得到葡萄糖溶液。连续运转 3～4 周，固定化酶的活性几乎不变。

② 6-氨基青霉素酸的合成。将青霉素酰胺酶结合在用 2,4-二氯-6-羧甲基三氮嗪活化的二乙氨乙基纤维素上，催化苯乙酰基青霉素（青霉素 G）的水解反应，得到 6-氨基青霉素酸。

③ 光学纯 L-氨基酸的生产　将固定化的酰化酶装入柱中，让外消旋酰基化 D,L-氨基酸连续地流过此柱子。酰化酶选择性催化 L-酰氨酸水解。流出的 D-氨基酸经过外消旋化后，流经固定化酶柱子，如此循环可以制得纯 L-氨基酸。

（3）作特异吸附剂。将特定的酶固定在载体上，制成固定化酶，利用酶对特定底物的选择吸附作用来分离、精制酶、抗体和核酸酶等。常用的载体有纤维素、葡萄糖和琼脂糖等，例如将黄素酶固定在纤维素上，可以从肝脏中精制得到黄素氧化酶；将 DNA 固定在纤维素上，可以精制得 DNA 聚合酶等。

思　考　题

1. 什么是反应型功能高分子材料？简述其原理和应用领域。

2. 制备反应型功能高分子的有机聚合物载体应满足什么要求？反应型功能高分子的特点有哪些？反应型功能高分子主要有哪两大类？

3. 从化学反应的角度可以将高分子化学反应试剂分成哪两类？它们在进行反应时有何不同？

4. 氧化还原型高分子试剂活性中心一般含有哪五种结构类型？作为高分子氧化剂的高分子硒试剂与小分子有机硒相比具有哪些优点？

5. 在高分子转递试剂中列举三种以上高分子试剂的制备方法，并分析各种制备方法的特点。

6. 在高分子转递试剂中列举三种以上高分子试剂的化学反应，并分析反应机理和特点。

7. 简述固相合成过程。高分子固相载体必须满足的要求有哪些？

8. 简述多肽固相合成的步骤，并说明在此过程中高分子酰基化试剂所起的作用。

9. 请说明使用高分子试剂保护法制备对称二醇单醚的反应过程，写出相关反应式。

10. 常见的高分子催化剂有哪些？与同种小分子催化剂相比有哪些优势？

11. 列举几种高分子酸碱催化的有机反应。

12. 高分子金属络合物催化剂可以用哪些方法获得？通过化学结合的高分子金属络合物催化剂有哪三种结构？

13. 列举一些高分子金属络合物催化剂催化的有机反应。

14. 什么是相转移催化剂？举例说明高分子相转移催化剂催化的反应。

15. 酶固定化方法有哪些？各有什么优缺点？固定化酶的应用领域主要有哪些？

参 考 文 献

[1] 马健标. 功能高分子材料. 北京：化学工业出版社，2000.

[2] 何天白，胡汉杰. 功能高分子与新技术. 北京：化学工业出版社，2001.

[3] 董建华. 高分子科学前沿与进展. 北京：科学出版社，2006.

[4] 赵文元，王亦军. 功能高分子材料化学. 第二版. 北京：化学工业出版社，2003.

[5] 韩冬冰，王慧敏. 高分子材料概论. 北京：中国石化出版社，2003.

[6] 郭卫红，汪济奎. 现代功能高子材料及其应用. 北京：化学工业出版社，2002.

[7] Akelahand A，Moet A. Functionalized Polymers and Their Applications. Chapman and Hall，1990.

[8] 曹黎明，陈欢林. 酶的定向固定化方法及其对酸活性的影响. 中国生物工程杂志，2003，23（1）：22-29

[9] 崔娟，吴坚平，杨立荣，孙志浩. 脂肪酶固定化研究应用. 化学反应工程与工艺，2005，21（1）：43-48.

[10] 党辉，张宝善. 固定酶的制备及其在食品工业的运用. 食品研究与开发，2004，25（3）：68-72.

[11] 刘秀伟，司芳，郭林等. 酶固定化研究进展. 化工技术经济，2003，21（4）：12-17.

[12] 竹本喜一，国武丰喜，今西幸男，清水刚夫. 高分子触媒. 东京：株式会社讲谈社，1976，242-252.

[13] Akelah A. Heterogeneous organic synthesis using functionalized polymers. Chem Rev，1981，413-438.

[14] Benaglia M，Puglisi A，Cozzi F. Polymer-supported organic catalysts，Chem. Rev. 2003，9：3401-3430.

[15] Fan Q H，Li Y M，Chan A S C. Recoverable catalysts for asymmetric organic synthesis. Chem Rev，2002，102：3385-3346.

[16] Leadbeater N E，Macro M. Preparetion of polymer-supported ligands and metal compexes for use in catalysis. Chem Rev，2002，102：3217-3273.

[17] Maruoka K，Ooi T. Enantioselevtive amino acid synthesis by chiral phase-transfer catalysis. Chem Rev，2003，103：3013-3028.

[18] Murakami Y，Kikuchi J，Hisaeda Y，Hayashida O. Artificial enzymes. Chem Rev，1996，96：721-758.

[19] Toshima N. Recent progress in applications of ligand-stablized metal nanoclusters. Macromol Symp，2003，204：219-226.

第4章 光功能高分子材料

光功能高分子材料是指在光的作用下能够产生某些特殊物理或化学性能变化的高分子材料。光是一种能量形式，分子吸收光能后会从基态跃迁到激发态。处于激发态的分子进而发生化学或物理反应，产生一系列结构和形态变化，从而表现出特定的功能。根据作用机理，可以将光功能高分子材料分为光物理和光化学功能高分子材料两大类。光功能高分子材料是功能高分子中一类重要的材料，包括的范围很广，如光致抗蚀剂、光导电高分子、光致变色高分子、高分子光导纤维、高分子光稳定剂和高分子光能转换材料等。

光功能高分子材料研究近年来有了快速发展，成为光化学和光物理科学的重要组成部分，在功能材料领域占有越来越重要的地位。本章将对主要的光功能高分子的体系组成、制备技术和实际应用等方面的内容进行阐述。依据光在功能高分子材料体系中的作用不同进行区分，光致导电功能高分子材料将纳入本章讨论范围，而电致发光功能高分子材料的相关内容请参见第8章。

4.1 概　　述

4.1.1 光物理与光化学基础

光包括紫外线、可见光和红外线，是光功能高分子材料产生各种特定功能的初始诱变量。本节将首先介绍一些重要的光物理和光化学基础知识。许多物质（包括高分子在内）吸收光子以后，可以从基态跃迁到激发态，处在激发态的分子容易发生各种变化，这种变化可以是化学的，如光聚合反应或者光降解反应，研究这种现象的科学称为光化学；变化也可以是物理的，如光致发光或者光导电现象，研究这种现象的科学称为光物理。

4.1.1.1 光吸收和光激发

光是电磁波的一部分，具有波粒二相性，通常根据波长的范围将之分为可见光、紫外线和红外线。光是一种特殊物质，其能量与波长或频率相关，关系公式为：

$$E = h\nu = hc/\lambda \tag{4-1}$$

式中，E 为一个光子的能量；h 为普朗克常数，$6.626 \times 10^{-34} \text{J} \cdot \text{s}$；$\nu$ 为光波的频率；λ 为光的波长；c 为光在真空中的速度，$3.0 \times 10^8 \text{m/s}$。

当光照到物质表面时，部分光被物质反射或者透射过物质，能量不发生变化；另外部分的光被物质吸收，其能量在物质内部消耗或转化。光只有被吸收才能引起光物理或光化学反应，因而光吸收是光功能高分子显现其功能的根本原因。在忽略光反射的前提下，光吸收程度可以用入射光和透射光的比值来表征，其关系服从 Beer-Lambert 定律：

$$I = I_0 \times 10^{-\varepsilon cl} \tag{4-2}$$

式中，I_0 为入射光强度；I 为透射光强度；c 为分子物质的量浓度；l 为光程长度；ε 为摩尔消光系数（或摩尔吸收系数）。分子结构决定分子吸收光的能力。在分子结构中能够吸收紫外线和可见光的部分被称为发色团或生色团。ε 的大小可定量描述物质对光的吸收能力，但同种物质对不同波长光的 ε 不同，物质的最大吸收波长 $\lambda_{\max}$ 为其最大消光系数所对应的波长。需要注意的是，在用激光等强光照射时，由于光照区域内的分子有一部分不是处于基态而是处于激发态，此时 Beer-Lambert 定律不适用。

当光的频率满足下列条件时，光的能量被分子吸收而产生外层电子由基态向激发态的跃迁：

$$\Delta E = h\nu = hc/\lambda \tag{4-3}$$

式中，ΔE 为分子激发态和基态的能级差。外层电子跃迁包括 $n \rightarrow \pi^*$、$\pi \rightarrow \pi^*$、$n \rightarrow \sigma^*$ 和 $\sigma \rightarrow \sigma^*$，其中涉及的分子轨道等理论请参见基础化学教材。

4.1.1.2 激发态的失活

分子吸收光子的能量后从基态跃迁到激发态，激发态分子失活回到基态可以经过下述光化学和光物理过程：辐射跃迁、无辐射跃迁、能量传递、电子转移和化学反应，并可总结于 Jablonsky 图（见图 4-1）。

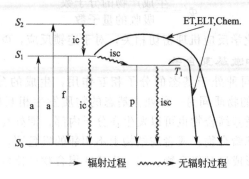

图 4-1　Jablonsky 图
a—光吸收；f—荧光；p—磷光；ic—内转换；isc—系间窜越；
ET—能量传递；ELT—电子转移；Chem.—化学反应

(1) 辐射跃迁　分子由激发态回到基态或由高级激发态到低级激发态，同时发射一个光子的过程称为辐射跃迁，包括荧光和磷光的形式。荧光是多重态相同的状态间发生辐射跃迁所产生的光，如 $S_1 \rightarrow S_0$ 的跃迁；而磷光是不同多重态的状态间发生辐射跃迁的结果，如 $T_1 \rightarrow S_0$ 的跃迁。由于产生磷光的跃迁过程是自旋禁阻的，所以其速率常数和荧光相比要小得多。

(2) 无辐射跃迁　激发态分子回到基态或者从高级激发态回到低级激发态，在该过程中如不发射光子称为无辐射跃迁。无辐射跃迁发生在不同电子态的等能的振动-转动能级之间，即低级电子态的高级振动能级和高级电子态的低级振动能级间耦合，跃迁过程中分子的电子激发能变为较低级电子态的振动能，由于体系的总能量不变，不发射光子。无辐射跃迁包括内转换和系间窜越两种。内转换发生在相同多重态的能级之间，跃迁过程中电子的自旋不改变，例如 $S_2 \rightarrow S_1$，内转换是非常迅速的，通常只要 10^{-12} s；系间窜越发生在不同多重态能级之间，跃迁过程中一个电子发生自旋反转，例如 $S_2 \rightarrow T_1$。

(3) 能量传递　能量传递是激发态分子失活的另外一个途径，激发态分子作为给体（D^*），将能量传递给另外一个基态分子（受体 A），最终给体 D^* 回到基态，受体变成激发态。

$$D^* + A \longrightarrow D + A^* \tag{4-4}$$

能量传递的过程要求电子自旋方向守恒，因而只有单重态→单重态、三重态→三重态之间的能量传递具有普遍性。

(4) 电子转移　激发态的分子可以作为电子给体将一个电子转移给一个基态分子，或者作为电子受体从一个基态分子得到一个电子，生成离子自由基对而使激发态失活。由于激发态分子的 HOMO 上只有一个电子，容易接受另外一个电子；同时其 LUMO 上的高能电子容易失去，因而激发态分子与基态分子相比既是很好的电子给体又是很好的电子受体，使得电子转移成为激发态失活的重要途径。

(5) 化学反应　各种光化学反应是激发态失活的重要途径，包括光裂解、光环合加成和光重排等有机化学反应，以及涉及高分子材料的光交联和光降解等反应。

4.1.1.3 光量子效率

光量子效率被用来描述荧光过程或磷光过程中光能的利用率，其定义为物质分子每吸收单位光强度后，发出的荧光（或磷光）强度与入射光强度的比值，分别称为荧光或磷光量子效率（Φ）。

$$\Phi = \frac{荧光或磷光强度}{入射光强度} \tag{4-5}$$

此外，一个光化学反应的量子效率（Φ'）可以定义为每吸收一个光量子所产生的反应物的分子数：

$$\Phi' = \frac{生成产物的分子数}{吸收的量子数} \tag{4-6}$$

式中，Φ' 的大小与光化学反应机理密切相关，对于连锁反应，Φ' 可能远大于 1。

4.1.1.4 激基缔合物和激基复合物

处在激发态的分子和同种处于基态的分子相互作用，生成的分子对被称为激基缔合物（excimer）；而处在激发态的物质同另一种处在基态的物质发生相互作用，生成的物质被称为激基复合物（exciplex）。激基缔合物也可以发生在分子内部，即处在激发态的发色团与同一分子上的邻近发色团形成激基缔合物；或者与结构上不相邻的发色团，但是由于分子链的折叠作用而处在其附近的发色团形成激基缔合物。这一现象在聚合物中比较普遍。

4.1.2 光功能高分子主要化学反应类型

光功能高分子主要的光化学反应包括光聚合反应、光交联反应、光降解反应和光异构化反应。

4.1.2.1 光交联（光聚合）反应

（1）光聚合反应　根据反应类型分类，光聚合反应包括光自由基聚合、光离子型聚合和光固相聚合三种。光引发自由基聚合可以由不同途径发生：一是由光直接激发单体到激发态产生自由基引发聚合，或者首先激发光敏分子，进而发生能量转移产生活性种引发聚合反应；二是由吸收光能引起引发剂分子发生断键反应，生成的自由基再引发聚合反应；三是由光引发产生分子复合物，由受激分子复合物解离产生自由基引发聚合。

除了自由基光聚合反应之外，光引发阳离子聚合也是一种重要的光化学反应，包括光引发阳离子双键聚合和光引发阳离子开环聚合两种。

（2）光交联反应　由光引起高分子或高分子-单体混合物发生的交联反应称作光交联反应，它是光聚合反应在许多重要工业应用的基础，包括印刷板、复印材料、光致刻蚀剂等感光材料、紫外油墨、光敏涂料以及光敏黏合剂等。

光交联反应按反应机理分类有链聚合及非链聚合两类，其中链式反应最为普遍。链式反应按反应方式分类有三种主要方式：①在带有可以发生光交联反应官能团高分子之间的光引发加成反应，在某些场合下，需使用光敏剂，但不必加入其他光交联剂或聚合单体；②高分子与光化学交联剂混合，例如经典的重铬酸盐体系，即只有当官能团和光激发交联剂或与交联剂的光解产物相遇时才被活化而交联，有时也需要光敏剂存在；③在有多官能度单体存在下的光聚合。在此类体系中，光敏剂是不可少的。这三类过程的应用取决于光交联产物的性能要求和使用方式。例如光固化涂料的反应物在光固化之前必须是液体，因此，只有第三类反应方式才满足这个要求。

光聚合体系一般由预聚物、单体（稀释剂）、交联剂（如多乙烯基单体）与光引发剂（光敏剂）等组成。

4.1.2.2 光降解反应

光降解反应是指在光的作用下聚合物链发生断裂，分子量降低的光化学过程。对于常规高分子材料而言，光降解反应的存在使高分子材料老化，机械性能变坏，从而失去使用价值。然而光降解反应对现代社会提倡的绿色化学、有效处理废弃塑料又是有益的，它可以解决环境污染面临的难题。另外，对于光刻胶等光敏材料，光降解改变高分子的溶解性，在光照区脱保护则是其发挥功能的主要依据。

4.1.2.3 光异构化反应

光致异构化反应有很多种，包括光致顺反异构等，是一种很常见的光化学反应。光致顺反异构反应可以有很多用途，应用潜力很大。例如，光致顺反异构导致变色现象，可用于信息记录等方面。这里，介绍两种发展中的新用途。

（1）光敏性凝胶　将光致顺反异构化的化合物，接到凝胶聚合物分子链上，当光照射时，由于顺反异构化发生，基团的结构会因此发生变化，导致凝胶在溶液中的溶胀（体积变大）或收缩。收缩与溶胀的过程实际上是光能转变为机械能的过程，使这类凝胶有可能制成模仿生物行为的器件和用光能转变为机械能的执行器件。

（2）在橡胶膜上制备微米级导线　研究发现，反式的聚丁二烯橡胶和聚异戊二烯（天然橡胶）一样，经碘处理后具有导电性，其原因是在碘的作用下，橡胶和反式聚丁二烯的双键可以和碘发生加成反应，然后发生消去反应，最后转变成聚乙炔那样的结构，因此可以导电。而顺丁橡胶由于结构上的差异不能发生这样的反应，但它在光作用下能发生顺反异构产生反式的聚丁二烯。基于上述研究结果，利用光致顺反异构的原理，在绝缘的顺丁橡胶上制备出了微米级的导电线条，它的基础就在于顺式的聚丁二烯在光照下可以转变为反式聚丁二烯，而反式聚丁二烯可以在碘的作用下转变为导体。顺式聚丁二烯和反式聚丁二烯的顺反异构之间的转换见反应式(4-1)。

$$\cdots(H_2C \overset{HC=CH}{\diagup} CH_2)_n \overset{\text{光}}{\longrightarrow} (CH_2 \overset{HC=CH}{\diagup} CH_2)_n \cdots \qquad \text{反应式(4-1)}$$

4.2　光化学功能高分子

4.2.1　光固化材料

近年来光固化材料发展迅速，品种不断增多，一般将光固化材料沿用传统的方法分类，即光固化涂料、光固化油墨和光固化黏合剂。由于它们的基本组成相同，都含有预聚物、活性稀释剂和光引发剂等基本组分，本节将分别对预聚物、活性稀释剂和光引发剂的类型、结构、功能等进行详细的讨论，并对其主要应用做一简述。

4.2.1.1 光引发剂

光引发剂大致可分为自由基光引发剂、阳离子光引发剂和高分子光引发剂。其中自由基光引发剂按产生活性自由基的作用机理不同，分为均裂型光引发剂（NorrishⅠ型）和提氢型光引发剂（NorrishⅡ型）。

（1）均裂型自由基光引发剂　均裂型光引发剂是指引发剂分子吸收光能后跃迁至激发单线态，经系间蹿跃到激发三线态，在其激发单线态或三线态时分子结构呈不稳定状态，其中的弱键会发生均裂，产生初级活性自由基，从而引发单体进行聚合，此类光引发剂的结构多以芳基烷基酮类化合物为主。下面是一些常用的该类引发剂。

① 苯偶姻及其衍生物。苯偶姻俗名安息香，它的衍生物主要是苯偶姻醚类。这类光引发剂在300～400nm有较强吸收，最大吸收波长一般都在320nm以上。引发光反应较快，很少

受配方中其他组分的影响，适合于那些猝灭性很强的单体（如苯乙烯）的光引发聚合。苯偶姻在光作用均裂形成自由基见反应式(4-2)。两个初级游离基碎片都可能加成到预聚物或单体的不饱和反应位置上，引发聚合反应。初级游离基也可能从体系中的其他分子上提取一个不稳定质子，此后，烷氧游离基即能引发链式聚合反应。然而，这类光引发剂由于存在严重的储存稳定性（暗反应）及黄变问题，目前使用较少。

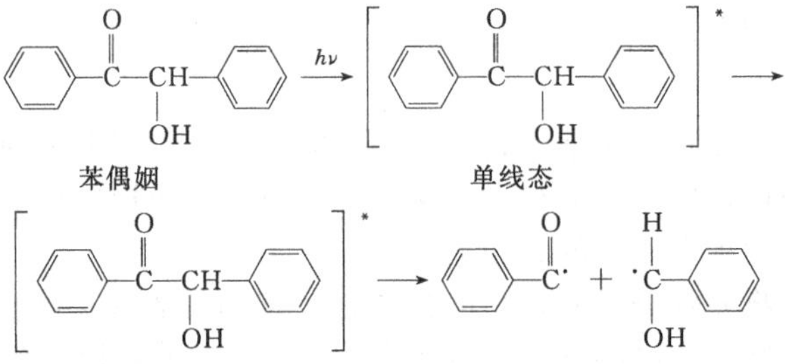

反应式(4-2)

② 苯偶酰缩酮。苯偶酰光解可产生两分子苯甲酰自由基，但效率太低，溶解性不好。苯偶酰衍生物（结构如下和苯偶姻衍生物在化学结构上有密切的关系。其中最有价值的衍生物是 α,α-二甲氧基-α-苯基苯乙酮（DMPA，安息香双甲醚）。纯 DMPA 光引发剂为无色结晶，在许多常用溶剂中溶解性良好，具有较高的抗猝灭和光引发活性，在不饱和聚酯-苯乙烯体系、丙烯酸酯体系和硅氧烷体系有广泛应用。

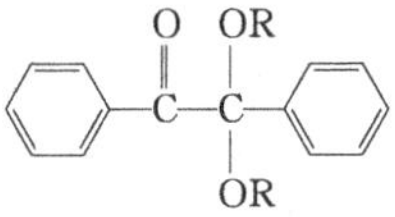

苯偶酰衍生物

③ 苯乙酮衍生物。苯乙酮本身活性较低，不足以作为光固化的引发剂。但其 α-卤代衍生物如 α,α-二氯代苯乙酮（结构如下）有一定的应用，其既可以发生 Norrish Ⅰ 型分解，还可能发生裂解反应生成氯自由基。其主要问题在于副反应会产生盐酸导致腐蚀性。

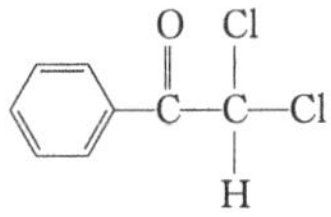

α,α-二氯代苯乙酮

④ α-羟烷基苯酮。α-羟烷基苯酮具有很高的光引发活性。是目前应用开发最为成功的一类光引发剂。该类引发剂主要包括 2-羟基-2-甲基-1-苯基-1-丙酮（HMPP），常温下呈无色或微黄液体，λ_{max} 为 331nm；以及 1-羟基-环己基苯酮（HCPK），呈无色粉状结晶，λ_{max} 为 333nm，也具有相当高的光引发活性、优良的热稳定性能及其他综合平衡性能。此外，它们光解不产生易导致黄变的取代苄基自由基结构，基本不会导致固化涂层黄变。其缺点是光解后产生的苯甲酰自由基部分夺氢，生成有不良气味的苯甲醛。

HMPP（Darocur 1173）　　　HCPK（Irgacure 184）

⑤ α-氨基烷基苯酮。α-氨基烷基苯酮具有较高光引发活性，一般在其苯环对位有强推电子基团，如甲巯基、吗啉基等，该系列中最重要的是 2-甲基-1-(4-甲巯基苯基)-2-吗啉-1-丙酮（MMMP，Irgacure 907）和 2-苯基-2-二甲氨基-1-(4-吗啉苯基)-1-丁酮（BDMB，Irgacure 369）。α-氨基烷基苯酮光引发剂经常与硫杂蒽酮光敏剂配合，吸光能力进一步加强，当其应用于颜料着色体系时能表现出优异的光引发性能。

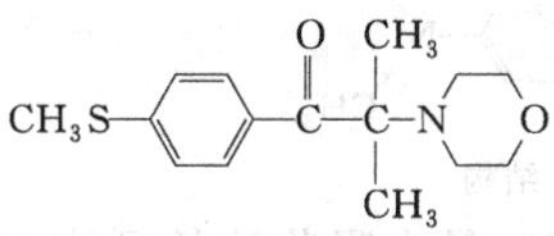

MMMP (Irgacure 907) 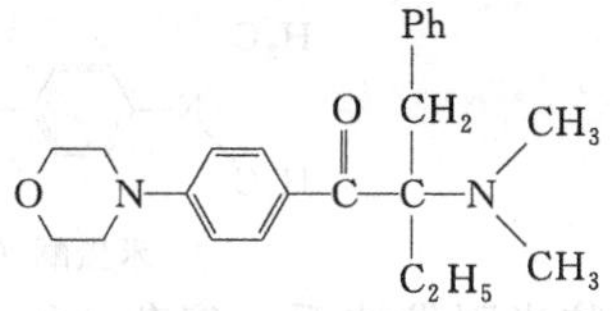 BDMD (Irgacure 369)

⑥ 酰基膦氧化物。芳酰基膦氧化物和芳酰基膦酸酯是一类活性较高、综合性能较好的光引发剂，具有较长的吸收波长（350～380nm），特别适合用于颜料着色体系、层压复合等透光性较差的体系光固化，而且光解产物吸收波长蓝移，具有光漂白效果，故也可用于较厚涂层的固化。这类光引发剂应用较为普遍的有：2,4,6-三甲基苯甲酰二苯基氧化膦（TPO）和双（2,4,6-三甲基苯甲酰)苯基氧化膦（BAPO，Irgacure 819）。

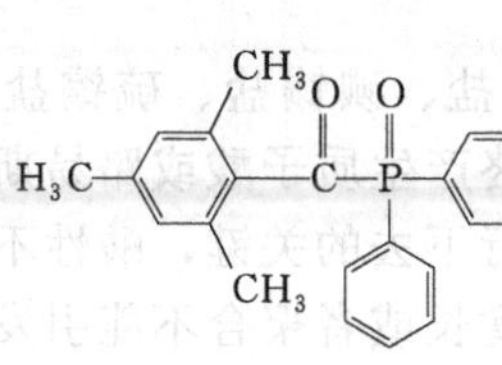

TPO 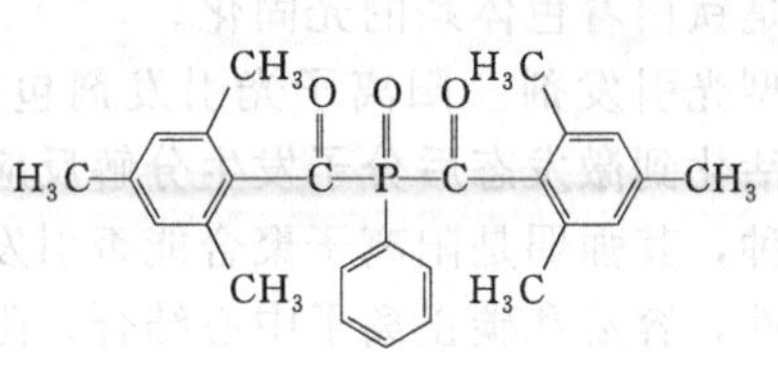 BAPO（Irgacure 819）

（2）提氢型自由基光引发剂 提氢型光引发剂一般以芳香酮结构为主，还包括某些稠环芳烃，它们具有一定吸光性能，而与之匹配的助引发剂，即供氢体，本身在常用长波紫外线范围内无吸收。提氢型光引发剂吸收光能，在激发态与助引发剂发生双分子作用，产生活性自由基。叔胺是常用来和提氢型光引发剂配对的助引发剂。具有代表性的提氢型光引发剂包括二苯甲酮、硫杂蒽酮及其衍生物。

① 活性胺。能够作为助引发剂的活性胺一般都是至少有一个 α-H 的叔胺，氮原子失去一个电子后，N 邻位 α-C 上的 H 呈强酸性，很容易呈质子离去，产生 C 中心的活泼氨基烷基自由基。活性胺的结构对反应活性有较大影响，电离势较高的叔胺给电子能力较差，大多数的脂肪族叔胺具有较低的电离势。常用的活性胺对氧有一定敏感性，很多工业级的叔胺颜色都比较深，这是部分氧化的结果，用在光固化涂料中易导致黄变。

② 二苯甲酮/叔胺光引发体系。二苯甲酮（BP）为无色或微黄色结晶，在常用溶剂中溶解性比较好，最大吸收波长约为 340nm。BP 具有合成简便、成本较低的特点，但光引发活性不如 HMPP、HCPK 等均裂型光引发剂，而且固化速率相对较慢、固化涂层泛黄。BP 的激发三线态寿命较长，这一方面有利于它和活性胺的双分子反应，同时也容易受到苯乙烯等单体进攻，导致激发态无效猝灭。因此 BP/活性胺引发体系不适合于含苯乙烯的配方。

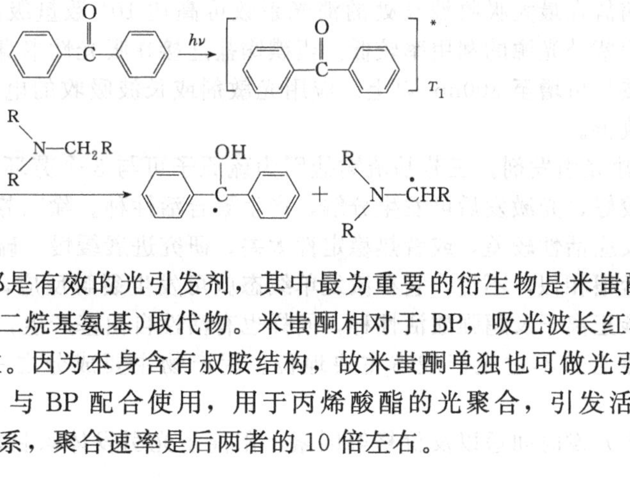

反应式(4-3)

BP 有很多取代衍生物都是有效的光引发剂，其中最为重要的衍生物是米蚩酮（MK，结构如下），即 BP 的 4,4′-双(二烷基氨基)取代物。米蚩酮相对于 BP，吸光波长红移数十纳米，对 365nm 发射线有较强吸收。因为本身含有叔胺结构，故米蚩酮单独也可做光引发剂，只是效率发挥不充分。如将 MK 与 BP 配合使用，用于丙烯酸酯的光聚合，引发活性远远高于MK/叔胺体系和BP/叔胺体系，聚合速率是后两者的 10 倍左右。

米蚩酮（MK）结构

③ 硫杂蒽酮/叔胺光引发体系。硫杂蒽酮（TX）最大吸收波长可达 380～420nm，相应的消光系数也较高，约为 10^2 数量级，可充分利用光源 365nm 和 405nm 发射线，这比二苯甲酮有效得多。TX 为浅黄色粉末，在绝大多数溶剂中溶解度极差，很难分散到树脂体系中。取代衍生物大多具有良好的溶解分散性能，而且吸光性和光化学活性等都可得到改善。常见取代 TX 包括 2-氯硫杂蒽酮（CTX）、CPTX、异丙基硫杂蒽酮（ITX）和 2,4-二乙基硫杂蒽酮（DETX）等。另外，硫杂蒽酮因为较高的吸光波长和较强的吸光性能，非常适合于有色体系的光固化，特别是钛白着色体系的光固化。

（3）阳离子型光引发剂　阳离子光引发剂包括重氮盐、碘鎓盐、硫鎓盐和三芳基硅氧醚等，其机理是光活化到激发态后分子发生分解反应，最终产生质子酸或路易斯酸。酸是引发阳离子聚合的活性种，其强弱是阳离子聚合能否引发并进行下去的关键，酸性不强时配对的阴离子具有较强亲核性，容易和碳正离子中心结合，阻止链增长或者聚合不能引发，有可能得到低聚物。

阳离子光固化体系与自由基光固化反应比较，具有以下特点：①不被氧气所阻聚，在空气中可快速完全聚合；②对潮气敏感，特别是体系中含有胺、硫醇等亲核性较强的物质时，阳离子的引发反应活性容易消失；③聚合速率受温度影响大，存在明显的后聚合；④固化时体积收缩小，形成聚合物的附着力更强。

① 重氮盐光引发剂。重氮盐如苯重氮硼氟酸盐吸光后在激发态分解产生氟苯、多氟化物和氮气，其中多氟化物是强路易斯酸，可以直接引发离子聚合，也可以间接产生超强酸质子，再引发阳离子聚合。重氮盐作为阳离子光引发剂最主要的缺陷是热稳定性较差，另外光反应产生氮气，容易在涂层中形成针孔或气泡，影响涂层质量。

② 碘鎓盐光引发剂。最重要的碘鎓盐光引发剂是二芳基碘鎓盐，它热稳定性较好，光反应活性高，是一类比较重要的阳离子光引发剂。碘鎓盐在受光照时产生超强酸（质子酸或路易斯酸），其反应表示如下：

$$PhI^- X^+ \xrightarrow{h\nu} Ph \cdot + PhI^+ X^-$$
$$PhI^+ X^- \longrightarrow PhI + R \cdot + H^+ X^-$$

反应式（4-4）

二芳基碘鎓盐光解可同时发生均裂和异裂，既产生超强酸，又产生活性自由基。因此碘鎓盐除可引发阳离子光聚合外，还可同时引发自由基聚合，这是碘鎓盐与硫鎓盐光引发剂的共同特点。碘鎓盐在最大吸收波长处的消光系数可高达 10^4 数量级，但最大吸收波长在 300nm 以下，对常用紫外光源的利用率较低。当碘鎓盐连接在吸光性本身很强的芳酮基团上时，所得碘鎓盐吸收波长可增至 300nm 以上。应用光敏剂或长波吸收的电子转移活化剂可使碘鎓盐吸光性能有所改善。

③ 硫鎓盐光引发剂。三芳基硫鎓盐因为硫原子可与 3 个芳环共轭，正电荷得到分散，分子热稳定性较好，光激发后可发生分解，产生聚合活性种。除三芳基硫鎓盐外，其他结构的硫鎓盐或者光反应活性较差，或者热稳定性太差，研究进展缓慢。硫鎓盐光引发剂的光解机理和二芳基碘鎓盐很相似，不过，它在激发单线态就可发生裂解反应，光解主要产生二芳基硫醚、芳烃、芳环碳正离子及超强酸活性种，同样也有活性自由基产生，既可引发阳离子聚合，也能引发自由基聚合，不过光产酸占主要地位。因产物主要成分之一为二芳基硫醚，产生微弱臭味。

尽管由于开发时间短以及价格等因素，阳离子光引发体系目前仅占整个 UV 固化市场的

5%左右。但鉴于其较之自由基固化的优点，将是有一定发展前景的光引发体系。

（4）高分子光引发剂　高分子光引发剂是指在侧链或主链上具有感光基团，能够通过光的吸收引发单官能、多官能的单体和预聚体进行聚合交联的高分子体系。

与小分子光引发剂相比，高分子光引发剂具有许多优点：①高反应活性和高固化速率，如提氢型高分子光引发剂中同时引入感光基团和氨基基团，其协同作用提高了光引发剂的反应活性；②迁移速率低、毒性小、环境兼容性好，高分子光引发剂可从根本上解决引发剂的迁移问题，可以在食品、医药、生物等对光固化印刷标准十分严格的行业应用；③气味低、挥发性低；④与树脂的相容性好；⑤赋予光引发剂一些新的功能，如表面活性、水性化等。

硫杂蒽酮类高分子光引发剂为 Norrish Ⅱ 型光引发剂，近紫外区的吸收波长为 380～420nm，吸收强，峰形宽，夺氢能力强，是乙烯基聚合物常用的一类双分子光引发剂，广泛应用于印刷油墨、表面涂层、微电子和耐光涂层。为了克服 380nm 以下颜料的吸收遮盖，使吸收波段向长波方向移动，减少 380nm 以下的颜料吸收屏蔽，Anglioni 等合成了一种新型高分子光引发剂，在同一主链中同时引入两种感光基团，结构如下：

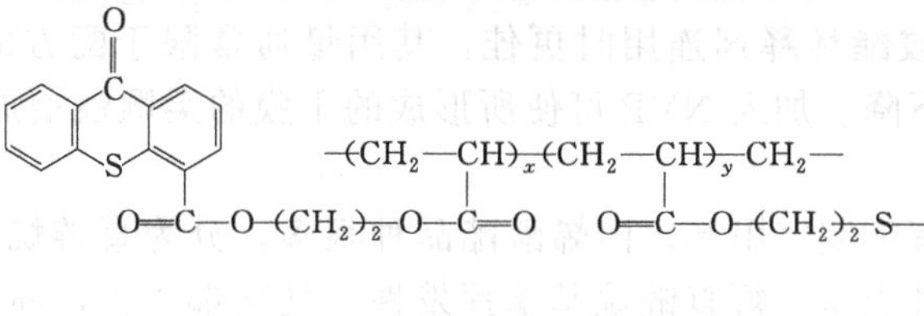

ATX-*co*-AMMP
含两种感光基团的高分子光引发剂

该分子 ATX-*co*-AMMP 中含有侧链硫杂蒽酮和 α-吗啉苯乙酮成分。其引发活性比相应的低分子物混合体系活性高 1 个数量级，主要是由于从 TX 三线态到相邻 α-吗啉苯乙酮基态的活化能量转移提高了活化络合物的稳定性。

蒽醌类高分子光引发剂常和叔胺组成协同体系。体系中的感光基团具有光还原能力，可以消耗溶解于配方中的氧，返回引发剂的起始基态。与其他芳香族酮类不同，蒽醌在空气存在下表现出较高的引发效率。N. S. Allen 等合成了一系列的蒽醌衍生物光引发剂，包括 AAAQ（2-取代酰胺蒽醌）、AOAQ（丙烯酰氧蒽醌）及其与 MMA 的共聚产物，引发剂中感光基团蒽醌含量较低，结构如下：

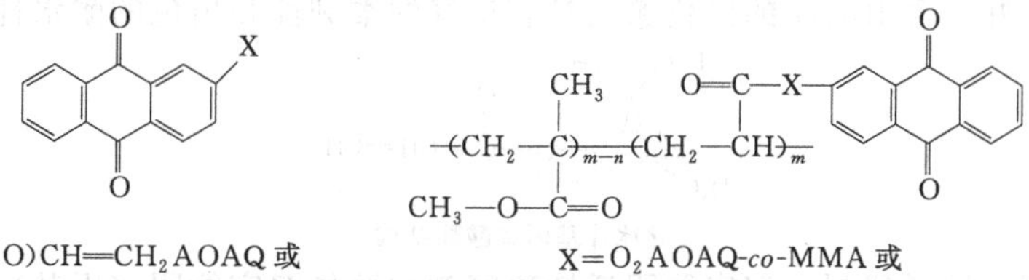

X＝OC(O)CH＝CH₂ AOAQ 或
X＝NHC(O)CH＝CH₂ AAAQ

X＝O₂ AOAQ-*co*-MMA 或
X＝NH₂ AAAQ-*co*-MMA
蒽醌衍生物光引发剂

其光化学、光引发活性与相应的小分子引发剂相比发现 77K 时共聚物（二氯甲烷溶液）的磷光产率显著提高，而相应的小分子无磷光产生。这可能与聚合物链有助于感光基团的单-三线态的态间跃迁有关。但这也会增大三线激发态通过态间跃迁失活的可能性。

总之，光引发剂是光固化体系重要的组成部分，其未来的发展趋势包括：①低毒性、低迁移率和良好溶解性能的高分子光引发体系；②水性光固化体系以及水溶性光引发剂；③高效的协同光引发剂体系；④具有良好性价比的新型可见光光引发体系；⑤具有良好储存性能的光引发剂体系。

4.2.1.2　活性稀释剂（单体）

光敏聚合物通常黏度较大，施工性能差，在实际应用中需要配给性能好的活性稀释剂（单体），以便调节黏度。其性质对光固化材料的硬度和柔顺性等性能有很大的影响。然而，活性稀释剂在光固化体系中不仅起到降黏作用，还包括交联作用和提高固化速率作用，因而也常被称为活性单体。按活性稀释剂每个分子所含反应性基团的多少，可以分为单官能团活性稀释剂、双官能活性稀释剂和多官能团活性稀释剂。

(1) 单官能团活性稀释剂　单官能团活性稀释剂在体系中主要起降低黏度的作用，由于每个分子仅含一个可参与固化反应的基团，因此交联密度低，对固化膜的柔顺性起主导作用，但同时也降低了其耐溶剂性、耐磨性、硬度等。单官能团活性稀释剂常与多官能团稀释剂配合使用，以保持足够的交联度。

① 乙烯基单体。有实际应用价值的乙烯基单体主要有苯乙烯（St）、乙酸乙烯酯（VA）及 N-乙烯基吡咯烷酮（NVP）等少数几种单体。苯乙烯与不饱和聚酯搭配成光固化体系，在早期广泛应用于光固化木器涂料中，其最大的优点是价廉。但该体系存在的缺点较多，例如高挥发性、高易燃性、高气味、较慢的反应速率等，固化膜的性质也往往不如使用其他活性稀释剂的体系。N-乙烯基吡咯烷酮（NVP）作为活性稀释剂具有优良的稀释性和溶解性，而且活性也很高。尤其与多官能丙烯酸酯稀释剂连用时更佳，其用量通常限于配方的 $10\%\sim20\%$，超过此量会使活性和其他性能下降。加入 NVP 可使所形成的干膜的柔顺性增加，并能提高附着力。

② （甲基）丙烯酸酯。单官能团（甲基）丙烯酸酯品种很多，分为直链烷基、支链烷基、环状基团和极性取代基团等几种类型。短直链烷基酯挥发性、气味都太大，固化活性也很低；长链烷基（甲基）丙烯酸酯挥发性较低、但还是有一定的气味，固化涂层很柔软。支化单体丙烯酸 2-乙基己酯，由于具有增塑作用且挥发性较低。链上有极性基团取代的（甲基）丙烯酸酯，如丙烯酸羟乙酯（HEA）、甲基丙烯酸羟乙酯（HEMA）、丙烯酸羟丙酯（HPA）、甲基丙烯酸羟丙酯（HPMA），它们的挥发性小，同时由于极性基团的作用，光固化速率一般比非极性的单体要快得多。但黏度提高，稀释性能下降，特别是由于含有极性基团，这些单体很容易被皮肤吸收，对皮肤有强烈刺激作用。

使丙烯酸官能接上环状基团是改变丙烯酸酯特性的另一途径。这样能使产生的涂膜硬度高，单体的挥发性低和固化收缩率减小。异冰片基丙烯酸酯（IBOA）（结构如下）是带有双环状异冰片基的单体，其挥发性较低，毒性较小，不易燃（闪点高于 100℃）。IBOA 的固化收缩率很低，黏附力好，含 IBOA 的固化涂层具有良好的柔韧性和出色的耐水性。

异冰片基丙烯酸酯结构

(2) 双官能团活性稀释剂　双官能团活性稀释剂主要指双官能团（甲基）丙烯酸酯，含有两个可以光固化反应的（甲基）丙烯酸酯官能团。由于双官能团（甲基）丙烯酸酯的固化速率比单官能团（甲基）丙烯酸酯的快，成膜交联密度增加，同时仍保持良好的稀释性。另外，随着官能团的增加，分子量增大，因而其挥发性较小，气味较低。

① 1,6-己二醇双丙烯酸酯（HDDA）。HDDA 是一种低黏度、稀释能力极强的双官能团活性稀释剂，由于 HDDA 的主体是直碳链，因此它是现有双官能丙烯酸酯中能提供柔软性、附着力、活性和韧性等最佳综合性能的单体。HDDA 对皮肤没有过敏反应，被大量应用于木器涂料、地板涂料、纸板涂料以及涂饰柔性卷筒印刷用纸的许多配方。

② 三缩丙二醇双丙烯酸酯（TPGDA）。TPGDA 黏度比较低，对大部分丙烯酸酯化的预聚体都有良好的溶解能力，且光固化活性较大，分子中含有醚键，固化膜有一定柔性，更重要的是 TPGDA 的毒性很低，价格低廉，是光固化配方的首选稀释剂。

③ 二缩/三缩乙二醇双(甲基)丙烯酸酯。二缩乙二醇双丙烯酸酯（DEGDA）是一种高沸点、低蒸气压的活性稀释剂。二缩乙二醇双甲基丙烯酸酯（DEGDMA）与 DEGDA 相类似，但具有较低的皮肤刺激性和较高的固化膜硬度。三缩乙二醇双（甲基）丙烯酸酯的分子中间多了一个乙氧基，增加了柔性，具有良好的溶解性和较高的极性。这种稀释剂适合于要求具有良好的黏着力和柔顺性的低黏度涂料使用，它在金属装饰、纸板涂料以及乙烯类地板涂料方面得到应用。

此外，还有双酚 A 二丙烯酸酯（DDA）、聚乙二醇双丙烯酸酯（PEGDA）、新戊二醇二丙烯酸酯（NPGDA）和 1,4-丁二醇二丙烯酸酯（BDDA）等多种双官能团活性稀释剂。

（3）多官能团活性稀释剂　这类活性稀释剂含有 3 个或 3 个以上的光固化活性基团。由于官能团含量增加，这些活性稀释剂挥发性低、黏度较大，稀释效果较差。具有极快的光固化速率和光交联密度，固化产物硬度高，耐磨性提高，脆性也大，由于固化收缩率很大不利于和底材的黏附，通常是将多官能团和双官能单体、单官能单体搭配使用。

① 三羟甲基丙烷三（甲基）丙烯酸酯（TMPTA）

TMPTA 是三官能团活性稀释剂的典型代表，其黏度比单官能团和双官能团的稀释剂大，具有中等到良好的溶解能力。TMPTA 可提供高固化速率和高交联密度，形成具有优良耐溶剂性、坚硬耐刮而偏脆的干膜。此外，TMPTA 具有较大的皮肤刺激性。TMPTA 供罩光清漆和印刷油墨使用，常以很少的用量促进固化速率。

② 季戊四醇三丙烯酸酯（PETA）

PETA 的黏度比其他多官能单体高得多，在室温下呈蜡状，溶解性能较差，光固化活性极其活泼，能产生高交联密度的固化涂层。在体系中加入很少就能显著提高固化速率，它还能提高光泽度、硬度、耐磨性和耐化学性。PETA 分子中含有羟基，有助于改善黏附性能。另外因为存在残留羟基使单体产生亲水特性而渗入皮肤的关系，因此具有强烈的皮肤刺激性，被怀疑具有致癌性，因而限制其使用。

4.2.1.3　低聚物

在光固化体系中，低聚物的主要作用是提供一定的黏度和分子量，并可产生交联反应，使固化完全。低聚物一般含有在光照条件下可进一步反应或聚合的基团，例如碳-碳双键、环氧基团等。目前，主要的自由基聚合光固化产品包括不饱和聚酯、环氧丙烯酸树脂、聚氨酯丙烯酸树脂、聚酯丙烯酸树脂和聚醚丙烯酸树脂等。

（1）不饱和聚酯。不饱和聚酯是分子链中含有可反应 C=C 双键的直链状或支链状聚酯大分子，可以由二元醇（乙二醇、多缩乙二醇、丙二醇等）和二元羧酸或酸酐反应缩聚而得。不饱和聚酯体系的光固化速率较低，固化过程受氧阻聚干扰较为严重，常常出现表面不干爽等弊病。不饱和聚酯/苯乙烯体系的缺陷还包括柔韧性低劣，耐黄变、耐老化性能差，配方性能调节灵活性较低，对大多数常见底材的附着力较差。

（2）环氧丙烯酸酯　环氧丙烯酸酯由环氧树脂的环氧基与丙烯酸或甲基丙烯酸酯化反应而成，但甲基丙烯酸酯化的树脂光固化速率不如丙烯酸的酯化产物，所以很少采用。根据结构类型，可将环氧丙烯酸酯分成四种：双酚 A 缩水甘油醚类环氧树脂的丙烯酸酯、线形酚醛环氧的丙烯酸酯、环氧化油（如豆油或亚麻籽油）的丙烯酸酯、改性环氧丙烯酸酯。其中双酚 A 环氧丙烯酸酯的应用广泛，用量最大。

双酚 A 环氧丙烯酸树脂由双酚 A 环氧树脂和丙烯酸（或甲基丙烯酸）反应而得，其分子结构中含芳环和侧位羟基，芳环结构赋予树脂较高的刚性、拉伸强度及热稳定性。羟基使树脂对颜料润湿性显著提高，对提高附着力有利，双酚 A 环氧丙烯酸酯的主要特点包括：光固化反应速率很快，固化后硬度和拉伸强度大，膜层光泽度高，耐化学品性优异。其缺点是固化膜柔性不足，脆性高；环氧丙烯酸酯的羟基及其他极性基团，使环氧丙烯酸酯容易发生乳化，因此限制了在胶印油墨中的使用。总体而言，环氧内烯酸酯预聚物具有广泛性，能广泛应用于各种不同的辐射固化涂料。

酚醛环氧丙烯酸酯是由酚醛环氧树脂和丙烯酸酯反应而成。其结构中不饱和双键往往多于两个，因此官能度很大，且苯环密度较高，决定了它具有光固化反应速率很快、交联密度高的特点，其固化膜硬度高，有优良的耐热性、耐溶剂性和耐候性。其适用范围与双酚 A 环氧丙烯酸酯相似，但酚醛环氧丙烯酸酯的黏度大，价格也较高，产量低，应用并不普遍。

（3）聚氨酯丙烯酸酯　聚氨酯丙烯酸酯又称作丙烯酸氨基甲酸酯，是另一类比较重要的光固化低聚物。其光固化产品具有优异的综合性能，应用广泛程度仅次于环氧丙烯酸酯。聚氨酯丙烯酸酯由于其组成与结构可设计性强，容易制备具有不同性能的光固化低聚物，满足各种用途的要求。聚氨酯丙烯酸酯的性能在很大程度上取决于其中的聚氨酯的性能。聚氨酯的结构与力学性能的关系比较典型。对于分子量足够大即使没有化学交联的聚氨酯，由于其中存在大量的 N—H 键，分子间的这种基团极容易形成氢键，大量分子间氢键的形成构成了有效的物理交联点。此外，分子中的长链二醇单元能提供柔软性，形成软段微相分离，即在聚氨酯本体中存在氨酯键形成的硬段微相区和软段微相区，这种软-硬微相分离赋予聚氨酯许多独特的性能，如优异的柔韧性、高剪切拉伸强度、良好的耐磨性等。

（4）聚酯丙烯酸酯　聚酯丙烯酸酯是在聚酯树脂中引入不饱和的丙烯酸双键，得到可以进行自由基光固化反应的一类低聚物。聚酯丙烯酸酯用作光固化低聚物时，分子量通常不要求很高，从数百至数千即可，因而黏度较环氧丙烯酸酯、聚氨酯丙烯酸酯两类树脂低许多。实际上，作为活性稀释剂的低分子量的丙烯酸酯和较高分子量的聚酯丙烯酸酯低聚物具有类似的结构，差别就在于分子量和黏度的不同，两者之间没有严格的界限。与其他光固化低聚物相比较，聚酯丙烯酸酯的最突出的特点是它的低黏度和低的价格。聚酯丙烯酸酯的固化膜具有很好的柔韧性和耐候性，对某些底材具有良好的附着力，主要应用于光固化清漆涂装聚氨酯革、软硬 PVC、金属装饰、丝网印刷油墨等。

4.2.1.4　光固化涂料

紫外光固化涂料最为显著的特点是固化速率快，通常只需几秒或几十秒就可固化完全，达到使用要求。而传统的溶剂型涂料需要数小时或数天才可干透。光固化涂料的另外一个优势在于它基本不含挥发性溶剂，具有环境友好的特点。光照时，几乎所有成分参与交联聚合，进入到膜层，成为交联网状结构的一部分，可视为 100%固含量的涂料。

光固化涂料的品种繁多，性能各异，但是每一个配方必须包括低聚物、活性稀释剂和光引发剂。

（1）紫外光固化木器涂料　紫外光固化木器涂料是光固化产品中产量较大的一类。木器涂料包括 UV 腻子漆、UV 底漆和 UV 面漆，前两者均是直接与木质接触。腻子漆为含高比例无机填料的膏状物，用于填补强化木材表面的坑凹部分，固化后获得较为光解平滑的表面，再涂覆 UV 面漆；底漆所含无机填料较少，黏度较低，与面漆黏度基本接近。

腻子漆和底漆在成分上与面漆的主要区别在于前两者含无机填料，而面漆可以不含，如果要获得哑光或磨砂效果，也可以适当添加硅粉类消光剂。无机填料的作用除增强涂层本身的抗冲性能，还可降低固化收缩率，有利于提高附着力和硬度。UV 腻子漆和底漆所用的无机填料主要包括滑石粉、重质和轻质碳酸钙、重晶石粉等。因滑石粉针状和纤维结构，可增强底漆的耐冲击强度和附着力；重晶石粉和碳酸钙粉可增强底漆对被涂物表面沉积性和渗透性。此外，重晶石粉还可增强打磨效果。打磨的主要目的是为增强面漆和底漆（腻子漆）之间的层间黏合作用，防止面漆脱落。底漆配方中无机填料较少，主要作用是为了强化打磨效果。选用无机填料时应考虑填料的折射率，折射率高，则辐照紫外线入射湿膜时发生多次折射、反射，影响固化性能。

（2）纸张上光涂料　以前的纸张罩光方法是在纸张上黏附一层聚乙烯或聚丙烯薄膜，施工过程包括涂胶、覆膜等，还需等待层间胶黏剂固化，总体生产效率低，施工技术要求高，且塑料薄膜的耐久性难以保证，产品使用时间较长时，覆膜易从边角处开始剥离。溶剂型和水性的纸张上光油也有少量市场，但都存在底材浸润变形、干燥时间长等问题，没有形成较大生产规模。光固化纸张上光油在施工技术要求、生产效率及成本等多方面均优于塑料覆膜罩光工艺，已成为光固化产品中产量最大的品种之一。

气味问题是该类涂料所关心的重点问题，光油固化后的气味主要来源于光引发剂、活性胺、杂质及某些可能转化不完全的单体，例如丙烯酸异辛酯本身气味较大，如在固化膜中未反应残留率较高，也可能产生较重的刺激性气味。活性胺一般过量使用，固化完成后，活性胺残留量较大，也是固化膜气味的可能来源之一，选择可参与交联的活性胺有助于消除固化膜的气味。

（3）塑料涂料　大多数塑料原胚制品为挤塑或压塑成型，在受热挤压过程中，原料中微量空气或挥发性杂质可能逸出到表面，形成较多"火山口"等微观缺陷，导致表面光泽度较低，美观程度较差。另外，多数常规塑料制件耐磨、耐溶剂性能不高，容易刮伤、起雾、表面受损等，因此需对塑料制件进行表面装饰及保护。光老化性能较差的塑料材料还可通过光稳定化的UV涂料进行涂覆保护，防止或延缓塑料基材的老化。塑料基材的种类很多，化学和物理性质也各不相同，UV涂料在其上的黏附性不同，因而所适用的光固化涂料配方也将有所区别。塑料UV上光油的黏度不高，约为数百毫帕·秒。涂料的流平性要求较高，因为塑料涂装生产多为流水化作业，生产效率高，要求涂料能在几秒钟之内流平，保证光固化后获得较高质量的装饰效果。故此，塑料UV涂料配方中经常添加少量硅氧烷类的流平助剂。

（4）金属涂料　UV涂料应用于金属底材时常遇到的问题是涂层对金属的附着力不佳，如果没有添加特别功能的助剂，常规UV涂料对金属很难获得较理想的附着力，这可能与大部分丙烯酸酯化树脂和单体较高的固化收缩率有关系，固化收缩产生的内应力很大程度上反作用于膜层对金属底材的黏附力。另一个原因可能因为金属底材为致密表面，有机涂料无法渗透吸收，有效接触界面较低，不像纸张、塑料、木材等底材。解决涂层附着力的办法通常是在UV涂料配方中添加黏附力促进剂，常见的主要包括带有羧基的树脂、丙烯酸酯化的酸性膦酸酯、长链硫醇。聚氨酯丙烯酸酯分子链上引入羧基，对金属的附着力也能增强。

4.2.1.5　光固化油墨

紫外光固化油墨也是由低聚物、活性稀释剂、光引发剂、颜（填）料和助剂组成，在紫外光照射方式交联固化反应成膜。

紫外光固化油墨相对于传统的溶剂型油墨，主要的特点是环保、节能和快干。在油墨内无挥发性溶剂，所有树脂、单体进入到交联固化网络中，因此不会因溶剂挥发而易燃易爆，也不会对环境造成污染。传统的溶剂型油墨施印后一般需经过风干、红外烘干，甚至自然晾干，根据承印底材性质以及油墨的挥发、渗透、聚结成膜性能，所需干燥时间可从数分钟到几天不等。特别是包装印刷中，针对为数不少的非渗透性承印物，如铝箔纸、真空镀铝膜、镜面卡纸、聚烯烃塑料等，如果采用普通的溶剂型油墨，干燥较慢，易出现起脏、掉版、乳化严重等问题，干燥以后的附着力也不理想，常常需要罩光处理，不仅效率降低，对后续工艺也将产生影响。UV固化油墨属反应性油墨，紫外辐照下，它在数秒钟内能快速固化，操作简便，印刷品印刷后可立即叠起堆放，生产效率高，特别适合于高速印刷和高速套印。

4.2.1.6　光固化黏结剂

UV光固化胶黏剂自1960年国外报道以来，已在许多领域成功应用，尤其是需要快速装配的高技术产业领域。

（1）在医疗用品中的应用　一次性医疗用品成为紫外光固化胶黏剂用量增长的推动力之

一，如将皮下注射针头与注射器和静脉注射管粘接上，以及在导尿管和医用过滤器的使用。欧洲每年在该领域消耗的紫外光胶黏剂估计在 20 吨，年增长率 5.4%。

（2）在玻璃和工艺品、珠宝业的应用　UV 固化黏合剂可以代替传统工艺中用的聚乙烯醇缩丁醛黏结剂，仅需几秒或几分钟即可完成粘接过程。在珠宝、装饰品业中，可快速完成宝石、水晶等镶嵌、定位等。

（3）在电器和电子行业应用　紫外光固化胶黏剂在电器和电子应用的发展速度最快，主要包括：智能卡和导电聚合物显示器的粘接和密封；接线柱、继电器、电容器和微开关的涂装和密封；印刷电路板粘贴表面元件；印刷电路板上集成电路块粘接；线圈导线端子的固定和零部件的粘接。同样，汽车工业零部件的粘接通常也属于这一领域，其应用覆盖汽车灯装配、倒车镜和气袋部件的粘接和燃油喷射系统。

（4）在光电子、信息行业应用　主要包括数字光盘制造业、光学纤维黏合以及液晶和聚合物显示器三个领域。例如在 DVD 制造业，其制造依靠两层聚碳酸酯膜粘接在一起构成基本盘；并且不是以点而是以面来粘接，使得 UV 胶的用量极大地增加。

光固化材料应用领域正在进一步扩展。例如，应用新型的光引发剂可使固化波长向可见光方向扩展，可用可见光固化；应用高效的光引发剂可用于有色或含填料体系的粘接，可在透光率低至 0.01～20 的基体之间的黏合。又如，将 UV 固化技术和厌氧固化、热固化技术相结合制造出双重固化的产品，它不仅能对透光部分进行光固化，非透光部分也可进行厌氧或热固化。

4.2.2　光致抗蚀剂（光刻胶）

光致抗蚀剂（photoresist）又称光刻胶，能在光的照射下产生化学反应（交联或降解）或其他结构变化，使溶解性能发生显著变化，不溶解的树脂对底材具有抗化学腐蚀的作用。光致抗蚀剂是利用光化学反应进行图形转移的媒体，它是一类品种繁多、性能各异、应用极为广泛的功能高分子材料。

光刻胶与电子工业的发展是密切相关的，主要应用于电子工业中集成电路和半导体分立器件的细微加工过程中，它利用光化学反应，经曝光、显影将所需要的微细图形从掩膜版（mask）转移全待加工的基片上，然后进行刻蚀、扩散、离子注入、金属化等工艺。1826 年第一张照片诞生就是采用了光刻胶材料——感光沥青。在 19 世纪中期，又发现将重铬酸盐与明胶混合，经曝光、显影后能得到非常好的图形，并使当时的印刷业得到飞速的发展。1954 年 Eastman-Kodak 公司合成出第一种感光聚合物——聚乙烯醇肉桂酸酯，开创了聚乙烯醇肉桂酸酯及其衍生物类光刻胶体系，这是最先应用在电子工业上的光刻胶。之后又陆续开发出环化橡胶——双叠氮系光刻胶，使集成电路制作的产业化成为现实。

根据光照后溶解度变化的不同可将光刻胶分为正胶和负胶（图 4-2）。负胶在光照后发生交联反应，使胶的溶解度下降，在显影的溶解过程中被保留下来，从而能在刻蚀过程中保护氧化层。正性光刻胶正好相反，在光照时发生光降解反应使溶解度增加，从而在显影过程中被除去，导致其所覆盖的部分在刻蚀过程中被腐蚀掉。按所用曝光光源的不同，又可分为紫外光刻胶、深紫外光刻胶、电子束、离子束胶、X 射线胶等。

4.2.2.1　紫外负性光刻胶

（1）重铬酸盐-胶体聚合物系光刻胶　此体系的交联机理是在光还原反应中 Cr(Ⅵ) 转变成 Cr(Ⅲ)，三价铬是一个很强的配位中心，能与胶体聚合分子上的活性官能团形成配位键而产生交联。胶体聚合物的选择包括天然聚合物明胶、蛋白质、淀粉等和合成聚合物聚乙烯醇、聚乙烯吡咯烷酮和聚乙烯醇缩丁醛等。由于此类光刻胶在存放时有暗反应，即使在完全避光的条件下放置数小时亦会有交联现象发生，因此必须在使用前配制。

（2）聚乙烯醇肉桂酸酯光刻胶　这类光刻胶的特点是在感光性树脂分子的侧链上带有肉桂

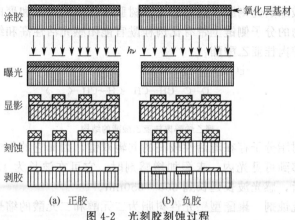

(a) 正胶　　　　　　(b) 负胶

图 4-2　光刻胶刻蚀过程

酸基感光性官能团。例如聚乙烯醇肉桂酸酯［结构见反应式(4-5)］、肉桂酸纤维酯、间苯二甲酸-甘油缩聚物肉桂酸酯，以及其他含有肉桂酸基官能团的高分子化合物等。反应式(4-5)为聚乙烯醇肉桂酸酯的制备过程。

$$\fbox{CH$_2$—CH}_n + \text{CH=CHCOCl} \longrightarrow \fbox{CH$_2$—CH}_n \quad \text{反应式(4-5)}$$
OH

聚乙烯醇肉桂酸酯

在光致抗蚀剂的光化学反应过程中，当感光性树脂不能直接吸收适当波长的光进行化学反应时，加入助剂吸收光并将能量转移给感光性树脂的分子，使它被激发到激发状态，光化学反应能够顺利进行。这样的助剂叫做增感剂，这种作用叫做增感作用。

聚乙烯醇肉桂酸酯和其他含有肉桂酸酯官能团的感光性树脂，特性光谱吸收在 230～340nm 范围之内，因此，一般不能直接使用，必须添加适当的增感剂，使感光波长范围向长波方面扩展，例如达到 450nm 左右，才能够在实际工作中使用。增感剂主要有以下几类：硝基有机化合物、芳香族酮类和醌类等。5-硝基苊是聚乙烯醇肉桂酸酯的有效的增感剂，它的感光度比未增感的抗蚀剂提高可达 1000 倍，其结构如下：

NO$_2$

增感剂 5-硝基苊的结构

聚乙烯醇肉桂酸酯吸收光能后，肉桂酰官能团产生二聚反应，在线形的感光性树脂分子链之间产生交联，生成不溶性的、具有三维结构的高分子物质，不溶于显影液。反应式(4-6)为聚乙烯醇肉桂酸酯吸收光发生的交联反应。

$$\fbox{CH$_2$—CH}_n + C_6H_5—HC=HC—C=O \xrightarrow{h\nu} \text{交联产物}$$

反应式(4-6)

87

（3）聚肉桂亚乙酸酯类光刻胶　这类感光性树脂在化学结构上和聚肉桂酸酯类感光性树脂相似。在感光性化合物的分子侧链上带有比肉桂酰官能团感光活性高和结构复杂的肉桂亚乙酸官能团。例如聚乙烯醇肉桂亚乙酸酯：

$$\{CH_2-CH\}_n$$
$$|$$
$$O-C-CH=CH-CH=CH-\bigcirc$$
$$\parallel$$
$$O$$

聚乙烯醇肉桂亚乙酸酯的结构

由于这类感光性树脂分子存在着活性较高的共轭双键，因而它的化学性质和感光性都极为活泼，吸收带向长波移到可见光内。未添加增感剂时，它可在波长为450nm左右的光线照射下感光。添加增感剂后，感光波长延长到600～650nm。

（4）聚酯类光致抗蚀剂　聚酯型感光性树脂为二元醇和二元酸的缩聚产物，其侧链上带着含有共轭双键的感光性官能团，因此具有较强的感光活性。在感光性树脂的分子主链上含有极性基团，因而对一些衬底材料（如二氧化硅和铝）具有较好的黏附性。这类光致抗蚀剂聚酯典型的有聚肉桂亚丙二酸乙二酯、聚肉桂亚丙二酸-1,4-丁二酯，能溶于氯仿等有机溶剂中。

（5）聚烃类-双叠氮系光致抗蚀剂　它们由聚烃类树脂、双叠氮型交联剂和增感剂溶于适当的溶剂配制而成。由于与衬底材料特别是金属的黏附性较好，且具有较好的耐腐蚀性能，因而在集成电路、大规模集成电路，以及各种薄膜器件的光刻工艺中得到广泛应用。

① 环化橡胶。是由天然橡胶或聚异戊二烯合成橡胶在环化剂作用下，部分环化而制成的。橡胶虽然具有较好的耐腐蚀性，但是感光活性很差，相对分子质量在数十万以上，因而溶解性甚低。在光致抗蚀剂的配制或显影过程中都会造成很大困难。经酸性催化剂（如对甲苯磺酸）作用，部分链节进行环化反应，同时聚合物发生降解作用，转变为分子量较低的带有环状结构的环化橡胶。环化橡胶能够溶于芳烃及一些脂肪族有机溶剂中，可以配成浓度较高的溶液。

② 交联剂。交联剂是聚烃类光致抗蚀剂的重要组成部分。光致抗蚀剂的光化学交联反应依赖于带有双感光性官能团的交联剂参加反应。交联剂曝光后产生双自由基，它与聚烃类树脂作用，在聚合物分子链之间形成桥键，变为三维结构的不溶性物质。叠氮有机化合物、偶氮盐和偶氮有机化合物都可用作交联剂。它们能够和聚烃类树脂相配合，组成负性光致抗蚀剂。

③ 反应机理。含有叠氮官能团的有机化合物，在光或热的作用下，分解生成氮烯自由基。生成的氮烯是三重态氮烯，它的活性很高，能够进行一系列化学反应。反应式（4-7）为叠氮化合物在光或热的作用下的分解过程。

$$R-N_3 \xrightarrow{\text{光能或加热}} R-\overset{.}{N}\cdot \quad \text{或} \quad R-N\colon \qquad \text{反应式（4-7）}$$
（三线态氮烯）　　（单线态氮烯）

双叠氮交联剂感光分解后，生成的双氮烯自由基［见反应式(4-8)］，极易与相混合在一起的聚烃类分子链上的不饱和双键产生加成反应。双氮烯自由基也能够从聚合物分子链上夺取氢原子，或插入聚合物上的不饱和键从而在聚合物分子链之间形成架桥交联结构［见反应式(4-9)］。在曝光环境气氛中存在氧气，将使光分解反应停留在中间状态，即形成叠氮烯自由基，氧对它继续分解成双氮烯自由基的反应过程起阻抑作用。双叠氮交联剂的感光波长范围为260～460nm，这对于实用的光源，例如碳弧灯、高压汞灯等是适合的。

反应式（4-8）

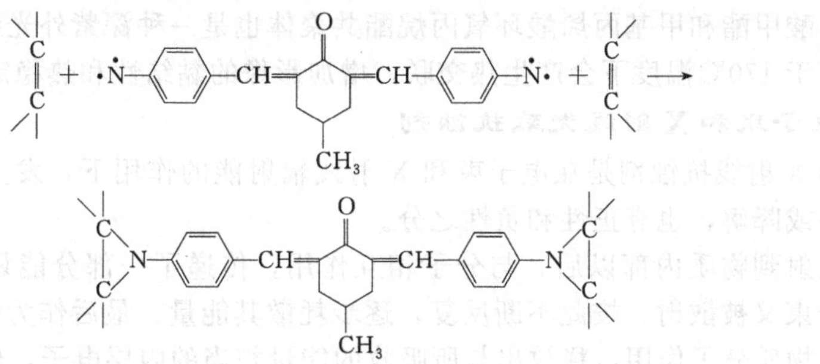

反应式(4-9)

4.2.2.2 紫外正性光刻胶

正性光致抗蚀剂的光化学反应及成像原理与负性光致抗蚀剂的过程正好相反，主要发生光降解反应或其他类型的光化学反应，反应的结果是胶的溶解性能下降或发生改变，从而使曝光部分在随后的显影过程被除去，曝光显影后所得图像与掩模相同，所以称作正性光致抗蚀剂。在工艺上，正性光致抗蚀剂在中等碱性的水溶液中显影，不需要使用有机溶剂，它有良好的成膜性能，对大多数金属表面有良好的黏结性，能溶于碱溶液和许多普通溶剂。从安全和经济角度考虑有一定优势。

邻叠氮醌正性光致抗蚀剂光解重排机理见反应式(4-10)。经光线照射后邻叠氮醌发生分解反应，放出氮气，同时在分子结构上经过重排，产生环的收缩作用，从而形成相应的五元环烯酮化合物，最后水解后生成茚酸羧酸衍生物。

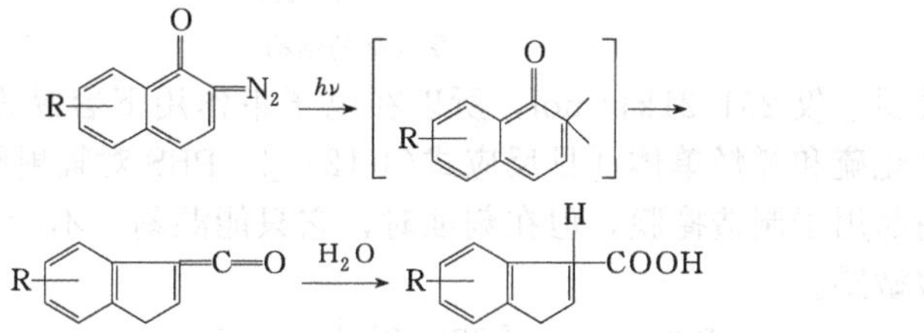

反应式(4-10)

4.2.2.3 远紫外光致抗蚀剂

随着电子工业微细加工临界线宽的缩小，对细微加工的分辨率的要求不断提高，而提高分辨率的重要方法之一就是使用更短的曝光波长。

远（深）紫外线是指波长在250nm附近的射线。虽然现在使用的正性光致抗蚀剂能吸收250nm的光子，但酚醛树脂、光敏剂及其光解产物都强烈吸收250nm的光子，结果使得光致抗蚀剂膜的表层大量吸收光，导致膜深处很少或没有受到光的作用，显影后影像轮廓变劣。解决问题的出路是用新的光源和研制合适的光致抗蚀剂。例如激光光源，特别是基于 KrCl、KrF 的激光，它们的发射波长分别为 222nm 和 249nm，稳态输出功率可大于 10V。

常用的深紫外光刻胶为聚甲基丙烯酸甲酯类正性光致抗蚀剂，其酯中羰基 $n—\pi^*$ 跃迁在 $215\sim220$nm 处有吸收，最大吸收系数为 $0.27\sim0.47\mu m^{-1}$，由于现有灯源在此波长范围输出不高，故曝光时间要很长。反应式(4-11)为聚甲基丙烯酸甲酯在深紫外线作用下发生光解链断裂反应。

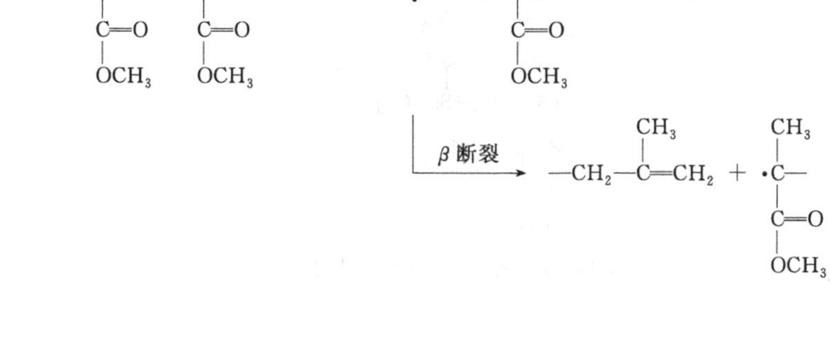

反应式(4-11)

甲基丙烯酸甲酯和甲基丙烯酸环氧丙烷酯共聚体也是一种深紫外光致抗蚀剂，在成影过程完成后，在高于170℃温度下会产生热交联，增加影像的黏结性和热稳定性。

4.2.2.4 电子束和X射线光致抗蚀剂

电子束和X射线抗蚀剂是在电子束和X射线辐射能的作用下，发生键的断裂，随后引起聚合物的交联或降解，也有正性和负性之分。

电子束入射到物质内部以后，与分子相互作用，传递了一部分能量给分子，引起键的断裂，同时电子束又被散射，按此不断反复，逐步耗散其能量，最后作为电子在某处被捕获。

X射线与物质分子作用，释放出与所吸收的能量相当的内层电子，然后由这些释放出的次级电子，与电子束一样的机理发生作用。所以，一般而言，能作为电子束抗蚀剂的材料，也能作为X射线抗蚀剂使用。

（1）聚甲基丙烯酸酯类 在电子束射线作用下发生断链反应，聚合物分子量大幅度降低，因而在溶剂中溶解的速率明显增加，所以是一种正性抗蚀剂。聚合物分子量降解程度与辐射剂量有关。最早应用于器件制造的电子束光刻胶是甲基丙烯酸甲酯和甲基丙烯酸的共聚物。经过热处理使分子内生成酸酐，使得最终产物变成是三元共聚物，它的性能达到实际可使用的要求。

（2）聚烯砜 聚烯砜是二氧化硫和烯烃的交替共聚物。如以1-丁烯与二氧化硫共聚得到的聚1-丁烯砜，简称PBS，其结构如下：

$$-CH_2-CH-SO_2-$$
$$\qquad\quad |$$
$$\qquad\quad CH_2CH_3$$

聚烯砜的结构

由于碳硫键弱，仅251.21kJ/mol，所以在电子束作用下容易发生链断裂，主要断链产物是挥发性的二氧化硫和烯烃单体［见反应式(4-12)］。PBS对辐射线很敏感，现在已作为一种电子束光刻胶商品用于制造掩膜，但在刻蚀时，它只能湿刻，不能干刻，因为它同样对等离子体或活性离子很敏感。

$$RSO_2R' \longrightarrow [RSO_2R']^{\ddagger} + e^-$$
$$\qquad\qquad\qquad | $$
$$\qquad\qquad\quad \longrightarrow RSO_2^+ + \cdot R^- \qquad\qquad\qquad 反应式(4-12)$$
$$\qquad\qquad\qquad | $$

（3）环氧抗蚀剂 第一个具有适当感度的负性电子束抗蚀剂是利用环氧基团的辐射化学性质。目前，最广泛使用的材料是甲基丙烯酸缩水甘油酯和丙烯酸乙酯的共聚体，可用来制造掩膜。共聚体在辐射线下产生交联，而且是一个链式反应，反应首先产生活性阴离子，然后进行增长反应。由于同时存在链终止反应，交联增长反应不会扩展到整个膜层，因此最终可能得到高分辨率的影像。

（4）有机硅聚合物 双层体系中底层常用酚醛-光敏剂组成的正性抗蚀剂，上层用新的负性电子束抗蚀剂，氯甲基化的聚二苯基硅氧烷（结构如下）。它起成影像作用，不仅分辨率高和灵敏度高，而且有卓越的耐氧等离子体干刻蚀作用，并能在其他物质上涂成一层均匀的无针孔的薄膜，室温时容易变硬成固体。其原因是该类聚合物 $T_g = 170$℃。硅含量大于10%（质量比）时，在氧等离子体刻蚀时，膜的厚度损失最少。另外，引入氯甲基使聚合物在电子束作用下引起交联，其灵敏度比其他含氯基团高。

有机硅聚合物负性电子束抗蚀剂

4.2.2.5 光刻工艺

由于光刻胶的种类很多，使用工艺条件依光刻胶的品种不同而有很大的不同，但大体可遵从以下步骤。

(1) 基片处理 包括脱脂清洗、高温处理等部分，有时还需涂黏附增强剂进行表面改性处理。脱脂一般采用溶剂或碱性脱脂剂进行清洗，然后再用酸性清洗剂清洗，最后用纯水清洗。高温处理通常是在 $150\sim160℃$ 对基片进行烘烤去除表面水分。黏附增强剂的作用是将基片表面亲水性改变为憎水性，便于光刻胶的涂布。

(2) 涂胶 光刻胶的涂布方式有旋转涂布、辊涂、浸胶及喷涂等多种方式。在电子工业中应用较多的是旋转涂布。

(3) 预烘 涂胶并经空气干燥后形成的聚合物膜往往含有 $1\%\sim3\%$ 的残留溶剂，同时在成膜过程中也会产生内应力。预烘就是为了除去残留溶剂和消除内应力。预烘温度一般稍高于光致抗蚀剂中聚合物的玻璃化温度并保持一定时间。

(4) 曝光 正确的曝光量是影响成像质量的关键因素。曝光不够或曝光过度均会影响复制图形的再现性。曝光宽容度大有利于光刻胶的应用。光刻胶的曝光量同样取决于光刻胶的种类及膜厚。

(5) 中烘 曝光后显影前的烘烤，对于化学增幅型光刻胶来说至关重要，中烘条件的好坏直接关系到复制图形的质量。重氮萘醌紫外正胶有时为提高图形质量亦进行中烘。

(6) 显影 光刻胶的显影过程一般分为显影和漂洗。显影方式有浸入、喷淋等方式，在集成电路自动生产线上多采用喷淋方式。喷淋显影由于有一定压力，能够较快显出图形，一般显影时间少于1min。漂洗的作用也十分重要，对于环化橡胶-双叠氮系紫外负胶，在显影时有溶胀现象，在漂洗时能够使图形收缩，有助于提高图形质量。

(7) 后烘 (坚膜) 该工序的作用是去除残留的显影液，并使胶膜韧化。

(8) 腐蚀 通常采用缓冲的氢氟酸溶液对已裸露出来的材料表面层的 SiO_2 进行腐蚀，经过化学反应破坏硅氧键，进一步裸露出下面的半导体 Si。然而在这种酸性腐蚀液的环境中，光致抗蚀剂的黏附性受到很大损害，同时液体腐蚀是各向同性的，腐蚀后的外形轮廓与掩膜要求的有所差别，这种现象在高分辨率时，例如要求达到 $1\sim2\mu m$ 或亚微米级时影响很大，这时就要用等离子体腐蚀方法，它依次取其中的离子（主要是正离子）轰击待腐蚀的膜层，打断表面层化合物的化学键，使表面腐蚀。

(9) 去胶 在完成刻蚀、扩散、金属化等工艺后，通常要将胶膜去除。去胶一般采用专用去胶剂或氧等离子体干法去胶。

4.2.3 高分子光稳定剂与光降解高分子功能材料

高分子材料在阳光及高能射线的照射下，会发生老化和降解反应，最终失去使用价值或被自然地降解破坏。从功能高分子的角度来看，该作用有着正反两方面的意义，如何合理地避免或有效地利用该现象是重要的研究课题。

4.2.3.1 高分子光稳定剂

聚合物暴露在日光下，无论有没有氧存在，都会发生光老化。光老化的最终结果是使用寿命缩短，如聚丙烯制品，如果不作稳定化处理，其户外使用寿命只有几个月，这就大大影响了聚合物材料户外使用的经济性和环保性，限制了其应用范围。

为保护高分子材料免受紫外线与氧的破坏，延长它们的使用寿命，将光稳定剂添加于塑料材料中，使它们在树脂中吸收紫外线的能量，并将所吸收的能量以无害的形式转换出来，以抑制或减弱光降解的作用，提高材料耐光性。由于光稳定剂大多数都能够吸收紫外线，故又称光稳定剂为紫外线吸收剂。

评定一种紫外线吸收剂的好坏，要考虑到效能、加工、价格等，不能单独强调某一两项效果，这些条件综合起来为：①能有效地吸收波长为290~410nm的紫外线，且吸收带宽；能够有效地消除或削弱紫外线对聚合物的破坏作用，而对聚合物的其他理化性能没有影响；②本身具有良好的稳定性，经紫外线长期曝晒，吸收能力不致下降；③热稳定性良好，在加工成型时和使用过程中不因受热而失效，不变色；不影响聚合物的加工性能；④与聚合物相容性好，在加工和使用过程中不分离、迁移，不易被水和溶剂抽提，不易挥发；⑤无毒或低毒；⑥化学稳定，不与材料中的其他成分发生化学反应而损坏材料性能；⑦对可见光的吸收低，不着色、不变色。

按照光稳定剂的作用机理，可将其分为四类：光屏蔽剂（颜料）、紫外线吸收剂、紫外线淬灭剂和自由基捕获剂。光稳定剂尽管用量极少（聚合物质量的0.1%~0.5%），其防止老化的效果却十分显著。

常用的光稳定剂很多，按照其不同的作用机理及化学组成，主要包括：邻羟基二苯甲酮类、苯并三唑类、水杨酸酯类、三嗪类、取代丙烯腈类、有机镍络合物和受阻胺类，其中以苯并三唑类和三嗪类性能为最好。

光稳定剂与聚合物之间的相容性问题和光稳定剂在长期使用期间的损耗和迁移问题是目前该领域的难点。光稳定剂的损耗可能来自于加工和使用过程中的热挥发，以及在长时期过程中的稳定剂迁移到高分子材料的表面渗出。为了解决上述问题，聚合物型光稳定剂被广泛研究和应用。制备聚合物型光稳定剂的方法有两种：一是将长脂肪族链接到光稳定剂上，从而改善其与聚合物的相容性，并且长脂肪族链可以降低光稳定剂在聚合物中的扩散过程；二是将光稳定剂直接接枝到高分子骨架上，例如将2-羟基二苯甲酮以化学方法键合于ABS材料的高分子骨架上，即可使其拥有光稳定效果。

4.2.3.2 光降解高分子功能材料

高分子材料在光的作用下的不稳定性不总是有害的，从光降解消除"白色污染"方面而言反而是有益的，因而如何在有效发挥高分子材料的功能之后对其进行有效的降解处理是符合现代绿色化学的要求。高分子材料的绿色化主要表现在可降解性：在一定的使用期内，具有与普通塑料同样的使用功能，超过一定期限以后其分子结构发生变化，并能自动降解而被自然环境同化。

（1）光降解塑料　光降解塑料的光降解反应机理是在太阳光的照射下引发光化学反应，使高分子化合物的链断裂和分解，从而使分子量变小。

光降解塑料的制备方法有两种：一是在塑料中添加光敏化合物；二是将含羰基的光敏单体与普通聚合物单体共聚，如以乙烯基甲基酮作为光敏单体与烯烃类单体共聚，成为能迅速光降解的聚乙烯、聚丙烯、聚酰胺等聚合物。

"可控光降解塑料"是现在研究的可控降解塑料的主体。这种特殊的可降解塑料必须能精确控制诱导期，在诱导期内，其力学性能至少能保持在80%以上，达到有效使用期后，力学性能迅速下降。这种可控光降解技术的关键是选用合适的光敏剂，这种光敏化合物应具有两重性，即在塑料聚合加工过程以及在使用有效期内，应该起抗氧化剂作用，使塑料具有适当长的诱导期并保持一定的稳定性和力学性能，过期后又起到光解促进剂的作用。

（2）光降解-生物降解塑料　由于依靠单一降解原理的可降解塑料都存在一定的缺陷，例如光降解塑料只有在较直接的强光下才能发生降解，当埋入地下或由于得不到直接光照而不能进行光降解；而生物降解塑料的降解速率和降解程度与周围环境直接相关，如温度、湿度、微生物种类等。为了提高可降解塑料制品的实际降解程度，近年有人将光降解和生物降解结合起来，制备光和微生物双降解塑料已取得较好的效果。例如在LDPE与玉米淀粉的混合料中，引入由不饱和烃类聚合物、过渡金属盐和热稳定剂组成的促氧化剂母料，可使淀粉首先被生物降解，增大 LDPE 的比表面积，使其在日光、热、氧等作用下分子量降低，使生物降解更为完全。

4.3　光导电高分子功能材料

光导电高分子指那些在无光照射时电导率不高、但是在光子激发下可以产生某种载流子，并且在外电场作用下可以传输载流子，其电导值可以增加几个数量级而变为导体的高分子材料。

严格来讲，绝大多数有机材料都具有光导现象，但只有那些光导电现象显著，电导率受光照影响大的高分子材料才具有应用意义。具有明显光导电性质的聚合物有以下几种类型：主链共轭型聚合物、侧链共轭型聚合物、聚多环芳香胺类以及由电子给体和电子受体组成的电荷转移络合物型高分子。有机光导电高分子中最典型的是聚乙烯咔唑（PVK）及其衍生物与三硝基芴的电荷转移络合物。根据载流子的特性可以将光导电高分子分成 p-型（空穴型）和 n-型（电子型）光导电高分子。与无机光导电体相比，高分子光导体具有成膜性好、容易加工成型、柔韧性好等特点。

4.3.1　光导电机理

光导电现象的实质是物质受光激发后产生的电子、空穴等载流子，载流子在外电场作用下移动而产生电流，使材料的电导率因此增大。光导电一般包括三个基本过程，即光激发、载流子生成和载流子迁移。材料的光导电性除了材料本身性质外，还与入射光强和电场强度有关。

当物质的分子结构中存在共轭结构时，就可能具有光导电性，许多高分子及其配合物具有光导电性能，如聚乙烯、聚苯乙烯、聚卤代乙烯、聚乙炔、聚乙烯基蒽等都具有光导电性能。综合来看，高分子光导电材料的结构具有以下的特征：①主链中有较高程度的共轭双键，如聚苯乙烯；②侧基中具有多环的芳香基，如聚乙烯萘；③侧基带有各种取代基的芳香胺基，其中主要为咔唑基，如聚乙烯咔唑。

奥萨格离子对理论认为，光导电材料分两步产生载流子。

① 材料在受光照后，光活性分子中的基态电子吸收光能后跃迁至激发态，产生的激发态分子可能通过辐射和非辐射耗散过程回到基态；也可能激发态分子发生离子化，形成距离仅为 r_0 的电子-空穴对（离子对），仅后者对光导电过程有贡献。

② 该离子对在电场作用下解离生成载流子（空穴或电子），在电场的作用方向移动产生光电流。从高能激发态向最低激发态的失活过程相竞争而自动离子化，或光激发所产生的最低单线激发态（或最低三线激发态）在固体中迁移到杂质附近，与杂质之间发生电子转移都可能形成离子对。有杂质参与的载流子生成过程称为外因过程，在此过程中杂质为电子给体时，载流子是电子；杂质为电子受体时，载流子是空穴。而与杂质无关的载流子生成过程则称为内因过程。酞菁类化合物和 PVK 类高分子的光导电都是属于外因过程。同时光导电性材料中存在的杂质也可能成为能级深浅不同的陷阱而阻挠载流子的运动。在浅陷阱能级时，被俘获的载流子可被再激发而不影响迁移，但在深陷阱能级时，则对迁移无贡献。

4.3.2　光导电高分子功能材料的应用

光导电高分子目前主要应用在太阳能电池、静电复印、全息照相、信息记录等领域中的电子成像材料、有机电致发光元件、光电转换元件和有机光折变材料等。

（1）静电复印及激光打印　光导电高分子能在静电复印的过程中在光的控制下收集和释放电荷，通过静电作用吸附带相反电荷的油墨，从而完成整个复印过程。

静电复印中使用光导电高分子材料的机理如图4-3所示。预曝光之后，复印机在无光的条件下利用电晕放电对光导材料进行充电，通过在高电场作用下空气放电，使空气中的分子离子化后均匀散布在光导体表面，导电性基材带相反符号电荷。此时由于光导材料处在非导电状态，使电荷的分离状态得以保持。然后透过或反射要复制的图像将光投射到光导体表面，使受光部分因光导材料电导率提高而正负电荷发生中和，而未受光部分的电荷仍在，此时电荷分布与复印图像相同，称为潜影，该过程即为图像曝光过程。接下来是显影过程，通常采用由载体和调色剂两部分组成的显影剂，其中调色剂是含有颜料或染料的高分子，在与载体混合时由于摩擦而带电荷，且所带电荷与光导体所带的电荷相反。调色剂通过静电作用被吸附在光导体表面带电荷部分，使得之前得到的潜影变成由调色剂构成的可见影像。最后再将该影像通过静电引力转移到带有相反电荷的复印纸上，经过加热定影将图像在纸面固化，获得与原图相同的图像。

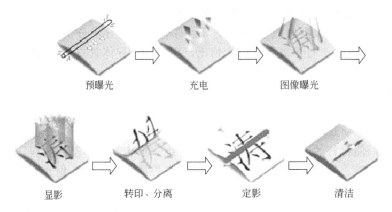

图 4-3　光导电高分子材料用于静电复印的机理

目前，聚乙烯咔唑-三硝基芴酮作为新一代的有机高分子光导电材料在静电复印领域内的应用已经超过了无机光导电材料。在未被光照的时候，聚乙烯咔唑是良好的绝缘体，吸收光后分子跃迁到激发态，并在电场作用下离子化产生大量的载流了，从而使其电导率大幅提高。柯达公司开发出一种应用于高速复印机的新型感光材料，是以 3-对-N,N-二氨基-2,5-二苯基噻镓盐（有机染料）为增感剂，将二甲氨基取代三苯甲烷分散在聚碳酸酯中形成的三相分光导电高分子。其中染料与高分子形成了弱复合物，染料结晶形成凝聚物。其光谱响应从染料的固有波长向长波长区域扩展，染料结晶层吸收了可见光而成为电子激发态，经过激发能的迁移，与三苯甲烷衍生物之间进行电子转移而形成载流子，电子和空穴两种载流子对导电都有贡献。这种光导电高分子在 500～700nm 的可见光区域有光谱响应，并具有高感度，而且在高速反复使用中电性能稳定。

（2）光导电子成像与传感材料　光电高分子已经用于有机感光体电子成像技术，主要是利用材料的光导电特性实现图像信息的接收与处理，目前被广泛用做摄像机、数码照相机和红外成像设备中的电荷耦合器件用于图像的接收和成像。

当入射光通过玻璃电极照射到光导电层时产生光生载流子，光生载流子在外加电场的作用下定向迁移形成光电流。由于光电流的大小反映了入射光的强弱和波长的信息，检测和处理光电流的信号就可以获得光信息。数百万个这样的来自于光信息的图像单元就构成了图像的矩阵，从而组建一个完整的电子图像。聚合物材料由于其特有的柔软性和易加工性，对制备在单元体积内更多的图像单元、获得更精细和更丰富的图像信息具有独特的优势。尤其是目前科研工作中比较前沿的分子自组装技术，更是为在纳米尺寸上构建厚度、表面图像和分子排列方式都可控的超高精密度的图像矩阵提供了可能。

4.4　光能转换高分子材料

在合适的条件下，光能可以被转化为其他能量形式，如电能、化学能和机械能等，其中以太阳光发电最受瞩目。据估计，到 2030 年光伏发电在世界总发电量中将占到 20％左右。太阳能的利用具有许多独特的优点，如安全可靠、无噪声、无污染、能源可持续性等，这些都是常规能源方式所不能及的。因而，发展与太阳能转换相关的新材料必将成为本世纪的研究热点，本节将介绍与此相关的三类功能高分子材料。

4.4.1　光能转换为电能的功能高分子

太阳能电池使用的主要材料是单晶硅、多晶硅和非晶硅系列，以及硫化镉、砷化镓等化合物。然而，硅基太阳能电池对硅电极材料的纯度要求特别高，硅电极的制备在高温（400～1400℃）和高真空条件下进行，还需经过多次平版印刷工艺，所以其价格十分昂贵。新型的太阳能电池包括有机太阳能电池和塑料太阳能电池。

塑料太阳能电池使用导电共轭聚合物为光吸收层，具有来源广泛、加工工艺低廉等优点，已经成为近年来的一个研究热点。导电功能高分子的相关内容请参见相关章节。

4.4.1.1　塑料太阳能电池基本原理

太阳能转变为电能的基本原理是光生伏打效应：当适当波长的光照射到非均质半导体（p-n 结等）时，由于内建电场的作用，半导体内部将产生电动势，即光生电压；如果将 p-n 结连接，将会出现光生电流。太阳能转换为电能要求光生正电荷（空穴）和光生负电荷（电子）在内建电场的驱动下，分别被正、负电极所收集，然后进入外电路提供电力供应。

在聚合物太阳能电池中，吸收光子后产生束缚在一起的电子-空穴对（激子）而不是自由载流子（电子或空穴），为了产生光电流，这些激子必须离解成自由载流子，通常这种离解发生在有机/聚合物本体内、金属/有机界面、金属/聚合物界面、有机/有机界面或者有机/聚合物界面。在本体内激子的离解机制包括激子的热电离或自电离、激子/激子碰撞电离、光致电离、激子与杂质或缺陷中心相互作用等。然而这样离解产生自由载流子易因成对复合而损失，只有扩散到界面的激子，被界面的内建电场离解才对产生光电流有贡献。然而，同膜厚度相比，激子的扩散距离小，通常只有 10nm，所以对于聚合物电池来说，要吸收大于 100nm 的大部分太阳光并获得令人满意的光电转换效率在目前而言是比较困难的。

如图 4-4 所示，研究者设计了不同的器件结构以获得较高的光电转换效率。在理想状态下电子施主材料（D）将同功函数较高的电极（如 ITO）连接，而电子受主材料（A）通常与功函数较低的电极（如 Al）连接。

（1）单层太阳能电池　该结构的优点是工艺简单；缺点是一种材料的吸收很难覆盖整个可见光波段，光作用的有源区很薄，因此很多光生电子和空穴在通过聚合物层的时候复合损失。

（2）双层太阳能电池　该结构的优点是将内建场存在的结合面与金属电极隔开，有机半导体与电极的接触为欧姆接触。形成异质结的 A/D 界面为激子的离解阱，避免了激子在电极上的失活。并且由于有机半导体之间的化合键作用，A/D 界面的表面态减少，从而降低了表面态对载流子的陷阱作用。其缺点是仅允许一定薄层内的激子到达并解离的 A/D 界面太小，限制了光电转换效率的提高。

（3）混合型太阳能电池　该结构的优点是两种材料充分混合在一起，增大了 A/D 接触界面的面积，使大多数激子都能到达该界面并发生离解。其缺点是这种网状结构中的两种材料分别与相应的电极的连接存在困难。

（4）叠（多）层型太阳能电池　该结构充分结合了双层型和混合型太阳能电池的优点，在

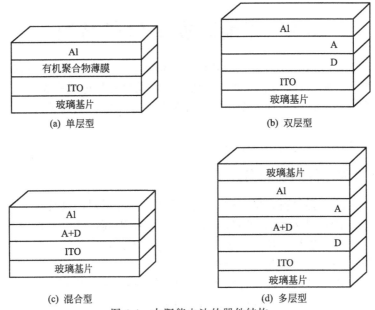

图 4-4 太阳能电池的器件结构

居中的混合层内激子离解而电子和空穴分别在各自相应的传输层内传输。

4.4.1.2 光功能聚合物在塑料太阳能电池中的应用

能应用于太阳能电池的聚合物必须是光导电高分子，在受到光照时能产生比热平衡状态时更多的载流子。目前应用较多的光导电聚合物有聚乙烯咔唑、聚对苯乙烯、聚苯胺、聚吡咯和聚噻吩等。

下面将重点介绍一些基于聚合物/C_{60}复合体系、碳纳米管/聚合物有较好发展前景的体系。

（1）聚合物/C_{60}复合体系太阳能电池　富勒烯（C_{60}）在光、电、超导、磁以及生物方面拥有独特的性质，产生这种特性是由于其与共轭聚合物类似，π电子在整个富勒烯球体上离域。当应用于太阳能电池时，二烷基苯胺和C_{60}混合体系中存在着快速光诱导电荷转移的现象，是由于C_{60}吸收光能产生激子，发生了向苯胺的空穴转移。另有研究表明，C_{60}的加入可以提高聚乙烯咔唑的光电导能力，其原因是给体和受体之间发生了部分电荷转移，形成了电荷转移复合物。在对 MEH-PPV/C_{60}复合体系的研究中发现，两者在基态没有相互作用，但是C_{60}对 MEH-PPV 的荧光却有很强的猝灭作用，并提出了如图 4-5 所示的光诱导电子转移过程。

当共轭聚合物吸收与其能级匹配的光能时，产生 $\pi \rightarrow \pi^{*}$ 跃迁，即电子由价带激发至导带。由于聚合物的导带能级高于C_{60}的最低空轨道能级，聚合物导带上的电子将会进一步跃迁到C_{60}的最低空轨道，这就是C_{60}体系的光诱导电子转移。

用 PET 取代玻璃制作大面积柔性太阳能电池，器件的效率没有降低，复合体系中掺入适量（约 10%）其他聚合物，如聚苯乙烯（PS）、聚乙烯基咔唑（PVK）、聚氯代苯乙烯（PVBC）、聚碳酸酯（PC），也可在不影响器件效率的条件下改善其成膜性能。将共轭聚合物/C_{60}体系掺杂于其他聚合物中，可以减少共轭聚合物的链间作用，增强稳定性，改善其加工性能，调节体系成膜后的形貌，并可利用主体聚合物来改善电荷传输性能。

共轭聚合物与C_{60}掺杂的塑料太阳能电池的一个难解决的问题是兼容性，即会出现相分离及C_{60}的团簇现象，减少有效的给体/受体间的接触面积，进而会大大影响电荷的传输，降低光电转化效率。为此，解决的方法是合成单个内部含有电子给体单元和电子受体单元的化合物，即两极聚合物，这样就能使电子和空穴传输得到兼容，减少相分离。

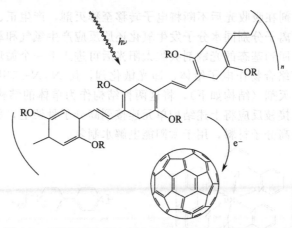

图 4-5 MEH-PPV/C_{60} 复合体系的光诱导电子转移过程

(2) 碳纳米管在塑料太阳电池中的应用 碳纳米管又称巴基管，属富勒烯系，它可以被看成径向尺寸很小的无缝碳管。管壁由碳原子通过 sp^2 杂化与周围三个碳原子完全键合而成的六边形碳环构成。其平面六角晶胞边长为 2.46Å，最短的 C—C 键长为 1.24Å。在由石墨片卷曲形成碳纳米管时，一些五边形碳环和七边形碳环对存在于碳纳米管的弯曲部位。当六边形逐渐延伸出现五边形或七边形时，由张力的作用而分别导致纳米管凸出或凹进。如果五边形正好出现在碳纳米管的顶端，即形成碳纳米管的封口。

碳纳米管可以分为两类：第一类为多壁碳纳米管（MWNT），其层间距约为 0.34nm，稍大于单晶石墨的层间距 0.335nm，且层与层之间的排列是无序的，不具有石墨严格的 ABAB 堆垛结构，一般认为多壁碳纳米管是由多个同心的圆柱面围成的一种中空的圆形结构，但有人认为多壁碳纳米管具有六角形的断面结构或卷曲结构；另一类碳纳米管为单壁碳纳米管（SWNT），其结构接近于理想的富勒烯，在两端之间由单层圆柱面封闭。

利用碳纳米管独特的光电学性能可以制备新型的碳纳米管/聚合物光电材料。碳纳米管侧壁碳原子的 sp^2 杂化形成大量离域的 π 电子，这些电子可以被用来与含有 π 电子的共轭聚合物通过 π-π 非共价键作用相结合，制备碳纳米管/聚合物功能材料。研究表明，MWNT/PmPV 间苯乙烯共聚-2,5-二辛氧基对苯乙烯功能复合材料的导电性可比 PmPV 增大 8～10 个数量级。而 MWNT 和聚 3-辛基噻吩组成的复合材料，电导率可提高 5 个数量级。虽然碳纳米管在太阳能电池的应用研究刚处于起步的阶段，但由于其独特的结构和光电性能，必将在太阳能电池领域获得一席之地。

4.4.2 光能转换为化学能的功能高分子

功能高分子在太阳能利用方面有两种途径可以将光能转换为化学能储存起来，从而完成新能源的制备：①功能高分子扮演光敏剂和猝灭剂的角色，通过光电转移反应将水分解为携带能量的氢气和氧气，将太阳光能转变为化学能；②通过功能高分子在光作用下的光异构反应储备太阳能。

4.4.2.1 光功能聚合物在太阳能制氢方面的应用

氢气是公认的绿色能源，氢燃料电池是利用氢和氧（或空气）直接经电化学反应产生电能，氢也可以直接燃烧放热。

在太阳能制氢领域主要开展的研究工作有：太阳能电解水制氢、太阳能热化学制氢、太阳能光化学制氢、太阳能光解水制氢、太阳能热水解制氢及光合作用制氢等。

利用太阳能分解水主要是利用在光敏剂、激发态猝灭剂和催化剂存在下在水中发生的光电子转移反应。通过光敏剂在吸收光后不断将电子转移至猝灭剂，产生正、负离子，在催化剂的作用下，水中的正、负离子分别同水分子发生氧化还原反应产生氢气和氧气，而正、负离子恢复成光敏剂和猝灭剂。回到基态的光敏剂吸收太阳光后可进入下一个循环，不断将水分解。

用 2,2-联吡啶合钌络合物作电子给体，即光敏化剂，用 N,N-二甲基-4,3-联吡啶盐的聚合物做电子受体，即猝灭剂（结构如下），将这两种结构作为单体的结构单元，与其他单体共聚形成高分子，或利用接枝反应将上述结构单元连接到高分子骨架上，从而获得具有光敏化结构和猝灭结构的光功能高分子材料，用于太阳能电解水制氢。

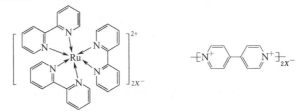

电子给体结构单元 2,2-联吡啶合钌和电子受体结构单元的结构

4.4.2.2　光异构化功能聚合物储存太阳能

利用化学反应的反应热的形式来进行储热，具有储能密度高、可长期储存等优点。

曾使用过的化学反应储热有氢氧化物与氧化物之间的热化学反应和氨闭合回路热化学过程。近年来，用降冰片二烯及其衍生物通过光异构化反应作为储能材料得到了广泛的研究。降冰片二烯类化合物在紫外线照射下发生双烯环加成反应，生成光异构体四环烷衍生物，太阳能以张力能的形式储存起来，在加热或催化剂或另一种波长的紫外线的照射下可逆转为降冰片二烯类化合物，同时张力能以热的形式释放出来，这一转化方式（见图 4-6）有效地实现了太阳能的储存与转化。

图 4-6　降冰片二烯在太阳能的作用下异构为四环烷衍生物

功能高分子材料在该领域的应用包括制备高分子光敏化剂和高分子光催化剂，可以维持较长的使用寿命和达到更好的稳定性。不溶性的高分子催化剂和高分子光敏剂分别形成一个相，与反应体系分离，能量释放过程将可以很容易通过催化剂的加入和退出得到控制。

高分子光敏化剂　　　　　　　　　高分子催化剂

4.4.3　光力学功能高分子材料

光功能高分子材料在吸收光参量的能量之后，如果发生材料的形状变化或产生运动的能力，称为光力学功能高分子，它具有灵敏度高、体积小、可重复使用等诸多优点。

光力学功能高分子之一是液晶弹性体，指非交联型液晶聚合物经适度交联、并在各向同性态或液晶态显示弹性的聚合物。液晶弹性体结合了液晶的各向异性和聚合物网络的橡胶弹性，因此具有良好的外场响应性、分子协同作用和弹性。液晶弹性体可以在外场（电场、温度、光等）的刺激下通过改变介晶基元的排列而产生形状的变化。当光致变色分子（如偶氮苯）被引入到液晶弹性体中，在光照下光致变色基团发生的光化学反应能够引起液晶弹性体的有序度降低，甚至促使其发生相转变，从而导致液晶弹性体的收缩甚至是弯曲。如图 4-7 所示。

图 4-7　含有偶氮苯的液晶弹性体薄膜在光作用下弯曲

液晶弹性体的这种外界刺激下的可逆形变使得其在微型制动器、人工肌肉和医学领域等方面显示了广阔的应用前景。

4.5　光致变色高分子材料

光致变色是指在光照射时呈现颜色或在可见光照射下产生颜色变化，停止光照后又能回复原来颜色的现象。在光照下由无色或浅色转变为深色的材料称为正性光致变色材料；而在光照下由深色转变为无色或浅色的材料称为逆光致变色材料。

最初发现具有光致变色现象的物质是功能性染料，多为小分子，不便于制造成器件。把光致变色的功能性染料引入到高分子的侧链或主链中，或与高分子化合物共混，得到一系列具有光致变色特性的新型高分子材料。光致变色高分子材料的应用前景非常广泛，包括能自动调节室内光线的窗玻璃或窗帘的涂层、军事上伪装隐蔽色或密写信息材料、防止阳光的护目镜、高密度信息存储的可逆存储介质等。

4.5.1　光致变色相关机理

光致变色机理大致可分为光化学过程变色和光物理过程变色两种。光化学过程变色较为复杂，可分为顺反异构反应、氧化还原反应以及氢转移互变异构化反应等。例如，侧链带偶氮苯的光致变色高分子，是典型光化学过程变色，在光作用下，偶氮苯从稳定的反式转变为不稳定的顺式，并伴随着颜色的转变。光物理过程的变色通常是有机物质吸光而激发生成分子激发态，主要激发三线态，而某些处于激发三线态的物质允许进行三线态→三线态的跃迁，此时伴随有特征的吸收光谱变化而导致光致变色。

光致变色存储信息需要光致变色物质作为存储介质时具有两个光吸收带：在波长为 λ_1 的光照射下，存储介质由状态 1 完全转变为状态 2，在波长为 λ_2 的光照射下，介质由状态 2 完全返回到状态 1。当 $\lambda_2 > \lambda_1$ 为正光致变色，反之为逆光致变色。记录信息是首先用波长为 λ_1 的光照射，此时介质均由状态 1 转变为状态 2；然后进行信息的录入工作，通过 λ_2 的光（写入光）作为二进制编码的信息写入，使被 λ_2 光照射的部分由状态 2 逆转为状态 1，它就是对应于二进制编码的"1"，而未被 λ_2 光照射的部分仍处于状态 2，它就是对应于二进制编码的"0"。由于这两种状态指定为与二进制的"0"与"1"相对应，而不同数量的"0"与"1"组成的数字就是信息的数字化了，这就是光致变色可以存储信息的基本原理。至于信息的读出，可以用读出透射率变化的方法，也可以用读出折射率变化的方法。

4.5.2　主要的光致变色高分子

制备光致变色功能高分子材料主要有两条路径：一是将小分子光致变色材料与聚合物共混，共混后的聚合物具有光致变色的能力；二是通过共聚或接枝等化学的方法将具有光致变色结构单元的单体以共价键结合的方式连接在聚合物的主链结构或侧链上。以下将介绍几种具有代表意义的光致变色功能高分子。

(1) 含甲亚胺结构的光致变色聚合物　这种高分子的光致变色机理如反应式(4-13)所示。在光照射下甲亚氨基邻位羟基上的氢发生分子内迁移，使得原来的顺式烯醇转化为反式酮，从而导致吸收光谱的变化。

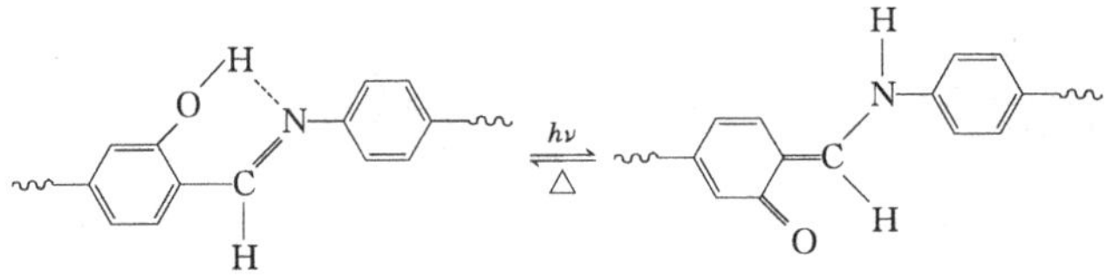

反应式(4-13)

(2) 含硫卡巴腙配合物结构的光致变色聚合物　这类光致变色高分子中最为典型的是由对(甲基丙烯酰胺基)苯基汞二硫腙络合物与苯乙烯、甲基丙烯酸甲酯、丙烯酸丁酯和丙烯酰胺等共聚而制得的光致变色高分子。该类聚合物在光照下发生化学结构变化如反应式(4-14)所示。

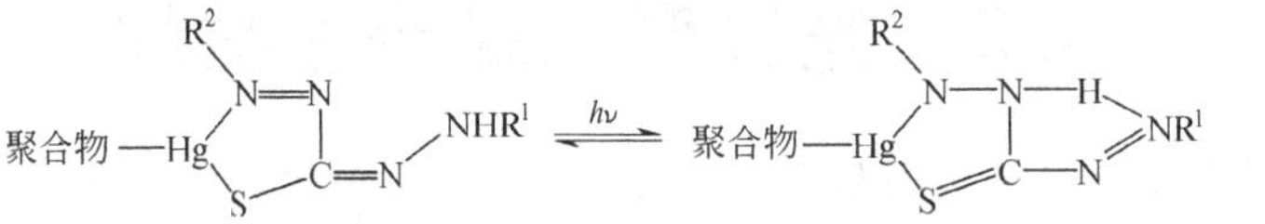

反应式(4-14)

(3) 含偶氮苯结构的光致变色聚合物　它们的光致变色性能是由偶氮苯在光照后发生的顺反异构引起的。在光作用下偶氮苯从反式转为顺式，顺式最大吸收波长约350nm而且是不稳定的，在暗条件下，回复到稳定的反式，最大吸收波长蓝移到310nm左右，消光系数也发生变化，如反应式(4-15)所示。

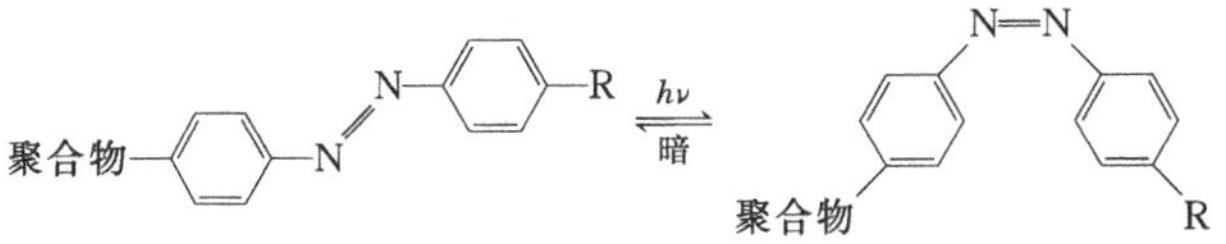

反应式(4-15)

含偶氮苯基元的高分子可用于光电子器件、记录储存介质和全息照相等领域。偶氮苯型光致变色聚合物在光照时的消光值小于在无光照时的消光值，也就是说环境越亮，其透光率越高，所以该类材料是不能作为护目镜或太阳眼镜的，但可应用于其他环境条件。

(4) 氧化-还原型光致变色聚合物　这是一类具有联吡啶盐结构、硫堇结构或噻嗪结构的聚合物，在光照射下通过氧化-还原反应而变色。例如，氧化态的噻嗪常为蓝色，当环境中存在还原性物质时，如二价铁离子，光照后还原为无色物质。联吡啶盐衍生物在氧化态是无色或浅黄色，光照后在第一还原态呈现深蓝色。硫堇高分子衍生物的水溶液呈紫色，光照可以将其还原成无色溶液，当在黑暗处放置后紫色又可以回复。

(5) 含茚二酮结构的光致变色聚合物　将2-取代-1,3-茚二酮引入到高分子的侧链上获得光致变色功能高分子。例如，带羧基的茚二酮衍生物，把这种化合物与聚乙酸乙烯酯反应，经酯交换作用制得了含茚二酮结构单元的光致变色高分子，然而该聚合物需要在玻璃化温度以上和较长时间的照射才显现光致变色现象。反应式(4-16)为2-取代-1,3-茚二酮光照下异构化为亚烷基苯并呋喃酮的反应。

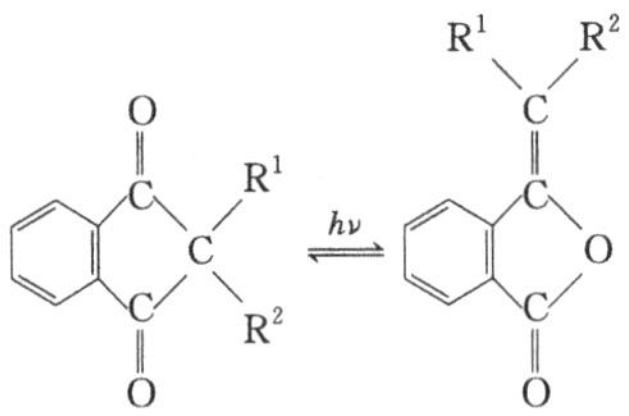

反应式(4-16)

(6) 含螺结构的光致变色聚合物　含螺苯并吡喃、螺噁嗪等结构聚合物的光致变色原理是在紫外线作用下，噁嗪环C—O键断裂，分子部分重排，使整个分子接近共平面的状态，共轭体系延长，吸收光谱因而向长波方向移动，变为深色，因而是正性光致变色材料，反应式

(4-17) 为含螺结构的聚合物光照下分子重排变色反应。

反应式(4-17)

(7) 物理掺杂型光致变色高分子材料　制备具有光致变色特性的高分子材料还有另一种方法即物理掺杂，是把光致变色化合物通过共混的方法掺杂到作为基材的高分子化合物中。用光致变色螺苯并吡喃染料对聚合物掺杂，可以制造进行实时手书记录的材料。利用有光致变色化合物如 1,2-二(2-甲基苯硫基)全氟代环戊烯掺杂聚合物，在光线射入时，折射率会发生变化，可以制造成像光学开关设备。

4.6　高分子非线性光学材料

非线性光学材料是指光学性质依赖于入射光强度的材料。光学性质分为线性与非线性，可以用于通信及信息处理。由于光子之间的相互作用相比电子之间的相互作用要弱得多，光可进行长距离传输而信息并不因干涉而损失。使用一束光来控制另一信号光束传输的过程称为"全光信息处理"，其突出优点就是超快速度，光子过程的开关速度一般要比电开关速度快两个数量级以上。对于光电子技术的发展，非线性光学材料起到了十分关键的作用，包括有机和无机晶体材料、有机金属配合物、高分子液晶和高分子 LB 膜等。

4.6.1　非线性光学材料相关理论

由于非线性光学性质必须在强光下才能显现，因而只有激光这种光频电场远大于 $10^5 \mathrm{V/cm}$ 的光才能满足要求。激光是一种强电磁波，在其强光频电场的作用下，任何物质都要发生极化，极化度可以在分子水平上和宏观材料的整体水平上进行描述。分子与物质在强光作用下的电极化响应可用泰勒展开式来描述：

$$\mu = \mu_0 + \alpha E + \beta EE + \gamma EEE + \cdots$$

$$P = P_0 + X^{(1)} E + X^{(2)} EE + X^{(3)} EEE + \cdots$$

式中，μ_0 代表分子的固有偶极矩；μ 代表分子在电场 E 下的偶极矩；P 是材料在电场 E 下的极化率；而展开系数 α、β 和 γ 分别表示分子的线性、二阶极化率和三阶极化率，后两者为非线性光学系数；$X^{(1)}$、$X^{(2)}$ 和 $X^{(3)}$ 分别表示物质宏观线性、二阶和三阶极化率。根据所显示的非线性效应不同，材料大体可分为二阶和三阶非线性两大类。

非线性光学材料不仅对分子的结构有要求，而且，为了不让分子偶极矩互相抵消，分子之间特殊的有序排列也是非常重要的。因此，高分子非线性光学材料的研究基本集中在高分子液晶、LB 膜和 SA 膜等分子有序材料领域。

具有明显二阶极化率 β 的材料也称为二阶非线性光学材料，因其包含双光子间的相互作用而具有二次效应。通常，材料必须具有非中心对称性才能产生二次效应，它们具有以下特性：①倍频效应，可以将入射光的频率提高一倍；②电光效应，在被施加电场之后，其光折射率可以发生变化，利用该性质可以用电信号控制光信号。

具有明显三阶极化率 γ 的材料称为三阶非线性光学材料，因其包含了材料中 3 个光子相互间的作用而具有三次效应。三次效应不需要材料具有非中心对称性，但是由于三阶极化率 γ 一般很小，因而只有在强激光下才能观察到。具有三次效应的材料通常可以表现出以下特性：①光折射效应，材料的折射率随入射光强度的变化而变化的特性，该特性可以应用到光子开关器件，即用一束光控制另外一束光的开关，以及实时全息记录材料；②三倍频效应，即利用三次谐波过程可以将入射光的频率提高三倍，从而达到从低频入射光获得高频输出光的目的；③反饱和吸收效应，这是一个光强依赖的非线性吸收过程，吸收系数随着入射光强的增加而增加，而非线性透过率随着光强的增加而减少；④激光限幅效应，即在较低输入光强下，器件具有较高的透射率，而在高输入光强下具有较低的透射率，把输出光限制在一定范围，从而实现对激光的限幅功能。

4.6.2 主要的高分子非线性光学材料

4.6.2.1 极化聚合物

一种分子和材料能够显示二阶非线性光学响应的基本结构条件，是它们必须不存在对称中心。普通的聚合物是一种无定形结构的材料，为使它们能满足此条件，电场极化是最有效的途径之一。在室温下，生色团分子难以移动；当温度升至聚合物的玻璃化温度以上时，分子就可自由旋转并在电场作用下按电场方向取向，取向后把材料冷却就可使取向"冻结"。由于这种材料的非线性源于生色团的偶极在电场作用下的极化取向，因此被称之为"极化聚合物"。初期使用的极化聚合物是液晶聚合物，取向极不稳定，后来，以通用高分子如聚甲基丙烯酸甲酯和聚苯乙烯等为主体，生色团化合物为客体，形成主-客体掺杂体系，获得了稳定的极化聚合物。

对极化聚合物非线性光学材料而言，关键在于制备。掺杂体系虽然已足以进行极化聚合物非线性光学响应的系统研究，但其取向稳定的时间一般仅可维持数小时。为提高膜的非线性响应和改善其取向稳定性，可以将生色团键合到侧链上形成功能化极化聚合物。这种侧链型体系是由聚合物与生色团进行大分子反应或含生色团的单体聚合或共聚合来得到的。其中，前者由于大分子反应活性低使生色团键合量不高；而后者可通过调节单体比例来控制引入的生色团量，但生色团一般为强电子受体（如硝基等），对聚合有阻聚作用，导致聚合产率较低。此外，尽管侧链型极化聚合物的宏观非线性系数有了较大幅度的提高，但受聚合物骨架的限制，其耐温性仍难满足取向的温度与时间稳定性要求。近年来，通过端基双官能化生色团的合成、亚胺化反应、热固化反应和互穿网络技术，通过采用主链型、主侧链混合型、交联型提高玻璃化温度的手段，已经成功地研制出许多取向较稳定的新体系，其代表为嵌入型聚酰亚胺、聚氨酯。

极化聚合物中所用生色团一般都是强极性分子，由于生色团分子间的强静电相互作用（包括取向力、诱导力和色散力）大大限制了极化膜由于电场极化所能达到的最大非线性，这对于在器件中的应用是相当不利的。为使电光调制器的开关电压降至 1V 以下，其极化膜的有效电光系数应达 100pm/V。为此，在生色团分子中需要引进所谓的"阻尼"基团，如叔丁基之类的长链烷基。这样虽然能在一定程度上提高有效电光系数，但加大了生色团分子的分子量和分子尺寸，也就降低了在极化聚合物中生色团的有效数密度。另一办法是研究新的、数倍于现有 β 值的生色团分子体系。一些目前使用的 β 值较高、且不容易得到非中心对称晶体的化合物结构如下：

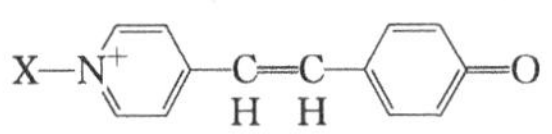

部花菁 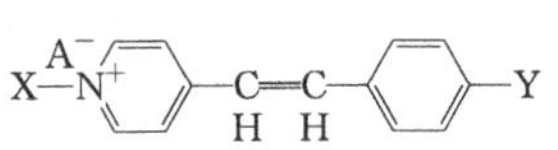　半菁

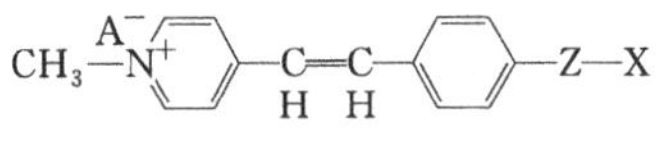

芪唑 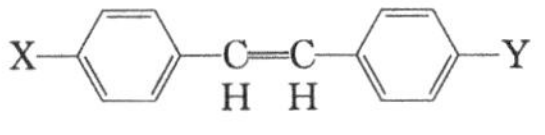　芪

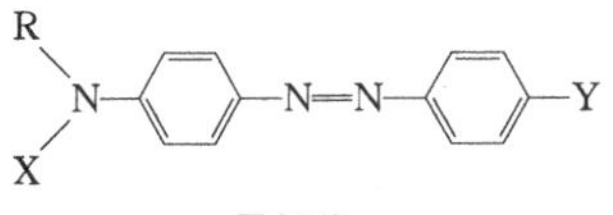

偶氮苯 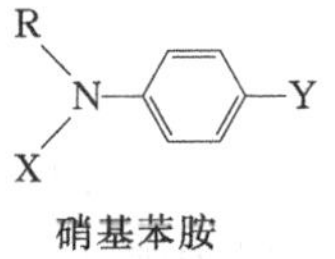　硝基苯胺

4.6.2.2 光折变聚合物

光折变效应是光致折射率变化的简称，它是在非线性光学材料中产生的一种特殊全息光栅的机制。

光折变效应有两个显著特点：弱激光响应和非局域响应，这与其他在强光作用下所引起的折射率非线性变化机制（如光致变色、热致变色等）不同。弱激光响应指其效应与激光强度无明显相关性，用弱激光如毫瓦量级功率的激光来照射光折变材料，只需足够长的时间，也会产生明显的光致折射率变化。一束弱光也可以使电荷一个个地移动，从而逐步建立起强电场。非局域响应指通过光折变效应建立折射率相位栅不仅在时间响应上显示出惯性，而且在空间分布上其响应也是非局域的，折射率改变的最大处并不对应光辐照最强处。这一特性所带来的许多重要的效应，如折射率光栅与光强光栅之间存在的相移角及由此造成的两波间不对称能量转移、光折变光栅可在均匀光照射下被擦除等已成为区分非局域的光折变光栅与其他局域的折射率变化过程的重要手段。

有机聚合物比晶体在光折变上的明显优势有：①聚合物材料所具有的大电光系数、高光学损伤阈值、低直流介电常数使其在理论上具有比无机晶体大几倍的品质因数；②聚合物材料在分子设计上有很大的灵活性，并且可以利用掺杂不同增感剂来选择不同的工作波段；③聚合物材料易于加工成各种形状的薄膜和波导结构器件。

4.6.2.3 光限幅响应与光限幅器

一般情况下，当激光入射到介质时，输出光强随入射光强的增加而线性增加。但是对于某些介质，当入射光强达到一定阈值后，输出光强增加缓慢或不再增加，这就是非线性光限幅效应。理想的光限幅效应可用图 4-8 来描述：当入射光强超过阈值后，其输出光强将保持为常数；而样品最初的恒定透过率随入射光强的增加将迅速减小到很低。

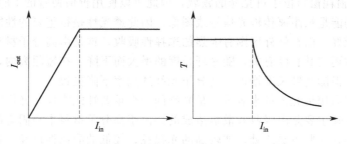

图 4-8　理想的光限幅效应

有机材料的非线性光限幅效应包括自散（聚）焦、非线性散射、光折变、双光子吸收及反饱和吸收等。它们各有优缺点：自散（聚）焦光限幅阈值较低，但若要实现实用，其结构将比较复杂；非线性散射光限幅的输出幅值较低，但限幅阈值通常很高；光折变光限幅的阈值和输出幅值都较小，但材料的损伤阈值一般都很低；双光子吸收光限幅的线性透射率很高，但限幅阈值往往也很高；反饱和吸收光限幅响应速度快、线性透射率高、防护波段宽，是当前光限幅研究中采用得最多的一类。

有机材料的主要特征在其非线性系数比半导体材料高二到三个数量级，而其响应速度也高达皮秒数量级，因而它们开始逐渐取代半导体材料而成为研究的重点，目前研究得较多的有机材料大致可分为三类：酞菁类化合物、铁钴类金属有机化合物和富勒烯分子，这些材料的光限幅效应都是属于激发态反饱和吸收。

光限幅材料器件化的形式可以是液体和固态薄膜。尽管液体的损伤阈值较高，但它的器件制备工艺较复杂，因此采用固态薄膜更有利。聚合物材料由于其优异的加工成型性，目前正越来越受到人们的关注。最简单的方法是将有机小分子限幅材料作为客体掺杂到聚合物主体中形成凝-溶胶或主-客体聚合物。为了提高掺杂浓度以及避免相分离，通常可对小分子进行适当的化学修饰以引入活性基团后聚合形成键合型高分子，如向酞菁分子的环上引入具有反应活性的氨基。采用聚合物作为限幅材料还有一个突出的优点，它可以方便地形成浓度梯度，这将大大优化材料的限幅性能。

4.7 高分子光导纤维

传统的光通信传输材料是采用石英玻璃纤维制成的光缆，它们是直径只有几微米到几十微米的丝（光导纤维），然后再包上一层折射率比它小的材料。光缆通信能同时传播大量信息，例如一条光缆通路同时可容纳数千万人通话，也可同时传送多套电视节目。光导纤维不仅重量轻、成本低、敷设方便，而且容量大、抗干扰、稳定可靠、保密性强。因此光缆正在取代铜线电缆，广泛地应用于通信、信息处理、广播、遥测遥控、照明、军事和医疗等许多领域。本节将对功能高分子材料在光导纤维领域的应用做一个简单的介绍。

4.7.1 高分子光导纤维的特点

高分子光导纤维又称为塑料光纤（POF），是用高分子材料制成的，与无机玻璃系列的光导纤维相比，具有以下优点：

① 直径大、韧性好，直径一般可做到 0.3～3.0 mm；

② 数值孔径（NA）大，约为 0.5 左右，光纤与光源之间，光纤与受光元件之间的耦合，以及光纤与光纤之间的连接变得简单易行；

③ 材料费便宜，制造成本低；

④ POF 的低损耗窗口位于可见光的领域，因此可以使用价值便宜的 LED 光源。

光纤的主要功能是长距离传输光信号或图像，因此透光性是很重要的性能。塑料光纤对可见光的透过性能较好，而在红外区则有强烈的选择性吸收，这是由高分子材料的分子结构决定的。光纤的透光性还与其长度有关，随光纤长度的增大而下降。在短距离内，塑料光纤的透光率优于玻璃光纤，但随光纤长度增加，高分子光纤透光率下降更快。

光纤的传光能力用传光损耗来表示，是光纤的一个重要性能指标。光损越大，传光能力越小。光纤的传输损耗主要是由吸收和散射造成的。由于高分子材料本身固有的缺陷，普通的高分子光导纤维仍存在一些不足之处，如较高的光损耗，较低的耐温性以及工作波长与石英光纤的不匹配性等。

4.7.2 高分子光导纤维的制备与相关进展

4.7.2.1 高分子光导纤维的选材

由于光是在芯、鞘界面通过反复全反射而传播的，因此要求塑料光纤的芯层聚合物和包层聚合物都具有高透明性，而芯层聚合物的折射率必须适当高于包层聚合物的折射率。

（1）纤芯材料 高分子光纤的芯材通常是无定形聚合物，例如，聚甲基丙烯酸甲酯及其共聚物，共聚物中通常是以甲基丙烯酸甲酯为主要成分，第二单体是丙烯酸甲酯、丙烯酸乙酯、丙烯酸丙酯和甲基丙烯酸环己酯等。杜邦公司为了降低光纤的光损耗，以重氢代替氢原子制得重氢化聚甲基丙烯酸甲酯，以它为芯材的光导纤维已商品化。

（2）包层材料 包层材料对光纤的性能也有很大的影响。包层材料不仅要求透明，折射率要比芯材低（1%～5%），而且要具有良好的成形性、耐摩擦性、耐弯曲性、耐热性及与芯材的良好粘接性。当芯材为聚甲基丙烯酸甲酯及其共聚物（折射率约 1.5）时，多选用含氟聚合物或共聚物为包层材料，使用最广的是聚甲基丙烯酸氟代烷基酯，并引入丙烯酸链段以增强对芯材的黏附力。

13.0nm 和 1550nm 三个波长窗口，从而弥补了塑料光纤

4.7.2.2 高分子光导纤维的制备

通信塑料光纤的制造方法有挤压法和界面凝胶法。

挤压法主要用于制造阶跃型塑料光纤，其工艺过程为：首先，将作为纤芯的聚甲基丙烯酸甲酯的单体-甲基丙烯酸甲酯减压蒸馏提纯，然后，连同聚合引发剂和链转移剂一并送入聚合容器中，接着再将该容器放入电烘箱中加热，置放一定时间以使单体完全聚合，最后，将盛有完全聚合的聚甲基丙烯酸甲酯的容器加温至拉丝温度，并用干燥的氮气从容器的上端对已熔融的聚合物加压，该容器底部小嘴便挤出一根塑料光纤芯，同时使挤出的纤芯外再包覆一层低折射率的聚合物就制成了阶跃型塑料光纤。

界面凝胶法用于制造梯度型塑料光纤，其工艺过程为：首先，将高折射率掺杂剂置于芯单体中制成芯混合溶液；其次，把引发剂和链转移剂放入芯混合溶液中，再将该溶液投入一根选作包层材料聚甲基丙烯酸甲酯的空心管内；最后，将装有芯混合溶液 PMMA 管子放入烘箱内，在一定的温度和时间条件聚合。在聚合过程中，PMMA 管内部逐渐被混合溶液溶胀，从而在 PMMA 管内壁形成凝胶相。在凝胶相中分子运动速度减慢，聚合反应由于"凝胶作用"而加速，聚合物的厚度逐渐增厚，聚合终止于 PMMA 管子中心，从而获得一根折射率沿径向呈梯度分布的光纤预制棒。最后，再将塑料光纤预制棒送入加热炉内加温拉制成梯度型塑料光纤。

4.7.2.3 高分子光导纤维的相关进展

（1）氟化高分子光导纤维 由于在 400nm～2.5μm 的波长范围之内 C—F 键几乎没有明显的吸收，因此含氟高分子材料光纤的性能将远远优于传统的塑料光纤，主要表现在以下几个方面。

① 低损耗。首先，因为 C—F 键的振动吸收基频在远红外区，在从可见光区到近红外区的范围内吸收很小，使吸收损耗降低。其次，由于透光窗口的红移同样使瑞利散射导致的损耗降低。此外，含氟高分子材料的表面能很小，可以降低水蒸气在其表面的吸附，防止水蒸气在材料中渗透，也起到了降低损耗的作用。图 4-9 显示了酯基氟代前后甲基丙烯酸酯高分子材料透射损耗的对比。

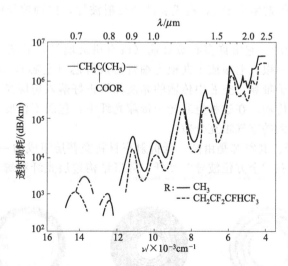

图 4-9 酯基氟代前后甲基丙烯酸酯高分子材料透射损耗的对比

② 与石英光纤的工作波长匹配。氟代后，吸收范围红移提高了材料在近红外区的透光性。例如，全氟聚合物在 800～2000nm 的波长范围几乎完全透明，覆盖了石英光纤工作的 850nm、

1310nm 和 1550nm 三个波长窗口，从而解决了塑料光纤与石英光纤工作波长相匹配的问题。

③ 耐温性。氟聚合物通常都比较稳定，有较高的玻璃化温度，因此氟代塑料光纤通常具有较好的耐温性。而且氟聚合物不易老化，从而使得氟塑料光纤有较长的使用寿命。

目前，在塑料光纤的应用中研究较多的几类含氟高分子材料包括氟代苯乙烯、含氟丙烯酸酯类聚合物和全氟聚合物等。

（2）耐热高分子光导纤维　以聚甲基丙烯酸甲酯为芯材的塑料光纤有优异的透明性，但耐热性较差，使用上限温度仅为 80 ℃左右，因而限制了它的使用范围。近年来，各国相继研究开发耐热塑料光纤。按芯材聚合物的种类主要可分为以下几类。

① 甲基丙烯酸甲酯共聚物芯光纤。通过共聚或其他方法在大分子主链中引入环状结构或引入大侧基是提高聚合物耐热性的有效途径。如甲基丙烯酸甲酯与 N,N-二甲基丙烯胺共聚物芯光纤于 130℃加热 1000h 损耗不变。聚甲基丙烯酸甲酯与甲胺的反应产物，其热变形温度可提高到 162℃。

② 热固性聚合物芯光纤。用具有交联结构的热固性树脂作塑料光纤的芯材，受热后变形小，不会导致损耗增加。例如，在内径 1mm 左右的氟化乙烯-丙烯共聚物圆管中注满液态硅氧烷化合物，用紫外线使之固化。其传输损耗为 300dB/km（660nm），该光纤能耐 150℃高温。此外，正在尝试热固性多组分聚酯芯光纤（包层为含氟聚合物），并用于传感器，这种光纤在 200℃下能使用约 10h，传输距离可达 20m。

（3）空芯光纤结构的设计　实芯光纤是依靠全内反射机理进行的，传输损耗一般都大于（至少等于）构成光纤芯区材料的损耗，无法解决某些波长以及运用塑料来制作低损耗同时又低成本的光纤的问题。空芯光纤包层应具有很强束缚导波横向漏泄的能力。至今文献报道的空芯光纤，大体可以分成 4 类。

① 包层折射率大于芯区折射率的光纤。在这种光纤中通过掠入射实现光的传输，伴随着辐射损耗，所以是一种漏泄波导。其实这种光纤就是一种毛细管，因此大多数场合采用具有大内径和短长度的这种空芯光纤。

② 由金属、玻璃或塑料管内表面淀积具有高反射涂层的空芯光纤。内壁涂层材料折射率小于 1 的空芯光纤，即包层的折射率小于芯区（空气）的折射率。例如工作在 $10.6\mu m$ 的蓝宝石和 GeO_2 等，它们的折射率小于 1，构成衰减全反射波导，这种波导的损耗在 $10.6\mu m$ 已低达 0.1dB/m。

③ 空芯光子带隙光纤。它由许多石英玻璃（或有机玻璃等）毛细管以一定的周期结构排列成束，在其中心去掉一根、七根或十九根毛细管形成纤芯（空芯），然后拉制成所需尺寸的光纤。周期包层形成光子带隙，空芯中传输的光波如果正好落入包层光子带隙，则它被包层束缚，只能沿着光纤轴向传输。在这种空芯光子带隙光纤中，包层不仅要求微结构有严格的周期排列，而且要求有相当大的空气填充分数。

④ 空芯布拉格光纤。其空芯是由高、低折射率材料交替层组成的一维布拉格反射器包围。属于空芯布拉格光纤的有"全方位波导"光纤、环形结构包层光纤和蜘蛛网结构包层光纤（见图 4-10）。

（a）"全方位波导"光纤

（b）环形结构包层光纤

（c）蜘蛛网结构包层光纤

图 4-10　空芯布拉格光纤的结构

思 考 题

1. 名词解释：

光功能高分子材料、光量子效率、激基缔合物、激基复合物、活性稀释剂、光刻胶、正性胶、负性胶、光力学功能高分子材料、高分子非线性光学材料。

2. 利用 Jablonsky 图简要阐述激发态的损耗方式。

3. 分别阐述均裂型引发剂和提氢型引发剂的反应机理，并各举一例。

4. 简要阐述阳离子光引发剂的反应机理。

5. 简述光敏涂料的主要组分及其作用。

6. 常见的光固化稀释剂有哪些类型？分别举出 1～2 个单官能、双官能和多官能丙烯酸酯的稀释剂，说明其特点。

7. 光固化的低聚物主要有哪些类型，特点如何？

8. 主要的正性胶和负性胶有哪些类型？有何特点？

9. 写出聚乙烯醇肉桂酸酯光刻胶的结构式和交联反应方程式。

10. 简述环化橡胶-叠氮类光刻胶的组成与反应机理。

11. 简述光导电机理及光导电高分子材料的结构特点。

12. 光能转换高分子功能材料主要有哪些？

13. 简述高分子材料的光致变色机理。

参 考 文 献

[1] [美] 科恩. 有机光化学原理. 丁树明, 译. 北京：科学出版社，1989.

[2] Kamagawa H, et al. J Polym Sci, 1968 (6)：2967.

[3] 俞燕蕾等. Nature, 2003, (425)：145.

[4] 张正华. 有机太阳电池与塑料太阳电池. 北京：化学工业出版社，2006.

[5] Willner I, et al. React Polym, 1993, (21)：177.

[6] 吴世康. 高分子光化学导论——基础和应用. 北京：科学出版社，2003.

[7] Kippelen B, et al. Science, 1998, (279)：54.

[8] 杨建文. 光固化涂料及应用. 北京：化学工业出版社，2005.

[9] Reiser A, Macromolecules, 1981, (14)：95.

[10] 王国建. 功能高分子材料. 上海：华东理工大学出版社，2006.

[11] 樊美公. 光化学基本原理与光子学材料科学. 北京：科学出版社，2001.

[12] 张建成. 现代光化学. 北京：化学工业出版社，2006.

[13] 曹向群等. 光学仪器, 1995, (17)：30.

[14] 李善君, 纪才圭等. 高分子光化学原理及应用. 上海：复旦大学出版社，1993.

[15] 吴茂英. 高分子通报, 2006, (4)：76.

[16] 顾陈斌, 王东军等. 化学进展, 2002, (14)：398.

[17] 于荣金, 张冰. 中国科学：技术科学, 2008 (38)：807.

[18] 黄德音, 晏意隆. 感光材料, 1997, (1)：9.

[19] 马建标. 功能高分子材料. 北京：化学工业出版社，2000.

[20] He G S, et al Appl Phys Lett, 1995, (67)：2433.

[21] 王艳乔等. 化学通报, 1993, (11)：45.

[22] 赵文元, 王亦军；功能高分子材料化学. 北京：化学工业出版社，2003.

[23] Mclean D G, et al. Opt. Lett, 1993, (18)：858.

［24］ 姜月顺，杨文胜. 化学中的电子过程. 北京：科学出版社，2004.

［25］ Wortmann R，et al. J Chem Phys，1996，(105)：10637.

［26］ 樊美公. 化学进展，1997，(9)：170.

［27］ 吴世康. 超分子光化学导论 基础与应用. 北京：科学出版社，2005.

［28］ Koneko M，et al. J Polym Sci Polym Lett，1982，(20)：593.

［29］ Waddingtor J C B. J Am Chem，1964，(86)：2315.

［30］ Kamagawa H，et al. J Polym Sci A，1968，(6)：2967.

［31］ 王尔鉴等. 高分子通讯，1982，(5)：326.

［32］ 黄春辉. 光电功能超薄膜. 北京：北京大学出版社，2001.

［33］ Goss B. Int J Adhes，2002，(22)：405.

［34］ Pietschmann N. J Radiat Curv，1994，(21)：2.

［35］ 永松元太朗等. 感光性高分子. 丁一，等译. 北京：科学出版社，1984.

［36］ Ebe K. J Appl Polym Sci，2003，(90)：436.

第5章　电功能高分子材料

电功能高分子是具有导电性或电活性或热电及压电性的高分子材料。同金属相比，它具有低密度、低价格、可加工性强等优点。目前，电功能高分子部分品种已经产业化，例如，有机高分子光电导材料制成的光导鼓，在激光打印机和复印机市场中占据了很大份额。因此，电功能高分子已经成为功能高分子中的一类重要材料。

随着高分子科学的发展，对于电功能高分子的认识将不断深入，越来越多的电功能高分子材料和器件获得实际应用。我们有理由相信，电功能高分子在未来的光电子学、光子学、信息、生命和材料科学中的应用将日益广泛，一个崭新的"有机电子工业"必将崛起，与传统电子工业互相竞争，互相补充，将成为未来信息科学和技术的有力支柱。

以电为引起特定功能的原因作依据，本章将讨论导电高分子、电活性高分子、热电及压电高分子，光致导电功能高分子的相关内容请参见第4章。

5.1　导电高分子

导电高分子材料是一类具有接近金属导电性的高分子材料。

长期以来，人们一直认为高分子是绝缘体或至多是半导体。在1974年，日本著名化学家白川英树用高浓度催化剂合成出具有交替单键和双键结构的高顺式聚乙炔（polyacetylene），随后，美国高分子化学家黑格（Heeger）与马克迪尔米德（MacDiarmid）等和白川英树合作研究，发现此聚乙炔薄膜经过掺入 AsF_5 或 I_2 掺杂后，呈现明显的金属特征和独特的光、电、磁及热电动势性能。不仅其电导率由绝缘体的 $10^{-9} S/cm$ 转变为金属导体的 $10^3 S/cm$，具有明显的导电性质，而且，伴随着掺杂过程，聚乙炔薄膜的颜色也从银灰色转变为具有金属光泽的金黄色。由此，诞生了导电高分子这一自成体系的多学科交叉的新的研究领域。

5.1.1　概述

5.1.1.1　载流子

物质可分为导体、半导体和绝缘体。导体、半导体导电是通过它们中荷载电流（或传导电流）的粒子实现，这种粒子即为载流子。在金属中载流子为电子，在半导体中载流子为电子和空穴两种。通常地，绝缘体的电导率小于 $10^{-10} S/cm$，半导体的电导率在 $10^{-7} \sim 10^0 S/cm$ 之间，金属的电导率为 $10^0 \sim 10^6 S/cm$。

5.1.1.2　导电高分子的结构

按照导电高分子的结构与组成，可将其分成两大类，即结构型（或称本征型）导电高分子和复合型导电高分子。

结构型导电高分子本身具有传输电荷的能力。根据导电载流子的不同，结构型导电高分子有电子导电、离子传导和氧化还原三种导电形式。电子导电型聚合物的结构特征是分子内有大的线性共轭 π 电子体系，给载流子-自由电子提供离域迁移的条件。离子导电型聚合物的分子有亲水性、柔性好，在一定温度条件下有类似液体的性质，允许相对体积较大的正负离子在电场作用下在聚合物中迁移。而氧化还原型导电聚合物必须在聚合物骨架上带有可进行可逆氧化还原反应的活性中心，导电能力是由于在可逆氧化还原反应中电子在分子间的转移产生的。

复合型导电高分子材料又称掺和型导电高分子材料，是以高分子材料为基体，加入导电性物质，通过共混、层积、梯度或表面复合等方法，使其表面形成导电膜或整体形成导电体的材料。

5.1.1.3 导电机理

有机固体要实现导电，一般要满足以下两个条件。

(1) 具有易定向移动的载流子 有机固体的电子轨道可能存在下列三种情况，如图 5-1 所示。图 5-1(a) 为轨道全满，电子只能跃迁到 LUMO 轨道，但需要很高的活化能，这种有机固体一般为绝缘体；图 5-1(b) 虽为部分占有轨道，但在半充满状态下的电子跃迁要在克服同一轨道上两个电子间的库仑斥力的同时破坏原有的平衡体系，所需要的活化能也较高，这种有机固体在常温下为绝缘体或半导体；图 5-1(c) 既满足轨道部分占有，且电子跃迁后体系保持原态，电子只需较小的活化能即可实现跃迁，成为易定向移动的载流子。此种有机固体电导率一般较高，为半导体或导体。

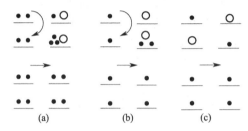

图 5-1 有机固体电子轨道示意

(2) 具有可供载流子在分子间传递的通道 结构型导电高分子电子导电有两种方式：①分子间距足够小而产生轨道重叠。如共轭链的高分子体系，其分子中的双键与单键交替产生长的共轭结构，形成了由 n 轨道重叠而成的电子通道；②过桥基连接，即在某些高分子中加入某些离子如金属离子作为桥基，把有机分子连接成为桥连分子。在桥连分子中载流子沿桥链迁移。如以轴向配位体（L）为桥基共价连接的大环分子（M）面对面串型高分子。

结构型导电高分子本身具有"固有"的导电性，由高分子结构提供导电载流子（电子、离子或空穴）。这类高分子经掺杂后，电导率可大幅度提高，其中有些甚至可达到金属的导电水平。常见高分子材料及导电高分子材料的电导率范围如图 5-2 所示。

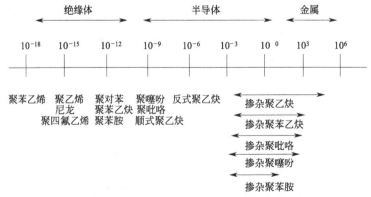

图 5-2 常见高分子材料及导电高分子材料的电导率范围

根据导电载流子的不同，结构型导电高分子有电子导电、离子传导和氧化还原三种导电形式。对不同的高分子，导电形式可能有所不同。

5.1.1.4　掺杂

真正纯净的导电聚合物，或者说真正无缺陷的共轭结构高分子，其实是不导电的，只表现绝缘体的行为。要使它们导电或表现出导体、半导体的特征，必须使它们的共轭结构产生某种缺陷，即进行物理学的"激发"。"掺杂"是无机半导体材料最常用的产生缺陷和激发的化学方法，即在纯净的无机半导体材料中，加入少量不同价态的第二种物质，改变半导体材料中空穴和自由电子的分布状态。在导电高分子材料领域中沿用了"掺杂"术语。但是，"掺杂"的物理含义与传统的无机半导体中所采用的掺杂概念是完全不同的。

导电高聚物的掺杂具有以下特点：①从化学角度讲掺杂的实质完全是一个氧化-还原过程；②从物理角度看，掺杂是一价对阴离子嵌入的过程，即为了保持体系的电中性，掺杂伴随着一价对阴离子进入高聚物体系的过程，另外进入高聚物链上的对阴离子也可以脱离高聚物链，此过程被称为脱掺杂过程，导电高聚物脱掺杂后失去高电导率特性；③掺杂和脱掺杂是一个完全可逆的过程，这一重要特性在二次电池的应用上极为重要；④掺杂量大大超过无机半导体的掺杂量的限度。

5.1.2　电子导电型高分子

在电子导电聚合物的导电过程中，载流子是聚合物中的自由电子或空穴，导电过程需要载流子在电场作用下能够在聚合物内做定向迁移形成电流。因此，在聚合物内部具有定向迁移能力的自由电子或空穴是聚合物导电的关键。

5.1.2.1　电子导电型高分子的结构

当有机化合物中具有共轭结构时，π电子体系增大，电子的离域性增强，可移动范围扩大。若共轭结构达到足够大时，化合物即可提供自由电子。共轭体系越大，离域性也越大。因此，有机聚合物成为导体的必要条件是应具有能使其内部某些电子或空穴跨键离域移动能力的大共轭结构。事实上，所有已知的电子导电型聚合物的共同结构特征为分子内具有大的共轭π电子体系，具有跨键移动能力的π价电子成为这一类导电聚合物的唯一载流子。

目前已知的电子导电聚合物，除了早期发现的聚乙炔外，大多为芳香单环、多环以及杂环的共聚或均聚物。部分常见的电子导电聚合物的分子结构见表5-1。

表 5-1　典型的结构型导电高分子的结构与室温电导率

高分子名称	缩写	结构式	电导率	发现年代
聚乙炔	PA		$10^5 \sim 10^{10}$	1977
聚吡咯	PPy		$10^{-8} \sim 10^2$	1978
聚噻吩	PTH		$10^{-8} \sim 10^2$	1981
聚对亚苯	PPP		$10^{-15} \sim 10^2$	1979
聚对苯乙炔	PPV		$10^{-8} \sim 10^2$	1979
聚苯胺	PANI		$10^{-10} \sim 10^2$	1985

可以发现，线性共轭电子体系为导电聚合物分子结构共同特征。以聚乙炔为例，在其链状结构中，每一结构单元（—CH—）中的碳原子外层有 4 个价电子，其中有 3 个电子构成 3 个 sp^3 杂化轨道，它们分别与一个氢原子和两个相邻的碳原子形成 σ 键。余下的 p 电子轨道在空间分布上与 3 个 σ 轨道构成的平面相垂直，在聚乙炔分子中的相邻碳原子之间的 p 电子在平面外相互重叠构成 π 键。

聚乙炔结构除了上面给出的那种形式外，还可以画成图 5-3 所示形式。

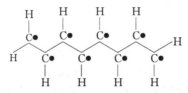

图 5-3 聚乙炔分子电子结构（符号●表示未参与形成 σ 键的 p 电子）

由此可见，聚乙炔结构可以看成由众多享有一个未成对电子的 CH 自由基组成的长链，当所有碳原子处在一个平面内时，其未成对电子云在空间取向为相互平行，并互相重叠构成共轭 π 键。根据固态物理理论，这种结构应是一个理想的一维金属结构，π 电子应能在一维方向上自由移动。但是，每个 CH 自由基结构单元 p 电子轨道中只有一个电子，而根据分子轨道理论，一个分子轨道中只有填充两个自旋方向相反的电子才能处于稳定态。每个 p 电子占据一个 π 轨道构成图 5-3 所述线性共轭电子体系，应是一个半充满能带，是非稳定态。它趋向于组成双原子对使电子成对占据其中一个分子轨道，而另一个成为空轨道。由于空轨道和占有轨道的能级不同，使原有 p 电子形成的能带分裂成两个亚带，一个为全充满能带，另一个为空带。

另外，电子若要在共轭 π 电子体系中自由移动，需要克服满带与空带之间的能级差，因为满带与空带在分子结构中是互相间隔的。这一能级差的大小决定于共轭型聚合物的导电能力的高低。正是由于这一能级差的存在决定了聚乙炔不是一个良导体，而是半导体。这就是电子导电聚合物理论分析的 Peierls 过渡理论。现代结构分析和测试结果证明，线性共轭聚合物中相邻的两个键的键长和键能是有差别的。这一结果间接证明了在此体系中存在着能带分裂。

因此，减少能带分裂造成的能级差是提高共轭型导电聚合物电导率的主要途径。实现这一目标的手段就是用所谓的"掺杂"法来改变能带中电子的占有状况，压制 Peierls 过程，减小能级差。

5.1.2.2 电子导电聚合物的制备方法

制备电子导电聚合物的方法，可以分成化学聚合和电化学聚合两大类。化学聚合法还可以进一步分成直接法和间接法。直接法是直接以单体为原料，一步合成大共轭结构；而间接法在得到聚合物后需要一个或多个转化步骤，在聚合物链上生成共轭结构。在图 5-4 中给出了上述几种共轭聚合物的可能合成路线。

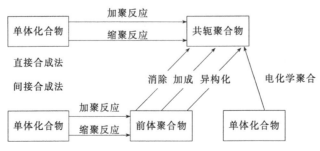

图 5-4 共轭聚合物的几种可能合成路线

形成双键的方法有多种，例如通过炔烃的加氢反应、卤代烃和醇类的消除反应等，如图

5-5 所示。

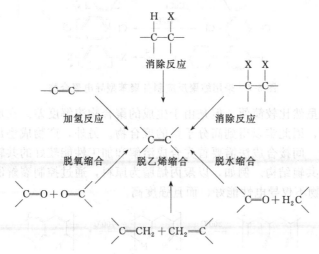

图 5-5　几种可用于形成双键的化学反应

（1）直接合成法　采用直接法制备聚乙炔常采用乙炔为原料进行气相聚合，称为无氧催化聚合。反应由 Ziegler-Natta 催化剂［$Al(CH_2CH_3)_3 + Ti(OC_4H_9)_9$］催化，产物的收率和构型与催化剂组成、反应温度等因素有关。反应温度在 150℃ 以上时，主要得到反式构型产物；在低温时主要得到顺式产物。以带有取代基的乙炔衍生物为单体，可以得到取代型聚乙炔，但是其电导率大大下降。其电导率的顺序为：非取代聚乙炔＞单取代聚乙炔＞双取代聚乙炔。

利用共轭环状化合物的开环聚合是另外一种制备聚乙炔型聚合物的方法，但是由于苯等芳香性化合物的稳定性较高，不易发生开环反应，在实际应用上没有意义。四元双烯和八元四烯是比较有前途的候选单体，已经有文献报道以芳香杂环 1,3,5-三嗪为单体进行开环聚合，得到含有氮原子的聚乙炔型共轭聚合物。

成环聚合是以二炔为原料制备聚乙炔型聚合物的另一种方法。1,6-庚二炔在 Ziegler 催化剂催化下成环聚合，生成链中带有六元环的聚乙炔型共轭聚合物。具有类似结构的丙炔酸酐也可以发生同样的成环聚合，如图 5-6 所示。

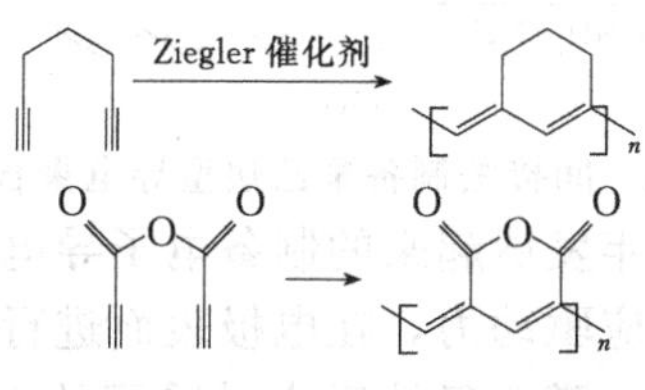

图 5-6　成环聚合法制备共轭聚合物

对目前研究最广泛的聚芳香族和杂环导电聚合物的制备，早期多采用氧化偶联聚合法制备。一般来讲，所有的 Friedel-Crafts 催化剂和常见的脱氢反应试剂都能用于此反应，如 $AlCl_3$ 和 Pd^{II}。原理上这类聚合反应属于缩聚，在聚合中脱去小分子。比如，在强碱作用下，通过 Wurtz-Fittig 偶联反应，可以从对氯苯制备导电聚合物聚苯，在铜催化下，由 4,4-碘代联苯通过 Ullmann 偶联反应得到同样产物。可以利用的其他反应还有革氏和重氮化偶联反应，如图 5-7 所示。

其他类型的聚芳香烃和聚苯胺类导电聚合物原则上均可以采用这种方法制备。

缩聚法同样可以应用到杂芳香环的聚合上，最常见的是吡咯和噻吩的氧化聚合，生成的聚合物导电性能好，稳定性高，比聚乙炔更有应用前景。

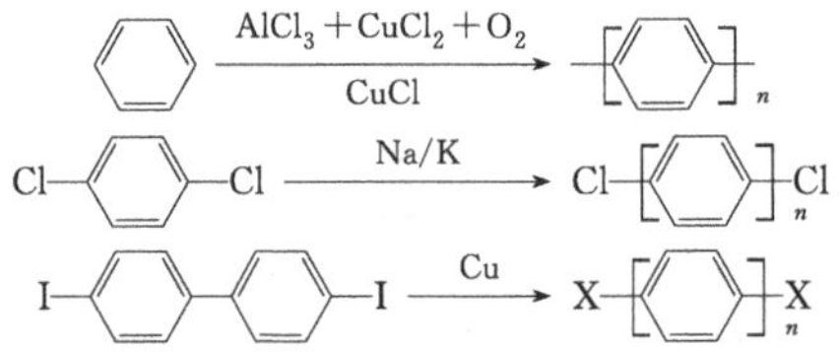

图 5-7　采用缩聚反应制备聚苯型导电聚合物

　　采用直接聚合法虽然比较简便，但是由于生成的聚合物溶解度差。在反应过程中多以沉淀的方式退出聚合反应，因此难以得到高分子量的聚合物。另外，产物成型加工也是难题。

　　（2）间接合成法　间接合成法需要首先合成溶解和加工性能较好的共轭聚合物前体，然后利用消除等反应生成共轭结构。例如，以聚丙烯腈为原料，通过控制裂解制备导电碳纤维（图5-8）。生成的裂解产物不仅导电性能好，而且强度高。

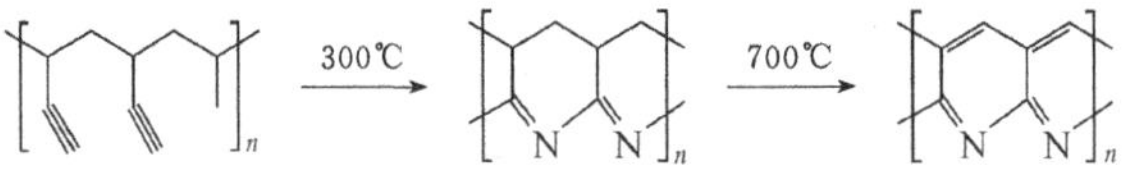

图 5-8　用聚丙烯腈裂解制备导电聚合物

　　用间接法制备聚乙炔型导电聚合物还可以采用饱和聚合物的消除反应生成共轭结构的方法。最早是用聚氯乙烯进行热消除反应，脱除氯化氢生成共轭聚合物［见图5-9(a)］。消除反应可以在加热的条件下自发进行，但得到的聚合物电导率不高，其原因是在脱氯化氢过程中有交联反应发生，导致共轭链中出现缺陷，共轭链缩短。另外一个可能的原因是生成的共轭链构型多样，同样影响导电能力的提高。采用类似的方法以聚丁二烯为原料，通过氯代和脱氯化氢反应制备聚乙炔型导电聚合物，消除反应在强碱性条件下进行，在一定程度上克服了上述缺陷［见图5-9(b)］。

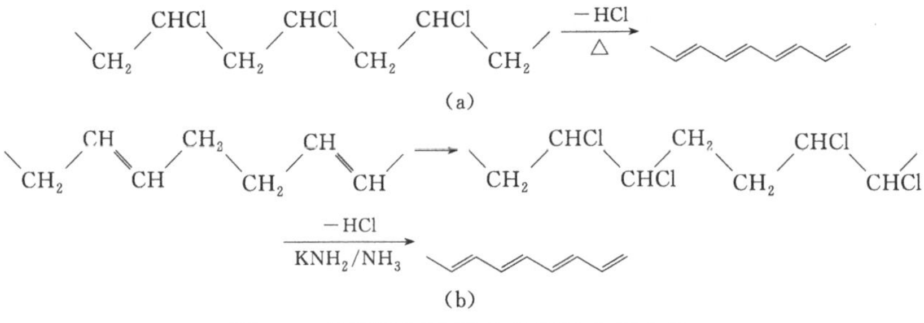

(a)

(b)

图 5-9　间接法制备聚乙炔型导电聚合物

　　（3）电化学聚合法　这种方法是近年发展起来的制备电子导电聚合物的另外一类方法。它采用电极电位作为聚合反应的引发和反应驱动力，在电极表面进行聚合反应并直接生成导电聚合物膜。反应完成后，生成的导电聚合物膜已经被反应时采用的电极电位所氧化（或还原），即同时完成了所谓的"掺杂"过程。应当注意，这里所指的"掺杂"过程只是使导电聚合物的荷电情况发生了变化，改变了分子轨道的占有情况，而并没有加入第二种物质。

　　从反应机理上来讲，电化学聚合反应属于氧化偶合反应。一般认为，反应的第一步是电极从芳香族单体上夺取一个电子，使其氧化成为阳离子自由基；生成的两个阳离子自由基之间发生加成性偶合反应，再脱去两个质子，成为比单体更易于氧化的二聚物，留在阳极附近的二聚物继续被电极氧化成阳离子，继续其链式偶合反应，如图5-10所示。

　　聚吡咯的电化学聚合过程就是典型的示例。吡咯的氧化电位相对于饱和甘汞电极（SCE）是1.2V，而它的二聚物只有0.6V。在聚吡咯的制备过程中，当电极电位保持在1.2V以上时（相对于SCE参考电极），电极附近溶液中的吡咯分子在σ位失去一个电子，成为阳离子自由基。自由基之间发生偶合反应，再脱去两个质子形成吡咯的二聚体，生成的二聚体继续以上过

$$RH_2 \xrightarrow{-e} RH_2^+$$

$$RH_2^+ + RH_2 \xrightarrow{-e} [H_2R-RH_2]^{2+} \xrightarrow{-2H^+} HR-RH$$

$$HR-RH \xrightarrow{-e} [HR-RH]^+ \xrightarrow{RH_2}_{-e} [HR-RH-RH_2]^{2+} \xrightarrow{-2H^+} [HR-R-RH]$$

$$(x+2)RH_2 \longrightarrow HR-(R)_x-RH+(2x+2)H^+ + (2x+2)e$$

图 5-10　电化学聚合反应过程

程,形成三聚体。随着聚合反应的进行,聚合物分子链逐步延长,分子量不断增加,生成的聚合物在溶液中的溶解度不断降低,最终沉积在电极表面形成非晶态的膜状导电聚合物。生成的导电聚合物膜的厚度可以借助于电极中流过的电流和电解时间加以控制。

5.1.2.3　电子导电聚合物的掺杂

为了提高电子导电聚合物的导电性,往往需要在电子导电聚合物中进行掺杂。掺杂过程实际上就是掺杂剂与聚合物之间发生电荷转移的过程,掺杂剂可以是电子给体(n-掺杂剂),也可以是电子受体(p-掺杂剂)。

电子受体掺杂剂包括卤素(Cl_2、Br_2、I_2、ICl、ICl_3、IBr、IF_5)、路易斯酸(PF_5、AsF_5、SbF_5、BF_5、BCl_3、BBr_3、SO_3)、过渡金属卤化物(NbF_5、TaF_5、MoF_5、WF_5、RuF_5、$PtCl_4$、$TiCl_4$)、过渡金属盐($AgClO_4$、$AgBF_4$、$HPtCl_6$、$HIrCl_6$)、有机化合物(TCNE、TCNQ、DDO、四氯苯醌)、质子酸(HF、HCl、HNO_3、H_2SO_4、$HClO_4$)以及其他掺杂剂(O_2、$XeOF_4$、XeF_4、$NOSbCl_6$)。

电子给体主要有碱金属(Li、Na、K、Cs、Rb)和电化学掺杂剂(R_4N^+、R_4P^+,R＝CH_3、C_6H_5 等)。

可供选择的掺杂剂虽然很多,但对不同的共轭高分子使用同一掺杂剂时所得到的导电高分子的电导率相差甚大。用 X 射线衍射研究电子受体掺杂 PAc 表明,掺杂剂是沉积在大分子链间的。

聚合物中掺入的掺杂剂浓度对电导率有很大影响。对常用掺杂剂如 I_2、AsF_5 等,其饱和掺杂浓度大约为乙炔单体的 6%(摩尔分数),而有些聚合物掺杂的浓度高达 50%。因为化学法掺杂是一种非均相反应,掺杂的深度有限,一般延长掺杂时间可以增加掺杂的深度,表观上表现为掺杂剂浓度增加,电导率也增加。提高掺杂均相程度,电导率提高。例如,用 AsF_5 掺杂聚苯硫醚(PPS)时,如果加入 AsF_3,则 PPS 被溶解,实现了均相掺杂,掺杂的速度大为提高。室温下掺杂聚合物的电导率如表 5-2 所示。

表 5-2　掺杂聚合物的电导率(室温)

聚合物	掺杂剂	电导率/$\Omega^{-1} \cdot cm^{-1}$
cis-PAc	I_2	1.6×10^2
	Br_2	0.5
	AsF_5	1.2×10^3
	H_2SO_4	1.0×10^3
	$(n\text{-}C_4H_9)_4NClO_4$	9.7×10^2
PPP	$AgClO_4$	3.0
	I_2	$<10^{-2}$
	AsF_5	500
	HSO_4F^-	35
	BF_4^-	10
	PF_6^{2-}	45
PMP(聚间苯)	AsF_5	10^{-3}
PPS(聚对苯硫醚)	AsF_5	1
	AsF_3/AsF_5	0.3～0.6
PPy(聚吡咯)	$AgClO_4$	40～100
	BF_4^-	50
聚 1,6-己二烯	I_2	0.1
	AsF_5	0.1

掺杂的化学过程和机制

① 电荷转移络合物机制。按这种机制掺杂时，高分子链给出或接受电子，掺杂剂将被还原或氧化，所形成的掺杂剂离子与高分子链形成络合物以保持电中性。

对于掺杂后的掺杂剂进行的结构研究可以表明高分子链与掺杂剂之间的相互作用。聚乙炔的光谱显示，在碘掺杂后，是以阴离子 I_3^- 或 I_5^- 的形式存在。在 10% 的掺杂浓度之前，两种离子的数量几乎相等，但超过 10% 掺杂浓度后，I_5^- 含量增加。在用碘掺杂聚噻吩时，不同方法产生的阴离子的形态不同。在化学法合成的聚噻吩中，阴离子为 I_3^-，同时也有游离的 I_2 存在。而用电化学法制备的聚噻吩用碘掺杂时，则几乎全部以 I_5^- 的形式存在，I_3^- 的含量极少。

② 质子酸机制。质子酸机制是指高分子链与掺杂剂之间并无电子的迁移，而是掺杂剂的质子附加于主链的碳原子上，而质子所带电荷在一般共轭链上延展开来，如图 5-11 所示。

图 5-11　掺杂聚合物的质子酸导电机制

5.1.3　离子导电型高分子

离子导电是在外加电场驱动力作用下，由负载电荷的微粒——离子的定向移动来实现的导电过程。具有可以在外力驱动下相对移动的离子的物体称为离子导电体，以正、负离子为载流子的导电聚合物被称为离子导电聚合物，它也是一类重要的导电材料。离子导电与电子导电不同：首先，离子的体积比电子大得多，不能在固体的晶格间自由移动，所以常见的大多数离子导电介质是液态的，原因是离子在液态中比较容易以扩散的方式定向移动；其次，离子可以带正电荷，也可以带负电荷，而在电场作用下正负电荷的移动方向是相反的，加上各种离子的体积、化学性质各不相同，因而表现出的物理化学性能也就千差万别。

5.1.3.1　高分子离子导电机理

关于聚合物电解质导电有不同的理论模型，主要有以下两种机理：非晶区扩散传导导电和自由体积导电。

(1) 非晶区扩散传导导电　1982 年 Wright 等在研究 PEO/碱金属盐体系室温电导率时发现，在晶态时聚电解质的电导率很低，而在无定形状态时电导率较高。这就表明，PEO/碱金属盐体系的电导主要由非晶部分贡献。近来发展起来的这种理论认为，在聚合物电解质中，随着聚合物本体和支持电解质的组成不同、温度的变化、聚合物电解质中存在相态不同，聚电解质中物质的传输主要发生在无定形相区。

在无定形相区离子同高分子链上的极性基团络合，在电场作用下，随着高弹区中分子链段的热运动，阳离子与极性基团不断发生络合-解络合过程，从而实现阳离子的迁移，过程如图 5-12 所示。

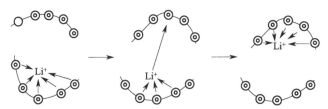

图 5-12　离子在无定形区域传输的示意

(2) 自由体积导电　Armand 在研究 PEO/碱金属盐体系的基础上认为，当离子的传输主要在无定形状态中受聚合物链段运动控制时，大多数非晶络合物体系的电导率（R）与热力学温度（T）的关系均符合自由体积理论导出的 VTF（Vogel-Tamman-Fulcher）方程：

$$R = AT^{-1/2}\exp[-B(T-T_g)]$$

式中，R 为聚合物电解质的电导率；T 为测试温度；T_g 为聚合物玻璃化温度；A 为指前因子；B 为活化能。

当聚合物电解质体系的温度低于 T_g 时，体系中晶态占主要部分，物质的运动受到限制，运动速度较慢；而当温度高于 T_g 时，体系中的晶态开始向无定形态转变，无定形态的比例增加，导致体系自由体积的增大，物质的运动加快，电导率提高。用自由体积导电理论解释为：在聚合物电解质中，存在有聚合物链段组成的螺旋形的溶剂化隧道结构，在较低的温度情况下，离子在聚合物电解质中的传输通过离子在螺旋形的溶剂化隧道中跃迁来实现；而在较高的温度情况下，聚合物电解质中出现缺陷或空穴，离子通过缺陷或空穴进行传输。过程如图 5-13 所示。因此，该理论成功地解释了聚合物中离子导电的机理和导电能力与温度的关系。

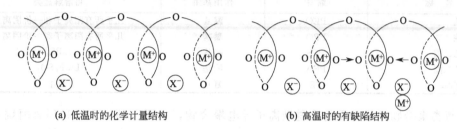

(a) 低温时的化学计量结构   (b) 高温时的有缺陷结构

图 5-13　离子通过缺陷或空穴进行传输的模型示意

总之，作为离子导电型高分子材料，应含有一些给电子能力很强的原子或基团，能与阳离子形成配位键，对离子化合物有较强的溶剂化能力；而且，高分子链足够柔顺，玻璃化温度较低。

5.1.3.2　离子导电高分子的结构特征对离子导电能力的影响

（1）离子导电高分子的玻璃化温度对离子导电能力的影响　从以上给出的自由体积理论，高分子的玻璃化温度越低，在同等温度下高分子的离子导电能力将越强。高分子的分子链的柔性越好，越有利于离子导电能力的提高。因而高分子的玻璃化温度是决定高分子能否导电的一个重要因素。要取得理想的离子导电能力并有合理的使用温度，降低离子导电高分子的玻璃化温度是关键。影响高分子玻璃化温度的主要因素是高分子的分子结构和晶体化程度。高分子链中含有的 σ 键越多，分子的柔性就越好，玻璃化温度就越低；但如果分子内含有的 π 键越多，环形结构越多，分子失去内旋转能力，分子的刚性就越强，玻璃化温度就越高。同样，如果高分子链之间发生交联形成网状结构，也将会影响高分子链分子内的这种旋转作用，玻璃化温度也会升高。分子间力小的高分子，有利于分子的热运动，会降低玻璃化温度。对同一种高分子来说，降低高分子的晶体化程度，增加无序度，有利于玻璃化温度的降低。

（2）离子导电高分子的溶剂化能力对离子导电能力的影响　高分子的溶剂化能力也是影响其导电能力的重要影响因素之一。像聚硅氧烷这样玻璃化温度只有−80℃的聚合物，而其离子电导能力却很低，其原因就是聚硅氧烷对离子的溶剂化能力低，无法使盐解离成正负离子。因此，设法提高高分子的溶剂化能力是提高离子导电高分子导电能力的重要手段。溶液的溶剂化能力一般可以用介电常数衡量，介电常数大的高分子溶剂化能力强。增加高分子分子中的极性键的数量和强度，有利于提高高分子的溶剂化能力。特别是当分子内含有能与阳离子形成配位键的给电子基团，或者配位原子时有利于盐解离成离子（构成聚合络合物），这时介电常数只起次要作用。目前发现的性能最好的离子导电聚合物分子结构中大多有聚醚结构。

（3）其他因素对离子导电高分子的离子导电能力的影响　高分子的分子量大小和聚合程度等性质、使用的环境温度等因素都会对其离子导电性能也有一定影响。在高分子的玻璃化温度以上，离子导电能力随着温度的提高而增大，这是因为温度提高，分子的热振动加剧，可以使自由体积增大，给离子的定向运动提供了更大的活动空间。但是应当注意，随着温度的提高，高分子的机械性能也随之下降，降低其实用性，故两者必须兼顾。

总之，作为离子导电型高分子材料，应含有一些给电子能力很强的原子或基团，它们能与阳离子形成配位键，对离子化合物有较强的溶剂化能力，以及高分子链足够柔顺，玻璃化温度较低。

5.1.3.3 离子导电高分子的制备

离子导电聚合物主要有以下几类：聚醚、聚酯和聚亚胺。它们的结构、名称、作用基团以及可溶解的盐类列于表 5-3 中。

表 5-3 常见离子导电聚合物及使用范围

名　称	缩写	作用基团	可溶解盐类
聚环氧乙烷	PEO	醚基	几乎所有阳离子和一价阴离子
聚环氧丙烷	PPO	醚基	几乎所有阳离子和一价阴离子
聚丁二酸乙二酯	PES	酯基	$LiBF_4$
聚癸二酸乙二酯	PEA	酯基	$LiCF_8SO_3$
聚乙二醇亚胺	PE	氨基	NaI

聚环氧类聚合物是最常用的聚醚型离子导电聚合物，主要以环氧乙烷和环氧丙烷为原料。单体环氧化合物的键角偏离正常值较大，在分子内有很大的张力存在，很容易发生开环反应，生成聚醚类聚合物。阳离子、阴离子或者配位络合物都可以引发此类反应。

制备离子导电聚合物要求生成的聚合物有较大的分子量。阳离子聚合反应中容易发生链转移等副反应，使得到的聚合物分子量降低，在导电聚合物的制备中使用较少。在环氧乙烷的阴离子聚合反应中，氢氧化物、烷氧基化合物等均可作为引发剂，聚合反应带有逐步聚合的性质，生成的聚合物的分子量随着转化率的提高而逐步提高。在环氧化合物开环聚合过程中，由于起始试剂的酸性和引发剂的活性不同，引发、增长、交换（导致短链产物）反应的相对速率不同，对聚合速率，产品分子量的分布造成复杂影响。环丙烷的阴离子聚合反应存在着向单体链转移现象，导致生成的聚合物分子量下降，因此，聚环丙烷的制备常采用阴离子配位聚合反应，引发剂可以使用 $ZnEt_2$ 与甲醇体系。在图 5-14 中给出了两种主要环氧聚合物的反应和生成的产物结构。

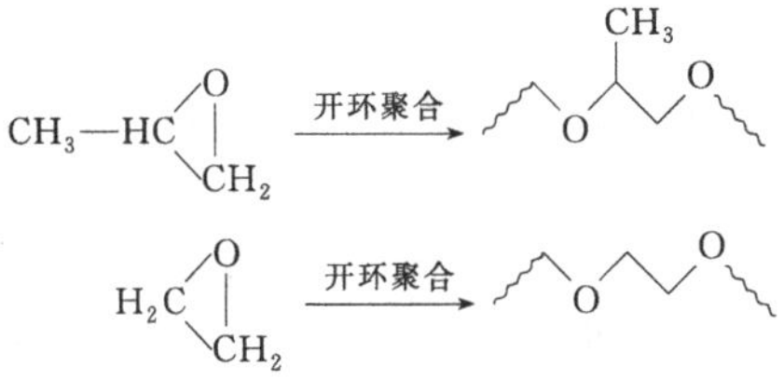

图 5-14 聚醚型离子导电聚合物的合成

聚酯和聚酰胺是另一类常见的离子导电聚合物，一般由缩聚反应制备。聚合得到的是线形聚合物，韧柔性较大，玻璃化温度较低，适合作为聚合电解质使用。这两类聚合物的聚合反应式如下：

$$HO-CH_2CH_2-OH+R'OOCR''COOR' \longrightarrow HO(CH_2CH_2OOCR''CO)_n-OR'- \qquad 反应式（5-1）$$

$$H_2NRNH_2+ClOCR'COCl \longrightarrow H(NHRNHOCR'CO)_n-Cl- \qquad 反应式（5-2）$$

增加聚合物的离子电导性能需要聚合物有较低的玻璃化温度，而聚合物玻璃化温度低又不利于保证聚合物有足够的机械强度，因此，应该平衡考虑这一对矛盾。提高机械强度的办法包括在聚合物中添加填充物，或者加入适量的交联剂。经这样处理后，虽然机械强度明显提高，但是玻璃化温度也会相应提高，影响到使用温度和电导率。对于玻璃化温度很低、对离子的溶剂化能力也低因而导电性能不高的离子导电聚合物，用接枝反应在聚合物骨架上引入有较强溶剂化能力的基团，有助于离子导电能力的提高。采用共混的方法将溶剂化能力强的离子型聚合物与其他聚合物混合成型是又一个提高固体电解质性能的方法。另外，最近的研究表明，使用在聚合物中溶解度较高的有机离子或者采用复合离子盐，对提高聚合物的离子电导率有促进作用。

5.1.4 复合型导电高分子

复合型导电高分子材料又称掺和型导电高分子材料，是以高分子材料为基体，加入导电性物质，通过共混、层积、梯度或表面复合等方法，使其表面形成导电膜或整体形成导电体的材料。根据在基体聚合物中所加入导电物质的种类不同又分为两类：共混复合型导电高分子材料和填充复合型导电高分子材料。

共混复合型导电高分子材料是在基体聚合物中加入结构型导电聚合物粉末或颗粒复合而成。由于结构型导电聚合物自身具有导电能力，密度小且与通用聚合物相容性好，因而共混复合型导电高分子近年来得到重视。

填充复合型导电高分子材料是在基体聚合物中加入导电填料复合而成。基质材料主要有聚乙烯、聚丙烯、聚氯乙烯、聚苯乙烯、ABS 树脂、环氧树脂、酚醛树脂、丙烯酸树脂、不饱和聚酯、聚氯乙烯、聚酰胺、聚酰亚胺、聚氨酯、聚碳酸酯、有机硅树脂等，而丁基橡胶、丁苯橡胶、丁腈橡胶和天然橡胶等常用作导电橡胶的基质。导电填料主要有抗静电材料、炭系材料（炭黑、石墨、碳纤维等）、金属氧化物系材料（氧化锡、氧铅、氧化锌、二氧化钛等）、金属系材料（银、金、镍、铜等）、各种导电金属盐以及复合填料（银-铜、银-玻璃、银-碳、镍-云母等）等。

5.1.4.1 复合型导电高分子的导电机理

复合型导电高分子的导电机理比较复杂，主要有以下三种，但至今没有一个完善的、普遍适用的导电机理来解释复合体系导电通路的形成及其导电行为。在不同情况下出现其中一种机理为主导，有时是这三种导电机理作用相互补充的结果。

（1）渗流理论 复合型导电高分子的导电是导电通路或部分导电通路形成后载流子迁移的微观过程，主要涉及导电填充物之间的界面问题。研究发现，复合体系中导电填料的含量增加到某一临界含量时，体系的电导率有一跳跃，剧增十个数量级以上，在电导率-导电填料含量曲线上出现一个狭窄的突变区域。在此区域中，导电填料含量的任何细微变化均会导致电阻率的显著改变，这种现象通常称为"渗滤"现象，在突变区域之后，体系电导率随导电填料含量的变化又恢复平缓，如图 5-15 所示。在电导率发生突变时所需导电填料的浓度称为"渗滤阈值"。

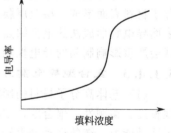

图 5-15　电导率与导电填料浓度的关系

这种理论认为，在复合型导电高分子材料的制备过程中，导电填料粒子的自由表面变成湿润的界面，形成聚合物-填料界面层，体系产生的界面能过剩，随着导电填料含量的增加，聚合物-填料的过剩界面能不增大；当体系过剩界面能达到一个与聚合物种类无关的普适常数之后，导电粒子开始形成导电网络，宏观上表现为体系的电阻率突降。形成导电回路后导电主要取决于分布于高分子树脂基体中的导电填料的电子的传输。

该理论主要是解释电导率与填料浓度的关系，不涉及导电的本质，只是从宏观角度解释复合物的导电现象，很好地解释了导电填料临界浓度的电导率突变现象，但理论研究与实际结果仍有较大偏差。缺点是未考虑基体材料及填料粒子对电导率的影响，因此还需进一步完善。

（2）隧道效应理论　导电填料加入高分子基体中，很难实现真正的均匀分布。其中一部分导电粒子能够互相接触而形成链状导电通道，使复合材料导电；而另一部分导电粒子则以孤立粒子或小聚集体形式分布在绝缘基体中，基本不参与导电。由于导电粒子之间存在着内部电场，当这些孤立粒子或小聚集体之间距离很近、中间只被很薄的树脂层隔开，则由热振动而被激活的电子就能越过树脂界面层所形成的势垒而跃迁到相邻的导电粒子，形成较大的隧道电流，这种现象在量子力学中被称为隧道效应。

隧道效应理论是应用量子力学来研究材料的电导率与导电粒子间隙的关系，它与导电填料的浓度及材料环境温度有直接的关系。该理论认为，导电依然有导电网络形成的问题，但不是靠导电粒子直接接触来导电，而是由于热震动时电子在导电粒子间迁移产生导电。它合理地解释了聚合物基体与导电填料呈海岛结构复合体系的导电行为。由于所涉及的各物理量都与导电粒子的间隙宽度及其分布状况有关，隧道导电机理只能在导电填料的某一浓度范围对复合材料的导电行为进行分析和讨论。

（3）场致发射理论　场致发射理论认为，当导电粒子的内部电场很强时，电子将有很大的概率跃迁过聚合物层所形成的势垒到达相邻的导电粒子上，产生场致发射电流而导电。场致发射理论由于受温度及导电填料浓度的影响较小，因此相对于渗流理论具有更广的应用范围，且可以合理地解释许多导电复合材料的非欧姆特性。

5.1.4.2　复合型导电高分子材料的制备方法

根据复合型导电高分子材料的结构，可将其制备方法分为：导电填料分散复合法、导电填料层积复合法、表面导电膜形成法以及其他特殊方法等。

导电填料分散复合法是制备导电复合材料最常用的方法，导电填料和基体树脂经过配料、共混、成型加工获得制品。该方法主要不足是导电填料在制品中的分布往往不均匀，使得制品各处的电导率不一致；导电填料与基体树脂之间的相容性一般较差，尤其当导电填料含量较高时这种情况尤为突出。因此，确定合适的配方、工艺，采用新型导电填料是解决这一问题的关键。

导电填料的层积复合法是将碳纤维毡、金属丝网等导电层与塑料基体层叠合层压在一起，从而得到导电塑料的方法。该法可克服导电填料分散复合法所产生的一些问题，因此受到了不少导电高分子材料制造商的青睐。如美国道化学公司研制了金属化的 PC 薄膜与 ABS 薄膜树脂形成的层积复合塑料，其电磁屏蔽效果良好。

表面导电膜形成法是采用电镀、真空蒸镀、离子电镀、溅射、喷涂或表面涂覆等方法使高分子材料表面形成一层金属膜或其他的导电膜，使其具有导电、电磁波屏蔽、抗静电等功能。表面导电膜形成法的最大缺点是只能在高聚物表面形成一层导电膜，这层膜磨损、划破、脱落就会严重影响制品的导电性能。

5.1.4.3　复合型导电高分子材料导电性能的影响因素

（1）基体高分子材料的影响　从高分子材料结构上讲，侧基的性质、体积和数量，主链的规整度、柔顺性，聚合度，结晶性等都会对体系导电性有不同程度的影响。链的柔顺性决定分子运动能力，链的运动又直接影响导电填料分子的表面迁移。由于大多数导电填料是在聚合物的非晶部分靠布朗运动向表面迁移的，所以在 T_g 以下由于聚合物分子链段运动被冻结而难以导电。基体聚合物聚合度越高，价带和导带间的能隙越小，导电性越高；聚合物结晶度越高，导电性越高；交联使体系导电性下降。基体聚合物的热稳定性对复合材料的导电性能也有影响。一旦基体高分子链发生松弛现象，就会破坏复合材料内部的导电途径，导致导电性能明显下降。共混高聚物/炭黑复合材料比单一高聚物/炭黑复合材料有更高的导电性。

（2）填料的影响　一般来说，当聚合物中加入填料量一定时，电导率随粒径减小而升高。

在导电填料加入较少的情况下，导电粒子间不能形成无限网链，材料导电性比较差。只有在高于临界值后，材料的导电性才能显著提高；但在导电填料加入过多的情况下，因为起粘连作用的聚合物量太少，所以导电粒子不能紧密接触，导电性也不稳定。

5.1.4.4 金属填充型导电高分子

金属填充型导电高分子是以电绝缘件高分子为基材，以金属粉末、金属丝、金属纤维等高导电材料为填充材料经适当混炼和成型加工后而得到的性能优异的一类导电材料。选用合适的金属填料种类和形态及合适的用量，可得到比炭黑填充型高分子具有更好的导电性的复合型导电高分子材料，电导率可控制在 $10^{-5}\sim 10^4 S/cm$。

(1) 常用的金属导电填料　常用的金属导电填料主要有纯金属粉末，如金、银、铝、铜、镍、钯、钼等粉末；金属纤维，如铝纤维、黄铜纤维、铁纤维、不锈钢纤维等；其他金属氧化物、金属盐、金属的碳化物，如碳化钨、碳化镍，以及镀金属玻璃纤维、镀银中空玻璃微球、镀银二氧化硅粉等。

银粉是制备填充型导电材料的最理想和最常用的一种导电填料。它具有优良的导电性和化学稳定性，在空气中氧化速度极慢，在高分子中几乎不被氧化。即使已经氧化的银粉，仍具有较好的导电性。因此在可靠性要求较高的电气装置和电子元件中应用最多。但银粉价格高、相对密度大、易沉淀，使用范围非常有限。同时银粉用量常比炭黑大，因为一般情况下金属粉末不利于形成链式结构，而且，高的金属含量又常导致高分子力学性能受损。此外，银粉在高分子材料树脂中存在分散和相容的问题，在潮湿环境下还易发生迁移。

不同方法制备的银粉粒径和形状不同，具有不同的物理性质，如表5-4所示。

表 5-4　不同方法制得银粉的形态

制备方法	银粉粒径/μm	银粉颗粒形状	制备方法	银粉粒径/μm	银粉颗粒形状
电解法	0.2～10	针状	高压喷射法	约40	球状
化学还原	0.02～2	球形或无定形	碾磨法	0.01～2	片状
热分解法		海绵或鳞片状	真空蒸发法		扁平片状

虽然金粉的化学性质更稳定，导电性好，但因为价格很高，应用远不如银粉广泛。铜粉、铝粉和镍粉都具有较好的导电性，价格较低，但它们在空气中表面容易氧化，导电性能不稳定，所以在制备复合型导电高分子时并不能得到导电性能优良的材料。用氧酮、叔胺、酚类化合物作防氧化处理后，可提高导电稳定性。目前主要用作电磁波屏蔽材料和印刷线路板引线材料中的导电填料。

将中空微玻璃珠、炭粉、铝粉、铜粉等颗粒的表面镀银后得到的镀银填料，具有导电性好、成本低、相对密度小等优点。尤其是铜粉镀银颗粒，镀层十分稳定，不易剥落，是一类很有前途的导电填料。

(2) 金属填充型导电高分子的制备　目前已使用的制备方法有表面金属化和填充金属两种。

表面金属化是采用电镀、喷涂、粘贴等方法使塑料制品表面形成并不是真正意义上的填充型导电高分子。

填充金属型是以聚合物为基材，以金属粉末、金属丝、金属纤维等为填料，经适当混炼和成型加工后而得到的性能优异的导电材料，是常用的金属填充型导电高分子材料。

(3) 影响金属填充型导电高分子导电性的因素

① 金属性质。金属的导电性对材料的电导率起决定性的影响。当填充的金属粉末在高分子中的形态相近、用量及分散状况相同时，掺入的金属粉末本身的电导率越大，则导电高分子的电导率一般也越高。但也有特例，如铝和铜粉末的电导率较高，但由于其颗粒的表面易形成

不导电的氧化膜，其填充的导电高分子的导电性就很低。

② 金属颗粒形态。金属粉末在高分子中的连接结构与导电颗粒的形状有关，因此金属颗粒的形态直接影响金属填充型导电高分子的电导性。如银粉制备方式不同则有球粒状、片状、针状、海绵状等多种形状，不同形状银粉的接触状态如图 5-16 所示。其中片状的颗粒易形成面接触，而球状的颗粒易形成点接触，所以片状的面接触比球状的点接触更容易获得好的导电性。实验结果也证实，当银含量相同时，用片状银粉配制的导电材料其电导率较球状银粉配制的导电材料高两个数量级。如果将球状银粉与片状银粉按适当比例混合使用，由于导电填料在高分子中的接触状态比单纯片状银粉还好，所以材料具有更高的电导率。

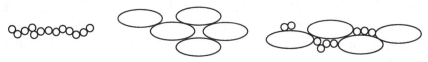

(a) 球状银粉的点接触　　(b) 片状银粉的面接触　　(c) 球状和片状银粉混合后的接触状态

图 5-16　不同形状银粉的接触状态

金属颗粒的大小对材料电导性也有一定的影响。如银粉颗粒大小在 $10\mu m$ 以上，并且分布适当，容易形成最密集的填充状态，材料的电导性最好。而若银粉颗粒太细，达到 $10\mu m$ 以下，则反而会因接触电阻增大，电导性变差。

③ 金属含量。基体高分子材料中金属粉末的含量必须达到能形成无限网链才能使材料导电，而且金属粉末的导电不可能发生电子的隧道跃迁，因此金属粉末之间必须有连续的接触，所以用量往往较大。一般金属粉末含量越高，导电性能相对越好。当导电填料加入量过少以至于导电颗粒无法形成无限网链，材料可能因此不导电；但如果导电填料加入量过多，起黏结作用的高分子相对量太少，金属颗粒不能紧密接触，则导电性不稳定，有时电导率反而下降。因此，导电填料与基体高分子材料应有个最佳比例，在此比例下，材料的电导率最高，此比例与导电填料的种类和密度有关。

④ 高分子与金属颗粒的相容性。由于金属颗粒在高分子中的分散状况决定于两者的相容性，而金属填充型导电高分子的导电性主要来自金属颗粒表面的相互接触，高分子的存在是金属颗粒达到相互接触的必要条件，所以高分子与金属颗粒的相容性对材料的导电性有显著影响。任何高分子与金属表面都有一定的相容性，宏观表现为高分子对金属表面的湿润与黏附。当金属颗粒表面被高分子所湿润后就会部分或全部被高分子所黏附包覆，这种现象称为湿润包覆。金属颗粒被湿润包覆的程度决定导电高分子的导电性能，被湿润包覆程度越大，金属颗粒相互接触的概率就越小，导电性就越不好。而在相容性较差的高分子中，导电颗粒有自发凝聚的倾向，则有利于导电性增加。例如，聚乙烯与银粉的相容性不及环氧树脂与银粉的相容性，在相同银粉含量时，前者的电导率比后者要高两个数量级左右。

⑤ 外磁场。含镍粉（具有顺磁性）的环氧树脂固化时，在施加外磁场的情况下，电导率升高，说明加工时外磁场有利于提高以顺磁性金属粉为导电填料的复合型导电高分子材料的电导率。

5.1.4.5　炭黑填充型导电高分子

炭黑填充型导电高分子是在高分子基材中添加炭黑以获得导电性，不仅取决于炭黑的结构、形态和浓度，还与电场强度、温度、加工方法与条件等因素有关。

（1）炭黑简介　炭黑是由烃类化合物经热分解而成的。以脂肪烃为主要成分的天然气和以脂肪烃与芳香烃混合物为主要成分的重油均可作为制备炭黑的原料。

① 炭黑的制备与结构。炭黑的结构因其所用原料和制备方法不同而异。烃类化合物热分解形成炭黑的过程如图 5-17 所示。其中炭黑链状聚集体越多，则炭黑结构越高。炭黑的结构

可用吸油值（100g 炭黑可吸收的亚麻籽油的量）来衡量，在粒径相同的情况下，吸油值越大，炭黑结构越高。

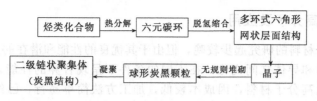

图 5-17　热分解形成炭黑的过程

② 炭黑的成分与性能。工业炭黑的主要成分为碳元素，同时结合少量的氢（0～0.7%）、氧（1%～4%）并在表面吸附有少量水分（1%～3%）。含水量与制备方法和炭黑的表面性质有关，炭黑的比表面积愈大，氧的含量愈高，则水分吸附量愈大，且含有少量硫、焦油、灰分等杂质。通常结合在晶子层面末端碳原子上的氢愈少，炭黑的结构愈高，氢的含量愈低，炭黑的导电性愈好。炭黑中的氧是在炭黑粒子形成后，与空气接触而自动氧化结合的。其中大部分以二氧化碳的形式吸附在颗粒表面上，少部分则以羟基、羧基、碳基、酯基和内酯基的形式结合在炭黑颗粒表面。一定数量含氧基团的存在，有利于炭黑在高分子中的分散，也有利于高分子的导电。炭黑颗粒表面一般吸附水分，水分的存在虽有利于导电性能提高，但通常使电导率不稳定，应严格控制。

③ 炭黑的品种。炭黑品种繁多，性能各异。按用途可分为橡胶用炭黑、色素炭黑和导电炭黑，其中导电炭黑经常被用作导电填料，各种导电炭黑的基本性能见表 5-5。

表 5-5　导电炭黑的性能

名　称	平均粒径/μm	比表面积/(m²/g)	吸油值/(mg/g)	挥发分/%	特　性
导电精黑	17.5～27.5	175～420	1.15～1.65	—	粒径细,分散困难
导电炉黑	21～29	125～200	1.3	1.5～2	粒径细,表面孔度高,结构高
超导电炉黑	16～25	175～225	1.3～1.6	0.05	防静电,导电效果好
特导电炉黑	<16	225～285	2.6	0.03	表面孔度高,结构高,导电性好
乙炔炭黑	35～45	56～70	2.5～3.5	—	粒径中等,结构高,导电性稳定

（2）影响炭黑填充型导电高分子导电性的因素　炭黑填充型导电高分子的导电性，不仅取决于炭黑的结构、形态和浓度，还与以下因素有关。

① 电场强度。炭黑填充型导电高分子在不同强度外电场作用下具有不同的导电机理，所以导电性对外电场强度有强烈的依赖性。在高电场强度下（$E > 10^4 \text{V/cm}$），炭黑填充型导电高分子的导电本质是电子导电，隧道效应起主要作用。这时的自由电子获得足够的能量，穿过炭黑颗粒间的高分子隔离层而使材料导电，因此电导率较高。而在低电场强度下（$E < 10^4 \text{V/cm}$），炭黑填充型导电高分子的导电主要是内界面极化引起的离子导电，这种界面极化发生在炭黑颗粒与高分子之间的界面以及高分子晶粒与非晶区之间的界面。由于极化导电的载流子数量较少，因此电导率较低。

② 温度。在不同电场强度下，炭黑填充型导电高分子的导电性与温度的关系随着导电机理不同而表现出不同的规律。在高电场强度时，导电是自由电子的跃迁，相当于金属导电，温度降低有利于自由电子的定向运动，因此电导率随温度降低而增大；而在低电场强度时，界面极化引起导电，温度降低使载流子动能降低，极化强度减弱，因此导致电导率随温度降低而降低。

③ 加工方法与条件。炭黑填充型导电高分子的导电性与材料的加工方法和加工条件密切相关。在高剪切速率作用下混炼时，炭黑无限网链在剪切方向受到外力拉伸，导致电导率上

升；但当作用力大于一定值后，无限网链被破坏，而高分子的高黏度使得这种破坏不能很快恢复，因此导电性下降。若将材料经粉碎再生后，无限网链重新建立，电导率又能得以恢复。

5.1.5 典型的导电高分子及应用

尽管对导电高分子材料的研究起步较晚，但由于其优良的性能和潜在的发展空间，特别是可以在绝缘体、半导体和导体之间变化，在不同的条件下呈现各异的性能，因此发展非常迅速。尤其是复合型导电高分子材料，因成本较低，加工方法简单易行，已经得到了广泛的应用，并展现出广阔的应用前景。

（1）抗静电材料 利用导电高分子的半导体性质，与高分子母体结合制成表面吸附或填充型等形式的抗静电材料。

导电高分子抗静电剂的使用方法主要有三种。一种是表面聚合型的，主要用于纤维和织物。将纤维和织物表面浸渍吸附一层吡咯或苯胺单体，然后在酸性条件下氧化聚合，形成表面聚合物层，则会有抗静电效果。对纤维进行表面处理形成孔状结构，可增加导电聚合物的结合牢度，使用自掺杂 PAn 或较大分子量的掺杂剂，可延长有效抗静电时间。第二种是复合涂料，与防腐涂料制造工艺大体相同，但需要使用 1% 左右的导电高分子即可，因而 PAn 引起的颜色可以被其他颜料所掩盖，制成浅色或指定颜色的涂料。这类涂料已经用于大型油罐和管道的抗静电。第三种是填充型的，即将导电高分子或它的复合物添加到母体高分子中，与母体高分子一道加工成型。例如掺杂的 PAn 加入 PVC、PMMA、PE、PP、ABS 等，或者将掺杂的 PAn 或 PPy 先吸附在导电炭黑表面，再加入上述母体高分子中，都可给母体高分子带来抗静电效果。

制备填充型高分子抗静电材料的主要困难是如何控制导电高分子在母体高分子中的分散状态。研究结果表明，关键是形成导电高分子本身的导电通道，而不是简单地追求导电高分子与母体高分子的完全相容。事实上，正是利用导电高分子与母体高分子的不相容性形成导电高分子所在相的连续分布，才有可能使导电阈值保持在 1%～2% 的范围。所以导电高分子填充母体高分子的共混体系的导电逾渗行为有它自身的特点和规律，必须考虑和利用混合物中的相分离效应。这些研究结果反过来推动了炭黑/聚合物抗静电体系的研究，采取某些技术措施，使炭黑集中于共混物中连续的稀相中，可使导电阈值从理论的 16% 有大幅度下降。

抗静电材料用于各领域，如集成电路、印刷电路板及电子元件的包装材料；通信设备、仪器仪表及计算机的外壳；工厂、计算机室、医院手术室、制药厂、火药厂及其他净化室的防护服装、地板、操作台垫及壁材和抗静电的摄影胶片等。还可广泛地用作高压电缆的半导电屏蔽层、结构泡沫材料、化工仪器等。以导电高分子为抗静电剂的高分子抗静电材料从根本上解决了以小分子抗静电剂制成的高分子抗静电材料容易出现的因相容性差而导致的力学性能下降和抗静电性能不稳定的问题，同时，材料的颜色、抗静电剂的用量等都优于以小分子抗静电剂制成高分子抗静电材料，特别是聚苯胺在制备抗静电纤维和抗静电涂料方面有很好的开发应用前景。

（2）电磁波屏蔽与隐身材料 利用导电高分子材料的导电性和半导体性，反射或吸收电磁波，可以对电子仪器和设备进行电磁屏蔽。

一般来说，体积电阻率在 $10^{-2}\Omega \cdot cm$ 以下的导电材料才能显示出良好的电磁屏蔽效果。用于电磁波屏蔽复合材料的导电填料主要为金属粉末、金属纤维、碳纤维和镀金属碳纤维等。如用混有导电填料的导电塑料作外壳，或在塑料外壳上涂一层金属或含有碳粉、碳纤维的导电涂料，不仅可以大大简化产品的制备工艺，降低生产成本，同样可以达到有效的电磁屏蔽，甚至可以实现成型与屏蔽一体完成；利用导电高分子在掺杂前后导电能力的巨大变化实现防护层从反射电磁波到透过电磁波的切换，使被保护装置既能摆脱敌对方的侦察，又不妨碍自身雷达的工作，使隐身成为可逆过程；利用导电高分子由绝缘体变为半导体再变为导体的形态变化，可以使巡航导弹在飞行过程中隐形，在接近目标后绝缘起爆。这些应用在军事上有极其重要的意义。

（3）聚合物二次电池　利用导电高分子具有可逆的电化学氧化还原性能作为电极材料，制造可以反复充放电的二次电池。

这种电池的负极为锂铝合金或嵌锂的炭电极，正极为聚苯胺（PAn），电解质是 $LiBF_4$ 在有机溶剂中的溶液。导电 PAn 的充放电过程涉及对离子在固体电极中的扩散，因而充放电速率受到限制。为提高聚合物电极的充放电速率和比容量，研究了聚苯胺和聚二巯基噻二唑（PDMcT）复合电极。聚二巯基噻二唑作为电极材料，是基于图 5-18 所示反应。

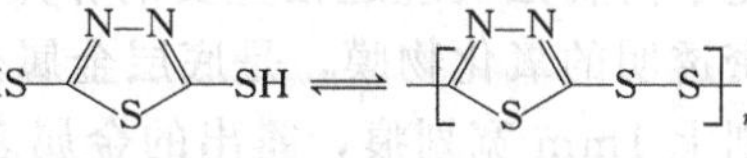

$$HS-\underset{S}{\overset{N-N}{\underset{\parallel}{\diagup}}}-SH \rightleftharpoons \left[\underset{S}{\overset{N-N}{\underset{\parallel}{\diagup}}}-S-S\right]_n$$

图 5-18　合成聚二巯基噻二唑

因为它的 1 个重复单元得失 2 个电子，理论容量高达 367A·h/kg，是很有吸引力的。但其充放电过程对应着聚合和解聚反应，聚合物又是绝缘体，所以这个电极反应的动态可逆性较差，表现为氧化聚合峰和还原解聚峰之间的电位相差 1V 左右。日本 Oyama 发现将 PAn 与 PDMcT 复合，电极的容量可达 180A·h/kg，高于 PAn 本身的容量，动态可逆性和充放电速率都有所改善。我国研究人员系统地考察了聚苯胺的结构、聚二巯基化合物结构对复合电极循环伏安性能的影响，发现 N-甲基取代聚苯胺对复合电极的循环伏安曲线影响明显，且与取代度有关；用适当种类和比例的单巯基化合物作为聚合的分子量调节剂，将聚合物限制在齐聚物范围内，则可显著改善复合电极的动态性能，氧化还原电位差减少甚至消失，而充放电容量下降不多。由此可以认为，在复合电极中，巯基化合物对 PAn 起掺杂作用；PAn 对巯基化合物的聚合与解聚反应有催化作用，也保证在巯基化合物变成聚合物后复合电极还有足够的电导率。

（4）发光二极管　最简单的高分子发光二极管（PLED）由 ITO（掺铟氧化锡）正极、金属负极和高分子发光层组成。从正、负极分别注入正负载流子，它们在电场作用下相向运动，相遇形成激子，发生辐射跃迁而发光。PLED 的发光效率取决于正负极上的注入效率及正负载流子数的匹配程度、载流子的迁移率、载流子被陷阱截获的概率。高分子修饰电极如用聚苯胺电极代替或修饰 ITO 电极，可显著改善注入效率；将 PAn 沉积在可翘曲基材上，可制成柔性或可翘曲 PLED。

（5）发光电化学池　发光电化学池（Light-enitting electrochemical cell，LEC）是另一种类型的电子聚合物发光器件，两个电极之间的导电聚合物与高分子电解质共混，在外电场作用下，靠近正极的导电聚合物发生 p-型掺杂，变成 p-型半导体；靠近负极的导电聚合物发生 n-型掺杂成为 n-型半导体；中间有一定宽度的过渡层，外电场所引起的电压降主要施加在绝缘的过渡层上，引起发光。所以，这是一种 p-i-n 结发光。

与常规的 PLED 相比，LEC 具有下列特点和优点：①不需要使用 ITO 和活泼金属电极，不要求电极功函数与材料能级的匹配，因而器件制备工艺简单、成本低；②它的有效发光方向与施加的外电场垂直；③启动电压很低，基本上对应于导电聚合物的能隙；④发光效率高；⑤发光行为与电场方向无关，正负偏压都同样发光；⑥器件寿命相对较长。

LEC 的发光材料是电子聚合物与高分子电解质的复合体系。电子聚合物一般是非极性的，高分子电解质一般是强极性的，两者复合，有很复杂的相行为。其中的高分子电解质工作在玻璃化温度（T_g）以上，难免在使用和储存过程中产生相态结构的变化，改变器件性能。解决以上响应速度慢和相态不稳定问题的一种途径是研制"室温冻结的 LEC"，即选用 T_g 高于室温的高分子电解质，在高温下制成器件，进行极化，形成 p-i-n 结之后冷却到室温，p-i-n 结构被冻结下来，在以后的使用不需要每次生成，高分子电解质在 T_g 以下工作，弛豫时间很长，器件稳定性相应有所改善。与 PLED 中的"多功能材料"相似，在 LEC 研究中，也有人试图合成兼具导电/发光和电解质功能的材料，以消除两者相分离带来的影响。

（6）金属防腐与防污　导电高分子聚苯胺和聚吡咯等在钢铁或铝表面形成均匀致密的聚合物膜，通过电化学防腐、隔离环境中的氧和水分的化学防腐共同作用，可有效地防止各种合金钢和合金铝的腐蚀，膜下金属得到有效的保护。

导电聚合物的防腐行为的主要特点表现在：①普适性，即在适当条件下，聚苯胺、聚吡咯对各种合金钢和合金铝品种具有防腐蚀能力，本征态和掺杂态聚苯胺都具有这种能力；②除了对氧和水分的隔离作用外，电化学防腐蚀机理起很重要的作用；③由于 PAn 与金属间的氧化还原反应，在金属表面形成致密透明的氧化物膜，是底层金属获得保护的主要原因。

划痕保护作用是在涂层上划上 1mm 宽划痕，露出的金属表面在海水或稀酸中依然受到保护，甚至一块金属板的一部分涂覆 PAn 后，未涂覆的部分也会受到保护。利用钢铁表面 PAn 的划痕保护作用，可以开发导电聚合物防腐涂料。但由于纯 PAn 在金属表面附着力不好，这种涂料通常是 PAn 与已知的涂料聚合物混用。将涂料聚合物的黏着力、流平性及与颜料等添加剂的相容性与 PAn 的防腐性相结合，形成复合防腐涂料。

导电高分子材料还可以制成其他与我们日常生活密切相关的实用化产品，如可根据外界条件变化调节居室环境的智能窗户、发光交通标志和太阳能电池，使人们生活的环境更加舒适。

5.2　电活性高分子

电活性高分子材料是指在电参数作用下，材料本身组成、构型、构象或超分子结构发生变化而表现出特殊物理和化学性质的高分子材料。

电活性高分子材料是功能高分子材料的重要组成部分，其研究与应用在科学领域和工程领域备受重视，近年来发展非常迅速。由于电活性高分子的功能显现和控制是由电参量控制的，因此这类材料的研究一旦获得成功很快就能投入生产，获得实际应用。例如，从电致发光材料的发现、研制成功到生产出基于这种功能材料的全彩色显示器实用化产品仅需几年的时间。

5.2.1　电活性高分子的种类及特点

根据施加电参量的种类和材料表现出的性质特征，可以将电活性高分子材料划分为以下类型。

（1）导电高分子材料　施加电场作用后，材料内部有明显电流通过，或者电导能力发生明显变化的高分子材料。

（2）电极修饰材料　用于对各种电极表面进行修饰，改变电极性质，从而达到扩大使用范围、提高使用效果的高分子材料。

（3）高分子电致变色材料　材料内部化学结构在电场作用下发生变化，因而引起可见光吸收波谱发生变化的高分子材料。

（4）高分子电致发光材料　在电场作用下，分子生成激发态，能够将电能直接转换成可见光或紫外线的高分子材料。

（5）高分子介电材料　电场作用下材料具有较大的极化能力，以极化方式储存电荷的高分子材料。

（6）高分子驻极体材料　材料荷电状态或分子取向在电场作用下发生变化，引起材料永久性或半永久性极化，因而表现在某些压电或热电性质的高分子材料。

当将电参量施加到电活性高分子材料时，有时材料仅发生物理性能的变化。如高分子驻极体当被注入电荷后，由于其高绝缘性质，能够将电荷长期保留在局部；高分子介电材料在电场作用下发生极化现象；高分子电致发光材料在注入电子和空穴后，两者在材料中复合成激子，能量以光的形式释放出来。

在另外一些情况下，材料在电参量的作用下可能会发生化学变化而表现出某种特定功能。例如电致变色材料在吸收电能后发生了可逆的电化学反应，其自身结构或氧化还原状态发生变化，所以光吸收特性在可见光区发生较大改变而显示出明显的颜色变化；而高分子修饰电极有时可能发生物理性能的变化，有时又可能发生化学性质的变化。如选择性修饰电极是改变电极表面的物理特性，而各种高分子修饰电极型化学敏感器则是因为在电极表面的电活性材料发生化学变化，从而导致电极电势的变化。

5.2.2 超导电高分子

5.2.2.1 材料的超导态及其特征

超导态是当温度低于某一数值后，材料的电阻接近为零，电子可毫无阻碍地流过导体，而不发生任何能量消耗的状态。许多金属和合金在低温下具有超导性。材料从导体转变为超导体的转变温度，称为超导临界温度，记作 T_c。

从宏观现象上看，材料在超导状态下具有以下基本特征：①电阻值为零；②超导体内部磁场为零；③超导现象只会在临界温度以下才会出现；④超导现象存在临界磁场，磁场强度超越临界值，则超导现象消失。

在电力工业、核科学、高能物理、计算机通信及其他领域，超导材料的应用有着非凡的意义。应用超导体传输电力，可以大量节约电能，创造可观的经济效益。同时超导现象及其理论也可能会使核科学、高能物理、计算机通信等领域发生革命性的变化。但到目前为止，研制的具有超导性质的材料其临界温度都非常低。如金属汞的临界温度 T_c 为 4.1 K，铌锡合金的 T_c 为 18.1 K，铌铝锗合金的 T_c 为 23.2 K，无机高分子超导体聚氮硫的 T_c 仅为 0.26 K。在如此低的温度下，使用超导体并没有经济价值。所以提高材料的超导临界温度是超导材料实用化的关键。

5.2.2.2 BCS 超导理论

在研究同位素含量不同的超导体过程中，麦克斯韦（Maxwell）等人发现，这类超导体的超导临界温度 T_c 与金属的平均原子量（M）的平方根成反比，即超导体的质子质量影响其超导态，这表明超导现象与晶格振动（声子）有关。据此，巴顿（Bardeen）、库柏（Cooper）和施里费尔（Schrieffer）三人于 1957 年提出著名的 BCS 超导理论：物质超导态的本质是被声子所诱发的电子间的相互作用，即以声子为媒介而产生的引力克服库仑排斥力而形成电子对。

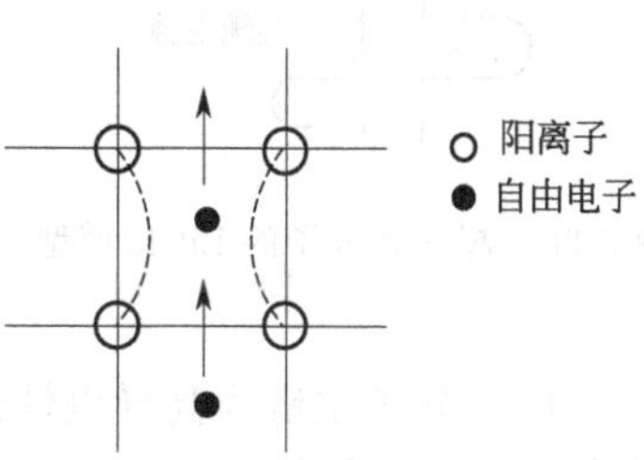

BCS 超导理论认为，金属中自由电子的运动实际上是金属中的阳离子以平衡位置为中心进行的晶格振动。如图 5-19 所示，当一个自由电子在晶格中运动时，阳离子与自由电子之间的库仑力作用使阳离子向电子方向收缩。由于晶格中粒子的运动比电子的运动速度慢得多，故当自由电子通过某个晶格后，离子还处于收缩状态。所以离子收缩处局部呈正电性，于是就有第二个自由电子会被吸引。两个电子间由于晶

○ 阳离子
● 自由电子

图 5-19 库柏对形成示意

格运动和电子运动的相位差产生间接引力形成电子对，这种电子对首先是由库柏（L. M. Cooper）发现，因此称其为库柏对。每个库柏对中的两个电子都具有方向相反、数量相等的运动量，使库柏对在能量上比单个电子运动稳定很多，从而在一定条件下很多库柏对可

以共存。一般库柏对的两个电子间距离有数千纳米，而在金属中实际电子数很多，电子间的平均距离仅为十分之一纳米左右，因此库柏对常常相互纠缠在一起。

由于组成库柏对的两个电子间引力不大，因此当温度较高时，库柏对被热运动所打乱而不能成对，同时，离子在晶格上强烈地不规则振动，使形成库柏对的作用也大大减弱；当温度足够低时，库柏对在能量上比单个电子运动要稳定，因而体系中仅有库柏对的运动，库柏对电子与周围其他电子没有能量的交换，也就没有电阻，即达到了超导态。使库柏对从不稳定到稳定的转变温度，即为超导临界温度。根据 BCS 理论的基本思想，经量子力学计算可以得到超导临界温度的关系式：

$$T_c = \frac{\omega D}{k} \exp\left(-\frac{1}{NV}\right)$$

式中，ωD 为晶格平均能，在 $10^{-2} \sim 10^{-1}$ eV 之间；k 为玻耳兹曼常数；N 为费米面的状态密度；V 为电子间的相互作用。由上式计算金属的 T_c 上限只有 30K 左右。

由 BCS 理论可知，提高库柏对电子的结合能是提高材料的超导临界温度的必要条件。当电子在金属晶格中运动时，如果离子的质量越轻，则形成的库柏对就越多、越稳定。根据质量平衡关系，离子的最大迁移率与离子质量的平方成反比，即库柏对电子的结合能与离子的质量有关。离子的质量越小，库柏对电子的结合能就越大，相应的超导临界温度就越高。由此设想，如果库柏对的结合能不是由金属离子所控制，而是由聚合物中的电子所控制的话，由于电子的质量是离子的千百万分之一，超导临界温度因此可大大提高。通过对超导理论的研究，专家认为，用高分子材料可能制备超导临界温度在液氮温度（77 K）以上，甚至是常温超导的材料。

5.2.2.3 超导高分子的 Little 模型

利特尔（W. A. Little）在金属超导机理研究的基础上，分析了线形聚合物的化学结构，提出了超导高分子的 Little 模型，如图 5-20 所示。利特尔认为，超导高分子的结构应具有以下特点。

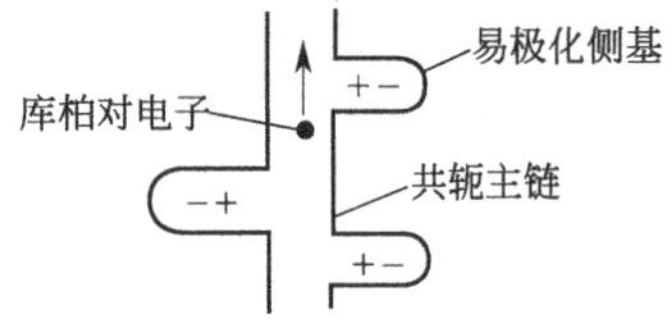

图 5-20 超导高分子的 Little 模型

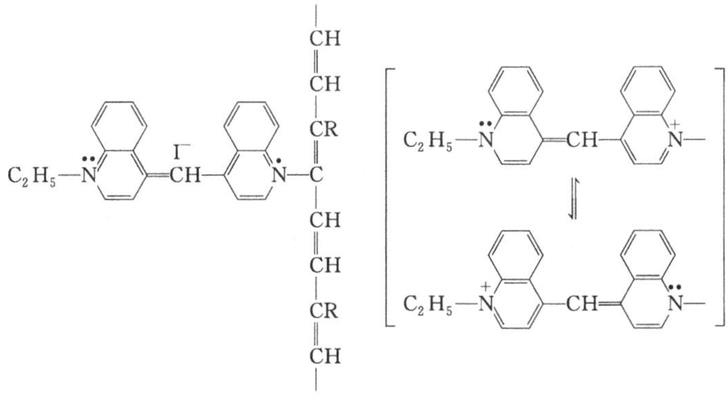

图 5-21 Little 假设的超导高分子结构

① 高分子主链为高导电性的共轭双键结构，并在主链上有规则地连接一些极易极化的短侧基。由于共轭主链上的 π 电子并不固定在某一个碳原子上，可从一个 C—C 键迁移到另一个 C—C 键上，即高分子共轭主链上的 π 电子类似于金属中的自由电子。当 π 电子流经侧基时，形成内电场使侧基极化，则侧基靠近主链的一端呈正电性。因为电子运动速度很快，而侧基极化的速度远远落后于电子运动，所以在主链两侧就形成稳定的正电场，继续吸引第二个电子。因此在高分子主链上就形成了类似于金属导体中由于晶格运动和电子运动的相位差使两个电子间产生间接引力所形成的库柏对。

② 共轭主链与易极化的侧基之间要用绝缘部分隔开，以避免主链中的 π 电子与侧基中的电子重叠，使库仑力减少而影响库柏对的形成。

图 5-21 为利特尔假想提出的一个超导高分子的具体结构，高分子主链为长的共轭双链体系，侧基为电子能在两个氮原子间移动而"摇晃"的菁类色素基团。据估算，该超导高分子的 T_c 约为 2200K。另外也有很多学者对 Little 模型提出了异议，近年来不少科学家提出了许多其他超导高分子的模型，各有所长，但也有不少缺陷，因此超导高分子的研究仍然是迷雾重重。如果真能合成出临界温度如此之高的超导体，必有广阔的应用前景。

5.2.3 电致发光高分子

5.2.3.1 电致发光现象与电致发光材料

当在两电极间施加一定的电压参量后，受电物质能够直接将电能转化为光能，发出一定颜色的光，这种由电场激励发光的现象称为电光效应，也被称为"电致发光"现象，简称"EL"。具有电-光能量转换特性的功能材料被称为电致发光材料。

电致发光材料的发现始于 20 世纪的 SiC 晶体，并在此基础上开发出了各种无机半导体电致发光器件。此后，研究发现非晶态的有机材料也具有电致发光现象，并在 1990 年报道高分子聚对亚苯乙烯（PPV）也具有电致发光现象。

目前，实际应用的电致发光材料还是 Si、Ge、As、P 等无机材料，这类无机电致发光材料制成的器件具有高效、耐用、坚固等优点，但同时也存在发光频率很难改变、不易加工和成本偏高等问题，特别是很难得到发蓝光的材料，因而无法满足高亮度、低功耗、多色化、多功能显示和方便表面安装等新型器件的应用要求。

相对于无机电致发光材料，高分子电致发光材料具有良好的机械加工性能，易实现大面积显示；另外高分子材料种类多，结构可调控，从而可获得红绿蓝三基色的全谱带发光；另外高分子电致发光器件的体积小、驱动电压低、制作简单、成本低、响应速度快也是其重要优点。

另外与有机小分子电致发光材料相比，高分子材料的玻璃化温度高、不易结晶、材料具有挠曲性、机械强度好，因此可以克服有机小分子电致发光材料易结晶、界面分相和寿命短等问题，为有机电致发光器件性能的提升开辟了广阔的道路，具有巨大的市场前景。

5.2.3.2 高分子电致发光过程与原理

（1）电致发光过程 材料的电致发光由三个基本过程组成，如图 5-22 所示，分别为①载流子（电子和空穴）的注入和传输；②电子和空穴复合形成激子；③激子的复合、扩散和辐射发光。

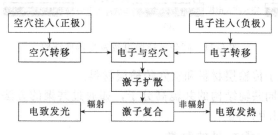

图 5-22 电致发光基本过程

由电能产生的激子属于高能态物质，激子的能量既可以通过振动弛豫、化学反应等非光形式耗散，也可以通过荧光历程，以发光形式耗散，也就是电致发光。

（2）高分子电致发光原理 高分子的电致发光原理是在电场作用下由正极和负极分别注入的载流子（空穴和电子），发生迁移并在高分子半导体内相遇，复合成单线态激子或三线态激子，单线态激子通过复合辐射衰减而发射光子，而三线态激子由于其能量比单线态激子低得多，其衰减基本为非辐射。

高分子薄膜电致发光原理如图 5-23 所示。电致发光高分子薄膜位于正负电极间，在两电极间施加电压后，从正、负极注入的载流子经迁移并复合形成激子，激子在辐射跃迁过程中发光，因此从透明的掺铜氧化锡正极可观察到高分子薄膜发出一定颜色的光。

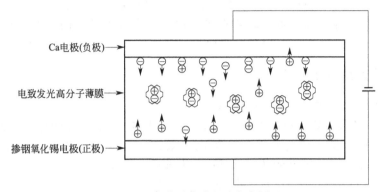

图 5-23　高分子薄膜电致发光原理

载流子能否有效产生激子是电致发光器件结构设计中的重要因素。生成激子必须依靠电子和空穴的有效复合，而复合区域又必须发生在发光层内才有效。另外一般载流子电子和空穴以相近的比率注入高分子发光层中时，可形成更多的激子，因此在电致发光器件的制作和设计上可以通过以下几个途径使材料获得较高的发光效率。

① 当发光材料确定时，选择合适功函数的材料作电极，以增加电子的注入，且保持与空穴的匹配。现在采用的阳极材料基本上都是透明的 ITO（掺铟氧化锡）电极，是高功函的材料，用于空穴的注入并利于光的透射。作为阴极材料，虽然钙的功函最低，但是其在空气中不稳定，现在常用的阴极是镁、铝或者碱土金属及其合金。

② 多数有机材料对电子和空穴的传输能力并不相同，从而造成载流子不能在发光层中有效复合，因此在电致发光器件制作时，在两电极和高分子之间分别加入一层电子传输材料和空穴传输材料，如图 5-24 所示，以增加器件的传输性，使得电子和空穴尽量在发光材料层中复合，以产生更多的激子。

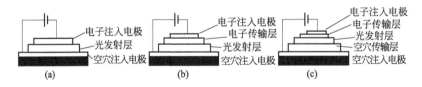

图 5-24　高分子薄膜电致发光器件结构

③ 寻找各种新的电子传输层材料和空穴传输层材料。

④ 合成新的具有不同共轭结构的共轭高分子，如通过共聚的方法改变高分子材料本身性能使其能带与金属电极相互匹配。

5.2.3.3　电致发光高分子材料的种类

在高分子电致发光器件中，高分子材料的作用主要有四个方面：①作为发光材料；②作为空穴传输材料；③用作电子传输材料；④本身是光电惰性的，但借助小分子掺杂可实现载流子传输或发光，即作为载流子传输层或发光层的基质材料。

发光材料在电致发光器件中起着决定性的作用，发光效率的高低、发光波长的大小以及使用寿命的长短，往往都取决于发光材料的选择。

常用的电致发光高分子材料主要有三类：①主链有大 π 共轭结构成发色团的高分子材料，其电导率较高，电荷沿着高分子主链传播；②共轭基团作为侧基连接到柔性高分子主链上的侧链共轭性高分子材料，其具有光导电性能，电荷主要通过侧基的重叠跳转作用完成；③将光敏感的小分子与高分子材料共混得到的复合型电致发光材料。

在这里主要介绍主链共轭的电致发光高分子材料，主要包括聚对苯乙炔（PPV）及其衍生物、聚烷基噻吩及其衍生物、聚芳香烃类化合物。

（1）聚对苯乙炔（PPV）及其衍生物　目前在电致发光器件最常用的高分子是 PPV 及其衍生物：

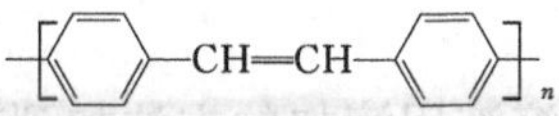

从结构上看，PPV 是苯环和乙烯基团的交替结构，具有导电性，具有优良的空穴传输性和热稳定性，另外由于苯环的存在，光量子效率较高。1990 年，美国的 Heeger 小组和英国的 Friend 小组分别报道高分子 PPV 具有电致发光现象，当 PPV 两端加有一定电压时，样品可以发出黄绿色的光线，从此揭开了高分子发光二极管（PLED）研究的新篇章。

PPV 主要合成路线有三种：①硫酸盐前体合成法；②特定单体的开环聚合法；③化学蒸发沉积法，但是此方法合成的 PPV 由于发光效率较低，不适用于制备电致发光器件。

通过分子设计，引入供、吸电子取代基，或者控制高分子共轭链长度，均能调节能隙宽度，可以达到调节发光波长的目的，得到红、蓝、绿等各种颜色的发光材料。但由于 PPV 不溶于任何溶剂，可加工性能差，不能直接在导电玻璃上形成高质量的透明薄膜。在制备电致发光器件时，可通过旋涂聚合物前体或合成可溶性 PPV 衍生物（在苯环上引入长链烷基）的方法来解决这个问题。

（2）聚烷基噻吩及其衍生物　聚烷基噻吩及其衍生物是继聚对苯乙烯类之后研究的较为充分的一类主链共轭型杂环电致发光高分子材料，其稳定性好，启动电压较低，根据结构不同，可以发出红、蓝、绿、橙等颜色的光。单纯的聚噻吩的溶解性不好，在 3-位引入烷基取代基，可以加大共轭高分子链间的距离，从而可以大大提高溶解性能，提高量子效率。

（3）聚芳香烃类化合物　这类材料主要包括聚苯、聚烷基芴等，该类材料的化学性质稳定，禁带宽度较大，能够发出其他材料不容易制作的蓝光发光器件。

5.2.3.4 高分子电致发光器件的制作方法

高分子电致发光器件必须满足高效、可靠、高亮度、低驱动电压、低电流密度和长寿命等要求才能具有实际应用的价值。这里主要介绍高分子电致发光器件的实验室制备方法。如果将其发展成为工业规模，需要对相应的制备方法进行改进和完善，如制作信息显示器、微电极短阵用的器件，通常需要借助光刻等微加工技术。

电致发光器件的制作　PPV 单层电致发光器件为典型的"三明治"结构：电致发光器件内电子注入电极（负极）、电子传输层、荧光转换层、空穴传输层和空穴注入电极（正极）依次组合而成。一般的制作程序是以透明的 ITO 玻璃电极作为基体材料，在此电极上用成膜法使电致发光材料形成空穴传输层、荧光转换层、电子传输层，最后用真空蒸镀的方法形成电子注入电极。目前使用的成膜方法主要有以下几种。

① 真空蒸镀成膜法。将涂层材料放在较高温度处，在真空下升华到处在较低温度处的 ITO 玻璃电极上形成薄膜。膜的厚度由升华速度（取决于温度和真空度）和蒸镀时间控制，而升华速度又取决于温度和真空度。真空蒸镀成膜法需要特殊的设备，并要求成膜材料的热稳定性高（在升华温度下不分解），而电致发光高分子材料由于其熔点较高，不易升华，而且在高温升华条件下结构容易发生破坏，较少使用真空蒸镀成膜方法。

② 原位聚合成膜法。将电极浸入含有聚合单体的溶液中，利用电化学或光化学方法引发聚合反应，在电极表面直接形成电致发光薄膜。目前使用最多的是电化学原位聚合方法。电化

学聚合方法制成的薄膜缺陷少，特别适合制备非常薄的发光层，尤其适合主链为共轭结构的溶解性很差的高分子电致发光材料的成膜。用这种方法制作电致发光器件时，膜的厚度可通过电解电压值和电解时间控制。发光层的厚度越小，需要的启动电压越小或电解时间越短。通常带有端基双键的单体可用还原电化学聚合方法成膜，而含芳香环单体（如苯胺及其衍生物）或者杂环单体（如吡咯、噻吩及其衍生物），则可通过氧化电化学聚合方法成膜。

③ 浸涂成膜法。将玻璃电极浸入由成膜材料溶解在一定溶剂中制成的溶液中，取出后溶剂挥发成膜。膜的厚度可由溶液的浓度（黏度）或浸涂数次控制。该方法不需要复杂的仪器设备，简单易行。但由于在浸涂第二层时往往对第一层造成不利影响，所以浸涂成膜法不适合制备多层结构的电致发光器件。

④ 旋涂成膜法。将成膜材料的溶液用滴加的方法加到旋转的玻璃电极表面，多余溶液在离心力作用下被甩出，余下部分在电极表面形成均匀薄膜。膜的厚度可由成膜溶液的浓度（黏度）和滴加时间控制。由于电极与溶液的接触时间短，各层相互影响相对较小，所以此法可用于多层器件的制备。

由浸涂和旋涂方法虽然简单有效，但由于许多高分子电致发光材料的溶解性较差，无法得到适当浓度的溶液，其使用也受到一定限制。

5.2.3.5 电致发光高分子材料的应用

电致发光高分子材料自问世以来，由于其本身特有的性质，使由其制作的高分子电致发光器件具有主动显示、无视角限制、超薄、超轻、低能耗、柔性等特点，在新一代显示材料方面很有发展前景。

目前，电致发光在平面照明和新型显示装置方面已经取得了很多应用性成果，如仪器仪表的背景照明、广告等大面积显示照明等、矩阵型信息显示器件（如计算机、电视机、广告牌等）。同液晶显示器相比，有机电致发光显示器具有主动发光、亮度更高、质量更轻、厚度更薄、响应速度更快、对比度更好、视角更宽、能耗更低的优势。如能够采用柔性电致发光材料代替目前的ITO电极，将获得柔性电致发光显示器件，使显示器的质量更轻、更耐冲击、成本更低，我们有理由相信，不久的将来，人们一直企盼的折叠式电视机、电子报纸和杂志就会走进我们的家庭。

但总的来说，电致发光高分子材料无论是制备工艺、品质质量方面都还不是很成熟，主要需要解决以下几个方面的问题：

① 在理论研究方面，继续深入研究高分子的电致发光的机理问题的研究，对高分子材料的分子设计和提高器件的发光效率提出理论上的指导；

② 提高发光效率；

③ 提高器件的稳定性和使用寿命；

④ 发生波长的调整；

⑤ 改进材料的可加工性。

5.2.4 电致变色高分子

5.2.4.1 电致变色现象与电致变色材料

电致变色是指在外加电压的感应下，物质的光吸收或光散射特性发生变化的现象，简称电色现象。其实质是由于电场作用，物质发生氧化-还原反应而引起颜色的变化。这种颜色的变化能够可逆地响应电场的变化，且具有开路记忆的功能。

电致变色材料是指在外电场及电流的作用下，可发生色彩变化的材料即为电致变色材料。其本质是材料的化学结构在电场作用下发生改变，进而引起材料吸收光谱的变化。根据颜色变化的过程分类，可分为颜色单向变化的不可逆变色材料，以及更具应用价值的颜色可以双向改变的可逆变色的材料。

电致变色材料又可根据材料的结构特征划分，分为无机电致变色材料和有机电致变色材料。目前发现的无机电致变色材料主要是过渡金属（如钨、钼、铂、铱、锇、钌、钯等）的氧化物、络合物，以及普鲁士蓝和杂多酸等。有机电致变色材料有可分为有机小分子电致变色材料和高分子电致变色材料。有机小分子电致变色材料主要包括有机阳离子盐类和带有有机配位体的金属络合物，有机阳离子盐类中最具代表性是紫罗精类化合物，带有有机配位体的金属络合物种类繁多，其中最具代表的是酞菁络合物。

无机和有机小分子电致变色材料由于自身的一些缺陷，限制了它们的应用范围，高分子电致变色材料在制备方法、成本、色彩变化与可加工性等方向都具有明显的优势，是目前研究的热点领域。

5.2.4.2 高分子电致变色材料和变色机理

高分子电致变色材料主要包括四种类型：主链共轭型导电高分子、侧链带有电致变色结构的高分子材料、高分子化的金属络合物以及小分子电致变色材料与高分子的共混物。

（1）主链共轭型导电高分子材料　主链共轭型导电高分子材料在发生氧化还原掺杂时，分子轨道能级发生改变，可引起颜色发生可逆变化，因此所有主链共轭型导电高分子都是潜在的电致变色材料，特别是聚吡咯、聚噻吩、聚苯胺和它们的衍生物，在可见光区都有较强的吸收带，吸收光谱变化范围处在可见光区。同时这些线形共轭高分子发生氧化还原掺杂时，在掺杂和非掺杂状态下颜色要发生较大的变化。总的来说电致变色材料的颜色取决于导电高分子中价带和导带之间的能量差，颜色变化的幅度取决于在掺杂前后能量差的变化。

① 聚吡咯及其衍生物的电致变色性。在水溶液或有机溶剂中用电化学的方法聚合得到的掺杂态聚吡咯呈现蓝紫色（$\lambda_{max} = 670nm$），经电化学还原后可得黄绿色（$\lambda_{max} = 420nm$）的非掺杂态聚吡咯膜，当脱去所有掺杂离子后，则薄膜是淡黄色，即聚吡咯具有电致变色性。当膜的厚度较小时，电致变色现象明显，而当膜的厚度达到一定程度时，就不具备电致变色性。

此外聚吡咯还可以进行自掺杂成为电致变色性材料，自掺杂电致变色反应如图 5-25 所示。

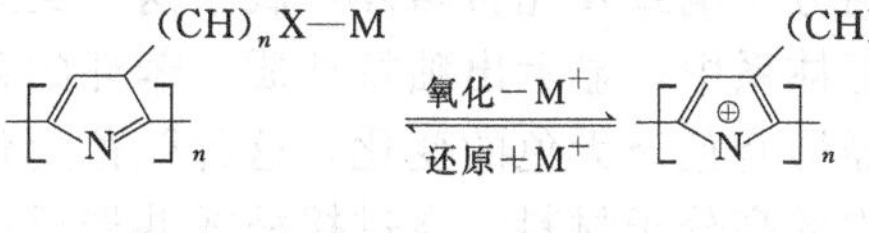

图 5-25　聚吡咯自掺杂电致变色反应

式中，X=CO_2、SO_2；M=H、Na、Li 等。

在掺杂过程中，因为离子能快速实现掺杂和脱掺杂，所以可以迅速完成电致变色，同时材料自身的稳定性也有所提高。

聚吡咯的衍生物及复合物也可作电致变色材料。通过共聚合成多种结构的高分子，由于其能带宽度不同而内在光学属性不同，从而达到控制高分子的变色范围的目的。如吡咯与噻吩衍生物共聚后电致变色响应极快，光学对比性更好。用聚普鲁士蓝沉积在聚吡咯膜上形成 PPy/聚普鲁士蓝电致变色复合膜，聚普鲁士蓝（PB）的引入，在提高聚吡咯膜颜色对比性的同时，扩大对可见光谱电致变色响应的范围。其他聚吡咯膜电致变色复合膜还有 PPy/聚醚氨酯和PPy/聚乙烯与乙烯醇共聚物等。

② 聚苯胺类高分子的电致变色性。聚苯胺（PAn）由于具有独特的导电机理、优良的环境稳定性和适中的工业生产成本，是目前唯一已经批量化生产的结构型导电高分子材料。聚苯胺的电学性质和电致变色性与其氧化状态、质子化状态和所用电解液的 pH 值等有关，并具有颜色转换快、循环可逆性好和光学质量优良的特点，被公认为是一种很有发展前途的电致变色材料，有可能应用于电致变色装置和智能窗。

Keneko 等在铂或特殊玻璃上通过电化学聚合，在酸性条件下得到的聚苯胺薄膜表现出可逆的电致变色性，当循环电位在 -0.7~0.6V 之间变化时，聚苯胺颜色变化如图 5-26 所示；施加电压大于 0.6V，聚苯胺处于完全氧化态而显黑色，不再具有电致变色现象，其导电性也逐渐降低，最后呈现绝缘状态。电极的种类、氧化剂的浓度对循环次数有一定的影响（循环次数一般均大于 10^3）。

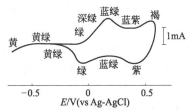

图 5-26　聚苯胺的循环伏安曲线与颜色变化（扫描速度为 10mV/s）

③ 聚噻吩及其衍生物的电致变色性。与聚吡咯一样，聚噻吩薄膜也可以通过电化学聚合的方法制备，且聚噻吩的衍生物大多具有良好的电致变色性。但由于聚噻吩的单体价格较贵，且聚合条件苛刻，所以限制了聚噻吩的应用。

研究发现，聚［亚乙基二氧噻吩二（十二烷基氧苯）］在很窄的波长范围内有非常高的变色效率，很适合在电致变色装置中应用。聚噻吩及其衍生物的电致变色性见表 5-6。

表 5-6　聚噻吩及其衍生物的电致变色性

聚合物	聚合物的吸收光谱特征和颜色	
	氧化态 λ_{max}/nm	还原态 λ_{max}/nm
聚噻吩	730（蓝色）	470（红色）
聚-3-甲基噻吩	750（深蓝色）	480（红色）
聚-3,4-二甲基噻吩	750（深蓝色）	620（淡褐色）
聚-2,2′-二噻吩	680（蓝灰色）	460（橘红色）

除上述三种主链共轭型的高分子电致发光材料外，属于这一类型的还有聚硫芴和聚甲基吲哚等。它们由于苯环参与到共轭体系中，显示出独特性质，苯环的存在允许醌型和苯型结构共振，在氧化时因近红外吸收而经历有色→无色的变化，这种颜色变化与其他导电高分子相反。

（2）侧链带有电致变色结构的高分子材料　通过接枝或共聚反应，将电致变色化学结构组合到高分子的侧链上形成侧链带有电致变色结构的高分子材料。高分子主链通常是由柔性较好的饱和碳链构成，主要起固定小分子的结构、并调节材料的力学性能和改进可加工性的作用；侧链具有电致变色性能的小分子结构，起电致变色作用。

相对于主链共轭的材料，这种类型的电致变色材料集小分子变色材料的高效率和高分子材料的稳定性于一体，可以提高器件的性能和寿命，当采用导电高分子材料作为高分子主链时，还可以提高材料的响应速度，因此具有很好的发展前途。

这种侧链带有电致变色结构的高分子材料的电致变色原理与其带有的电致变色小分子相同，如带有紫罗精的高分子材料是由于不同氧化态时，紫罗精吸收光谱发生如同小分子状态时同样的变化而呈现颜色变化。

（3）高分子化的金属络合物　将具有电致变色作用的金属络合物高分子化可以得到具有高分子特征的电致变色材料。同侧链带有电致变色结构的高分子材料一样，电致变色特征取决于金属络合物，而机械性能则取决于高分子骨架。

金属络合物的高分子化主要是通过在有机配体中引入可聚合的基团，可以采用先聚合后络合的方式制备，但高分子骨架对络合的动力学过程会有干扰；也可采用先络合后聚合的方式制备，但聚合反应容易受到络合物中心离子的影响。因而在制备过程中，均须考虑各种不利因素。

此类高分子化的金属络合物电致变色材料最具代表性的是高分子酞菁。含有氨基和羟基的酞菁可以利用电化学聚合方法得到高分子化的电致变色材料，如 4,4′,4″,4‴-四氨酞菁镥和四(2-羟基-苯氧基)酞菁钴都可以通过氧化电化学聚合得到高分子化的酞菁。另外含有氨基和苯胺取代的联吡啶，以及氨基和羟基取代的联吡啶与 Fe^{2+} 和 Ru^{2+} 形成的配合物通过氧化聚合直接在电极表面形成电致变色膜，在通过电极氧化时膜电极从红紫色变为桃红色。另外端基带有双键的金属配合物可以用还原聚合实现高分子化。

(4) 小分子电致变色材料与高分子的共混物 将各种电致变色材料与高分子材料共混进行高分子化改性也是制备高分子电致变色材料的有效方法之一。

共混复合的方法主要包括小分子电致变色材料与常规高分子共混、高分子电致变色材料与常规高分子共混、高分子电致变色材料与其他电致变色材料共混，以及与其他助剂共混。这些方法具有工艺条件简单、材料易得的特点，经过共混处理后，材料的电致变色性质、使用稳定性、可加工性等都可以得到一定程度的改善，特别是使原来一些不易制成器件使用的小分子型电致变色材料获得广泛应用。

5.2.4.3 电致变色高分子材料的应用

具有实用价值的电致变色高分子材料必须具备颜色变化的可逆性、颜色变化的方便性和灵敏性、颜色深度的可控性、颜色记忆性、驱动电压低、多色性和环境适应性强等特点。目前研究开发的电致变色高分子材料已经基本具备上述性质，电致变色材料的特点和优势促使各种电致变色器件的研制和开发迅速发展，电致变色器件基本上是由电子源和离子源、透明导电层、电致变色层、电解质层、电极层等构成。

电致变色材料可以用于研制开发信息显示器件、电致变色智能调光窗、无眩反光镜和电色信息存储器等，此外，在一些近年来的高新技术产品中，如变色镜、高分辨率光电摄像器材、光电化学能转换和储存器、电子束金属版印刷技术等也获得了应用。

(1) 智能窗 电致变色材料可以用于制作主动型智能窗（Smart Window）。智能窗也被称为灵巧窗，是指可以通过主动（电致变色）或被动（热致变色）来控制窗体颜色，达到对热辐射（特别是太阳光辐射）光谱的某段光谱区产生反射或吸收，有效调节通过窗户的光线频谱和能量流，实现对室内光线和温度的调节。用于建筑物及交通工具不仅能节省能源，减少空调的使用，而且可使室内光线柔和，环境舒适，具有经济价值和生态意义。

(2) 信息显示器 电致变色材料凭借其电控颜色改变用于机械指示仪表盘、记分牌、广告牌以及公共场所大屏幕显示器等新型信息显示器件的制作。与其他类型显示器相比，此类型显示器具有无视盲角、对比度高、驱动电压低、色彩丰富、电耗低、不受光线照射影响等特点。

(3) 电色信息存储器 电致变色材料具有开路记忆功能，可用于储存信息。利用多电色性材料，以及不同颜色的组合可以用来记录彩色连续的信息，其功能类似于彩色照片，而且又具有底片类材料所不具备的擦除和改写性质。

(4) 无眩反光镜 在电致变色器件中设置一反射层，由于电致变色层具有光选择性吸收的特性，当发生电致变色时，可以有效调节反射光线，成为无眩反光镜。用于交通工具的后视镜，可避免强光刺激，从而增加交通的安全性。

目前虽然在电致变色高分子材料的开发和应用中还有如化学稳定性、颜色变化的响应速度、使用寿命等许多问题需要解决，但是电致变色高分子材料仍有着十分广阔的应用前景。

5.3 压电高分子材料

压电高分子是在外加机械力的作用下能发生极化，从而产生电压的高分子材料。对于有机高分子压电性的探索，最早可追溯到 20 世纪 20 年代，人们发现当将某些橡胶和明胶在电场下冷却，可以产生微弱的压电性。但由于这种压电性很弱，故一直未能引起广泛重视。1941年，Martin发现角质蛋白质具有压电效应。此后一段时间内，研究集中于天然高分子材料。20世纪50～60年代，Fukada陆续在木材、骨头、肌腱、多糖体以及DNA中发现正压电效应，并且证实木材中存在逆压电效应。Fukada随后还研究了合成高分子和天然高分子拉伸膜的压电效应，并阐明了光活性高分子单轴拉伸膜的压电特征，拓宽了该研究领域。

压电高分子材料柔而韧，可制成大面积的薄膜，便于大规模集成化，具有力学阻抗低、易于与水及人体等声阻抗配合等优越性能，比常规的无机压电材料有更为广阔的应用前景。

5.3.1 概述

材料的压电效应是不对称晶体在外加机械力的作用下能发生极化，从而产生电压；反之，变种晶体在高电场作用下也能产生机械力的现象。

压电性是电介质力学性质与电学性质的耦合，常用压电应变常数 d 来判定压电材料压电性大小，即描述作为驱动材料运动和振动的能力。

$$d = (\partial D/\partial T)_E = (\partial S/\partial E)_T$$

式中，T、S、E、D 分别为应力、应变、电场及电位移。

压电材料是指能产生压电效应的一类功能材料，目前已由最初的压电晶体发展到压电陶瓷，进而发展到压电高分子及其复合材料。压电功能在换能器、滤波器等能源、信息、医学和军事科学等领域得到了广泛的应用。

5.3.2 压电高分子材料的种类

根据高分子的属性，可将压电高分子材料分为天然高分子压电材料、合成高分子压电材料和压电复合材料。

5.3.2.1 天然高分子压电材料

像骨头、腱、纤维素、羊毛、木材、青麻、绢等许多具有对称晶格的天然高分子都有某种程度的压电性。表5-7给出了一些天然高分子的压电常数。

表5-7 天然高分子的压电常数

材　料	$d_{25}/(\times10^{-12}C/N)$	材　料	$d_{25}/(\times10^{-12}C/N)$
肠	0.007	壳质	0.06
主动脉	0.02	木材	0.10
骨	0.2	青麻	0.27
韧带	0.27	甲壳	0.7
肌肉	0.4	三醋酸纤维素薄膜	0.27
腱	2.33	二醋酸纤维素薄膜	0.53
角	1.83	氰乙基纤维素薄膜	0.83

对生物体压电性进行研究，可以更好地探索生物生长的奥妙，促进生物医学的发展，例如，可以利用骨头的压电性，以电来刺激骨头的生长，治疗骨折；利用压电性来控制生长，进行外科整形等。

5.3.2.2 合成高分子压电材料

合成高分子压电材料根据高分子链的形态可以分为非晶和半结晶高分子两类。

半晶高分子主要有PVDF、偏氟乙烯和三氟乙烯（FrFE）、四氟乙烯（TFE）共聚物、尼龙和聚脲等；非晶高分子主要有聚丙烯腈（PAN）、聚（亚乙烯基氰/乙酸乙烯）（PVDCN/VAc）、聚苯基氰基醚（PPEN）、聚（1-环二丁腈），这些材料中最具前途的是亚乙烯基氰共聚物，它具有强的介电弛豫强度和大的压电效应。

半结晶和非晶的高分子的压电效应具有不同的产生机理。虽然它们在很多方面都有着显著的差别，尤其是在极化稳定性上，但无论高分子压电材料的形态如何（半结晶或非晶），压电性能的产生对高分子结构都有着五项基本的要求：①存在永久分子偶极（偶极距 μ）；②单位体积中偶极的数量（偶极浓度 N）必须达到一定数值；③分子偶极取向排列的能力；④取向形成后保持取向排列的能力；⑤材料在受到机械应力作用时承受较大应变的能力。

对聚偏二氟乙烯（PVDF）、聚氯乙烯（PVC）、尼龙-11 和聚碳酸酯等极性高分子，在高温下处于软化状态或熔融状态时，若加以高直流电压使之极化，并在冷却后才撤去电场，使极化状态冻结下来，则对外显示电场，这种半永久极化的高分子材料称为驻极体。高分子驻极体的电荷不仅分布在表面，而且还具有体积分布的特性，因此若在极化前将薄膜拉伸，可获得强压电性，高分子驻极体是最有使用价值的压电材料。表 5-8 给出了部分延伸并极化后的高分子驻极体的压电常数。

表 5-8　室温下高分子驻极体的压电常数

聚　合　物	$d_{31}/(\times 10^{-12}\ \mathrm{C/N})$	聚　合　物	$d_{31}/(\times 10^{-12}\ \mathrm{C/N})$
聚偏二氟乙烯	30	聚丙烯腈	1
聚氟乙烯	6.7	聚碳酸酯	0.5
聚氯乙烯	10	尼龙-11	0.5

目前在所有的压电高分子中，研究得最为系统的还只限于聚偏氟乙烯及偏氟乙烯与其他氟代乙烯的共聚物，这可能是因为聚偏氟乙烯体系仍是到目前为止已发现的压电性最强的高分子材料。聚偏氟乙烯不仅具有优良的压电性，而且还具有优良的力学性能。其密度仅为压电陶瓷的 1/4，弹性顺服常数则要比陶瓷大 30 倍，柔软而有韧性，耐冲击，既可以加工成几微米厚的薄膜，也可弯曲成任何形状，适用于弯曲的表面，易于加工成大面积或复杂形状，也利于器件小型化，另外其声阻低，可与液体很好的匹配。

关于聚偏氟乙烯的压电机理大致可分为两种。一种理论认为聚偏氟乙烯的压电性是源于极化过程中，由电极注入的实电荷被晶相内部或表面上的陷阱所捕获。这种陷阱是在电场作用下形成的，而且给注入电荷以极其稳定的位置。另一种理论认为聚偏氟乙烯与压电晶体、压电陶瓷等类似，其压电性是起因于偶极子取向。晶相的结构特点使其偶极矩最大而又有利于极化，但其居里温度仍是一个有争议的问题。聚偏氟乙烯由于制样和极化条件的不同，在不同文献中报道的压电常数会略有差异。压电性的聚偏氟乙烯已在不少高技术领域获得了应用。

除了聚偏氟乙烯外，还有许多较重要是压电高分子，如尼龙-7、尼龙-9、尼龙-11、亚乙烯基二氰/乙酸乙烯酯共聚物等。尼龙-11 的剩余极化与 PVDF 相当。1980 年 Newman 等首次观测到尼龙-11 的压电性，确定尼龙-11 为铁电体。在对尼龙-11 的压电性行了较广泛的研究后，人们发现淬火并冷拉伸的尼龙-11 薄膜显示出较高的压电性。此外尼龙-11 在较高温度下能表现出较好的压电性，这表明以尼龙-11 为压电材料在高温下使用具有较大的可能性。Northolt 发现经熔融-淬火-拉伸-退火的尼龙-11 膜存在双取向氢键结构，分子链平行于拉伸方向，氢键位于薄膜平面内。Newman 和 Scheinbeim 等人研究发现淬火冷拉伸的尼龙-11 在很大的温度区间内表现出明显压电性；压电性是由晶区引起的；氢键片结构的重组导致了尼龙-11 的压电性随退火温度的升高而降低；即退火导致了氢键片断重排的空间减少使酰胺基团在极化条件下重排的难度增加。

虽然尼龙-11 和 PVDF 是两类典型的高分子压电材料，但研究发现尼龙-11 和 PVDF 的复合薄膜质量比 20/80 具有更高的压电性。Newman 等认为，复合薄膜的介电常数和电导率的不同产生了界面间的空间电荷及极化电场强度的分布化，可能是使其压电应变常数增大的原因。

5.3.2.3 压电复合材料

传统的压电材料（压电陶瓷和压电晶体）的密度高、阻抗大、性脆，因而不能制成大面积薄片和复杂的形状，还有不易与水和人体等轻质负载匹配等缺点，难以满足对压电制品的众多要求；而压电高分子具有密度低、柔性好、阻抗小，易与轻质负载匹配的特性，但其具有压电常数低、有强的各向异性、极化困难等缺点。将具有高极化强度的压电陶瓷和高分子压电材料按照一定的连接方式、一定的体积或质量比例和一定的空间几何分布复合，极化后得到具有较强压电性的可挠性高分子压电复合材料，克服了两类材料复合前的不足，具有强压电性、低脆性、低密度和低介电常数等优点，另外，由于具有易于制得大面积薄片以及复杂形状的制品、制造工艺简单的优点，因而具有较高的使用价值。

压电复合材料是 20 世纪 70 年代发展起来的一类功能复合材料，其中所选用的陶瓷材料有：锆钛酸铅（PZT）、钛酸铅（PT）、钛酸钡（$BaTiO_3$，BT）、钛酸锶（$SrTiO_3$）、TiO_2、$MgTiO_3$-$CaTiO_3$、PbO 和 SnO_2 等。所选用的高分子有：聚偏氟乙烯（PVDF）、聚乙炔（PA）、聚氯乙烯（PVC）、聚酰亚胺（PI）、聚苯硫醚（PPS）、聚苯乙烯（PS）、聚丙烯（PP）、聚甲基丙烯酸甲酯（PMMA）、偏氟乙烯-三氟乙烯共聚物（VDF-TrFE）和聚苯胺（PAn）等。根据研究目的，可以有选择性地利用某些陶瓷材料和高分子进行复合。如以聚偏氟乙烯为黏合剂与 PZT（钛酸锆酸铅陶瓷）等强介电陶瓷粉混合，制成的聚偏氟乙烯复合压电材料，其压电性能超过 PZT 陶瓷。此外，聚偏氟乙烯和氟橡胶混合物与 PZT 复合，得到三元复合压电材料，其弹性系数有较大改善。

Newnham 等人在 1978 年首先提出了压电复合材料中各相"连接方式"的概念。压电复合材料的连接方式是指各相材料在空间分布上的自身连通方式，它决定着压电复合材料的电场通路和应用分布形式。按照两相材料不同的连通方式，压电陶瓷/聚合物复合材料有 10 种类型，按照第一个数字代表压电陶瓷的连通维数，第二个数字代表高分子的连通维数，即有 0-0、0-1、0-2、0-3、1-1、1-2、1-3、2-2、2-3 和 3-3 型。

然而到目前为止，高分子/陶瓷压电复合材料中的高分子很多时候仅仅被看做非功能性的基体，虽然基体对于复合材料总体压电效应有着不可忽略的作用，然而复合材料的压电性主要还是由压电陶瓷提供，而没有真正发挥压电高分子的压电性能。这主要是因为在压电复合材料的极化过程中，如果极化温度低于压电高分子的居里点，由于高分子基体的电阻率一般大于压电陶瓷粉末的电阻率，施加在压电陶瓷粉末上的电场很弱，所以此时压电陶瓷粉末几乎不能被极化。如果极化温度高于居里点，压电陶瓷粉末先被极化，在冷却时保持电场，那么高分子中的残余极化将与陶瓷粉末中的残余极化方向相同。在同样的极化电场方向下，二者所引起的压电效应符号相反。这种情况下虽然可以发挥压电高分子的压电效应，但通常是最终反而削弱了复合材料的总体压电效应。而且由于高分子相和陶瓷相之间的结合渗透还存在着很多问题，使得拉伸极化、充分发挥各组分的特性变得比较困难。如果能够将高分子和陶瓷都作为功能相，同时发挥两者的作用，又控制两者的压电效应不是相互抵消而是增强，这样得到的复合材料将产生不同的机电性能，有很大的研究价值，对压电高分子材料的发展应用也很有意义。

5.3.3 压电高分子材料的应用

近年来，压电高分子无论是基础性研究、应用性研究或是产品开发等都颇为活跃。压电材料具有类似生物的功能，通过自身的感知与响应环境的变化，能达到自检测、自诊断、自适应的目的，实现动态、在线、实时、主动监测与控制。压电高分子已成功地用于制造各种用途的智能压电传感器和换能器，如力敏传感器、微振动传感器、冲击波传感器、机械手敏感皮肤、麦克风、扬声器、超声换能器等。

（1）音频换能器 利用压电高分子的横向、纵向效应，可制成扬声器、耳机、扩音器、话筒等音响设备，也可用于弦震动的测量。音频换能器是利用压电薄膜的横向压电性，设计换能器是基于双压电晶体或单压电晶体原理。利用这个原理可以方便地制成全指向性高音质扬声器及高保真立体耳机，也可作为抗噪声压电送话器、乐器用拾音器的材料。美国研制的 ITE 助听器，就是用 PVDF 薄膜作振膜，灵敏度达 $250\mu V/Pa$。

（2）机电换能器　机电换能器大都是低频器件，也是利用压电高分子的横向压电性。一个明显的例子是非接触开关，它可用在电话、计算机的输入端等，通过手指压按钮而引起的压力使压电薄膜长度变大，为了得到足够大的力，往往采用多层双压电晶体结构。如用 PVDF 双压电晶片可制成无接点开关、振动传感器和压力检测器等，在同样应力情况下的输出电压是锆钛酸铅制造的传感器的 7 倍左右。

（3）超声波及水声换能器　超声波及水声换能器的应用是基于压电复合材料的纵向压电性。PVDF 系列的压电复合材料的方向性好、灵敏度高，与水的声阻抗接近，柔韧性好，能做成大面积薄膜和为数众多的传感点阵列，且成本低，是制造水声器的理想材料。如在水听器、水下换能接收器、脉搏传感器上的应用，可用于检测潜艇、鱼群或水下地球物理探测，也可用于液态或固体中超声波的接收和发射。

（4）医疗仪器　由于 PVDF 的声阻抗与人体匹配得很好，可用来测量人体的心声、心动、心率、脉搏、体温、pH、血压、电流和呼吸等一系列数据，如压电薄膜胎音传感器和血压传感器，目前还可用来模拟人体皮肤。

压电高分子材料还可用于地震监测，大气污染检测，引爆装置检测，各种机械振动、撞击的检测，干扰装置，信息传感器，电能能源，助听器，计算机和通信系统中的延迟线等方面。

压电高分子自从出现以来，因其独特优点，逐渐成为功能高分子材料中耀眼的明星，使材料的开发与应用迈上了一个新台阶。随着高新技术的发展，社会对压电高分子材料的要求越来越高。在未来的研究工作中，对压电高分子材料的最新研究领域将主要包括压电高分子材料性能的增强，加工性能的改善和材料使用温度范围的拓宽，对压电结构以及压电原理的研究将使得更多具有压电性的高分子材料的应用得到巨大发展，压电高分子材料必将会在军事、医学和民用等各个领域中得到更广泛的应用。

思　考　题

1. 载流子的概念，以及导电高分子的分类。
2. 导电高分子材料的特点。
3. 电导型高分子的结构特征及常见的几种聚合物名称及结构。
4. 掺杂的涵义及机制。
5. 渗滤阀值的涵义。
6. 离子导电高分子的导电机理。
7. 离子导电高分子对高分子基质的要求，常见的聚合物名称及结构。
8. 导电复合材料的导电机理及常见性质。
9. 电活性高分子的特点及分类。
10. 电致发光高分子的发光过程和机理及典型代表。
11. 电致变色现象及主要的电致变色高分子。
12. 压电高分子的作用原理及主要种类。

参　考　文　献

[1]　王国建，刘琳. 特种与功能高分子材料. 上海：中国石化出版社，2004.

[2] 赵文元，王亦军. 功能高分子材料化学. 第二版. 北京：化学工业出版社，2003.

[3] 焦剑，姚军燕. 功能高分子材料. 北京：化学工业出版社，2007.

[4] 马建标，李晨曦. 功能高分子材料. 北京：化学工业出版社，2000.

[5] 何天白，胡汉杰. 功能高分子与新技术. 北京：化学工业出版社，2001.

[6] 沈之荃. 导电高分子材料. 功能高分子学报，1992，5（2）：102-110.

[7] Jagur-Grodzinski J. Electronically conductive polymers. Polymers for advanced technologies，2002，13（9）：615-625.

[8] Pron A，Rannou P. Processible conjugated polymers：from organic semiconductors to organic metals and superconductors，Progress in polymer science，2002，27（1）：135-190.

[9] 张光敏，阎康平. 本征导电高分子材料的进展. 电子元件与材料，1999，18（4）：41-42.

[10] 张凯，曾敏，雷毅，江潞霞. 导电高分子材料的进展. 化工新型材料，2002，30（7）：13-15，24.

[11] 陈其道，卢建平，洪啸吟. 导电高分子材料的新进展. 材料研究学报，1997，11（6）：587-593.

[12] 赵峰，钱新明，汪尔康，董绍俊. 离子导电聚合物电解质的研究. 化学进展，2002，14（5）：374-383.

[13] De Paoli M A，Gazotti W A. Conductive polymer blends：Preparation，properties and applications，Macromolecular symposia，2002，189：83-103.

[14] 周祚万，卢昌颖. 复合型导电高分子材料导电性能影响因素研究概况. 高分子材料科学与工程，1998，14（2）：5-7.

[15] Kang E T，Neoh K G，Tan K L. Polyaniline：A polymer with many interesting intrinsic redox states，Progress in polymer science，1998，23（2）：277-324.

[16] Pud A，Ogurtsov N，Korzhenko A，et al. Some aspects of preparation methods and properties of polyaniline blends and composites with organic polymers，Progress in polymer science，2003，28（12）：1701-1753.

[17] Deronzier A，Moutet J C. Polypyrrole films containing metal complexes：Syntheses and applications，Coordination chemistry reviews，1996，147：339-371.

[18] Wang L X，Li X G，Yang Y L. Preparation，properties and applications of polypyrroles，Reactive & functional polymers，2001，47（2）：125-139.

[19] Meyer W H. Polymer electrolytes for lithium-ion batteries，Advanced materials，1998，10（6）：439.

[20] Song J Y，Wang Y Y，Wan C C. Review of gel-type polymer electrolytes for lithium-ion batteries，Journal of power sources，1999，77（2）：183-197.

[21] Brady S，Lau K T，Megill W，et al. The development and characterisation of conducting polymeric-based sensing devices. Synthetic metals，2005，154（1）：25-28.

[22] 何和智，方望来，陈哲. 电磁屏蔽材料的研究现状与进展. 塑料工业，2008，36（11）：1-7.

[23] 周媛媛，余旻，李松. 导电高分子材料聚吡咯的研究进展. 化学推进剂与高分子材料，2008，6（1）：45-48.

[24] 秦秀兰，黄英，杜朝锋. 导电高分子吸波材料制备方法研究进展. 磁性材料及器件，2007，38（4）：15-17.

[25] 曹丰，李东旭，管自生. 导电高分子聚苯胺研究进展. 材料导报，2007，21（8）：48-50.

[26] 钱晶，付中玉，李昕. 导电聚合物基电致变色器件的研究进展，2008，20（11）：1397-1403.

[27] 费民权，费悦. PLED发展现状分析. 现代显示，2007，79：13-20.

[28] 孙建丽，刘廷华. 压电高聚物材料的发展及应用. 塑料工业，2005，33（增刊）：46-48.

[29] 胡南，刘雪宁，杨治中. 聚合物压电智能材料研究新进展. 高分子通报，2004，5：75-82.

第6章 生物医用功能高分子

生物医用功能高分子通常称为生物医用高分子（biomedical polymer），或简称为医用高分子，是作为生物医用材料的高分子及其复合材料，既可来自人工合成，也可来自天然产物。生物医用材料（或生物医学材料），简称生物材料，是用于疾病的诊断、治疗、修复或替换生物组织、器官，增进或恢复其功能的材料。

高分子材料与生物体有相似的化学组成，而且来源丰富、品种繁多、能长期保存、性能可变化范围广，从坚硬的牙齿和骨头到柔软富有弹性的肌肉组织、血管和角膜等，都可用高分子材料制作，因而在众多生物医学材料中占绝对优势。

6.1 概　述

6.1.1 医用高分子的特殊性能

医用高分子作为医用材料最终将进入人体或用于与健康密切相关的目的，因此对医用高分子材料的自身性能、生产、加工过程以及与人体接触或植入后对人体产生的作用和影响都有一些特殊要求。这些要求大致可以归纳为三个方面：生物相容性、特定的物理机械性能和良好的灭菌性能。

6.1.1.1 生物相容性

生物相容性是生物医用材料区别于其他材料的唯一标准。生物相容性是生物医学材料发展到一定阶段的产物，也必将随着生物医学材料的发展而发展。早期的生物相容性定义等同于惰性或无毒性。2004年《生物材料学》一书把生物相容性定义为材料在生物体内与周围环境的相互适应性，也可以理解为宿主与材料之间的相互作用程度，包括宿主反应和材料反应两个方面的内容（如图6-1所示）。宿主反应包括局部的、全身的、短期的（或急性的）以及长期的（或慢性的）反应。材料反应包括物理性质和化学性质的变化。

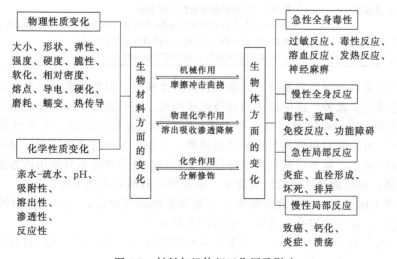

图 6-1　材料与机体相互作用及影响

生物医学材料及制品植入人体后，主要引起组织反应、血液反应和免疫反应三种生物学反应。对高分子材料而言，这些反应大部分是由材料聚合、加工或灭菌过程中残留的低分子物质引起的。残留在材料中的单体、中间产物、引发剂、催化剂、添加剂以及灭菌过程中吸附的灭菌物质和产生的裂解产物等在材料植入体内后逐渐溶出或渗出，对局部的细胞、组织乃至全身产生炎症、发热和排斥反应等，长期接触还可能产生致突变、致畸、致癌，与血液接触可产生血栓、凝血和溶血等。除残留的低分子物质外，材料和制品不同的形状、大小和表面光滑程度也可引起不同的生物体反应。

与此同时，生物医学材料及制品在人体复杂的生理环境中长期受到体内各种物理、化学、生物学因素的综合作用，多数医用材料很难保持植入时的形状和理化性能。引起材料发生变化的主要因素有：①生理活动中骨骼、关节、肌肉的机械活动；②生物电场、磁场和电解、水解和氧化作用；③新陈代谢过程中的生化反应和酶催化反应；④细胞黏附与吞噬作用。

在生物相容性中，对应于组织、血液和免疫三方面的生物学反应，有组织相容性、血液相容性和免疫相容性三个概念。随着组织工程的兴起和发展，材料与细胞的相互作用逐渐为人们所重视，细胞相容性的概念也逐步形成。此外，还有人提出了力学相容性、分子相容性等具体的概念。

需要注意的是，生物相容性的一般概念与某一具体材料是否具有生物相容性是有很大差异的。在具体的应用中，必须结合材料的具体情况和具体应用目的综合分析。特定应用环境对材料有特定的要求，这就意味着在某一应用中生物相容性好的材料在另一场合下可能较差。同一材料在体内不同部位以及接触不同的时间可能反映出不同的生物相容性。因此，材料的生物相容性评价必须考虑具体的应用目的，按照 ISO 10993 或 GB/T 16886 标准规定的程序进行系统的评价后才能得出更确切的结论。

6.1.1.2 灭菌性能

各种医用高分子材料及其制品必须在无菌状态下才能使用，因此，理想的医用高分子材料应耐受消毒条件而不发生变质。消毒灭菌的方法主要有以下几种。

① 高温蒸汽灭菌。灭菌的温度一般在 110～140℃，灭菌的时间与温度有关。高分子材料软化点低于此温度不能使用该方法。

② 化学灭菌。采用化学灭菌常用的消毒灭菌剂见表 6-1。

表 6-1　常用的化学消毒灭菌剂

种　类	作　用
醇类(乙醇、异丙醇等)	使蛋白质变性，抑制细菌繁殖
过氧化物(过氧化氢、臭氧等)	利用过氧化物的强氧化性杀死细菌
卤素及其化合物	利用卤素与水反应产生次卤酸，产生原子氧将细菌蛋白氧化，杀死细菌
醛类(甲醛、戊二醛等)	使蛋白质烷基化，还原氨基酸使蛋白质凝固灭菌
气体灭菌剂(环氧乙烷等)	对酶、蛋白质和核酸的官能团的烷基化作用

采用化学灭菌可以进行低温消毒，以避免材料产生变形。但化学灭菌应避免高分子材料与灭菌剂发生化学反应。此外，还应避免材料吸附灭菌剂。在灭菌后，残留的灭菌剂必须除去。

③ γ射线灭菌。放射线辐照消毒应用广泛，它的优点是穿透力强，灭菌效果好，可连续操作，可靠性好，可以在材料或制品包装之后消毒，大规模生产时经济实用。具有灭菌作用的γ射线要在 3mrad 以上。辐照后材料发生降解或变色的高分子材料不宜使用该方法。

④ 激光灭菌。利用激光具有的巨大能量，杀灭外科器械表面微生物。

⑤ 气体等离子体灭菌。可以改变细菌、霉菌和芽孢的保护层，达到灭菌目的。其灭菌作用速度快、效果好，是一种安全、高效、快捷的灭菌方法。

高分子材料及其制品种类繁多，而灭菌方式和条件各异。需根据不同的材料及制品，选择适合的灭菌方法，达到安全使用的目的。

6.1.1.3 其他特殊要求

对医用高分子材料生产与加工的要求是：首先，严格控制用于医用高分子材料合成的原料纯度，不能引入对人体有害的物质，而且重金属含量不能超标；第二，医用高分子材料的加工助剂必须符合医用标准；第三，医用高分子材料的生产应当在要求的洁净环境下进行，生产流程应符合 GMP 标准。

6.1.2 医用高分子的分类

医用高分子材料的分类比较复杂，划分的依据繁多，有多种分类方法。有的按高分子材料在医学上的用途来分类，有的按医用高分子材料与机体接触的方式来分类，有的按高分子材料的来源来分类，还有的按高分子材料在体内的稳定性来分类。这些分类方法和各种医用高分子材料的名称都在混合使用，目前尚没有统一的标准。

6.1.2.1 按医用高分子在医学上的用途分类

(1) 通用的诊断治疗用高分子材料　这类医用高分子材料制作的医疗用品包括：不与人体直接接触的医疗器械和用品，如药剂容器、输血输液袋、麻醉用品（蛇腹管、蛇腹袋等），与人体皮肤和黏膜接触但是不与人体内部组织、血液接触的医疗器械和用品，如高分子缝合线、医用胶黏剂、洗眼用具、耳镜、压舌片、灌肠用具、肛门镜、导尿管及肠、胃、食道窥镜导管和探头。

(2) 制作人工组织、器官用的高分子材料　使用这类医用高分子材料制作的人工组织包括：人工皮、人工骨、人工关节、人工软骨、人工颅骨、人工齿、人工晶状体、人工角膜、人工血液、人工神经、人工阴茎。

使用这类医用高分子材料制作的人工器官包括：人工心脏、人工肾、人工肺、人工肝、人工胰、人工眼、人工耳、人工舌、人工气管、人工尿道、人工膀胱、人工子宫、人工乳房、人工喉等。

(3) 药用高分子材料　这类医用高分子是一类特殊的功能高分子材料，它包括药物的载体和具有药理作用的高分子。

6.1.2.2 按医用高分子与机体接触的方式分类

(1) 长期植入体内的医用高分子材料　通常，使用医用高分子材料制作的人工脏器（如人工心脏、人工肾、人工肝等）、人工组织（如人工血管、人工骨、人工关节等）均需植入体内并在体内存在较长时间。

(2) 短期植入（或短期接触）的医用高分子材料　使用医用高分子材料制作的、在手术中暂时使用的或暂时替代病变器官的人工脏器如人造血管、血液体外循环的管路或器件（透析器、心肺机等）均属于这类高分子材料。

(3) 体内体外连通使用的医用高分子材料　这类材料制作的医用器具在使用过程中一部分在体内，一部分在体外，如各种引流、检查、输液用的插管、心脏起搏器的导线等。

(4) 皮肤、黏膜接触的医用高分子材料　使用这类材料制作的医疗器械和用品与人体的皮肤或黏膜有接触，如医用手套、指套、避孕套、绷带等，人体外部整容修复材料，如假眼、假耳、假鼻子、假肢等也属于这类材料。

(5) 与机体不直接接触的医用高分子材料　许多一次性使用的医疗用品如输血、输液袋、输血输液用具、药剂容器、体液、血液、排泄物的采样器、化验室用品、手术室用品等均由这类材料制作。

6.1.2.3 按医用高分子的来源分类

(1) 天然医用高分子材料　天然医用高分子是人类最早使用的医学材料之一。主要包括多糖类，如纤维素、黏多糖、甲壳素及其衍生物等；蛋白质类，如胶原、明胶、丝蛋白、角质蛋白等；生物组织类，如硬膜、肠线、动物皮、异种脏器等。

（2）合成医用高分子材料　合成医用高分子材料是具有一定生物相容性的、人工合成的高分子材料。它的种类特别繁多，主要有硅橡胶、聚氨酯、聚丙烯酸酯、涤纶、尼龙、聚丙烯腈、聚碳酸酯、聚砜、聚醚、聚烯烃、聚氯乙烯、聚酯等。

（3）复合材料　为了满足医学用途，将医用高分子材料同其他来源的材料进行不同方式的复合，也包括常规的复合材料经过适当改造处理后直接作为医用材料使用，可以克服单一材料的某些缺点，获得更好的使用性能。主要包括合成/天然复合材料、高分子/无机复合材料、高分子/金属复合材料等。

6.1.2.4　按医用高分子在生理环境中的稳定性分类

（1）生物惰性（bioinert）高分子材料　这类材料在生理环境下呈现生物惰性，即对生物体无不良刺激，同时自身理化性质也保持稳定，不变性、不老化、不降解，适合长期植入。

（2）生物降解（biodegradable）高分子材料　与生物惰性高分子材料相反，生物降解高分子材料在生理环境下，在完成医疗功能后可在一定时间内降解，并通过代谢被机体吸收或排出体外，植入时间相对较短。

总之，医用高分子材料的分类方法多种多样，其意义也各不相同。本章内容将着重按照上述的后两种方法进行介绍。

6.1.3　医用高分子的发展历程

在医用材料中，医用高分子的历史最为悠久。早在公元前 3500 年，人类就开始利用天然的高分子材料治疗疾病，如利用棉线和马鬃做缝合线。进入 20 世纪，高分子科学迅速发展起来，新的合成高分子材料不断涌现，为高分子材料在医学领域的应用创造了条件。1936 年，有机玻璃（聚甲基丙烯酸甲酯）问世，很快便被应用于牙体缺损的修复。1943 年，赛璐珞（硝酸纤维素）薄膜开始用于血液透析。20 世纪 50 年代，有机硅聚合物用于医学领域，使人工器官的应用范围扩展至包括替代和整形等诸多方面。不过，当时应用于医学领域的合成高分子还仅限于工业界现成的高分子材料。直到 20 世纪 60 年代，人们才开始有针对性地设计合成能满足医学治疗需要的新型高分子材料。从此，医用高分子材料进入了一个崭新的发展阶段。在此期间发展了血液相容性高分子材料和血液接触人工器官，如人工心脏。从 20 世纪 70 年代开始，医用高分子材料快速发展，逐渐成为生物材料研究中最为活跃的领域，许多重要的医疗器械，如人工心脏瓣膜、人工血管、人工肾用透析膜、心脏起搏器、植入型全人工心脏、人工肝、肾、胰、膀胱、皮、骨、角膜、人工晶体、手术缝合线等相继研制成功。到 20 世纪末，医用高分子材料已获得应用的品种有近百种，制品近 2000 种，形成了一个崭新的医用材料产业。表 6-2 列出了医用高分子及人工器官使用年表。

表 6-2　医用高分子及人工器官使用年表

年　　代	高分子材料适用领域
公元前 3500 年	古埃及人用棉线、马鬃等缝合伤口，墨西哥印第安人用木片修补受伤的颅骨
公元前 2500 年	中国、埃及已有假手、假鼻、假耳等假体
1851 年	发明了天然橡胶的硫化方法并开始采用天然高分子硬胶木制作人工牙托和颌骨
1936 年	有机玻璃用于临床制作假牙和补牙
1943 年	赛璐珞薄膜开始用于血液透析
1950 年	有机玻璃制作人工股骨
20 世纪 50 年代	有机硅聚合物开始用于人体组织修复和替代
20 世纪 60 年代	血液相容性材料的研制
20 世纪 70 年代	人工尿道(1950)、人工血管(1951)、人工食道(1951)、人工瓣膜(1952)、人工肾用透析膜(1953)、人工关节(1954)、人工肝(1958)以及软组织增强、心脏起搏器、骨生长诱导剂
20 世纪 70 年代后期	植入型全人工心脏、肝、肾、胰、膀胱、皮、骨、接触镜、角膜、晶体、内外耳修复、心瓣膜、各种尺寸的血管以及缝线等
20 世纪 90 年代	组织工程人工骨、人工皮肤等

6.2 生物惰性医用高分子

生物惰性高分子材料主要用于体内长期植入（如人工骨、骨关节或人工心脏等），或与组织或体液有密切接触的外用诊疗用品（如人工肾和人工肝等血液净化制品）。生物惰性和非生物降解性是生物惰性高分子材料的两大基本特点。下面介绍几种主要的生物惰性材料。

6.2.1 聚有机硅氧烷

聚有机硅氧烷，简称聚硅氧烷，属于元素高分子，其结构通式如下：

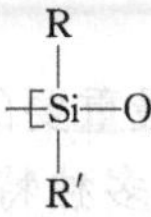

$$\left[\begin{array}{c} R \\ | \\ Si-O \\ | \\ R' \end{array}\right]_n$$

其中，R 和 R′为相同或不同的一价有机官能团，如甲基、苯基等。

聚有机硅氧烷的制备包括以下三步（如图 6-2 所示）。

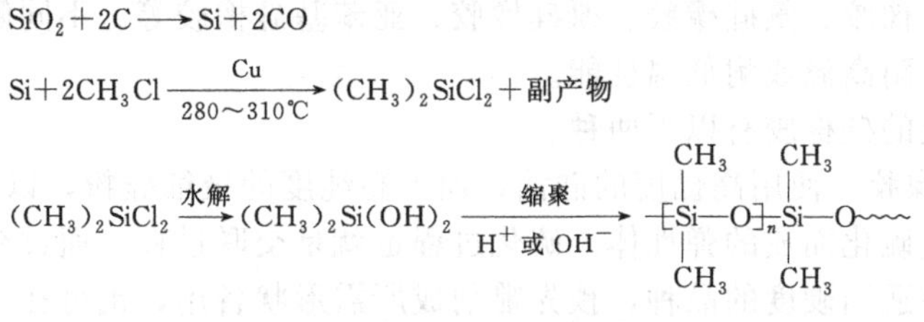

$$SiO_2 + 2C \longrightarrow Si + 2CO$$

$$Si + 2CH_3Cl \xrightarrow[280\sim310℃]{Cu} (CH_3)_2SiCl_2 + 副产物$$

$$(CH_3)_2SiCl_2 \xrightarrow{水解} (CH_3)_2Si(OH)_2 \xrightarrow[H^+\,或\,OH^-]{缩聚} \left[\begin{array}{c} CH_3 \\ | \\ Si-O \\ | \\ CH_3 \end{array}\right]_n \begin{array}{c} CH_3 \\ | \\ Si-O \\ | \\ CH_3 \end{array}$$

图 6-2 聚有机硅氧烷的制备

① 石英和焦炭在高温电炉中反应，石英被还原成元素硅。

② 元素硅在 280～310℃条件下，在铜的催化作用下与氯甲烷反应生成烷基氯化硅。

③ 精馏得到的纯二甲基二氯硅烷再经水解缩合得聚二甲基硅氧烷，控制缩聚反应的条件（如温度、催化剂等）可以得到不同分子量的聚硅氧烷。

此外，Si—OR、Si—N 和 Si—H 等化合物经水解缩合也可形成—Si—O—Si—结构。含相同官能团或不同官能团含硅化合物之间的直接缩合或某些含 Si—C 化合物通过 Si—C 键断裂也可得到—Si—O—Si—结构。

另外，改变主链上的两个取代基 R 和 R′，可以得到不同性能的聚硅氧烷。例如，用乙烯基取代二甲基硅氧烷中的部分甲基，就可得到易于交联硫化的产品：

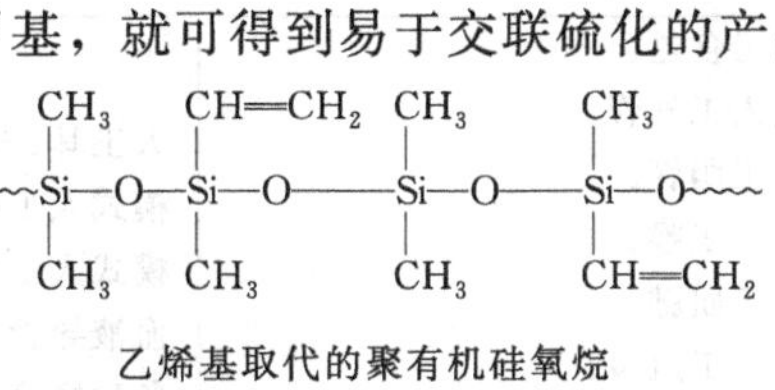

乙烯基取代的聚有机硅氧烷

再如，用三氟丙基取代，则可得到耐油性和血液相容性更好的氟硅橡胶：

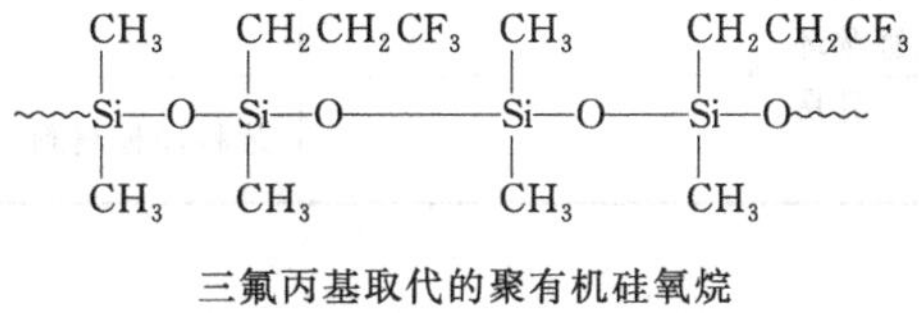

三氟丙基取代的聚有机硅氧烷

聚硅氧烷是临床应用中非常重要的一类高分子材料，包括硅油、硅凝胶、硅树脂和硅橡胶四种。它们都具有优良的生物稳定性和生物相容性，同时又各具特色，具体用途也各不相同。

(1) 硅油　硅油是分子量较小的聚有机硅氧烷，无色、无味、透明、无毒且不易挥发，能耐高温、抗氧化。其表面活性大，表面张力小，是优良的消泡剂，可用于抢救肺水肿病人，或配制胃肠道消胀药剂。硅油还可用于配制药用软膏，如含有硅油的烧伤软膏可使病人的疼痛和水肿迅速消失，促进肉芽生长。此外，硅油还被用做润滑剂，处理各种进入体内的导管、插管、内窥镜、注射针等，或用于处理与血液接触的表面，如血袋、储血瓶，减少血液和亲水表面的作用，延长血液的保存时间。

（2）硅凝胶　硅凝胶是在线形聚合物中含有三官能度的链节，呈流动的凝胶状或在添加催化剂后形成固体，可用做各种灌封材料或美容整形材料。

（3）硅树脂　硅树脂是一种热固性塑料，它含有更多的三官能度的链节。材料呈现塑性，不具备高弹性能。其用途是用于各种医疗器械的表面处理剂，使表面形成一层薄薄的有机硅硬膜，改善器械与人体组织之间的相互作用。

（4）硅橡胶　硅橡胶是有机硅聚合物的最重要的产品，是高分子量聚有机硅氧烷（相对分子质量在 148000 以上）的交联体。它具有许多独特的性能，尤其是优良的生物惰性，长期植入人体，物理性能变化甚微，是医用高分子材料中的佼佼者。

根据硅原子上所连有机基团的不同，硅橡胶可分为二甲基硅橡胶、甲基乙基硅橡胶、乙基硅橡胶、甲基苯基硅橡胶、氟硅橡胶、氰硅橡胶、亚苯基硅橡胶等。不同侧基的引入可以分别改善硅橡胶的硫化、耐高温或耐低温性能。

当前使用最广泛的硅橡胶有以下两种。

① 热硫化型硅橡胶。使用高黏度的硅油，加入高纯度的极细硅粉，以过氧化物为催化剂，在加热炉中，经高温硫化而成的弹性体。硫化过程也就是交联过程，通过交联而形成固态的聚合物。使用时可选择适当硬度的品种，预先雕削成所需形状备用，也可在手术台上临时雕削成型使用。

② 室温硫化型硅橡胶。是硅油在一般室温环境下，通过催化剂的作用而完成硫化，形成半透明的柔软弹性体。其硫化过程需要时间很短，仅数分钟或数十分钟，不需高热，也不产生高热，不致造成组织的损害。单体及催化剂均为液态，分别包装，既可在临用前调制塑形，待其硬化后备用，也可在使用时临时调制，在其尚为液态未硬化前，注射入所需部位，按局部形态的需要填充塑型。表 6-3 展示了硅橡胶在医学上的主要应用情况。

表 6-3　硅橡胶在医学上的应用

种　类	应用范围	
	体内植入物	体　外
热硫化硅橡胶	人工心脏、人工食道、人工心瓣膜、人工气管、人工血管、人工胆管、心脏起搏器、人工喉、人工腹膜、人工肌腱、人工硬脑膜、人工肌肉、人工角膜、人工指关节、人工眼球、胸肌填充材料、人工膀胱、避孕环	人工耳、人工唇等外科整形材料，模式人工肺，模式人工肾，血液导管，各种插管，人工皮肤
室温硫化硅橡胶	黏结剂、人工乳房、微胶囊、鼻	牙科印模材料

6.2.2　聚氨酯

聚氨酯是指主链上含有氨基甲酸酯基团的聚合物，简称 PU，其结构通式为：

$$\left[R\!-\!O\!-\!CO\!-\!NH\!-\!R' \right]_n$$

146

6.2.2.1 制备方法

聚氨酯是由异氰酸酯和羟基化合物通过逐步聚合反应制成的，包括两个基本化学过程：①异氰酸酯和大分子多元醇反应生成预聚物。异氰酸基是一个非常活泼的官能团，它与活泼氢能发生加成反应，如二异氰酸酯和二元醇反应，羟基上的氢原子与异氰酸基中的 C ═N 双键加成而转移到氮上；②预聚物与低分子扩链剂反应制成高分子量的聚合物。

常用的异氰酸酯列举如下。

4,4′-二苯基甲烷二异氰酸酯（MDI），其结构如下：

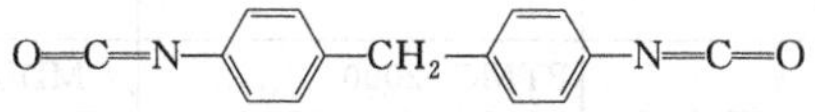

$$O{=}C{=}N{-}\bigcirc{-}CH_2{-}\bigcirc{-}N{=}C{=}O$$

甲苯二异氰酸酯（TDI），它是 2,4-甲苯二异氰酸酯及 2,6-甲苯二异氰酸酯两种异构体的混合物。结构分别如下：

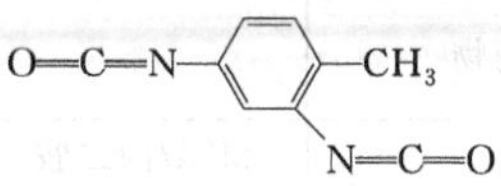

2,4-甲苯二异氰酸酯 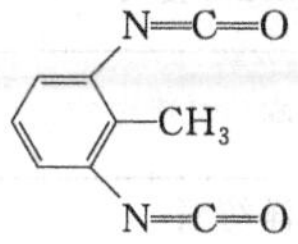   2,6-甲苯二异氰酸酯

多亚甲基多苯基多异氰酸酯（PAPI），其结构如下：

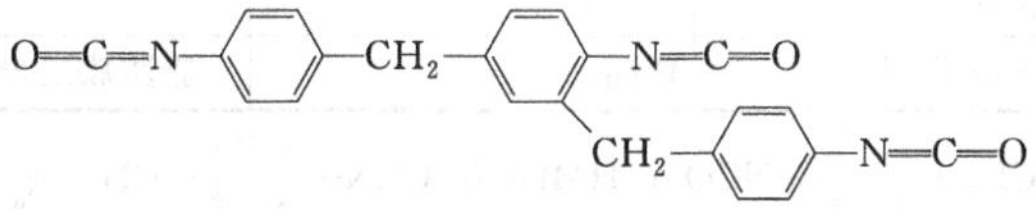

常用的大分子多元醇有含游离羟基、相对分子质量为 2000～5000 的聚酯或聚醚。聚醚型聚氨酯较聚酯型聚氨酯更耐水解，生物稳定性更好。

常用的扩链剂有低分子二醇或二胺，如乙二醇、1,4-丁二醇或 1,4-丁二胺。

工业生产聚氨酯有一步法和两步法两种方法。两步法是先将大分子二醇与二异氰酸酯以一定比例混合，在低温下进行预聚反应，生成预聚体。接着再加入扩链剂（低分子的二醇或二胺），进一步扩链生成大分子。一步法则是将上述步骤合二为一。一步法步骤和设备相对简单，反应周期短，生产成本低，但产品质量较两步法稍差。生产过程中，大分子二醇、二异氰酸酯和低分子扩链剂的比例对产品性能至关重要。通过调节配料比和反应条件，可得到从坚硬的塑料到柔软的弹性体，从纤维到涂料，从海绵到黏合剂等各种产品。各种医用聚氨酯的产品名称、研制单位、成分及用途列于表 6-4。

表 6-4　医用聚氨酯的化学组成

名　　称	生产者(研制者)	软段成分	硬段成分	主要用途
Biomer	Ethicon	PTMG -1000	MDI/ED	人工心脏及辅助装置、血管涂层等
SPEUU	Utah 大学	PPG -1000	MDI/ED	人工心脏及辅助装置、血管涂层等
SRI	斯坦福研究所	PPG -1000	MDI/ED	人工心脏及辅助装置、血管涂层等
Avcothane-51 Cardiothane	Avco Everett 公司 Cardiovasular Inc.	PPG -1000 及 PDMS	MDI/二元醇	人工心脏及辅助装置、血管涂层等及 IABP 三尖瓣
TM-3 接枝 PDMS	东京医科齿科大学	PTMG -1350 及 PDMS	MDI/丙二胺	
Pellethane 2363 80A	Upjohn 公司	PTMG -1000	MDI/BD	人工心脏、心血管元件

名　　　称	生产者(研制者)	软段成分	硬段成分	主要用途
Texin MD 85A,90A	Mebay chem.公司	聚醚		注射、挤出成型医用元件
Tecoflex HR	Thermo Electron 公司	PTMG	HMDI/BD	双组分浇注成型心脏辅助装置
Tecothane B	Thermo Electron 公司	聚酯	三羟甲基丙烷	双组分浇注成型心脏辅助装置
Castathane	Upjohn 公司			浇注制件
热塑 Pu	ICI 公司	PTMG -2000	MDI/ED	人工血管
Eietronlour	Goodyear 公司	聚醚	MDI/二元胺加 10% 导电炭黑	人工心脏、小血管微孔气管等
Solithane113	Thiokol 公司	蓖麻油	TDI/叔胺基醇二溴代烷	与肝素络合,作血液接触表面
H-USD	日本	Pu 与 SD 并用物		与肝素络合,作血液接触表面
TM 3	东洋纺织	PTMG -1350	MDI/丙二胺	人工心脏及辅助装置
SPEUU	德国	聚醚	MDI/ED 等	
NP,NG	日本			人工肾密封剂
EPlthane-3	Daro products			颌面修复
Calthane ND 2300	Cal polymer 公司	聚酯	脂肪族二异氰酸酯	颌面修复

注：MDI 为 OCN—⬡—CH₂—⬡—NCO ；HMDI 为 OCN—⬡—CH₂—⬡—NCO ；

TDI 为 OCN—⬡—CH₃ ；ED 为乙二胺；BD 为 1,4-丁二醇。

6.2.2.2 性能及应用

聚氨酯分子链具有软、硬段交替镶嵌的特殊结构。大分子脂肪族二醇构成软段，氨基甲酸酯构成硬段。软段与硬段的极性相差甚远。软段构成聚合物的连续相，硬段间通过氢键作用相对富集，分布在软段区域中形成微相分离结构。如果将软段区域比作大海，硬段则犹如大海中的小岛，故这种微相分离结构又被称作海岛结构，如图 6-3 所示。

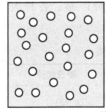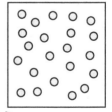

图 6-3　微相分离的结构模式

微相分离结构使得聚氨酯材料具有优良的抗凝血性能。同时，岛相内部硬段之间的极性作用力有物理交联的作用，有利于提高聚氨酯的力学性能，尤其是挠曲耐疲劳性。表 6-5 列出了几种医用级聚氨酯的力学性能。

表 6-5　医用聚氨酯材料力学性能

牌　　　号	邵氏硬度(A)	拉伸强度/(kg/cm²)	断裂伸长率/%
Biomer	80	442	600
Avcothane-51	72	434	580
Pellethane(2363-80-A)	83	420	550

聚氨酯在生物医学领域中的应用包括以下几个方面。

(1) 心血管系统用人工器官和器械　聚氨酯（尤其是聚醚聚氨酯）弹性体，由于具有优良的耐水解性和血液相容性，力学强度尤其是挠曲耐疲劳性优于硅橡胶（Biomer 可挠曲三亿多次，相当于心脏跳动 8 年），因此被广泛用于心血管系统中的柔性材料。如人工心脏搏动膜、心脏内反搏气囊、心脏瓣膜、体外血液循环管路、人工血管、介入导管等。国内广州中山医科大学采用聚醚型聚氨酯弹性体制作主动脉反搏气囊和助搏气囊，四川大学医用高分子及人工器官系曾采用 PTMEG-MDI-BDO 体系制作心脏内反搏气囊、血管、血泵等获得成功。

(2) 医用导管、插管　如输液管、导液管、导尿管、胃镜软管、气管套管等。

(3) 薄膜制品　如灼伤覆盖层、伤口包扎材料、取代缝线的外科手术用拉伸薄膜、用于病人退烧的冷敷冰袋、一次性给药软袋、填充液体的义乳、避孕套、医院床垫及床套等。

(4) 聚氨酯弹性绷带　其综合性能明显优于石膏绷带。

(5) 其他　如假肢、骨折复位固定材料、颌面修复材料、药物释放体系、人工膀胱、缝合线、组织黏合剂、血袋或血液容器等，采用弹性较好的聚氨酯软泡沫可制作人造皮。

6.2.3　聚烯烃

6.2.3.1　聚乙烯

聚乙烯是乙烯（$CH_2=CH_2$）的均聚物。聚乙烯单体来源丰富、价廉，产品性能优异、易于加工，是目前医用高分子材料中用量很大的一个品种。

聚乙烯的制备方法主要有高压法和低压法两种。高压法（在 1000～2000 大气压下）生产聚乙烯，属自由基聚合反应，由于链转移等作用，分子链要发生支化和交联，分子链不能密堆砌，密度较低，因此高压聚乙烯又称低密度聚乙烯（LDPE）。低压法是在齐格勒-纳塔催化剂作用下，在相对低的压力下（1～15kg/cm^2）进行。反应属配位络合聚合，产物分子多为线形，支链极少，分子量高，分子链可密堆砌，结晶度高，密度大，所以低压聚乙烯又称高密度聚乙烯（HDPE）。超高分子量聚乙烯（UHMWPE）是用典型的齐格勒法生产的。采用适当的高效催化体系和高纯度的乙烯，不用氢气调节分子量即可得到超高分子量聚乙烯。

聚乙烯具有优良的物理机械性能和化学稳定性，生物相容性良好，植入体内无不良反应。因此在医药领域得到广泛应用。

低密度聚乙烯，数均分子量约 3 万～5 万，结晶度约为 65%，密度 0.91～0.94g/cm^3，软化点在 115℃，制品较软，透明性好。

高密度聚乙烯，黏均分子量约为 8 万～50 万，结晶度高达 90%，密度 0.95～0.97g/cm^3，熔点在 130℃左右，最高使用温度 100℃，因此可以煮沸消毒。其质地坚韧，机械强度优于低密度聚乙烯，可用于制作人工肺、人工气管、人工喉、人工肾、人工尿道、人工骨、矫形外科修补材料及一次性医疗用品等。

超高分子量聚乙烯黏均分子量高达 50 万～500 万，有优良的耐磨性，摩擦系数小，蠕动形变小，有高度的化学稳定性和疏水性，是制作人工关节（如髋关节、肘关节和指关节）的理想材料。

6.2.3.2　聚氯乙烯

聚氯乙烯 PVC 是氯乙烯（$CH_2=CHCl$）的均聚物，是医用高分子中用量非常大的一种材料。

聚氯乙烯由氯乙烯单体在光、热和引发剂的引发下聚合而得。工业上一般采用悬浮、乳液两种方法生产。悬浮聚合大多采用聚乙烯醇作悬浮剂，过氧化物（如过氧化月桂酰）作引发剂。乳液聚合多以十二烷基磺酸钠做乳化剂。这类聚氯乙烯通称糊状树脂，在配成糊状后加工成型，有成型快、制作及脱模容易等优点。

聚氯乙烯的数均分子量大约在 3.6 万～9.3 万之间，化学稳定性好，常温下对酸（任何浓度的盐酸、90％的硫酸和稀硝酸）、碱（20％以下）及盐的作用稳定。但耐热和耐光性差，软化点为 80℃，130℃开始变色分解，析出氯化氢。

医用 PVC 树脂与通用型树脂的主要差别在于：医用 PVC 树脂中的氯乙烯单体含量必须小于 $1\mu g/g$，溶出量小于 $0.05\mu g/g$ 极低（$<10^{-6}$），不含甲苯、腈基基团等有毒、有害物质。

聚氯乙烯制品通常为硬制品，也可通过添加增塑剂获得软制品。添加增塑剂的 PVC 软制品作输血、输液袋、储血袋和植入物用时，必须考虑所用增塑剂的溶出量及毒性。

聚氯乙烯制品因耐热性差，使用温度须限定在 -15～60℃ 之间，也不能采用加热煮沸进行消毒，但其他性能（如透明性、加工性等）良好，被大量用于医学领域。软质 PVC 除被用于制作软质导管、血液采集器、投药配置、外科挂布、工作裙、手套、覆盖用品外，还被用于血浆袋及体外循环用血液回路。明胶化的聚氯乙烯已被用来制作人工心脏、人工心肺的体外循环路等。硬质 PVC 一般作为医疗容器等大量使用，也可用于注射筒、人工头盖骨、人造牙齿、人工骨骼、人工关节、人工心瓣等。

6.2.3.3　聚四氟乙烯

聚四氟乙烯（PTFE）是一种全氟代的聚烯烃，有极高的化学稳定性，在高分子材料中有"贵金属"的美誉，在医学上应用广泛。PTFE 是四氟乙烯单体的均聚物。四氟乙烯是无色无臭的气体，沸点 -76.3℃，聚合热非常大（20～25kcal/mol），因此聚合反应很少采用本体聚合，而多采用悬浮聚合或乳液聚合。

聚四氟乙烯的加工与其他热塑性塑料不同，即使加热到玻璃化温度 327℃ 以上，也只变成无晶质的凝胶态而不会流动，使得无法采用标准的热塑性塑料的加工方法进行加工，而是采用类似"粉末冶金"的冷压与烧结相结合的方法。

PTFE 具有极好的耐热性和耐化学品腐蚀性，俗称塑料王。它不受湿气、霉、菌、紫外线的影响，极度疏水，黏性小、摩擦系数极低，是一种无臭、无味、无毒的白色结晶性线形聚合物。PTFE 使用温度范围宽（-70～260℃），能够经受反复高温消毒，流变性好。在结构上，聚四氟乙烯中的碳-氟键在空间上呈螺旋形排列，解离能高，耐强酸、强碱、强氧化剂，不溶于烷烃、油脂、酮、醚、醇等大多数有机溶剂和水等无机溶剂，不吸水、不黏、不燃，耐老化性能极佳，自润滑性好，耐磨耗。

作为医用高分子材料，聚四氟乙烯的优势在于可以耐受各种严酷的消毒条件，长期植入性能稳定，使用寿命长。由于表面能低，生物相容性好，不刺激肌体组织，不易产生凝血现象。膨体聚四氟乙烯（ePTFE）是经特殊加工工艺制得的一类新型产品，有"纤维/节"的特殊超微结构，制成的人工血管容易形成假内膜，抗凝性能优良。

聚四氟乙烯在生物医学领域应用非常广泛，可用于制作人工心脏瓣膜、人工血管、人工关节、人工骨、人工喉、人工气管、人工食道、人工胆道、人工尿道和尿管、人工硬膜、人工腹膜、人工腿以及人工器官的接头、人工心脏瓣膜的底环、阻塞球、缝合环包布、人造肺气体交换膜、人造肾脏和人造肝脏的解毒罐、体内植入装置导线绝缘层、导引元件、心血管导管导丝钢丝的表面涂层等，还广泛用于整形外科，如腹壁、横膈膜修补，直肠和子宫脱垂的悬吊及胸壁缺损的修复、鼻成形及加高、下颌骨修复、悬吊治疗面瘫、上睑下垂、额部、面颊、口内软组织缺损的重建等。

6.2.3.4　聚乙烯吡咯烷酮

聚乙烯吡咯烷酮（PVP）是 N-乙烯基酰胺类聚合物中最具特色，且被研究得最深入、最广泛的精细化学品品种。

PVP 是以单体乙烯基吡咯烷酮（NVP）为原料聚合而得，其结构如下：

目前，工业上一般都采用乳液或悬浮聚合法合成 PVP。

PVP 是一种非离子型水溶性高分子，在水中有很高的溶解度，重均分子量达百万的 PVP 在水中仍然可以溶解。PVP 水溶液的黏度在较宽范围基本上不受 pH 的影响，仅在极端的情况下会有较大变化：浓盐酸会增加溶液的黏度，浓碱会使 PVP 发生沉淀。溶液黏度用特性黏度值 K 来描述，K 值与重均分子量 M_w 之间具有一定的关系（见表 6-6）。通常，K 值越大，黏度越大。

表 6-6 PVP 特性黏度值 K 与重均分子量 M_w 之间的关系

K	12	17	25	30	60	80	90
M_w	2500	10000	25000	40000	350000	900000	1100000

PVP 分子中既有亲水基团，又有亲油基团，其水溶液能与纤维素衍生物水溶液混溶，与阴离子物质、阳离子物质、有机酸、表面活性剂等也有很好的相容性。PVP 除了溶解于水外，还可以溶解于极性溶剂如低级醇、酸、酰胺、卤代烃、酯、酮、四氢呋喃等，但是不溶解于环己烷、苯、乙醚、乙酸乙酯等极性较弱的溶剂。

PVP 的化学稳定性较好，PVP 固体在 100℃的空气中加热 16h 无变化。但在空气中加热到 150℃，或与过硫酸铵混合并在 90℃下加热 30min 则发生交联，不再溶于水。PVP 与偶氮类化合物、氧化剂（如过氧化氢、重铬酸盐）并存时，经紫外线、γ 射线照射，也会交联，形成稳定的凝胶。长时间的研磨会导致固体 PVP 的降解。

PVP 生物学性能良好，有优良的生理惰性，在体内不降解，不参与人体新陈代谢，不刺激皮肤、黏膜、眼睛。PVP 能够被某些蛋白质的沉淀剂如硫酸铵、三氯乙酸、丹宁酸和酚类所沉淀。但 PVP 在水溶液中的形态不同于蛋白质，以散乱的螺圈构型存在，尺寸依赖于分子量，在 1～100nm 之间时，可以通过人体肾脏毛细管排除。通常，人肾小球能滤过 PVP 的相对分子质量上限约为 25000。

PVP 对人体安全无毒，不致敏，不致畸。在正常剂量下长期用药，也未发生组织损伤。对人体不具有抗原性，也不抑制抗体的生成，人体可从消化道、腹下、皮下及静脉途径接受，未发现对人有任何致癌作用。PVP 不被肠胃道吸收，在非肠胃道医药中低分子量的 PVP 很容易从肾系统排出，而高分子量的 PVP 排出速度慢。

PVP 在生物医学领域得到广泛的应用，已与纤维素类衍生物、丙烯酸类化合物一起成为当今三大主要合成药物辅料。PVP 在生物医学领域的应用主要包括以下几个方面。

由于 PVP 对水和离子保持稳定作用，与血液有良好的相容性，能够使血液维持适当的渗透压和黏度，因此可作为人工血浆，但是它无输送氧气和二氧化碳的能力，适用于急性大量失血或烧伤引起的休克。

未交联的 PVP 与非水溶性聚合物在一定范围和一定比例条件下共混，不会发生明显的相分离，因此可用于制作隐形眼镜。用 PVP 制作的隐形眼镜具有吸水率高、透气性高的特点。

PVP 在医药制造业中是重要的辅料之一，应用非常广泛。PVP 可以作为注射药物如抗生素类的稳定剂；在低温储存血液时，PVP 可以作为红细胞的稳定剂，防止红细胞在低温下被破坏；PVP 也可以作为酶和热敏物质的稳定剂。K-25、K-30 还常用作口服药物中的增容剂和稳定剂，阻止互不相溶的物质从水溶液中析出。K-25、K-30 和 K-90 等都可以作为悬浮稳定剂稳定各种药物悬浮液。PVP 与不溶性药物结合，可以提高其溶解能力。交联的 PVP（Kolli-don CL）被用作药片溃散剂。PVP 可以用作结晶抑制剂，能够阻止像糖这样的物质从药液中结晶析出。PVP还可以作为片剂糖衣成膜剂、胶囊剂的助流剂、液体制剂及着色剂的分散剂、眼药去毒剂和润滑剂等。利用PVP能够与许多化合物络合的性质，使PVP与抗生素、麻醉药等络合后可以增强其药理作用并延长用药疗效。PVP与I_2的络合物PVP-I_2杀毒剂（商品名为Povidon-I）保留了I_2的全部灭菌性质，几乎无刺激性和过敏性，不污染皮肤和衣物，无碘气味，比I_2的急性毒性小10倍。此外，PVP对某些毒素具有解毒作用，如破伤风病毒、白喉病毒等具有解毒作用，对尼古丁的氰化钾等可以降低其毒性。PVP还可以作为药物缓释的材料。总之，PVP在医药制药方面的作用极其广泛，其用量已经占到PVP总量的40%左右。

6.2.4 聚酯

医用聚酯主要是指聚对苯二甲酸乙二酯（PET），别名涤纶，熔点255～260℃，吸水率为0.13%。其结构式如下：

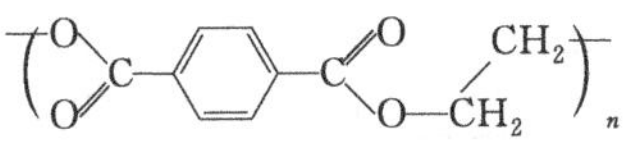

PET不溶解于一般的有机溶剂，耐化学品性能优越，耐应力开裂性好，属于惰性生物材料，具有良好的生物相容性，能用高压蒸汽消毒灭菌，在生物体内可保持长期的力学稳定性和化学惰性。

在生物医学领域，PET可用于制作多种人工器官，如人工心脏瓣膜、人工膀胱、人工喉、人工食道、人工气管、人工腱、人工皮、人工硬脑膜片等。PET也可作为修复材料，如心血管修复材料等。PET经过熔融纺丝成纤维编织的人造血管在植入体内后，细胞可以渗入纤维间隙增殖，在人工血管的内壁生成假内膜从而起到抑制血栓形成的作用。以涤纶制造的人工血管，分为针织和梭织两种结构。管子的直径，与人体本身的血管相近。此外，PET还可用做手术缝合线、弹力绷带以及作为阻隔芳香成分挥发的药包材料。

对医用PET的改性，可分为对本体材料的改性和对PET材料的表面改性两个部分。在合成PET时加入少量含有叔胺基的二元醇，得到的聚酯再进行肝素化处理，可以大大提高其血液相容性。在合成PET时加入苹果酸与羟基乙酸和乳酸共聚合，得到含羟基的共聚酯，可以连接药物分子。在PET表面共价接枝PEO/PEG可以提高材料表面的亲水性、降低蛋白质吸附。使用离子束、等离子体处理PET表面可以提高材料表面的亲水性，改善生物相容性。用氮气等离子体PET表面，在提高材料表面亲水性的同时，其抗细菌黏附能力也有一定的提高。

除了PET外，类似的医用聚酯还有聚对苯二甲酸丁二酯（PBT）。美国Ticona公司的PBT Celanex MT具有极好的抗蠕变性、尺寸稳定性和加工性，在良好的耐酸性、耐极性和非极性溶剂，可以使用α射线消毒，适合做精细结构部件，如药品输送后加工系统以及过滤器部件、设备外壳等。

6.2.5 聚丙烯酸酯

医用聚丙烯酸酯是指以丙烯酸酯为单体的均聚物或共聚物，结构如下：

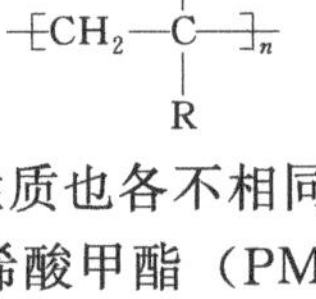

式中，R、R'不同，聚丙烯酸酯的性质也各不相同。

常见的医用聚丙烯酸酯有聚甲基丙烯酸甲酯（PMMA），俗称有机玻璃；聚甲基丙烯酸羟乙酯（PHEMA），为亲水性有机玻璃；以及聚氰基丙烯酸酯等。前两种具有生物惰性，生物相容性好，无毒、无致癌、致畸、致突变作用，易灭菌消毒，机械强度好；聚氰基丙烯酸酯具有生物降解性，作为医用粘接剂和药物释放载体材料，广泛用于医疗卫生领域。

6.2.5.1　聚甲基丙烯酸甲酯

当结构式中 R＝CH$_3$、R′＝CH$_3$ 时，称为聚甲基丙烯酸甲酯（PMMA），具有生物相容性好、力学强度高、性能稳定等优点。

PMMA 可以用来制作硬质接触眼镜片、人工晶状体、齿科修复填充剂、骨水泥；用玻璃纤维增强的聚甲基丙烯酸甲酯/羟基磷灰石（HA）复合材料在骨科修复中具有很好的应用前景；用碳纤维增强的聚甲基丙烯酸甲酯改制作成人工颅骨板作为修补颅骨损伤的材料，聚甲基丙烯酸甲酯制作的透析膜在透析过程中对红细胞的免疫功能影响比铜仿膜、聚砜膜小，血清肿瘤坏死因子 α（TNF$_2$）和细胞介素 6（IL-6）升高的幅度小，是慢性尿毒症维持性血液透析治疗中一种既安全又有效的透析器之一。使用亲水性单体如丙烯酸、甲基丙烯酸羟乙酯、甲基丙烯酸缩水甘油酯等与甲基丙烯酸甲酯共聚或对 PMMA 进行亲水改性，可以获得性能更好的透析膜。

下面是几个应用实例。

（1）骨水泥　也称作为骨固化剂，是一种以聚甲基丙烯酸甲酯为主，常温下自固化高分子材料，主要用于骨外伤治疗。商品化的 Palacos、Simplex P 都是该类骨水泥。骨水泥是由 PMMA 粉剂和甲基丙烯酸甲酯单体（MMA）液体构成，使用时通过聚合反应固化。在临床使用中可分为面团型和注射型两种。面团型是将骨水泥包装中的粉剂和液剂混合，发生自聚反应呈面团状时，人工植入需要固化的部位。注射型骨水泥组成基本与面团型相似，是改性 PMMA 粉和 MMA 液双剂型产品，但混合后黏度低，流动性好，通过注射可充满骨骼和植入物的孔隙，手术简便。

（2）义齿基托树脂　通常由粉剂和液剂两部分组成，粉剂的商品名为牙托粉，液剂的商品名为牙托水。牙托水由甲基丙烯酸甲酯（MMA）、交联剂（少量）、阻聚剂（微量）、紫外线吸收剂（微量）组成；牙托粉由甲基丙烯酸甲酯均聚粉和共聚粉、着色剂（镉红、钛白粉）等组成。在使用过程中将牙托粉和牙托水按一定比例调和后，填入义齿阴模腔内，根据不同的添加剂，采用不同的固化方式，如热固化、光固化、微波固化使之凝固。

（3）塑料牙　利用 PMMA 透明性好、光泽度高、韧性好、成型容易、与牙托材料黏合性好等优点，制作塑料牙。但聚甲基丙烯酸甲酯假牙强度低、硬度小及耐磨性差。常用的改性方法是与其他丙烯酸 MMA 共聚或对 PMMA 进行交联处理。成型加工通常采用模塑成型、浇注成型、注塑成型等方法。

6.2.5.2　聚甲基丙烯酸羟乙基酯

当结构式中 R＝CH$_3$、R′＝CH$_3$CH$_2$OH 时，称为聚甲基丙烯酸羟乙基酯（PHEMA），俗称亲水有机玻璃。PHEMA 是制作软接触镜片的材料之一，具有亲水性与润湿性好、柔软、富有弹性的优点，但透氧性较差。用含有机硅的单体与其共聚形成透氧性水凝胶软接触镜，含水率 52%，透氧性提高 4 倍，可连续戴用一周以上无刺激症状。用 PHEMA 粉末与聚氧化乙烯形成的凝胶薄膜或 PHEMA-Ⅲ型胶原复合物，可用做烧伤敷料。这种敷料薄膜透明，渗透性和塑性好，质地柔软，并可与抗生素协同使用，有抑制微生物生长的作用。适用于中、小面积Ⅱ度或Ⅲ度烧伤。

在口腔医学方面，PHEMA 水凝胶可用做软衬层材料，具有良好的生物相容性、安全性。以交联 PHEMA 树脂为载体，己二胺和多胺为功能基制备的吸附剂可以吸附胆红素；在聚氨酯表面接枝 PHEMA 可以制得具有良好机械性能和优良血液相容性的医用高分子材料。

PHEMA 作为介入疗法栓塞剂材料。介入疗法是 20 世纪 70 年代发展起来的一种新型治疗方法，其中血管栓塞术是介入疗法的重要组成部分，广泛用于心脑血管疾病，肝、肺、肾肿瘤治疗等领域。将聚甲基丙烯酸羟乙基酯制作成球状微粒，又称微球栓子，是栓塞剂的一种，通过特制注射器注入癌变组织的血管中，可吸收血液中水分而溶胀，堵塞血管，切断癌细胞的营养供应而使癌细胞死亡，达到治疗目的。

6.2.5.3 其他聚甲基丙烯酸酯

带有长侧链的聚甲基丙烯酸烷基磺酸酯具有类似肝素的作用，表现出良好的抗凝血性能。用带有叔胺基的聚丙烯酸酯经过烷基化形成高分子季铵盐，容易与肝素中的磺酸基结合，用于抗凝血表面改性。带有长侧链的聚甲基丙烯酸活性酯还可以在温和的反应条件下固化酶或者连接活性肽，作为生物制剂。二甲基丙烯酸三甘油酯（TEGDMA）或其他低黏度双官能团或单官能团丙烯酸酯可以作为牙本质胶黏剂。聚甲基丙烯酸甲酯接枝十八烷基聚氧乙烯具有诱导吸附白蛋白形成白蛋白原位复合生物医用功能材料；带长臂侧基的聚甲基丙烯酸活性酯，通过连接酶或多肽等生物活性物质，可以形成功能生物材料。

已经在临床上使用的聚甲基丙烯酸酯双酚 A 甲基丙烯缩水甘油酯（Bis-GMA）是早期使用的龋齿填补剂，但是其黏合性能欠佳，在树脂与齿组织的缝隙间会产生二次龋蚀。现在使用的 Bowen 发明的齿科填补树脂是基料为双酚 A 和甲基丙烯酸缩水甘油酯的混合物（BiA-GMA），并且添加多官能团的单体和无机填料制成的填补材料。由于基料单体分子结构中具有双官能团，聚合时放热少，体积收缩小，聚合后为体形结构，膨胀系数小，并且分子同时具有亲水基团，提了黏结性。这种填补材料增加了表面硬度，其耐磨性和抗水性也得到了改善。

甲基丙烯酸-2-羟基-3-萘氧丙基酯（HNPM）分子中亲水性的羟基对牙釉质能很好地润湿，萘基可以提高黏结层的耐水性，常用于牙矫正黏合。甲基丙烯酸乙氧基烷基磷酸酯（Phenyl-P）分子既具有亲水基团又具有疏水基团，对牙质材料具有黏合性，并且生物相容性良好，常用作齿科粘接剂。双酚-S-双（3-甲基丙烯酰氧基-2-羟丙基）醚是结构类似于 BiA-GMA 的一种新的双功能团单体，具有更高的粘接强度和反应活性，作为齿科填补树脂的特点类似于 BiA-GMA 聚 α-氰基丙烯酸酯。

6.2.5.4 聚 α-氰基丙烯酯

当结构式中 R＝CN 时，称为聚 α-氰基丙烯酯，是由 α-氰基丙烯酸酯单体在微量水分引发下快速进行阴离子聚合而生成的无色透明聚合物。聚 α-氰基丙烯酸酯属于极性极强的聚合物，溶解于强极性溶剂，如二甲基甲酰胺、硝基甲烷、乙腈等。聚合物在−80℃至软化点温度范围内均有较高的抗拉强度，在 180℃以上分解。聚 α-氰基丙烯酸酯的性能在很大程度上取决于酯基结构中的烷基组成。

α-氰基丙烯酸酯单体能与蛋白质的氨基酸牢固结合，可作为医用黏合剂黏合机体组织。α-氰基丙烯酸酯黏合剂黏合速度极快。单组分、无溶剂粘接时无需加压，常温固化，固化时间为5～180s，粘接后无需特殊处理，是迄今为止临床上理想的外科黏合剂。

α-氰基丙烯酸酯在黏合机体组织时，被粘物的性质和所处环境也对粘接速度有很大影响。在水、生理盐水、葡萄糖水溶液中，α-氰基丙烯酸甲酯、α-氰基丙烯酸乙酯和 α-氰基丙烯酸丙酯的黏合速度较快，而在血清、淋巴液、乳汁中，更长链长的酯如 α-氰基丙烯酸丁酯和 α-氰基丙烯酸辛酯的黏合速度更快。此外，粘接速度与聚合单体本身的聚合速度也有关。通常，α-氰基丙烯酸酯的酯基结构影响聚合速度，随酯基碳链的增长和侧链碳原子数目的增加聚合速度下降。因此，α-氰基丙烯酸甲酯的聚合速度最快，随着酯基的增大，聚合速度降低。但是在黏合机体组织时聚合速度最快对组织的刺激性也最大，使细胞坏死与变性的比率变大。酯基增大，对组织的刺激性却减少。因此，在实际使用中，除了根据被粘接对象、使用环境和使用目的选择合适的品种外，还可以将不同长度碳链的酯结合起来，在保证粘接速度的同时，尽可能减轻组织不良反应。

聚 α-氰基丙烯酸酯尽管是 C—C 聚合物，却是生物可降解的，这是由于在同一碳原子上既连有氰基又连有酯基的结构特点。降解的机理既可以是聚合物主链 C—C 键水解断裂，生成甲

醛和聚 α-氰基丙烯酸酯残链；又可以是酯的水解，生成聚（α-氰基丙烯酸）和对应一元醇。水解受碱与酶催化，水解速度随 pH 降低而减缓。水解产物水溶性的聚 α-氰基丙烯酸组织中不积累，随尿液排泄。随着烷基酯碳链的增长，水解越慢，而且水解属表面腐蚀型，因此水解速度与材料比表面积有关。聚 α-氰基丙烯酸酯虽然在可降解方面优于其他主链 C—C 聚合物如聚乙烯、聚丙烯等，但由于其降解产物复杂，其毒副作用可能会最终制约其在医药领域的应用。有研究表明，其具有不可忽视的肝细胞毒性，但也有报道毒性很低，甚至无毒。表 6-7 列出了 α-氰基丙烯酸酯粘接剂的主要临床应用。

表 6-7　α-氰基丙烯酸酯粘接剂的主要临床应用

序号	用　途	序号	用　途
1	食道、胃、肠管、胆道等消化道接合	13	防止脑脊髓液的漏出
2	胃、肠管穿孔部位的封闭	14	痔核手术
3	血管(动脉、静脉)接合	15	上颚裂的封闭
4	人工血管移植	16	移动肾的固定
5	皮肤、腹膜等的粘接、皮肤移植	17	中耳膜再造
6	神经连接和移植	18	角膜穿孔封闭
7	尿管、膀胱、尿道的粘接	19	肾、肝、脾、胰、肺、脑等实质脏器出血的止血
8	气管、支气管的接合	20	防止肾、肝、胰等生理检查后的出血
9	气管、支气管穿孔处的封闭	21	腹膜和骨盆出血的止血
10	自发性气胸的肺部粘接	22	消化道溃疡出血的止血
11	肝、肾、胰等脏器切开面的粘接	23	口腔外科和口腔卫生，眼科上的应用
12	瘘管的封闭		

通常，α-氰基丙烯酸长链酯与短链酯相比除了对组织的刺激性小、使细胞坏死与变性的比率低，还有体内分解速度慢的特点。聚 α-氰基丙烯酸甲酯在人体内约 4 周左右开始分解，15 周左右可全部水解完。聚 α-氰基丙烯酸丁酯则在 16 个月后仍有残存聚合物。

聚 α-氰基丙烯酸酯除了广泛用作为黏合剂外，由于既具有生物降解性，又易于制备，许多研究者将其应用于微米、纳米粒子给药系统。聚氰基丙烯酸酯纳米粒子给药又包括纳米球和纳米囊。纳米球是将药物分散在基质中或吸附在球表面，而纳米囊将药物包裹于聚 α-氰基丙烯酸酯聚合物壳中。纳米球采用乳液聚合制备，将水不溶性单体滴在水相中乳化，加入引发剂引发单体聚合，聚合反应在胶束中进行。介质 pH 值决定聚合速度和药物的吸附，药物既可在聚合之前，也可在聚合之后溶解于聚合介质中，与纳米球结合。纳米囊的制备方法是将单体溶解在含有油的醇溶液中，随后分散在含有表面活性剂的水相中，醇相扩散后形成非常细的水包油乳状液，由于单体不溶于水，在相界面聚合，形成纳米囊的壁。聚 α-氰基丙烯酸酯纳米粒子给药可以用于癌症化疗、转送多肽和蛋白，甚至基因转染。氨苄西林的聚氰基丙烯酸异己酯纳米球用于治疗先天性无胸腺裸鼠单核细胞增多性李斯特菌感染（一种肝和脾巨噬细胞的慢性感染），氨苄西林的疗效得到极大提高，肝中的细菌数减少至少 20 倍。此外，在连续注射 2 次 0.8mg 载药纳米球后，氨苄西林还具有肝部杀菌能力，而其他剂型的氨苄西林药物则没有相应的疗效。

6.2.6　聚醚

聚醚是分子链上含有醚氧键的热塑性聚合物。常用的医用聚醚有：①聚环氧乙烷；②聚环氧乙烷环氧丙烷；③聚氧化亚甲基；④环氧树脂等。

聚醚除了本身用作为生物医学材料外，更多情况下通过接枝、共聚等方法改性生物材料或生物材料表面而使用。例如，作为聚氨酯的组分（聚醚聚氨酯），作为聚乙醇酸、聚乳酸的组分（聚酯聚醚），接枝到疏水性的生物材料（聚硅烷、聚乙烯、聚氯乙烯等）表面以改善其亲水性和生物相容性。

6.2.6.1　聚环氧乙烷

聚环氧乙烷是高分子主链中含有 $-\!\!-\!\!(CH_2CH_2O)_n\!\!-$ 结构单元的醚类聚合物。相对分子质量高于三缩四乙二醇（三甘醇）而低于 2 万的聚合物，称为聚乙二醇（polyethylene glucol，PEG）；相对分子质量高于 2 万的聚合物，称为聚氧乙烯（polyethylene oxide，PEO），它们的生产原料都是环氧乙烷。

PEG 是一种水溶性高分子化合物，有一系列由低到中等分子量的产品。可由环氧乙烷与水或乙二醇逐步加成而制得，高分子量的 PEG 可以采用较高分子量的聚乙二醇为起始剂。当分子量的大小不同时，聚乙二醇物理形态可以从白色黏稠液（相对分子质量为 200～700）到蜡质半固体（相对分子质量为 1000～2000）直至坚硬的蜡状固体（相对分子质量为 3000～20000）。PEG 具有优良的稳定性和化学惰性，但是在空气中加热时会发生氧化，而且 PEG 的分子量越大，被氧化的倾向越大，在 300℃以上，醚键发生断裂。

PEG 溶解于水、醇、丙酮、氯仿、乙二醇醚等物质，但是不溶解于脂肪。PEG 具有吸湿性，而且分子量越低吸湿性越好。PEG 水溶液的 pH 值呈微酸性或中性。PEG 可用热压灭菌，是一类低毒、或无毒的聚合物，对皮肤无任何刺激性。用含 4％的 PEG 饲料喂养兔子 40 天，未见任何中毒症状；用 4％的 PEG 水溶液滴入兔子眼中，也未引起刺激作用。

美国 FDA 已批准 PEG 用于食品、生物医学领域。PEG 是一种重要的医用辅料，如用于软膏的基质成分，多使用 PEG 相对分子质量为 300～1500 的聚合物，通过调节种类和量，可以得到不同硬度的基质。用 PEG 为基质的软膏可以治疗皮肤病、外耳炎、烧伤等。PEG 还可用作片剂辅料，这种情况下使用的 PEG 分子量以 PEG-4000 为多数。例如，用 PEG-4000 在干燥状态下与热不稳定性药物混合压片，可以使药剂在储存中不干燥、不分解。PEG 还可用作水溶性的栓剂基质。例如洗必泰碘栓、洗必泰栓等。此外，利用 PEG 还可以用作分散剂、增容剂、助溶剂、乳化剂等，是药物制剂中的赋形剂和辅料之一。

PEG 与聚对苯二甲酸丁二醇酯、聚乳酸共聚制得的生物可降解材料可以用作药物控制释放的载体。PEG 通过接枝、共聚等方法改性生物材料表面，可以使生物材料获得表面亲水、抗蛋白吸附等性能。另外，PEG 还用于修饰干扰素、白介素、人胰岛素等蛋白质/多肽类药物。经过 PEG 修饰的药物，不仅提高了水溶性，增加了生物利用度，而且还可以减少药物剂量，降低医药成本。对人体有强烈毒性的抗肿瘤药物与 PEG 耦合后，可以降低这些药物的毒性，减轻药物对人体的伤害。

PEO 不同于 PEG，是分子量大于两万的环氧乙烷聚合物。聚合的方法有氧烷基化和多相催化两种。氧烷基化聚合用路易斯酸或碱作催化剂，用乙二醇或水"引发"，环氧乙烷在活泼氢位置上进行氧烷基化生成两端以羟基终端的线形环氧乙烷均聚物。这种方法得到的聚合物是黏稠的液体或蜡状的固体，最大的相对分子质量在 2×10^4 左右。多相催化聚合可以生成相对分子质量高于 1×10^5 的聚氧化乙烯，使用的催化剂有碱土金属的碳酸盐和氧化物、烷基铝和烷氧基铝化合物、烷基锌化合物以及氯化铁、溴化铁和醋酸铁的水合物等。

PEO 的性质与液体或蜡状的 PEG 很不相同，兼有热可塑性和水溶性及溶于某些有机溶剂的溶解性。由于是柔软的、高强度的热可塑性树脂，可以用压延、挤压、铸塑等方式进行加工。此外，它们还具有耐细菌侵蚀、不会腐败、在大气中的吸湿性不大的特点。

与低分子量 PEG 毒、副性相似，高分子量 PEO 的口服毒性非常低。PEG 的分子量大，因此很难被胃肠道吸收。它基本上不刺激皮肤，对眼睛的刺激也很轻微。美国食品药物管理局（FDA）已经批准 PEO 水溶性树脂用作专门的食品包装组分和啤酒的直接添加剂。在生物医学领域，PEO 用作锌洗剂的分散剂、摩擦酒精的组分、假牙固定的添加剂以及眼药水、药片包衣等方面。

6.2.6.2 聚环氧乙烷环氧丙烷（泊洛沙姆）

环氧乙烷环氧丙烷共聚物，称为泊洛沙姆，是一类三嵌段聚合物，两端为聚环氧乙烷嵌段，中间为聚环氧丙烷嵌段。其合成是采用丙二醇为引发剂，碱为催化剂，在无水、无氧、高温、高压条件下，引发环氧丙烷开环聚合得到具有合适分子量的活性聚环氧丙烷链。该活性链两端均具有阴离子活性中心，可进一步引发聚合。加入环氧乙烷，继续聚合，使疏水性的聚环氧丙烷链两端连接上亲水性的聚环氧乙烷链段，最后用酸终止反应。

已经报道的泊洛沙姆有 30 余种，相对分子质量为 1000～15000，分子中聚环氧乙烷组分含量为 10%～90%。通常，相对分子质量小于或等于 3000 且聚环氧乙烷含量不到 50%，以及相对分子质量介于 3000～5000 且聚环氧乙烷含量小于 20% 的泊洛沙姆常温下为液体；相对分子质量为 3300～6600，且聚环氧乙烷含量介于 30%～50% 的泊洛沙姆为糊状物；当相对分子质量为 5000～15000，且聚氧乙烯含量高达 70% 以上时，泊洛沙姆为固体。泊洛沙姆编号中的三位数字代表聚合物中疏水性嵌段的分子量和聚环氧乙烷的含量。前两位数乘以 100 即为聚环氧丙烷嵌段的分子量，第三位数乘以 10 就是聚环氧乙烷嵌段的质量分数。如泊洛沙姆 188，其聚环氧丙烷嵌段相对分子质量约为 1800，环氧乙烷单体单元的质量分数约为 80%。据此可以推断，泊洛沙姆 188 的化学组成和结构，是由中部为相对分子质量约为 1800 的聚环氧丙烷嵌段和两端的相对分子质量约为 3600 的聚氧乙烯嵌段组成。

泊洛沙姆易溶于水和一些极性溶剂中，广泛用作增容剂、乳化剂、稳定剂、分散剂、混悬剂和包衣剂。其胶体和凝胶性质可应用在给药系统中。

泊洛沙姆分子不具有生物降解性，体内通过吞噬被消除。局部使用时，没有刺激性，也不会致敏。口服液态泊洛沙姆的 LD_{50} 为 1g/kg 以上，半固体和固体为 10g/kg 以上。其他途径给服，如静脉注射或腹腔内注射泊洛沙姆的 LD_{50} 要低一些。

6.2.6.3 聚氧化亚甲基

聚氧化亚甲基，又称聚甲醛树脂（polyoxymethylene，POM）或聚缩醛树脂（polyacetal），为高结晶度的线形高分子热塑性工程塑料，其硬度、强度与韧性与金属类似，在潮湿和热的环境中仍可保持良好的自润滑性、耐疲劳、耐磨、耐化学品和大多数溶剂。聚甲醛具有优良的耐化学稳定性，在 70℃ 以下尚无有效的溶剂，即使在高温下对烃类、醇类、酯类等有机溶剂都能保持较高的机械强度。但对强酸、强碱如 H_2SO_4、HNO_3、HCl、H_2SO_3、$NaOH$ 等会发生腐蚀开裂。聚甲醛是白色粉末状物质，不透明，易着色。其制品表面有光泽、光滑、硬而致密。

在生物医学领域，聚甲醛用于医疗器械的制造，如心脏起搏器、人造心脏阀、假肢部件等。美国 Ticona 公司 2003 年新推出 11 个聚甲醛（POM）共聚物 Celcon MT 医用牌号，都已被美国 FDA 批准用于药品加工和输送系统、医药设备部件和包装。

6.3 生物降解医用高分子

生物降解医用高分子除了应具有良好的生物相容性外，还要求在生理环境下有可降解性，而且降解产物不能有毒性和刺激性，能够为机体吸收或排泄。可降解医用高分子的应用可减少暂时植入材料患者二次手术的痛苦，在组织工程中也得到了广泛的研究和应用，使长期植入材料的异物反应问题有望彻底解决。因此，可生物降解高分子的研究与开发已为人们广泛关注，在近几十年得到了迅猛发展。

6.3.1 医用高分子的生物降解

降解是指组成材料的物质分子量变小的化学反应过程，包括分子链的解聚、无规断链、侧基和低分子物的脱除等。高分子材料常见的降解形式包括光降解、热降解、机械降解和微生物降解等。

医用高分子的生物降解则是指材料在体内生理环境下的降解。该过程通常包括以下几个阶段：①水合，植入体内的材料从周围环境中吸收水分而溶胀；②材料经水解、酶解或氧化降解，分子主链断裂，分子量变小；③分子链进一步断裂，形成低聚物碎片；④低聚物碎片被吞噬细胞吸收或进一步水解成为单体而溶解；⑤最终产物被生物吸收，即通过新陈代谢被吸收或者排出体外。

医用高分子在体内的降解主要包括化学降解和酶解两种机制。其中，化学降解主要有水解和氧化降解两种形式。聚酯、聚酸酐和聚磷腈等合成高分子的降解机制以化学降解为主，降解最终产物为羧酸和醇等小分子物质。淀粉、纤维素、壳聚糖、海藻酸及胶原蛋白等天然高分子则以酶解为主，在特定酶的作用下，糖苷键或肽键断裂，生成多肽、氨基酸、寡糖或小分子单糖。

降解速率主要与材料的化学结构和物理性能有关。主链结构是决定降解速率的重要因素。通常，主链水解的难易程度从大到小排列如下：酸酐键＞酯键＞氨基甲酸酯键＞碳酸酯键＞羰基键≫碳-碳键。此外，材料的分子量及其分布、亲疏水性、凝聚态、表面积、几何形状、均匀性、加工灭菌过程、运输储存和使用部位等也会影响材料的降解。

在常用的可降解聚羟基烷酸酯中，聚羟基乙酸酯（PGA）的降解速率最快，比聚羟基丙酸酯（PLA）和聚 ε-己内酯（PCL）都快，尤其是力学强度衰减十分迅速。通常 PGA 在组织内 2 周后力学强度下降 50％，4 周后下降 90％～95％甚至更多，这使其在需较长时间固定的植入物方面的应用受到限制。与 PLA 共聚可减缓 PGA 的降解速度，如表 6-8 所示。

表 6-8 聚乙醇酸及其共聚物的降解速度

材　　料	全部降解时间/d	材　　料	全部降解时间/d
PGA	60	25PGA/75PLA	180
90PGA/10PLA	90	PLA	220
75PGA/25PLA	100	PDS	182
50PGA/50PLA	120		

6.3.2　天然降解医用高分子

天然降解高分子材料是指来源于自然界的高分子材料。目前，已在临床获得应用的天然降解高分子主要分为多肽（polypeptides）和多糖（polysacharides）两大类。天然多肽类主要包括动物来源的胶原和明胶，但近年来植物来源蛋白在医学领域的应用也逐渐受到重视。多糖类包括源于动物的甲壳素、壳聚糖、透明质酸，以及源于植物的纤维素、淀粉、海藻酸等。这些天然高分子的降解机制以酶解为主，最终降解产物为氨基酸和糖类，可参与机体新陈代谢，生物相容性好。但单纯的多肽或多糖类天然高分子力学性能和成型加工性能较差，降解太快，通常需要经改性处理或与合成高分子材料复合才能满足使用要求。此外，生物合成的可降解聚酯，即由微生物发酵生产的聚酯也属于天然降解医用高分子。

6.3.2.1　胶原

胶原又称胶原蛋白，是很多脊椎动物和无脊椎动物体内含量最丰富的蛋白质，占机体总蛋白的 25％～30％，存在于骨、软骨、皮肤、肌腱和血管壁等组织中，也是细胞外基质的主要成分，至少包括Ⅰ、Ⅱ、Ⅲ和Ⅳ四种类型。

胶原分子中氨基酸排列有序，基本按 G-X-Y 顺序重复排列，其中 G 为甘氨酸，X 和 Y 之一为脯氨酸或羟脯氨酸。其中羟脯氨酸为胶原的特有氨基酸。胶原在体内以纤维的形式存在。

其基本结构单位为原胶原分子（tropocollagen），长约 300nm，直径约 1.4nm，相对分子质量为 300000。它由三条肽链组成，肽链间通过分子间氢键作用，相互缠绕形成右手大螺旋原胶原分子定向排列，分子间通过共价交联形成胶原微纤维。多个胶原微纤维聚集形成胶原纤维。

胶原作为医用材料具有以下特点：①良好的生物相容性，经处理可消除免疫原性，无异物反应，不致癌；②可降解吸收；③对细胞生长和组织修复有促进作用。因此被广泛用于医学领域，如手术缝合线、伤口敷料、人工皮肤、人造血管等。此外，胶原还被大量用作组织工程支架材料，由于和天然细胞外基质极其类似，可促进细胞的黏附、铺展、增殖和细胞外基质的分泌。

6.3.2.2　甲壳素和壳聚糖

甲壳素是一种源于动物的天然多糖，存在于虾、蟹及昆虫的外壳中，也存在于真菌和藻类的细胞壁中，在自然界中的产量仅次于纤维素而居第二位，也是迄今发现的众多天然多糖中唯一的阳离子多糖。甲壳素的单体是乙酰氨基葡萄糖，单体间通过 β-1,4-糖苷键连接。甲壳素是白色固体，溶解性差，不溶于水、一般酸碱和有机溶剂，可溶于浓的盐酸、磷酸、硫酸和无水甲酸，但同时伴随降解发生。壳聚糖是甲壳素部分脱乙酰后的产物，单体包括氨基葡萄糖和乙酰氨基葡萄糖，也是白色固体，但溶解性较甲壳素有很大提高，可溶于稀盐酸、硝酸等无机酸和大多数有机酸。

甲壳素和壳聚糖具有十分优异的生物学特性：①与细胞外基质中黏多糖组成极其相似，生物相容性好，无毒副作用，不被人体排斥；②具有抑菌、降低胆固醇含量、抑制成纤维细胞和癌细胞的生长、促进体液和细胞免疫等生物活性；③可降解，产物可被代谢吸收。因此，被广泛用作手术缝合线和人工皮肤等医用制品。由于甲壳素或壳聚糖具有消炎、止血、镇痛和促进伤口愈合等功能，被公认为保护伤口的理想材料。

6.3.2.3　生物合成的可降解聚酯

生物合成的可降解聚酯主要是热塑性的可降解聚羟基烷酸酯（PHA），如 β-羟基丁酸酯（polyhydroxyl butylate，PHB）和聚羟基戊酸酯（polyhydroxy valerate，PHV）等。

$$-\!\left(\!OCHCH_2\overset{\displaystyle O}{\overset{\displaystyle \|}{C}}\!\right)_{\!n}\!-$$
$$\underset{CH_3}{|}$$

聚 β-羟基丁酸酯

PHA 是细菌发酵产生的一种胞内产物，以颗粒状态存在于细胞中。能生产 PHA 的菌种众多，主要原料为有机碳源，包括有机酸、醇、烃及单糖等。与人工合成相比，微生物发酵生产 PHA 具有原料来源广泛、成本低廉、环境友好等优点。PHA 有良好的生物相容性，降解产物可参与人体新陈代谢，在医学上广泛用于外科手术缝合线、药物缓释材料、人工皮肤及多种植入材料。

6.3.3　合成降解医用高分子

人工合成降解高分子可调控性强、性能比较稳定，可实现工业化生产，近年来备受重视。常见的人工合成可生物降解高分子材料主要有聚羟基烷酸酯、聚原酸酯、聚酸酐、聚碳酸酯、聚磷脂、聚磷腈、聚酰亚胺、聚氨基酸以及它们的共聚物等。

6.3.3.1　聚羟基烷酸酯

可降解的聚羟基烷酸酯主要是线形羟基脂肪酸酯，结构通式为 $-\!\left(OCHRCO\right)_{\!n}\!-$ 。其中应用最为广泛的是聚羟基乙酸酯（PGA）、聚羟基丙酸酯（PLA）和聚 ε-己内酯（PCL）及其共聚物。聚羟基烷酸酯的合成通常有直接聚合和开环聚合两种方法。开环聚合是以单体的二聚体为原料，经引发剂引发开环而聚合，所得产物具有分子量高的优点。聚合反应通常为本体熔融聚合，在有机金属化合物（如辛酸亚锡、乳酸锌等）的催化下进行。聚羟基烷酸酯在水环境下易因酯键水解断裂而降解，降解终产物为小分子的羟基烷酸，可参与人体新陈代谢被吸收，因而具有良好的生物相容性。但大量降解产物的累积会导致局部组织酸度升高而引起无菌性炎症。聚羟基烷酸酯的降解不仅与聚合物组成、结晶度和分子量及分子量分布等性质有关，还受样品的几何形状及外界环境的影响。PGA 和 PLA 降解主要为本体侵蚀机理，具有一定厚度的样品还存在降解产物端羧基的自催化效应。

（1）聚羟基乙酸 聚羟基乙酸 [poly（glycolic acid），PGA]，也称为聚乙醇酸，可由羟基乙酸直接聚合得到，也可以通过乙交酯开环聚合得到，因此又称为聚乙交酯 [polyglycolide，PG]。

PGA 是最简单的线形脂肪族聚酯，具有很高的结晶性，高度规整的分子结构使其非常坚韧（相对分子质量在 10000 以上的 PGA 即可满足手术缝合线的要求），但同时溶解性能很差，几乎不溶于所有的有机溶剂。PGA 的性质详见表 6-9。

表 6-9　PGA 的性质

项　　目	指　　标	项　　目	指　　标
熔点/℃	224～226	溶解性	大多数有机溶剂中不溶，异丙醇中能溶
玻璃化温度/℃	36	对数程度	0.5～1.6
密度/(g/mL)	1.5～1.64	重均分子量(M_w)	20000～145000

PGA 降解终产物为羟基乙酸，是体内三羧酸循环的中间代谢物，无毒副作用，是第一批被美国 FDA 批准用于临床的可降解吸收材料。在医学领域，PGA 可用于药物释放体系（有微球、微囊等剂型），也可用作可吸收缝合线。早在 1970 年，PGA 医用缝合线已经商品化（商品名 Dexon），它是 PGA 均聚物熔融纺丝加工成的高强度纤维制品，为世界上首次合成的可吸收缝合线。PGA 还可用作骨科固定装置，如骨夹板、骨螺钉等。此外，组织工程支架材料也是近年 PGA 应用的一个重要领域。但由于降解速度过快，力学强度不能满足要求，PGA 的单独应用受到极大限制，而常与其他羟基烷酸共聚后应用。

（2）聚乳酸 聚乳酸（polylactic acid，PLA）是乳酸缩合聚合得到的一种脂肪族聚酯，又称为聚-2-羟基丙酸。PLA 也可以通过丙交酯开环聚合得到，因此又称为聚丙交酯（polylactide，PL）。

聚乳酸

PLA 与 PGA 在分子结构上很相似，但由于甲基的存在，其理化性质和力学性能又有很大的不同。PLA 较 PGA 有更好的溶解性（可溶于卤代烃、乙酸乙酯、四氢呋喃、二氧杂环己烷等溶剂），但结晶性更差，也更疏水。PLA 分子中的甲基使酯键水解受到一定程度的立体阻碍，因此，其降解速度比 PGA 慢。

由于乳酸分子的 β-碳原子上连有甲基，有 L(－) 和 D(＋) 旋光异构体，其聚合物有四种类型，即 PLLA、PDLA、D, L-PLA 以及 meso-PLA。不同类型 PLA 间性质差异较大：PLLA 分子中的不对称碳链为规整构型，聚合物呈半结晶态，熔点约 185℃，力学性能较好，体内降解吸收时间长（可达 3 年以上）。D, L-PLA 分子中的不对称碳链为非规整构型，聚合物呈无定形态，T_g 约为 65℃，降解吸收时间短（约 3～12 个月），但力学性能较差。PLA 的性能详见表 6-10。

表 6-10　PLA 的基本性能

性　　能	PDLA	PLLA	D, L-PLA
溶解性	均可溶于乙腈、氯仿、二氯甲烷等,但 D, L-PLA 溶解性更好, 均不溶于脂肪烃、乙醇、甲醇等		
固体结构	结晶	半结晶	无定形
熔点/℃	180	170~180	—
玻璃化温度/℃	—	56	50~60
热分解温度/℃	200	200	185~200
拉伸率/%	20~30	20~30	—
断裂强度/(g/d)	40~50	50~60	—
水解性(37℃生理盐水中强度减半的时间)	4~6 个月	4~6 个月	2~3 个月

PLA 的生物相容性良好,对人体无毒、无刺激、无溶血作用,体外抗凝血性能与硅化玻璃相似,在体液环境中通过酯键水解而降解,水解终产物乳酸可最终代谢为 CO_2 和 H_2O 或通过肾脏排出体外,已经被美国 FDA 批准在临床上使用。在医学领域,PLA 经熔融纺丝制成可吸收缝合线,其纤维编织物或膜材料可作为人体组织修补材料,例如作为肌腱组织的防粘连膜、骨膜生长隔离膜等。PLA 还可用于药物控制释放载体、人造皮肤、骨修复替代材料。PLA 由于具有良好的生物相容性、可降解吸收性和可加工性,在组织工程研究方面也得到了广泛地应用,并在软骨、骨、肝、肌腱、皮肤、管状结构等组织工程化研究方面取得了一定的进展。

尽管如此,在 PLA 用于临床的过程中发现,当平均相对分子质量低于 20000 时,无菌性炎症的发生率较高;高分子量的 PLA 可延迟但是不能消除这一反应。出现这种情况的原因可能是降解过程中酸性产物的局部积聚,造成局部的 pH 值下降。因此,可以将碱性物质如羟基磷灰石、碳酸钙、碳酸氢钙等引入聚合物中,以避免这种情况的出现。例如 HA/PLA 复合物,HA 的存在不仅会减缓 PLA 的水解,防止无菌性炎症的发生,而且还可以弥补 PLA 机械强度不足的缺点。

用作医用缝合线的 PLA 通常是 PLLA,由于结晶度高使得拉伸性能不好。因此多采用聚乙丙交酯(PGLA)手术缝合线。PGLA 是由乙交酯-丙交酯按一定配比共聚得到的一种新型高聚物材料,有很好的柔顺性。PGLA 的可降解吸收缝合线商品名为 Vicryl,其强度和手感都比普通的合成纤维优异,在人体内强度可保持三、四周,吸收周期因缝合线的成分和大小型号稍有差异,约为两三个月,这使得外科手术刀口有足够的时间愈合。PGLA 缝合线大多用于表皮下的手术、黏膜表层手术和脉管缝合手术,取代了长期使用的羊肠线和合成纤维缝合线。

用于组织工程的 PLA 类聚酯材料具有良好的生物相容性、可降解吸收性和一定的机械强度等优点,但存在一些问题:①过于疏水,不利于细胞的黏附、生长和分化;②降解产物偏酸性,在临床使用过程中可能导致细胞的不良反应;③分子链中缺乏活性功能基团,难以与生物活性分子复合等。

为了获得更理想的组织工程支架材料,通常采用物理方法或化学方法对 PLA 进行改性。物理方法主要是通过改变材料表面的微观结构如粗糙度、润湿度或在 PLA 表面采取涂层亲水性物质如胶原、明胶,甚至生长因子等以增加材料的亲水性、细胞早期的附着力。然而,这种方法并不能彻底解决支架材料的亲水性不够理想和对细胞黏附力较弱的问题。化学改性方法包括材料的表面化学改性和本体化学改性。在 PLA 表面直接固定不同的黏附蛋白、具有促进细胞黏附的多肽 RGD(精氨酸-甘氨酸-天冬氨酸)、生长因子、氨基酸等来改善材料对细胞的黏附性,促进细胞生长。本体化学改性是通过与其他单体共聚、亲水性化合物共聚来调节材料的降解速度和亲/疏水性、提高材料的生物学性能以促进材料对细胞的黏附等。LA 与 GA、CL 等共聚的材料能够调控降解速度，但材料的亲水性和细胞黏附性改善不明显。含羟基 PEG 或甘油磷酸胆碱等开环 LA 可以在主链上引亲水链段，提高了材料的亲水性、降解性和细胞黏附性。LA 与功能单体共聚能够引入功能基团，如与含三官能团的氨基酸如赖氨酸（Lys）、天冬氨酸（Asp）、丝氨酸（Ser）等的吗啡啉二酮衍生物共聚，可以把氨基、羧基、羟基等官能团引入到生物降解型聚酯中。含赖氨酸的吗啡啉二酮单体与 L-LA 的共聚物，细胞在其表面的黏附性和扩散速度明显优于未加修饰的 PLA 表面。同时，这类共聚物含有大量可控的能与肽链结合的活性位点，利用共聚物中的侧氨基接枝小肽 RGD 已获成功，这类共聚物材料可望用于人体组织工程。

（3）聚己内酯　聚己内酯（polycaprolactone，PCL）又称为聚己酸内酯，是由 ε-己内酯单体在引发剂的作用下，开环聚合得到的聚合物。

$$-\!\!\left[\!O(CH_2)_5\overset{\displaystyle O}{\overset{\displaystyle \|}{C}}\!\right]_{\!n}$$

聚己酸内酯

PCL 的相对分子质量从几千到几万，是一种结晶性聚合物，呈白色半结晶状，结晶度随分子量的提高而降低，外观似蜡。PCL 的玻璃化温度和熔点都很低，分别为 -60℃和 63℃。PCL 在低于 200℃很稳定，高于 250℃时开始分解。PCL 溶解性非常好，加热时几乎可溶解于所有的有机溶剂，如甲苯、二甲苯、乙酸乙酯、甲基乙基酮等，但是不溶解于正己烷。PCL 的柔软度和拉伸强度与尼龙类似，而刚性则与中密度聚乙烯相似，弹性模量约为 350MPa，加工性能与聚烯烃很相似，通过挤出或注塑可加工成薄膜、薄板、管材、棒材、纤维等。由于在加工过程中可能发生水解，在加工前应对聚合物进行干燥处理。

PCL 分子中有较长的亚甲基链段，结晶性强，疏水性好，因此降解十分缓慢，比 PLA 及 PGA 都慢，且分子量越大，吸收时间越长，相对分子质量为 10 万左右的聚己内酯在体内完全被吸收需要 3 年时间。

PCL 作为生物材料可以经受 γ 射线消毒，其本体材料及降解产物对肌体均不产生毒副作用，在埋植部位无炎症、过敏及水肿等反应。PCL 在生物医学领域可用做手术缝合线以及修补材料。此外，利用 PCL 降解缓慢的特点，可将其用作长效的植入式药物载体。

尽管 PCL 的生物相容性良好，能够生物降解，且对多种药物具有透过性，是一种良好的药物载体；但由于其结晶性强，降解速度慢，且熔点低，限制了它在生物医学领域的应用。通过己内酯（CL）与其他单体（如 LA、GA 等）共聚，可以改善 PCL 的降解速度和力学性能。PEG 和 PCL 共聚形成的 PCL-b-PEG 嵌段共聚物，可以加速 PCL 生物降解速率。采用 α 射线照射交联，可以大大提高其熔点，例如，交联后的 PCL 薄膜在 120℃时仍然具有相当的强度；采用接枝或共聚的方法也可以改善 PCL 的热性能。此外，研究将 PCL 与甲壳素的复合材料或 CL 与丙交酯的共聚物作为新型的骨内固定生物降解可吸收材料也有报道。ε-己内酯和丙交酯的共聚物用于神经系统修复的结果表明，此类共聚物无毒性，无排异反应，植入动物体内可完全纤维囊化，1 个月后内层开始降解，18 个月后完全降解为碎片，在此期间神经的传递和传感功能已经重新获得。

6.3.3.2　聚对二氧六环酮

聚对二氧六环酮（polydioxanone，PDS），又称为聚 1,4-二氧环己酮，或聚对二氧杂环己烷酮（PDO），可采用熔融、溶液和乳液聚合等方法制备。对二氧六环酮单体在高纯氮保护下，由含有羟基的引发剂如水、醇、羟基酸及其酯，在催化剂金属氧化物或金属盐如 2-乙基己酸亚锡或氯化亚锡或二乙基锌等作用下，引发二氧杂环己烷酮开环聚合制得。

PDS 的特性黏度为 0.7，玻璃化温度约为 16℃，熔点约为 110℃，结晶度为 37% 左右。

PDS 的降解主要是由于水解作用引起的，分子量、结晶度、熔融温度是影响 PDS 在体内降解的主要因素。

PDS 的降解产物与人体代谢产物相同，不会在机体内蓄积，在体内降解时间为 120～240 天，终产物大部分从呼吸道排出，少量从尿及粪便中排出。手术缝合线是 PDS 最主要的应用领域。用作缝合线时，周围组织的炎症反应不明显，随着伤口愈合，缝线逐渐降解，被健康组织替代。和其他合成的可吸收手术缝合线相比，因其在体内较长时间保持足够的机械强度、组织反应性很小、具有良好的柔韧性，常被临床用于愈合缓慢的伤口缝合。同时，PDS 还被医学界公认为是目前骨折内固定材料最有前途的高分子聚合物之一。PDS 制作的针、夹板和螺钉与 PDS 缝线的组织反应类似，因此在临床中 PDS 针或夹板特别适合于小骨骨折如指骨、掌骨、伸肌腱的撕脱骨折，指关节固定术以及骨突的破裂等。此外，PDS 在颌面外科方面也有广泛应用，如固定下颌角部骨折，修复眼眶底骨折等。

对二氧六环酮还可和其他单体如乙交酯、丙交酯、碳酸三亚甲基酯、ε-己内酯等共聚。这些共聚物可制作手术缝合线和薄膜等。

6.3.3.3 聚碳酸酯

聚碳酸酯（polycarbonate，PC）是含碳酸酯单元的聚合物。碳酸酯是羰基两边都含有氧原子的化合物，结构通式如下：

$$\begin{array}{c} O \\ \parallel \\ -\!\!\left[OROC\right]_n \end{array}$$

碳酸酯的合成主要采用开环聚合法：首先制备环状碳酸酯单体，一般可通过线形碳酸酯低聚物的解聚获得；环状单体再在催化剂作用下开环聚合成高分子量的聚碳酸酯。聚碳酸酯可分为脂肪族碳酸酯和芳香族碳酸酯两类。脂肪族聚碳酸酯与通常的羧酸酯相比，水解能力更强。芳香族聚碳酸酯冲击强度高且质轻，但水解极其缓慢，常被用作生物惰性材料。

目前研究最广泛的脂肪族聚碳酸酯是聚三亚甲基碳酸酯（polytrimethylenecarbonate，PTMC），可通过 1,3-三亚甲基碳酸酯（TMC）在二乙基锌催化下开环聚合得到。PTMC 在40～60℃非常柔软，强度和软化点均很低，在体外降解速度比 PCL 慢 20 倍，在体内的降解速度明显比体外快，因此 PTMC 的体内降解过程中酶起了重要作用。TMC 可与乙交酯、丙交酯、环氧乙烷等单体发生共聚反应，提高聚合物塑性，共聚物的降解速度可以通过改变相互之间的比例来调控。

生物降解的聚碳酸酯可以作为药物的缓控释放材料，药物的释放速度取决于聚碳酸酯的水解速度和微球的大小。生物降解的聚碳酸酯也已经广泛应用于手术缝合线、软组织修复等方面。

6.3.3.4 聚原酸酯

聚原酸酯（polyorthoester，POE）是由多元原酸或多元原酸酯与多元醇在无水条件下缩合而得。原酸酯键对水十分敏感，极易水解，因此 POE 的合成条件十分苛刻，需较高的真空和长时间加热。POE 主要有以下三种合成路线：①二元醇与原酸酯或原碳酸酯的酯交换反应；②多元醇与双烯酮的缩合反应；③三元醇和烷基原酸酯的聚合。通过不同的合成路线或者选用不同的反应单体可获得性能各异的 POE。

POE 不溶解于水，在水溶液中也不发生溶胀，能够溶解于环己烷、四氢呋喃等有机溶剂。POE 在碱性条件下稳定，在酸性条件下水解，降解的原因是其主链上含有酸敏感的原酸酯键，通过表面溶蚀发生降解，不产生碎片。如果在制作过程中 POE 密度均一且不存在缺陷，其降解主要发生在表面，属于非均相降解。对第一类 POE 而言，降解会产生酸性的降解产物，能催化原酸酯键的水解，因此这类 POE 的降解存在自催化现象。

POE 降解最终产物为水溶性的小分子，容易被生物体所代谢，因此具有良好的生物相容性，不引起有害的组织反应或全身反应。已经商品化的 POE 商品名为 Alzamer，是美国 Alza 公司生产的。各种 POE 已广泛用作药物载体，例如，第二类 POE 可应用于胰岛素自调式给药、短期给药和长期给药系统，第三类 POE 用于氟氢可的松、甲硝唑、5-氟尿嘧啶和丝裂霉素等的释放。通过加入酸性或碱性添加剂可对药物释放速率进行调节。第三类 POE 优于其他药物载体之处在于固体药物能和其直接通过机械方法混合均匀，不用加热，也无需溶剂协助，操作简便。

POE 也存在亲水性差、降解缓慢等缺点，可以通过共混、共聚等方法对 POE 进行改性，以满足不同生物医学领域对材料的要求。

6.3.3.5 聚酸酐

聚酸酐（polyanhydride，PA）是单体通过酸酐键连接的聚合物，根据酸酐中 R 基的不同，可分为脂肪族聚酸酐（如聚己二酸，结构如下）、芳香族聚酸酐、杂环聚酸酐、聚酰酸酐、聚酰胺酸酐、聚氨酯酸酐以及可交联聚酸酐。

$$-[OC(CH_2)_4C]_n-$$

聚己二酸

PA 的制备方法有开环聚合法和缩聚法两种。缩聚法常采用熔融缩聚。熔融缩聚是首先将二元酸与过量乙酸酐反应生成混合酸酐，再通过混合酸酐熔融缩聚，最后真空脱去乙酸酐得到高聚物。这种方法的特点是产物不需要分离提纯，分子量较高。开环聚合是环状酸酐如环己酸酐在催化剂的作用下开环形成 PA，目前开环聚合合成的聚合物相对分子质量还较小（约为 5×10^3），开环聚合的研究还处于刚刚起步的阶段。

目前，在药物缓释方面应用的聚酸酐主要有聚 1,3-双（对羧基苯氧基）丙烷-癸二酸、聚芥酸二聚体-癸二酸、聚富马酸-癸二酸等，这些聚酸酐在氯仿、二氯甲烷等溶剂中溶解度较好，熔点也比较低，易于加工成型，并且具有良好的机械强度和韧性。

PA 主链上的酸酐键具有水不稳定性，能够水解成羧酸而导致 PA 降解，其降解速率取决于酸酐单体的疏水性，单体的疏水性越大，或共聚物中疏水性单体的比例越大，则 PA 的降解就越慢。例如，脂肪族聚酸酐降解速率很快，几天就可完全降解，而芳香族聚酸酐降解则长达数年，脂肪族芳香族共聚酸酐的降解速率则由共聚单体的比例来决定。聚酸酐降解表现为表面溶蚀，属于非均相降解材料，降解机理为酸酐基团的随机、非酶性水解。

一般来说，γ 射线辐射灭菌，无论对脂肪族还是芳香族聚酐的理化性能均影响不大。脂肪族聚酐的分子量稍有增大。

在生物医学领域，由于 PA 具有良好的生物相容性和生物可降解性，尤其是优异的表面溶蚀性能，使 PA 在药物控制释放中得到了广泛的应用。PA 的性能、药物释放速率可以通过选用不同的单体、调节共聚物单体的组成以及主链上酸酐键密度来控制。药物控制释放中使用的 PA 主要有：聚［双(对羧基苯氧基) 甲烷]［P(CPM)]、聚 ［双(对羧基苯氧基) 丙烷-癸二酸]［P(CPP-SA)]、脂肪族二聚体酸酐 (PFAD)、聚芳香脂肪酸酐 [P(CPA)、P(PCV)、P(CPO)]。聚芳香脂肪酸酐的单体一端是芳香羧酸，另一端是脂肪羧酸，其聚合物克服了脂肪族芳香族共聚酸酐降解不完全的缺点，降解时间为几天到几个月，呈现零级降解动力学。1987 年美国 FDA 批准了 PA 的临床使用。目前 PA 广泛应用于抗癌药物、多肽及蛋白剂、抗生素药物制剂。

除了作为药物控制释放材料外，交联的聚酸酐以其良好的机械性能可以作为骨临时替代材料；聚酸酐中引入酰胺键，可以制成纤维，用作外科缝合线。

使用丁二酸酐和脂肪族二元醇、对羟基乙氧基苯甲酸和二酰氯反应，得到含酯键的二羧酸，经熔融缩聚得到聚酯酸酐，因酯键部分水解比酸酐键慢，故降低了聚酸酐的降解速率，从而实现了理想的表面溶蚀，有效地控制药物按零级动力学释放。

6.3.3.6　聚磷酸酯

聚磷酸酯（polyphosphate）是主链上含有磷酸酯键的聚合物，是由二氯磷酸酯与二元醇类缩聚或由环状磷酸酯开环聚合制成的生物可降解高分子材料。缩聚法通常使用磷酰二氯，与含有双活性基团（羟基、氨基）的化合物，进行脱氯化氢来合成。含双活性氢的化合物可为双酚 A、3,4-双（对羟基苯基）己烷（己烷雌酚）、1,4-二羟基-2,3-萘二甲酸乙酯（茜草双酯）、酪氨酸酯等。这些物质与二氯磷酸乙酯、二氯膦甲酸乙酯、二氯膦乙酸乙酯等磷酰二氯反应，可合成生物可降解聚磷酸酯。开环聚合使用单体 2-H-2-O-1,3,2-二氧磷杂环己烷（亦名 2-H-2-O-1,3,2-二氧六环磷酸酯）或 2-H-2-O-1,3,2-二氧磷杂环戊烷开环聚合，而且还可以对侧基进行取代得到带不同侧基的聚磷酸酯。

聚磷酸酯主链上的磷酸酯键在生理条件下易于降解，生物相容性和热稳定性良好。由于聚磷酸酯的含磷组分和非磷组分的结构类型都易于改变，从而可使聚合物具有各种不同的性能，如亲水性质、交联、带电荷等都可改变，以调节聚合物的降解速率。

聚磷酸酯的生物相容性良好，作为药物载体或药物控制释放材料克服了天然磷酯质体易被氧化、稳定性差的缺点，在药物的定向输送研究中得到应用。例如，含双酚 A 的聚磷酸酯作为乙酸可的松和对硝基苯胺模型药物载体材料，可缓慢释放药物达数月。聚磷酸酯还能增强细胞的胞饮能力及药物透过细胞膜的能力。肿瘤细胞的磷酸酯酶活性高于正常细胞，因此主链或侧链带抗肿瘤活性的聚磷酸酯对肿瘤细胞有特异的抑制作用。

为了改善聚磷酸酯的性能及拓宽应用，合成聚磷酸酯新的进展之一是将环状磷酸酯单体与其他单体共聚，得到了一系列新型可降解材料，如聚乳酸-聚磷酸酯共聚物、聚氨酯-聚磷酸酯、聚酸酐-聚磷酸酯等。共聚物可以调节不同组分比例以制备具有不同性质、不同降解速率的可降解材料。

6.3.3.7　聚磷腈

聚磷腈（polyphosphazaenes）是一类以氮、磷原子交替连接而成的无机大分子链为主链的高分子聚合物。侧链可引入性能各异的有机基团，得到理化性质变化范围很广的高分子材料。聚磷腈的制备主要有三种方法：第一种是由小分子单体直接缩合聚合，其难点是单体制备条件苛刻；第二种方法是由环状单体六氯环三磷腈或八氯四磷腈开环聚合得到链状聚二氯磷腈化合物，再通过氯原子与醇、酚、胺类反应，得到各种衍生物；第三种方法是由环体磷原子上的氯与各类物质反应，再开环聚合制得相应的聚磷腈化合物，但是由于空间位阻效应，通常采用先部分取代环体，然后再进一步对聚合物功能化的方法。制备多取代基聚磷腈可以使用同时加入几种亲核试剂或依次加入各种亲核试剂两种方法。表 6-11 列出了部分聚磷腈的性质。

表 6-11　部分聚磷腈的性质

聚 磷 腈	相对分子质量	$T_g/℃$	$T_m/℃$	物理状态(25℃)	溶剂
$(Cl_2PN)_n$	$2×10^6$	-63			
$(F_2PN)_n$	$1×10^6$	-96			
$[(CH_3)_2PN]_n$	$2×10^4$	-65			
$[(CH_3O)_2PN]_n$	$64×10^4$	-76		弹性体	甲醇
$[(CH_3CH_2O)_2PN]_n$	$2×10^6$	-84			
$[(CF_3CH_2O)_2PN]_n$	$1.7×10^6$	-66	240	热塑性	丙酮、四氢呋喃
$[(C_6H_5O)_2PN]_n$	$1.7×10^6$	6	390	热塑性	苯
$[(p-CH_3C_6H_5O)_2PN]_n$		0.36	340	热塑性	氯仿、四氢呋喃
$[(C_6H_5NH)_2PN]_n$		105		玻璃态	苯
$\{[(CH_3)_2N]_2PN\}_n$		-4			
$[(CH_3NH)_2PN]_n$		14	140	热塑性	水
$[(CF_3CH_2O)(C_3F_7CH_2O)PN]_n$	$8×10^6$	-77			
$\{[C_2H_5OOC(C_6H_5)CHNH]_2PN\}_n$		68	158	玻璃态	苯、四氢呋喃

聚磷腈的无机主链在 γ 射线、X 射线、UV 光照下都很稳定。主链上交替的单、双键未能形成长程共轭体系，即每个双键都是孤立的。由于双键的形成没有对 P—N 键的旋转造成障碍，所以与有机高聚物的主链相比，聚磷腈主链有较高的扭转柔顺性，使得它们一般具有较低的玻璃化温度 T_g，因此聚磷腈大多是良好的低温弹性体。聚磷腈的性质随侧链取代基不同而不同，从弹性体到玻璃体，从油溶性到完全水溶性，表现出很大的差异。

聚磷腈有易水解的侧基存在时，偶磷-氮键就不稳定，主链水解生成磷酸和铵盐，同时释放出侧链基团。不同的侧基对主链的水解速率影响不同，故可通过选择不同的侧基制备所需降解速率的聚磷腈聚合物。以氨基酸酯为侧基的聚磷腈最具应用价值，其降解速率主要依靠氨基酸残基中 α-碳的结构来调节。α-碳上取代基的碳原子数目、空间位阻越大，聚合物的降解速率就越慢；相反，取代基团越小，降解越快。氨基酸酯影响降解速率的顺序为：甘氨酸酯＞丙氨酸酯＞缬氨酸酯＞苯丙氨酸酯。另外，酯基主要影响聚合物表面的亲水性，含乙酯聚合物比含甲酯聚合物的接触角大，即亲水性小。因此，体积越大的疏水性取代基对水渗透性阻滞越大，从而抗水解性增加，降解速率缓慢。酯基影响降解速率的顺序为：甲酯＞乙酯＞叔丁酯＞苯酯。

聚磷腈的生物相容性好、具有易生物降解性。有关聚磷腈的生物相容性体内评价很少详细报道，只有一些个别例子，如含有氟代烷氧基的聚磷腈皮下植入试验表明组织反应性很小。

聚芳氧基磷腈的体内组织相容性试验结果说明该材料很有希望用作惰性生物材料。聚磷腈的氨基酸衍生物皮下植入老鼠体内，分别于 4 周、4 个月和 6 个月后取出含有植入剂的组织进行组织学评估，未发现炎症反应，有轻微的囊化，但没有观察到"异物反应"。许多研究结果还表明聚磷腈具有很强的抗菌活性，未发现聚膦腈有诱变性。

在生物医学领域，聚磷腈高分子由于生物相容性好，并且容易在生物体内降解为无毒的小分子，可以作为药物控制释放材料、细胞培养材料和内植入材料。

在药物控制释放系统中，不同亲水侧链的聚磷腈具有不同的用途：疏水性线形聚磷腈用于制备储积式、均混式埋植剂和微球制剂，而亲水性线形聚磷腈则常常交联成水凝胶作为释药的基质。合成的以甘氨基、丙氨基、苯丙氨酸、氨酸的甲酯、乙酯、叔丁酯、苄酯为侧基的丙氨基系列取代聚磷腈，通过对氨基酸酯的选择来控制聚合物的亲、疏水性和聚集态，从而调节其降解速率。丙氨酸乙酯与咪唑基以 80：20 比例作磷取代基的聚磷腈，降解速率与骨生成速率相匹配，可用于骨缺损修复的治疗。取代基为乙基甘氨酸酯的聚磷腈在作为骨细胞培养载体时不仅有利于细胞的生长，而且也可以提高聚合物的降解速率。

6.3.3.8　聚氨基酸

聚氨基酸（polyamino acid）是 α-氨基酸分子间以氨基和羧基缩合形成的聚合物，即多肽，通过同种氨基酸均聚或不同种氨基酸共聚制得。结构通式如下：

$$\underset{R^1}{-NHCHC}\overset{O}{-}\underset{R^2}{NHCHC}\overset{O}{-}\underset{R^3}{NHCHC}\overset{O}{-}$$

聚氨基酸的制备方法有化学合成法和生物合成法。化学合成法包括缩合聚合和 NCA 开环聚合方法。生物合成法能非常准确地控制聚合物的序列和分子量。例如，将固相多肽合成化学与基因工程微生物学相结合，制备缬氨酸-脯氨酸-甘氨酸-缬氨酸-甘氨酸；通过发酵细菌的基因表达控制重复多肽单元序列。

由于主链上有反复出现的酰胺键，大多聚氨基酸具有不溶不熔性（在熔融状态下分解），不易加工成型。聚氨基酸在生物体内可以通过水解和酶解转变为 α-氨基酸。

聚氨基酸降解产物为 α-氨基酸，是人体中自然存在的物质，能够被生物体组织吸收，因此聚氨基酸具有优良的生物相容性和抗凝血性，无毒副作用，是理想的合成医用高分子材料，可用作药物载体材料和组织修复材料等。聚氨基酸作为药物控制释放载体有两种方式：第一种是通过侧链基将药物分子直接或间接通过空间手臂基团键合到聚氨基酸主链上，通过聚氨基酸的降解达到药物控制释放的目的；第二种方式是将药物混入或裹入聚氨基酸材料中，通过调节聚氨基酸的亲疏水性、电荷性质和酸碱性等性质，控制材料的降解速率和药物扩散速率，以达到药物控制释放的目的。调节和控制材料性质及降解速率不仅可以使用不同种类、配比的氨基酸进行共聚的方法，而且还可以利用聚氨基酸中的活性基团接入其他可以调节性质的侧链。

目前使用较多的均聚氨基酸为聚谷氨酸、聚天冬氨酸、聚 2-赖氨酸。

聚 2-赖氨酸带正电荷，一方面能够直接中和肿瘤细胞表面所带的负电荷，导致细胞凝聚而显示细胞毒性，因此具有抗肿瘤活性。但是这类聚阳离子毒性大，一般不直接作为抗肿瘤试剂，而是作为药物载体和免疫佐剂。另一方面，由于聚 2-赖氨酸带正电荷，容易被肿瘤细胞以胞饮的方式摄取，所以与肿瘤药物 5-FU 结合用于癌症治疗。此外，也有报道聚 2-赖氨酸与 Pt（Ⅱ）键合用于癌症化疗。此外，聚赖氨酸还具有抗菌活性。例如，$2.5\mu g/mL$ 的聚 L-赖氨酸可以抑制大肠杆菌，赖氨酸二聚体要比此浓度高 180 倍才具有相同效果，而 L-赖氨酸却无此药理活性。对金黄色葡萄球菌的抑制能力也遵循此规律。

聚谷氨酸材料已经作为环磷酰胺载体用于癌症化疗，与半乳糖键合的聚谷氨酸是一种优良的特殊可降解药物载体。甲基谷氨酸与亮氨酸共聚物具有组织相容性好、无抗原性、无毒、水分蒸发与正常皮肤相似的特点，因而在治疗烧伤时作为人工皮肤使用。

除了上述三种均聚氨基酸外，聚丝氨酸是一种从改性明胶得到的尿素与丝氨酸的聚合物，是通过明胶分解物再聚合获得的，可以作为血液增量剂，用于提高血浆胶体渗透压、增加血液容量。

聚氨基酸难溶难熔，加工困难，且体内酶解存在个体差异，降解速率难以控制。为了克服这些问题，可利用 α-氨基酸的非 α-氨基与羧基聚合，制成"假聚氨基酸"。"假聚氨基酸"是天然氨基酸通过非酰胺键结合在一起的聚合物。例如，（N-酰基羟脯氨酸）酯、亚氨基碳酸酯-酰胺共聚物等。假聚氨基酸一般连接键为羧酸酯键、碳酸酯键。这种"假聚氨基酸"既保持了聚氨基酸良好的生物相容性，又具有优于聚氨基酸的机械性能和加工性能。这类聚合物已用于开发药物控释制剂和骨科植入装置。聚氨酸-碳酸酯降解时间较长，适合用于长效的控释制剂。用它制成的释放多巴胺的颅内植入制剂，在颅内维持稳定的药物剂量达 180 天，表现出优良的脑组织相容性，并保护多巴胺不失活。并且，用该聚合物制成内植骨螺钉和骨针，初步试验表明，在体内可维持有效强度达 6 个月，与骨组织相容性也很好。

此外，聚氨基酸还可以与其他材料共聚。例如，侧链含阿霉素的聚乙二醇-聚天冬氨酸嵌段共聚物是一类两亲聚合物，在水中容易形成直径约为 50nm 的胶束，键合药物的聚天冬氨酸链段被包裹在胶束内，胶束表面是高亲水 PEG 链段。这种结构的胶束容易自由进入肿瘤组织，达到选择性治疗的效果。聚乙二醇与天冬氨酸嵌段共聚物极大地改善了聚天冬氨酸的水溶性，包载多柔比星的聚合物被细胞内吞后，天冬氨酸主链水解断开，释放出多柔比星；若结合单克隆抗体，则药物释放具有靶向性。用聚丙二醇（PPO）或聚甲硅氧烷（PDMS）与聚谷氨酸共聚，制成 ABA 型嵌段共聚物，得到高透气性的膜材。

6.4　医用高分子的发展趋势

医用高分子材料未来发展可概括为四个方面：一是生物可降解高分子材料的应用前景更加广阔，其中医用可生物降解高分子材料因其具有良好的生物降解性和生物相容性而受到广泛的重视，它在缓释药物、促进组织生长的骨架材料方面具有极大的发展潜力，尤其是可对生物降解型聚合物进行物理和化学修饰，研发出适合于不同药物的聚合物基材料，使之达到理想的控制释放效果；二是复制具有人体各部天然组织的物理机械性能和生物学性能的生物医用材料，达到高分子的生物功能化和生物智能化，是医用高分子材料发展的重要方向；三是人工代用器官在材料本体及表面结构的有序化、复合化方面将取得长足进步，以达到与生物体相似的结构和功能，其生物相容性也将明显提高；四是药用高分子和医药包装用高分子材料的应用将会继续扩大。

思 考 题

1. 对医用高分子的特殊要求有哪些？
2. 生物相容性包括哪两方面的内容？各自的影响因素有哪些？
3. 医用高分子的分类方法有哪些？
4. 列举至少两个惰性医用高分子，简述其结构、制备、性能及应用情况。
5. 列举至少一个天然可降解医用高分子，简述其结构、来源、性能及应用情况。
6. 列举至少两个合成可降解医用高分子，简述其结构、制备、性能及应用情况。

参 考 文 献

[1] 杨鸣波，唐志玉. 中国材料工程大典. 第 7 卷. 北京：化学工业出版社，2006.
[2] 万昌秀. 材料的生物学性能及其评价. 成都：四川大学出版社，2008.
[3] 赵长生. 生物医用高分子材料. 北京：化学工业出版社，2009.
[4] 高长友，马列. 医用高分子材料. 北京：化学工业出版社，2006.
[5] 周长忍. 生物材料学. 北京：中国医药科技出版社，2004.
[6] 沈同，王镜岩，等. 生物化学（上）. 北京：高等教育出版社，2000.
[7] 杨志明. 组织工程. 北京：化学工业出版社，2002.
[8] 凤兆玄，戚国荣. 医用高分子. 浙江：浙江大学出版社，1989.
[9] 章俊，胡兴斌，李雄. 生物医用高分子材料在医疗中的应用. 中国医院建筑与装备，2008，1：30-35.

第7章 液晶高分子材料

液晶高分子（liquid crystals polymer，LCP）是在一定条件下能以液晶相态存在的高分子，与其他高分子相比，它具有液晶相物质所特有的分子取向序和位置序，而与小分子液晶相比，它又有高分子化合物的特性。液晶高分子目前已经成为功能高分子中的一类重要材料。

液晶高分子具有高强度和高模量的性质，可以用于防弹衣、航天飞机、宇宙飞船、人造卫星、飞机、船舶、火箭和导弹等结构部件。它具有杰出的耐热性，尺寸精度和尺寸稳定性，优异的耐辐射、耐气候老化、阻燃和耐化学腐蚀性等，广泛用于微波炉具、纤维光缆的被覆、仪器、仪表、汽车及机械行业设备及化工装置等，同时具有光、电、磁及分离等功能特性，可用于光电显示、记录、存储和分离材料等。另外液晶高分子在疾病诊断和治疗以及生命科学、信息科学和环境科学等领域方面的研究和开发也取得了飞速的发展。

液晶高分子材料已经超越了高分子材料科学、化学科学和材料科学的领域，涉及了物理学、生命科学和信息科学等多学科领域，是一个十分活跃的研究领域和前沿学科，对科学技术的发展，以及对工业、国防和人民生活显现出日益重要的作用。

7.1 概 述

7.1.1 液晶高分子的基础知识

7.1.1.1 液晶态

人们熟悉的物质存在形式有液态、固态（一般指晶态）和气态。在外界条件发生变化时（如压力或温度发生变化），物质可以在三种相态之间进行转换，即发生所谓的相变。随着人们对物质状态认识的深入，发现物质除了上述三态外，还有等离子态（plasmas）、无定形固态（amorphous solids）、超导态（super-conductors）、中子态（neutron state）、液晶态（liquid crystals）等。

液晶态（liquid crystals，LC）是一种兼有晶体和液体部分性质的过渡中间相态（mesophases），即液态晶体，通常它既有液体的流动性和连续性，又有晶体的各向异性，如光学、力学、介电、热导、电导、磁化的各向异性。液晶的物质并非总是处于液晶相，只有在一定的条件下才显示液晶相，并表现出液晶所特有的性能。液晶态与晶态的区别在于它部分缺乏或完全没有平移序，而与液态的区别则在于它仍存在一定的取向有序性，如图 7-1 所示。

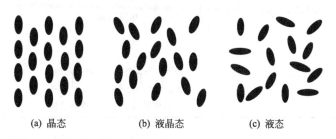

(a) 晶态   (b) 液晶态   (c) 液态

图 7-1 物质的晶态、液晶态和液态的示意

7.1.1.2 液晶基元

液晶态的形成是物质的外在表现形式，而分子结构则是液晶形成的内在因素。分子结构不仅在液晶的形成过程中起着主要作用，而且也决定着液晶的相结构和物理化学性质。

能够形成液晶的物质，通常具有刚性的分子结构，分子的长度（L）和宽度（D）的比例 $R \gg 1$，有明显的形状，呈棒状、近似棒状或盘状的构象。若为棒状，长径比要在 4 以上；如为盘状，也应有较大的直径厚度比，呈现各向异性。例如，4,4'-二甲氧基氧化偶氮苯液晶分子，分子的长宽比 $R \approx 2.6$，长厚比 $R' \approx 5.2$。

满足这样的结构特征的液晶分子中常常含有芳环、不饱和键和极性基团等。此外，液晶的流动性要求分子结构上必须含有一定的柔性部分，如烷烃链等。长棒状液晶分子的结构如下：

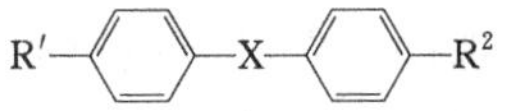

$$R' \!-\!\!\bigcirc\!\!-\!X\!-\!\!\bigcirc\!\!-\!R^2$$

由连接基团将刚性和棒状的结构连接起来形成的就是液晶基元。分子结构中的液晶基元刚性应足够以维持其棒状或盘状的几何形状，并且分子结构中还应存在极性或易于极化的原子或原子团，使得分子间有强的相互作用，具有在液态下维持分子的某种有序排列所必需的凝聚力。表 7-1 列出了液晶基元类型。

表 7-1　液晶基元类型

液晶基元类型	分子结构
联苯	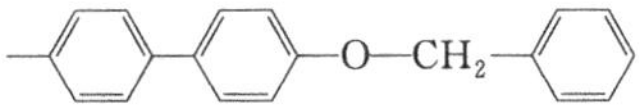
酯型	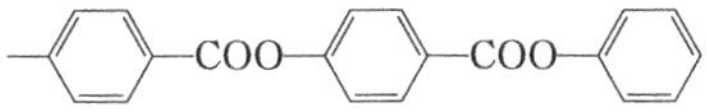
二苯乙炔	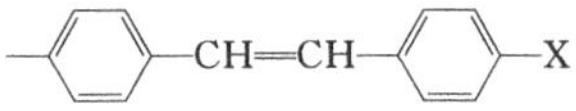
偶氮苯	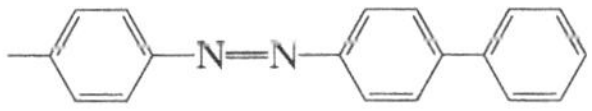
Shiff 碱	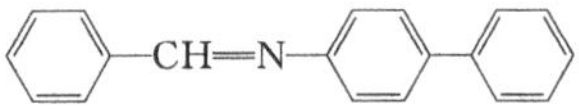
侧向结构	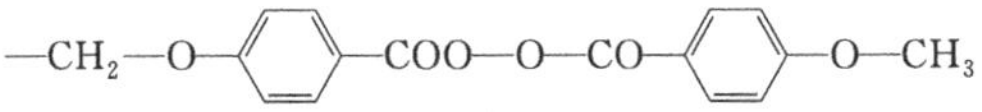
酯环结构	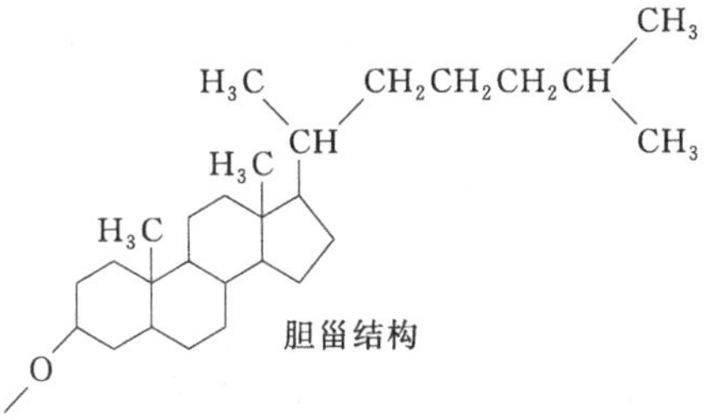 胆甾结构
杂环化合物	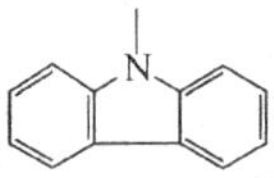 咔唑结构 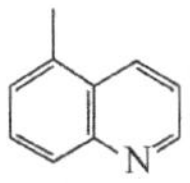　　喹啉结构

在长棒状分子的结构中，—X— 为分子中心，是一个刚性的核，其常见的结构如下，通过这种刚性连接，可以阻止两侧的环的旋转。

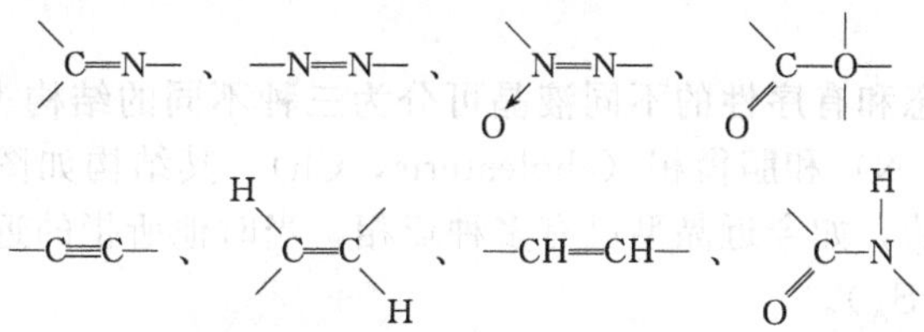

长棒状分子中 —X— 的结构

—X— 的两侧由苯环或脂肪环或杂环组成，形成共轭体系，结构如下：

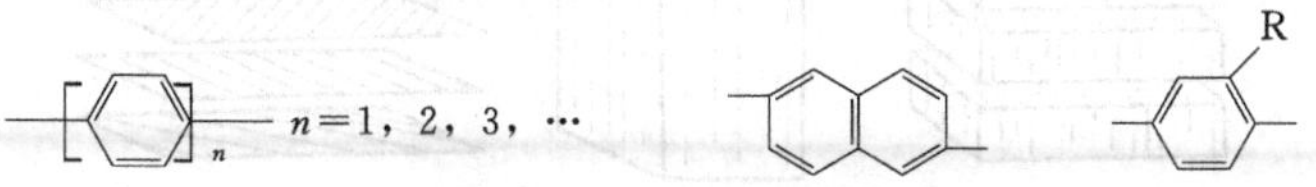

长棒状分子中 —X— 两侧的结构

结构尾端的—R、—R[1] 是柔软、易弯曲的各种极性或非极性基团，如酯基、氰基、硝基、氨基、卤素等（—R、—OR、—COOR、—CN、—OOCR、—Cl、$—NO_2$、—COR、—CH=CH—COOR），对形成的液晶有一定的稳定作用，也是构成液晶分子不可缺少的结构因素。

盘状分子也可能呈现液晶态，其中心是刚性的芳香核，其外围有几条柔顺的侧链。一般盘状分子的厚度在 10 Å 以内，直径达数十埃。结构如下：

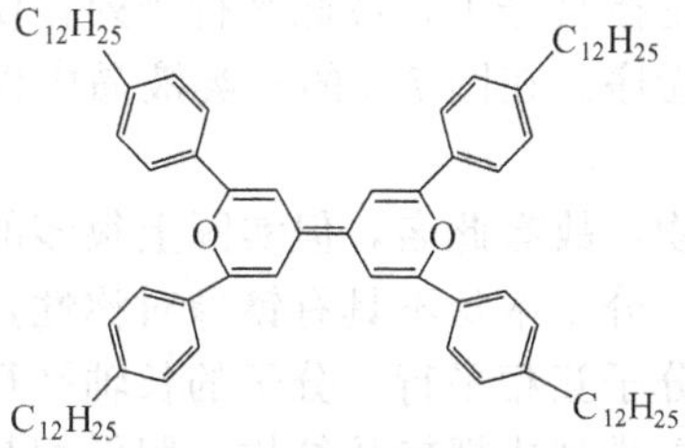

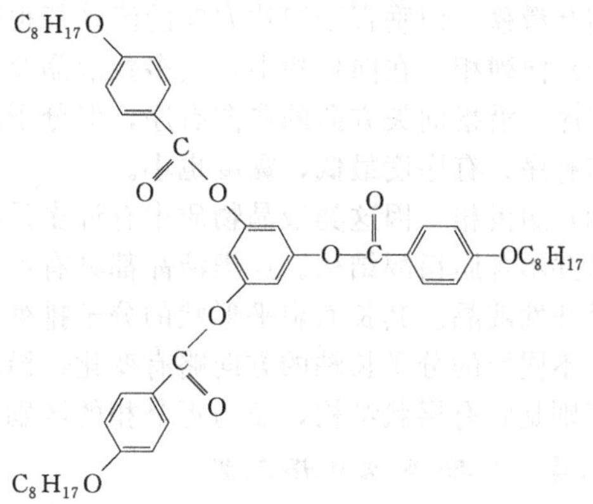

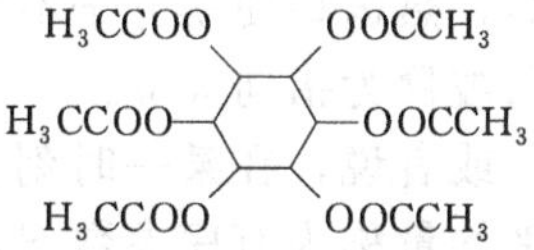

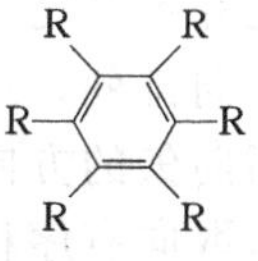

R =—$OCOC_7H_{15}$

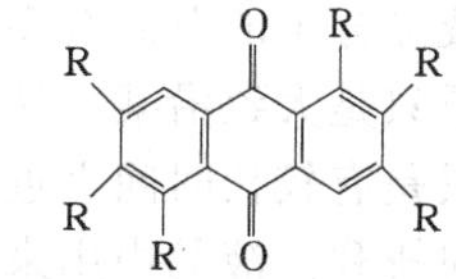

R =—COC_7H_{15}

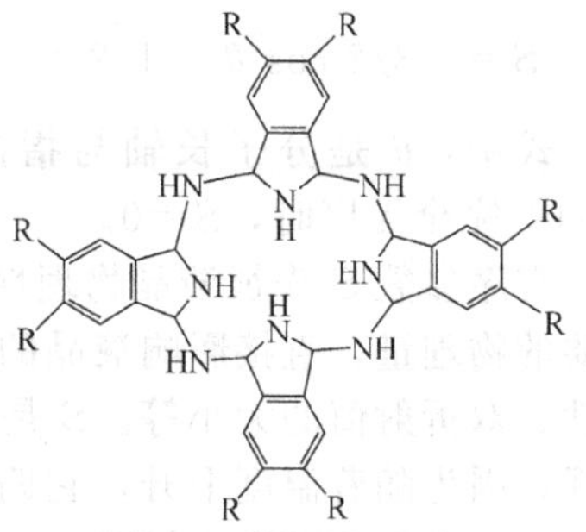

R =—$CH_2OC_{12}H_{25}$

7.1.1.3 有序性和液晶结构

所有液晶都具有取向有序，不同液晶具有不同程度的位置有序。此外，有的液晶还存在键取向有序。

根据液晶分子的形态和有序性的不同液晶可分为三种不同的结构类型：近晶相（smectic，S）、向列相（nemactic，N）和胆甾相（cholesteric，Ch），其结构如图7-2所示。这一分类法是1922年Friedel提出的，如今近晶型已有多种亚相，当时他所指的近晶相，只是现在所谓的近晶A相（smectic A，S_A）。

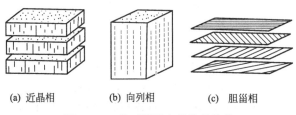

(a) 近晶相   (b) 向列相   (c) 胆甾相

图 7-2 三种不同形态的液晶结构

（1）近晶相 近晶相在三类相态中最接近晶体结构，按发现年代先后命名为A，B，…，Q，共17种亚相，记为S_A，S_B，…，S_Q。这类液晶除了沿指向矢方向的取向有序以外，还有沿某一方向的平移有序。其棒状分子平行排列成层状，分子的长轴垂直于层状结构的平面，在层内分子的排列具有二维有序性。分子可在本层运动，但不能来往于各层之间，因此层片之间可以相互滑移，但垂直于层片方向的流动却很困难，这导致近晶相的黏度比向列相大。

（2）向列相 在向列相中，大多数液晶及液晶高分子是棒状分子，彼此平行排列，仅具有一维有序，沿指向矢方向的取向有序，但分子的重心排布无序。在图7-2的三类液晶中仅它没有平移有序，有序度最低，黏度也小。

（3）胆甾相 因这类液晶物质中有许多是胆甾醇衍生物，故有此名，但实际上很多的胆甾相液晶并不含胆甾醇结构。这类液晶都具有不对称碳原子，分子本身不具有镜像对称性，它是一种手征性液晶。其长而扁平形状的分子排列成层，层内分子互相平行，分子的长轴平行于层平面，不同层的分子长轴的方向略有变化，沿层的法线方向排列成螺旋状结构。胆甾相与向列相的区别是它有层状结构，而与近晶相的区别是它有螺旋状结构。

7.1.1.4　有序参数和指向矢

晶体中的原子在非热力学零度会因为热运动而偏离平衡位置，并非严格位于完全有序的位置上。同样，液晶分子的取向有序，也并不是完全一致的，热运动使得分子不停地转变方向和位置。液晶分子只是大致沿某一从优方向排列，这个方向被称为指向矢 n。

液晶分子只是有较长时间靠近沿指向矢的方向取向，或者说，在某一时刻，有较多的分子靠近指向矢方向排列。液晶中用来表示取向有序程度的平均量称为有序参数 S，用二阶勒让德多项式表示为：

$$S = <3/2 \cos^2\theta - 1/2>\qquad(7\text{-}1)$$

式中，θ 是分子长轴与指向矢 n 的夹角。当完全有序时，$S=1$；完全无序时，$S=0$。

有序参数 S 表征液晶物理性质各向异性的程度，是一个非常重要的物理量，直接影响液晶的弹性常数、黏滞系数、介电各向异性、双折射值的大小等。S 是温度的函数，随着温度的上升而下降，因为随着温度上升，它偏离晶态更远而离各向同性液态更近。S 与温度关系大致如图7-3所示，当温度达到清亮点温度 T_c 时，S 突然降至零。

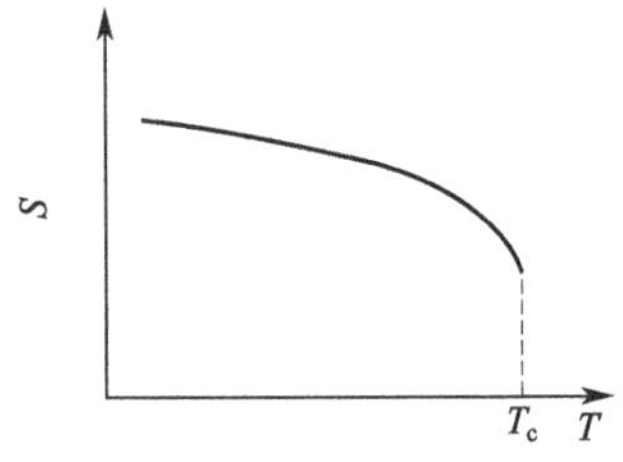

S 和 n 的结合很好地表征了液晶取向有序性。S 表示了液晶

图 7-3 液晶有序参数
S 与温度的关系

分子取向的微观特征，n 则是液晶取向的宏观表示。讨论液晶的畸变、缺陷等现象时，只需分析 n（r）的分布就可以了。一般分子尺寸在 10Å 左右，而 n（r）的变化在微米的数量级，n（r）实际代表一个远比分子尺寸大得多的空间内液晶分子的平均取向。

7.1.2 液晶高分子的分子结构

液晶高分子的分子结构刚性部分多由芳香和脂肪型环状构成，柔性部分多由可以自由旋转的 σ 键连接起来的饱和链构成，刚性结构部分或位于聚合物的骨架上或位于高分子骨架的侧链上。

常见的一些液晶高分子有：①芳香族聚酰胺；②芳香族聚酯；③芳香族聚酰肼；④芳香族聚丙烯酸酯；⑤芳香族聚碳酸酯；⑥芳香族聚酰胺-酰肼；⑦聚砜；⑧聚硅氧烷。

由此可以看出，液晶小分子化合物的结构因素、对液晶相生成能力和液晶相稳定性的影响因素，在液晶高分子体系中同样非常重要，但液晶高分子需要考虑的因素更多。比如，分子链结构的立体规整性，共聚物的组成与不同结构成分在链内的序列长度和序列分布，以及分子量大小与分布等高分子所特有的结构因素。

柔性间隔基长度对高分子的液晶形态有直接影响（结构如下）。聚合物 **1** 在温度 $119\sim136\text{℃}$ 之间呈现近晶型液晶，而聚合物 **2** 或聚合物 **3** 接到高分子主链上，均不呈现液晶相，是无定形聚合物。

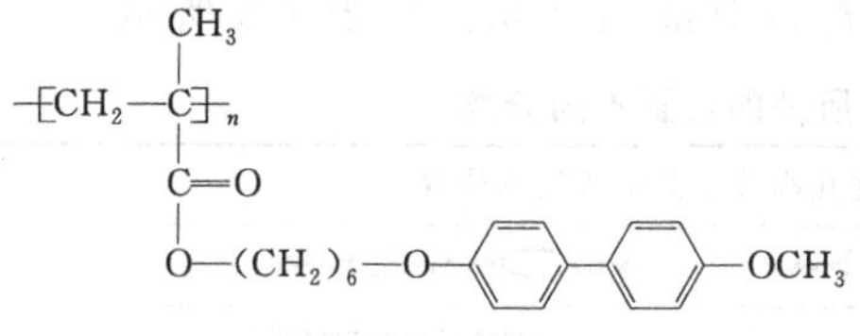

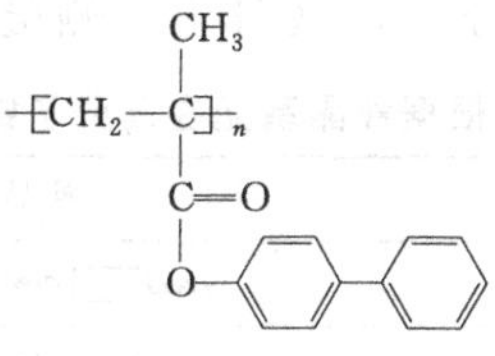

含有二联苯结构的高分子呈现不同形态

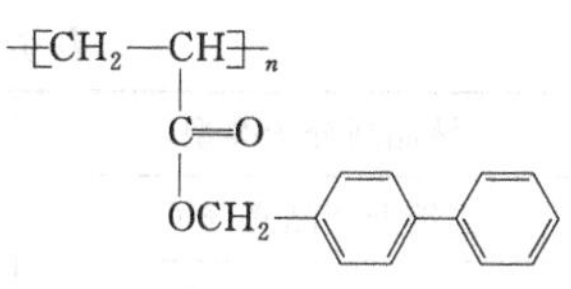

7.1.3 液晶高分子的分类与命名

7.1.3.1 根据液晶的生成条件分类

根据液晶的生成条件也可把它分为溶致液晶、热致液晶、兼具溶致与热致液晶、压致液晶和流致液晶五类。如表 7-2 所示。

（1）溶致液晶　就是由溶剂破坏固态结晶晶格而形成的液晶，或者说聚合物溶液达到一定浓度时，形成有序排列、产生各向异性形成的液晶。这种液晶体系含有两种或两种以上组分，其中一种是溶剂，并且这种液晶体系仅在一定浓度范围内才出现液晶相。

（2）热致液晶　由加热破坏固态结晶晶格、但保留一定取向有序性而形成的液晶，即单组分物质在一定温度范围内出现液晶相的物质。

（3）兼具溶致与热致液晶　既能在溶剂作用下形成液晶相，又能在无溶剂存在下仅在一定的温度范围内显示液晶相的聚合物，称为兼具溶致与热致液晶高分子，典型代表是纤维素衍生物。

（4）压致液晶　是指压力升高到某一值后才能形成液晶态的某些聚合物。这类聚合物在常压下可以不显示液晶行为，它们的分子链刚性及轴比都不很大，有的甚至是柔性链。如聚乙烯通常不显示液晶相，但在 300 MPa 的压力下也可显示液晶相。

（5）流致液晶　是指流动场作用于聚合物溶液所形成的液晶。与溶致液晶相比，流致液晶的链刚性与轴比均较小，流致液晶在静态时一般为各向同性相，但流场可迫使其分子链采取全伸展构象，进而转变成液晶流体。例如，聚对苯二甲酰对氨基苯甲酰肼的 DMSO 的各向同性溶液，在剪切速率大于 $500s^{-1}$ 的剪切流场作用下，将转变成向列相液晶溶液。然而，撤去流场后，其液晶相极易消失。

表 7-2 根据液晶的生成条件分类的液晶高分子

液晶类型	液晶高分子举例
溶致液晶	芳香族聚酰肼、聚烯烃嵌段共聚物、聚异腈、纤维素、多糖、核酸等
热致液晶	芳香族聚酯共聚物、芳香族聚甲亚胺、芳香族聚碳酸酯、聚丙烯酸酯、聚丙烯酰胺、聚硅氧烷、聚烯烃、聚砜、聚醚嵌段共聚物、环氧树脂、沥青等
兼具溶致与热致液晶	芳香族聚酰胺、芳香族聚酯、纤维素衍生物、聚异氰酸酯、多肽、聚磷腈、芳香族聚醚、含金属高聚物等
压致液晶	芳香族聚酯、聚乙烯
流致液晶	芳香族聚酰胺酰肼

7.1.3.2 根据液晶基元所处的位置分类

液晶高分子往往是由小的液晶基元（mesogenic unit）键合而成的，液晶基元对生成液晶相起最关键作用。根据液晶基元在高分子链中所处的位置不同，可以将液晶高分子分为：①主链型液晶高分子（main chain LCP），即液晶基元位于大分子主链的液晶高分子；②侧链型液晶高分子（side chain LCP），即主链为柔性高分子分子链，侧链带有液晶基元的高分子；③复合型液晶高分子，这时主、侧链中都含有液晶基元。如表 7-3 所示

表 7-3 根据液晶基元在高分子链中所处的位置不同分类

液晶高分子类型	液晶基元在高分子链中所处的位置
主链型液晶高分子	
侧链型液晶高分子	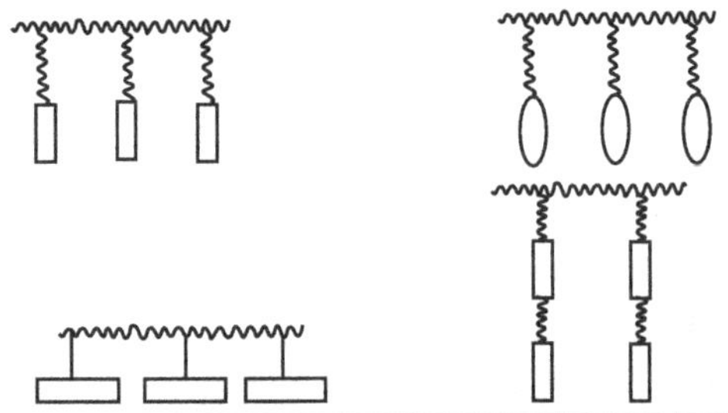
复合型液晶高分子	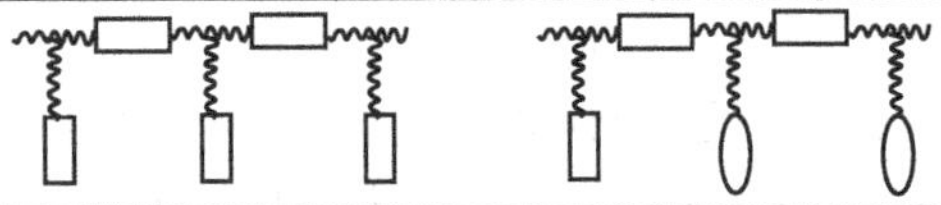

7.1.3.3 其他的分类方法

按高分子链形状分类，可分为线形、梳形、甲壳形、串形、星形、树枝形和网形等。按照高分子链的亲溶剂特性，可分为双亲型和非双亲型。按照高分子的来源分类，可分为天然液晶高分子、生物液晶高分子和合成液晶高分子。按主链上是否含有芳香环来分类，可分为全芳香族、半芳香族和非芳香族。

7.2 液晶高分子的合成和性质

7.2.1 液晶高分子的合成

液晶高分子的合成主要是通过小分子液晶化合物的共聚、均聚或接枝反应来实现高分子化

的。常用来聚合的小分子液晶化合物（也可称为液晶单体）结构见表7-4。

表 7-4　液晶高分子常用液晶单体

单体类型	单　体　结　构
HO—R—COOH	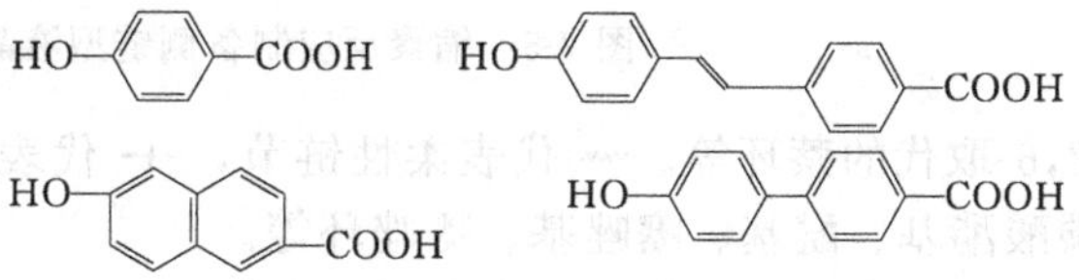 HO—〈〉—COOH　　HO—〈〉—CH=CH—〈〉—COOH HO—〈〈〉〉—COOH　　HO—〈〉—〈〉—COOH
HO—R—OH	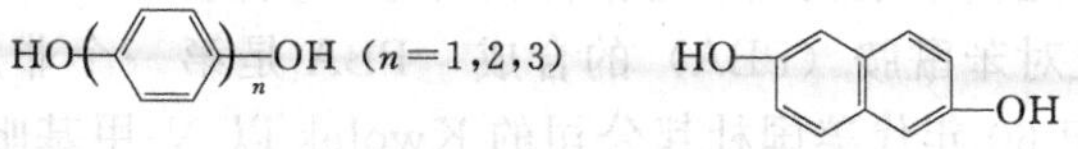 HO—(〈〉)$_n$—OH $(n=1,2,3)$　　HO—〈〈〉〉—OH
HOOC—R—COOH	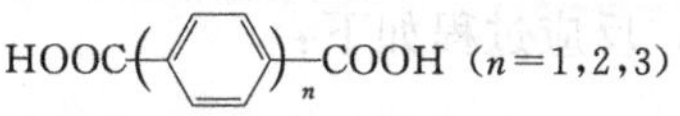 HOOC—(〈〉)$_n$—COOH $(n=1,2,3)$
H$_2$N—R—NH$_2$	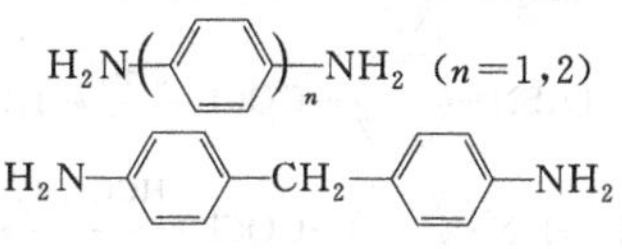 H$_2$N—(〈〉)$_n$—NH$_2$ $(n=1,2)$ H$_2$N—〈〉—CH$_2$—〈〉—NH$_2$
H$_2$N—R—COOH	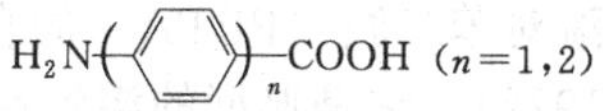 H$_2$N—(〈〉)$_n$—COOH $(n=1,2)$
HO—R—NH$_2$	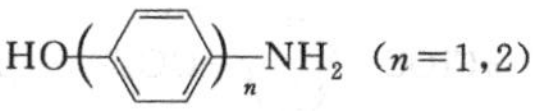 HO—(〈〉)$_n$—NH$_2$ $(n=1,2)$
丙烯酸酯类	CH$_2$=C(R) 　　　COOAB
苯乙烯类	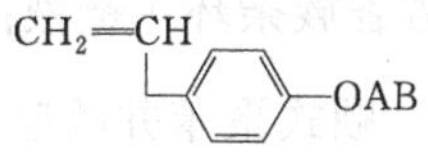 CH$_2$=CH 　　　〈〉—OAB
丙烯酰胺类	CH$_2$=CH 　　　CONHAB
乙烯基醚类	CH$_2$=CH 　　　OAB

注：其中 A 代表间隔基，B 代表液晶基元。

7.2.1.1　缩聚反应

大多数主链型液晶高分子是由液晶单体与半刚性单体进行缩聚反应制备，如图7-4所示。

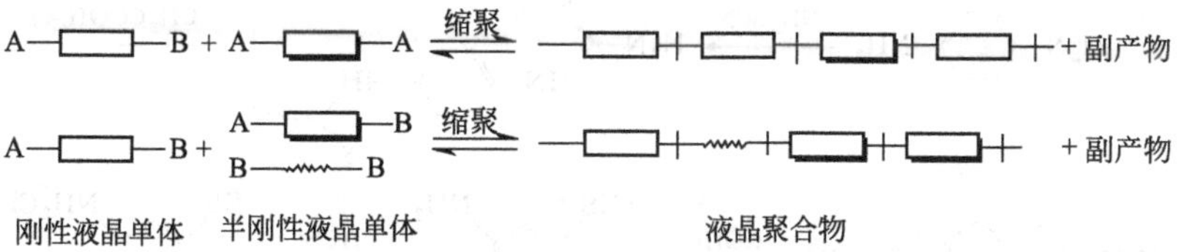

图 7-4　缩聚反应制备主链型液晶高分子

侧链型液晶高分子也可以通过侧链含有液晶基元的单体缩聚而成，如图7-5所示。

上述两图中 A 代表羟基、乙酰氧基、氨基或肼基，B 代表羧基、酰氯基、醛基、异氰酸酯基、苯氧碳酸基、溴基或氯基。长方框代表 1,4-取代的苯环、4,4′-取代的联苯、1,3-取代

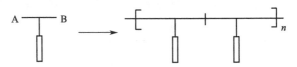

图 7-5　缩聚反应制备侧链型液晶高分子

的苯环或 2,6-取代的萘环等。⌇ 代表柔性链节，┼ 代表酯基、酰胺基、酰肼基、亚甲胺基、氨酯基、碳酸酯基、醚基、噻唑基、噁唑环等。

下面是几例缩聚反应制备液晶高分子的实例。

(1) 聚对苯酰胺 (PBA) 的合成　PBA 是第一个非肽类溶致液晶高分子，属于向列相液晶。20 世纪 60 年代美国杜邦公司的 Kwolek 以 N-甲基吡咯烷酮为溶剂，$CaCl_2$ 为助溶剂进行低温溶液缩聚而得，反应过程如下：

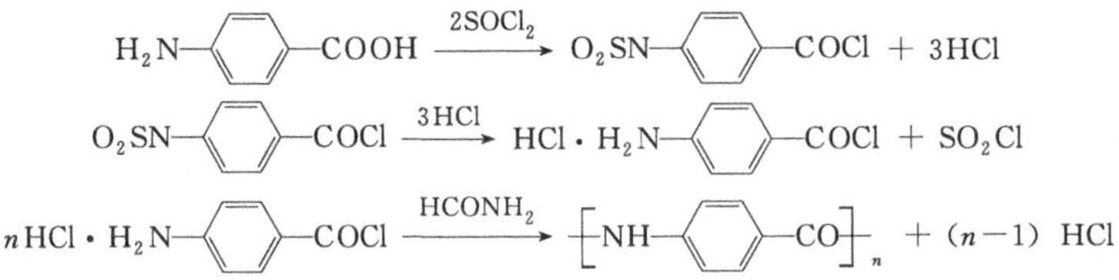

$$H_2N\text{—}\boxed{}\text{—COOH} \xrightarrow{2SOCl_2} O_2SN\text{—}\boxed{}\text{—COCl} + 3HCl$$

$$O_2SN\text{—}\boxed{}\text{—COCl} \xrightarrow{3HCl} HCl\cdot H_2N\text{—}\boxed{}\text{—COCl} + SO_2Cl$$

$$n\,HCl\cdot H_2N\text{—}\boxed{}\text{—COCl} \xrightarrow{HCONH_2} \left[NH\text{—}\boxed{}\text{—CO}\right]_n + (n-1)\,HCl$$

(2) 聚对苯二甲酰对苯二胺 (PPTA) 的合成　PPTA 是第一个大规模工业化的液晶高分子 (美国杜邦公司，1972)，它是典型的溶致性液晶高分子，其合成反应过程如下：

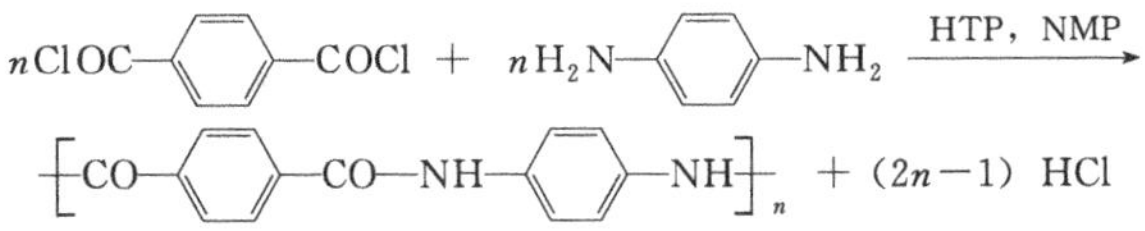

$$n\,ClOC\text{—}\boxed{}\text{—COCl} + n\,H_2N\text{—}\boxed{}\text{—NH}_2 \xrightarrow{HTP,\ NMP}$$

$$\left[CO\text{—}\boxed{}\text{—CO—NH}\text{—}\boxed{}\text{—NH}\right]_n + (2n-1)\,HCl$$

(3) 聚芳香族杂环主链液晶高分子的合成　聚苯并噁唑苯 (PBO) 和聚苯并噻唑苯 (PBT) 是两类重要的聚芳香族杂环主链液晶高分子，它们都是溶致型液晶高分子。

顺式聚苯并噁唑苯 (PBO) 的合成路线：

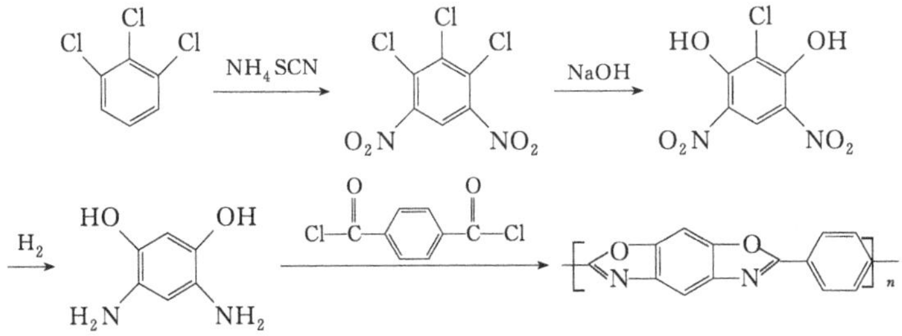

聚苯并噻唑苯 (PBT) 的合成路线：

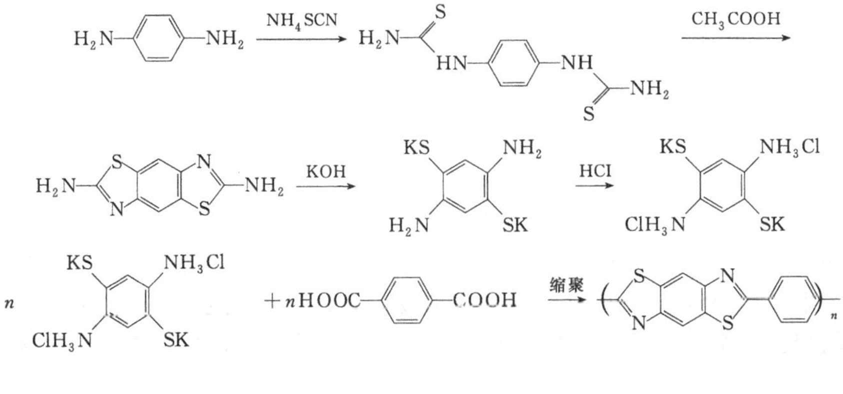

176

（4）侧链型液晶高分子的缩聚反应　侧链含液晶基元的氨基酸可以缩聚成侧链型液晶聚氨基酸：

$$HOOC-CH_2CH_2-CH-NH_2 \longrightarrow \left[OC-CH_2CH_2-CH-NH \right]_n$$

另外有些液晶高分子是由液晶单体和线性柔性连聚合物之间的反应来获得。如线性柔性聚酯先被乙酰氧基酸解，再与液晶单体进行缩聚形成对羟基苯甲酸（PHB）与聚对苯二甲酸乙二酯（PET）的共聚酯：

$$HO-\!\!\!\!\!\!\!\!\bigcirc\!\!\!\!\!\!\!\!-COOH \xrightarrow[\text{NaAc}]{CH_3COOH} CH_3OCO-\!\!\!\!\!\!\!\!\bigcirc\!\!\!\!\!\!\!\!-COOH$$

$$\xrightarrow[N_2]{275℃} \quad \xrightarrow[\text{缩聚}]{\text{减压}}$$

7.2.1.2　加聚反应

此法需要首先合成同时具有刚性液晶基元和双键的单体，然后进行加聚反应。加聚反应既可合成均聚物，又可合成共聚物。聚合方法包括自由基聚合、阴离子聚合、阳离子聚合、基团转移聚合等。具体又分为：①均聚，即由同一种液晶性单体聚合而成；②液晶性单体与非液晶性单体共聚合；③两种不同的液晶单体共聚合，这是合成胆甾型侧链液晶高分子使用较多的方法。

聚丙烯酸酯类、聚甲基丙烯酸酯类以及聚苯乙烯衍生物类的液晶高分子，均可采用加聚反应进行合成，如图 7-6 所示。

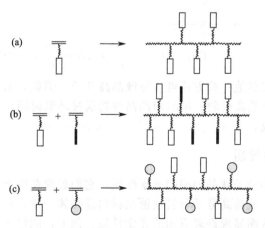

图 7-6　加聚反应制备侧链型液晶高聚物

例如，将液晶基元通过有机合成方法连接在甲基丙烯酸酯或丙烯酸酯类单体上，然后通过自由基聚合得到侧链型液晶高分子，聚甲基丙烯酸酯型侧链液晶高分子的合成路线如下：

$$HO+CH_2+_nCl + HO-\langle\bigcirc\rangle-COOH \xrightarrow{NaOH} HO+CH_2+_nO-\langle\bigcirc\rangle-COOH$$

$$\xrightarrow{CH_2=\overset{Me}{\underset{}{C}}-COOH} CH_2=\overset{Me}{\underset{}{C}}-\overset{O}{\underset{}{C}}-O+CH_2+_nO-\langle\bigcirc\rangle-COOH$$

$$\xrightarrow[SOCl_2]{HO-\langle\bigcirc\rangle-R} CH_2=\overset{Me}{\underset{}{C}}-\overset{O}{\underset{}{C}}-O+CH_2+_nO-\langle\bigcirc\rangle-COO-\langle\bigcirc\rangle-R$$

$$\xrightarrow{聚合反应} +CH_2-\overset{Me}{\underset{\overset{|}{C}=O}{C}}+_m \quad O+CH_2+_nO-\langle\bigcirc\rangle-COO-\langle\bigcirc\rangle-R$$

7.2.1.3　高分子化学反应法

采用高分子化学反应制备侧链液晶高分子，起始的聚合物可以不具液晶性，液晶基元是在反应中引入的。这种方法可以应用于聚硅氧烷和纤维素衍生物等类别液晶高分子（见图 7-7）。例如，将含液晶的乙烯基单体与主链有机硅聚合物进行接枝反应，可得到主链为有机硅聚合物的侧链型高分子液晶。

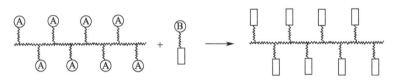

图 7-7　高分子反应制备侧链液晶高分子

有机硅聚合物侧链型高分子液晶的合成路线如下：

$$\left[\overset{Me}{\underset{H}{Si}}-O\right]_n + CH_2=CH-CH_2-O-\langle\bigcirc\rangle-COO-\langle\bigcirc\rangle-OCH_3$$

$$\longrightarrow \left[\overset{Me}{\underset{\begin{subarray}{c}CH_2-CH_2-O-\langle\bigcirc\rangle-COO-\langle\bigcirc\rangle-OCH_3\end{subarray}}{Si}}-O\right]_n$$

除上述方法外，还有其他一些方式可获得液晶高分子。例如，通过含有两个炔基端基的单体的易位环化聚合获得液晶高聚物；网状液晶高聚物通过环氧树脂、二异氰酸酯反应或高能射线将液晶低聚物交联而成。

7.2.2　液晶高分子的性质

液晶高分子具有与小分子液晶相同的光学性质，它们表现在以下两个方面。

（1）光学双折射性　液晶高分子与其他液晶材料及晶体一样，由于对光线折射率的各向异性而发生双折射现象，从而显现许多有用的光学性质，例如，能使入射光的前进方向偏于分子长轴方向，能改变入射光的偏振状态或方向，能使入射偏振光以左旋光或右旋光进行反射或透射。这些光学性质使得它们能作为显示材料应用。

（2）旋光效应　胆甾型液晶因其分子通常呈现手性，而螺旋状的凝聚态结构使其具有较高的旋光性。向列型液晶在适当的条件下也能表现出旋光效应。

此外，因为高分子液晶独特的链结构和凝聚态结构，具有与小分子液晶和普通高分子材料不同的特殊性能，包括以下六个方面。

（1）分子链易取向，在取向方向表现高拉伸强度和高模量　液晶高分子，无论是主链型还是侧链型，其刚性液晶基元，在外力场作用下很容易发生沿作用力方向的取向。由于取向，液晶高分子往往具有自增强能力，加工中不添加其他增强材料就能达到甚至超过普通高分子材料增强后的机械性能，因而表现出高强度、高模量的特性。

（2）突出的耐热性　由于含有苯环或芳香杂环的刚性液晶基元，分子链刚性大，分子间作用力强，因此液晶高分子通常具有突出的耐热性。如液晶高分子 Xydar 的热变形温度达350℃，熔点为421℃，空气中的分解温度达到560℃，明显高于绝大多数普通高分子材料。

（3）很低的热膨胀系数　液晶高分子的分子取向度高，在取向方向的热膨胀系数比普通的高分子材料约低一个数量级，达到了一般金属的水平，使得液晶高分子材料在加工成型时保证了制品的尺寸精确性和稳定性。

（4）良好的阻燃性　液晶高分子的分子链中含大量的芳香环，因而绝大多数液晶高分子都特别难燃烧，燃烧后易碳化，其耐燃指标（极限氧指数 LOI）都很高。

（5）优异的电性能　液晶高分子的电绝缘强度高、介电常数低、介电损耗小、体积电阻和抗电弧性较高，并且绝缘强度和介电常数都很少随温度改变。

（6）非线性光学效应　许多侧链型液晶高分子呈现出非线性光学性质（NLO）。它作为非线性光学材料具有加工方法简便、NLO 系数比无机非线性光学材料大一个数量级、抗激光损坏性好、NLO 响应速度快、NLO 发色团的取向稳定性较高以及 NLO 的热稳定性较高等优点。各种非线性光学发色团侧链性液晶高分子中，含偶氮 NLO 发色团液晶高分子非线性光学材料的研究最多。

另外，液晶高分子还具有高抗冲性、高抗弯模量和高抗蠕变性，以及突出的耐化学腐蚀性等特点。表 7-5 列出了常见液晶高分子纤维的力学性能。

表 7-5　常见液晶高分子纤维的力学性能

LCP 纤维	密度/ (g/cm^3)	拉伸强度		杨氏模量	
		（g/d）	（GPa）	（g/d）	（GPa）
聚亚苯基苯并二噁唑（PBO）	1.57	36.8	5.1	2900	402
聚亚苯基苯并二噻唑（PBT）	1.57	33.2	4.6	2690	373
聚苯并噁唑（ABPBO）	1.40	34	4.2	2230	276
全芳香族共聚酯（Ekonol）	1.40	33.3	4.1	1080	140
聚对苯二甲酰对苯二胺（PPTA）	1.45	31.3	4.0	1032	132
聚对苯甲酰胺（PBA）	1.48	20	2.7	1200	160
芳香族共聚酰胺	1.44	31	3.9	875	111
芳香族共聚酰亚胺	1.34	27	3.2	1659	196
纤维素	1.52		3.2		65

影响液晶高分子的性质的因素包括内在因素和外在因素两部分。内在因素为分子结构、分子组成和分子间力。分子中的刚性部分不仅有利于在固相中形成结晶，而且在转变成液相时也有利于保持晶体的有序度。刚性部分的规整性越好，越容易使其排列整齐，分子间力越大，也更容易生成稳定的液晶相。分子结构中的中心桥键也直接影响液晶高分子的化学稳定性和热稳定性，如含有不饱和双键、三键的二苯乙烯和二苯乙炔类的液晶材料的稳定性较差，在紫外线

辐射下会因聚合或裂解而失去液晶特性，因而增加中心桥键的稳定性，可以增加液晶的稳定性。在高分子链上或刚性体上带有不同极性、不同电负性或者其他性质的基团，会对液晶的偶极矩、电、光、磁等性质产生影响。

外在因素中，环境温度对热致性液晶影响比较大；而对溶致性液晶，溶剂与分子链的相互作用非常重要，溶剂的结构和极性决定了液晶分子间的亲和力，影响液晶分子在溶剂中的构象，从而影响液晶的形态和稳定性。

7.3　主链型液晶高分子

主链型液晶高分子（main chain liquid crystal polymers）是苯环、杂环和非环状共轭双键等刚性液晶基元位于分子主链的大分子。这种化学组成和特性决定了主链液晶高分子链呈刚性棒状，在空间取伸直链的构象状态，在溶液或熔体中，适当条件下显示向列型相态特征。完全刚性和半刚性主链高分子都属于主链型液晶高分子。

与小分子液晶一样，按形成液晶态的物理条件，主链型液晶高分子也可分为溶致性和热致性两类。

7.3.1　溶致主链型液晶高分子

溶致主链型液晶高分子（lyotropic main chain liquid crystal polymers）又可分为天然的（如多肽、核酸、蛋白质、病毒和纤维素衍生物等）和人工合成的两类。前者的溶剂一般是水或极性溶剂；后者的溶剂是强质子酸或对质子惰性的酰胺类溶剂，并且添加少量氯化锂或氯化钙。合成的溶致主链型液晶高分子的主要代表是芳族聚酰胺和聚芳杂环。

7.3.1.1　分子的结构特征

形成溶致液晶，首先必须具有一定尺寸的刚性棒状结构；其次必须在适当的溶剂中具有超过临界浓度的溶解度。而上述两个必要条件是相对立的，刚性使得聚合物的溶解度下降，提高溶解度的一个方法就是增加聚合物链的柔性。

对于聚肽等一类天然溶致主链型高分子液晶来说，其刚性棒状结构来源于 α-螺旋构象，聚合物链上的极性基团又与溶剂水有强烈的相互作用，使得上述两个必要条件得到满足。而对于以聚芳香酰胺为代表的合成溶致主链型高分子液晶而言，其链结构多含有连在一起的刚性单元，要满足上述条件，就必须借助于极强的溶剂，如浓硫酸、氯磺酸和 N,N'-二甲基乙酰胺，加上 $LiCl$ 和 $CaCl_2$ 等盐组成的混合溶剂。表 7-6 中给出了几种主要的合成溶致主链型液晶高分子的典型结构。

表 7-6　溶致主链型液晶高分子的典型结构

名称（缩写）	结　　构
聚对氨基苯甲酰胺(PpBA)	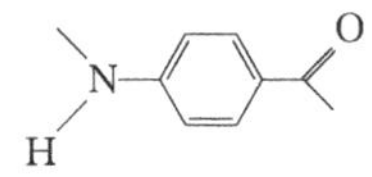
聚对二氨基苯与对苯二甲酸共聚物(PpPTA)	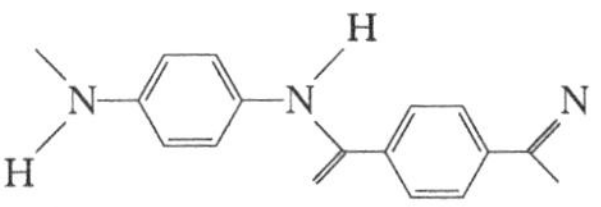
顺式聚双苯并噁唑苯(cis-PBO)	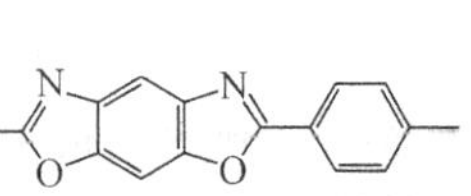

名称(缩写)	结　构
反式聚双苯并噁唑苯(trans-PBO)	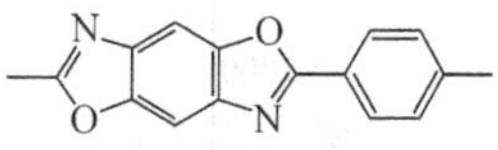
顺式聚双苯并噻唑苯(cis-PBT)	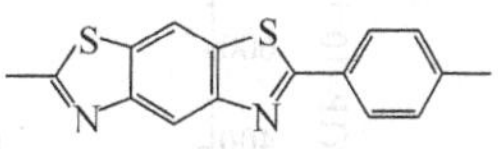
反式聚双苯并噻唑苯(trans-PBT)	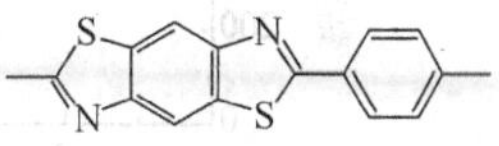
聚均苯四甲内酰胺	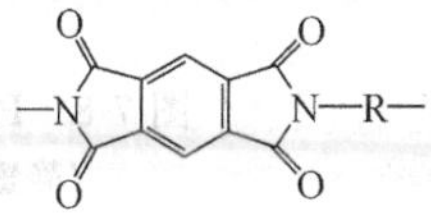

　　溶致主链型液晶高分子的液晶基元通常由环状结构和桥键两部分所组成。常见的环状结构有苯环、联环、萘环、杂环和脂肪环等。

7.3.1.2　晶相结构和特性

　　溶致主链型高分子液晶为了形成液晶相，高分子链应是刚性链。衡量聚合物刚性的参数是 Mark-Houwink 指数（即 $[\eta]=K \times M^{\alpha}$ 中的 α），当 α 大于 1 时，聚合物具有刚性。

　　以聚芳香酰胺为代表的合成溶致主链型高分子液晶在浓酸和盐组成的混合强溶剂中溶解，当溶液的浓度超过临界浓度后，溶液中会出现向列相液晶。这时，聚合物链呈平行取向，随浓度的增加，平行取向的聚合物链的量迅速增加。临界浓度是温度、分子量、分子量分布、链的结构和溶剂体系的函数。在静态下液晶相溶液呈现浑浊和双折射现象。在低于临界浓度的溶液中，体系的黏度随浓度上升而增加，在临界浓度处达到最大；随着浓度进一步增加，向列相的形成造成黏度迅速衰减到最小；然后随浓度增加，黏度进一步增加，直至达到固化点。

7.3.1.3　流动行为

　　溶致主链型高分子液晶在临界浓度处发生的溶液结构变化会造成其流动性质的改变。对于稀溶液来说（$c<$临界浓度），低剪切速率下，体系呈牛顿流动，在高剪切速率下，黏度降低。在高浓度条件下（$c>$临界浓度）的情况，其流变行为则完全不同，体系为各向异性态，其表观黏度随剪切速率上升而降低，呈现出塑性流动。

　　图 7-8 所示的是 PPTA 在浓硫酸中 $c>$临界浓度的黏度变化，表现出塑性行为。黏度不仅随剪切速率的升高而降低，而且在高剪切速率下，黏度的最大值消失。这一般被认为是高剪切速率下，各向异性和各向同性两相间的差别较小的缘故。另一方面在清亮点附近，剪切速率造成各向异性的取向程度越明显，因而在刚进入各向同性态的溶液体系中，略加一点剪切速率，如搅拌、流动等，会导致取向有序，其取向程度可以与向列态相比。这就解释了外场对取向的补强和剪切导致相转变等实验现象。

7.3.1.4　纺丝和纤维性质

　　在溶剂体系中形成向列相液晶的溶致主链型液晶高分子，纺丝时并不是以单个分子或分子链段而是以适当取向的分子集团作为流动变形的单元，因此，当从喷丝孔喷出时，大分子已沿轴向取向，借助于高喷头的拉伸和低温冻结，从而可获得高取向的纤维，既可省去后拉伸，避免由此而产生的内应力，同时又由于这种取向符合热力学稳定状态，故不易发生解取向。另外，液晶态刚性链聚合物大分子呈伸直链棒状构象，有助于大分子在成纤中获得最紧密的少缺陷的堆砌，使纤维具有伸直链结晶，此时分子间的作用力得到最大的发挥。由此可见，液晶纺丝可直接赋予纤

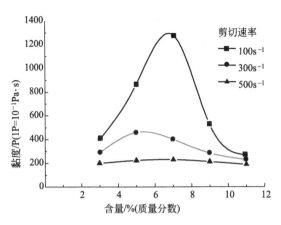

图 7-8　PPTA 浓硫酸溶液的黏度变化
（静置黏度 η＝4.2，温度 40℃）

维高取向度和少缺陷地伸直链结构，使纤维具有极高的机械性能。

纺丝液的浓度越高，其各向异性程度越高，在较低的剪切速率下，溶液中的大分子即可达到相当高的取向，使得纤维机械性能有较大提高。因此，高浓度有利于纤维强度的提高。

溶致主链型液晶高分子是最早发现的高分子液晶态，是最早开展的液晶高分子理论研究对象，是第一个有重要实用价值的液晶高分子，在液晶高分子发展历史中有着十分重要的地位。

7.3.2　热致主链型液晶高分子

7.3.2.1　分子结构特征

热致主链型液晶高分子（thermotropic main chain liquid crystal polymer）的刚性结构处在聚合物的主链上，当被加热熔化时，分子在熔融态仍能保持一定的有序度，即具有部分晶体的性质。因此，刚性好的分子结构有利于聚合物分子的有序排列。但是，如果完全是刚性分子，如对羟基苯甲酸缩聚物（poly 4-xybenzoyl）或者对苯二酚和对苯二甲酸的缩聚物（poly p-phenyleneterephthalale），由于分子间力太大，具有高结晶度和高熔点，以致在分解温度都不能熔融。

为了使熔点降到分解温度以下，必须采取措施减弱聚合物分子间力。改变聚合物的链结构来减弱聚合物分子的规整度是减小分子间力的有效方法，如用对乙酰氧基苯甲酸将聚对苯二甲酸乙二酯进行酸解，得到的聚合物具有不透明熔体、低熔体黏度和各向异性等性质。

热致主链型液晶高分子主要由芳香性单体通过缩聚反应得到，因此，使用下述方法可以改变聚合物链结构。

（1）在刚性主链上引入取代基　若在主链液晶基元的苯环中引入取代基，不仅破坏了垂直于棒状分子链轴的对称平面，使分子链在晶体中的密堆砌效率降低，而且使分子链长径比减小，从而降低了分子链的刚性、结晶度和熔点，就可以在分解温度以下观察到液晶态，并能对其熔体进行加工成型和应用。一般可引入的取代基有烷基、卤素基、甲氧基和苯基等。例如，无取代基的聚酯的熔点为 600℃，而苯基取代的聚酯降低到 322℃左右。

（2）在刚性主链上引入异种刚性成分　例如，对羟基苯甲酸的均聚物以及对苯二甲酸与对苯二酚的缩聚物的熔点都高达 600℃左右，在上述均聚物中苯环之间酯基的连接方式是按 —CO—O— 和 —O—CO— 两种方式交替的，但在对羟基苯甲酸、对苯二甲酸与对苯二酚的三元共聚物中，苯环之间酯基的两种连接方式是无规的，这影响到晶体结构的规整性，并导致三元共聚物的熔点降至 400℃左右。

(3) 在刚性主链上引入刚性扭曲成分　将图7-9(a) 中的结构单元等嵌入聚合物中，使高分子主链不在一条直线上［图7-9(b)］，降低分子链的长径比，从而降低了链的刚性、结晶能力和熔点。但是引入的刚性扭曲成分的摩尔分数有一定限度，例如引入主链的间苯二酚的量一般控制在20%，否则共聚酯的液晶性将会下降，甚至消失。

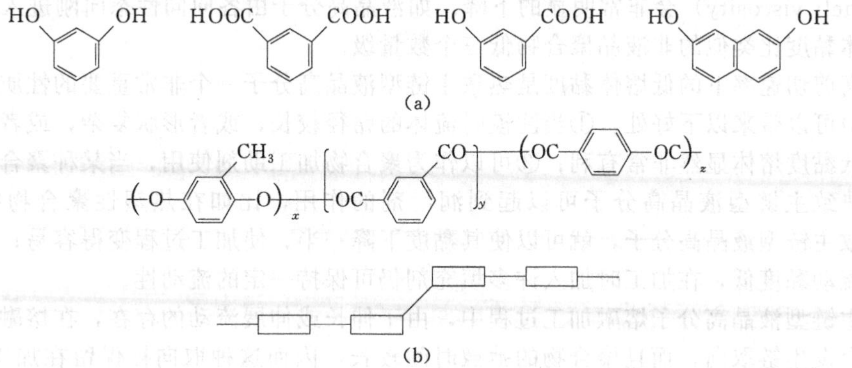

(a)

(b)

图7-9　在刚性主链上引入刚性扭曲成分

(4) 在刚性主链上引入柔性扭曲成分　在苯环间引入柔性扭曲连接基团如含 $C(CH_3)_2$、SO、S、CH_2 等所组成的各种共聚酯，这些基团的引入，不仅破坏了分子的直线形状，而且降低了各苯环之间的相互作用，此外，连接基使得分子内旋转比较容易，大大破坏了分子的刚性，使其熔点大幅降低。

当连接基团为能引起分子链走向的回折和链扭结 (kink) 的扭结基团时，熔点也会大大降低。不同扭结性连接基团降低液晶相稳定性的能力大致有如下顺序：

$$—C(CH_3)_2—>—SO—>—CH_2—>—S—>—O—$$

(5) 在刚性主链上引入"侧步"结构　引入的 2,6-取代萘环结构可使液晶基元在分子长轴方向上的走向发生"侧步"平移，并在分子链中引入曲轴式运动，从而降低分子链的刚性，如聚对苯二甲酸对苯二酚酯的熔点高达600℃左右，而具有"侧步"结构的聚对苯二甲酸-2,6-亚萘酯的熔点只有210℃。目前美国与日本联合生产的 Vectra (切片和塑料) 和 Vectran (纤维) 产品就是利用 2,6-取代萘环单体合成的。

(6) 在刚性主链上引入柔性间隔基　如含亚烷基、醚基或硅氧烷基等软段。在刚性结构单元间嵌入柔性链，使整个高分子链刚性下降，不仅能使熔点降至热分解温度以下，还能观察到清亮点，具有稳定的液晶态。如聚对苯二甲酸对苯二酚酯的熔点高达600℃左右，它的清亮点无法观察，但在它的刚性结构单元间嵌入柔性链之后，所形成的共聚酯的熔点下降至231℃，清亮点下降至265℃。但所嵌入的柔性链长度是有限制的，若超过一定的限度，会使液晶基元在分子链中的含量过度"稀释"，会导致共聚酯液晶性丧失。

上述几种降低聚合物熔点的方法不仅可以单独使用，也可以结合起来使用，以便取得更好效果。在液晶高分子材料的工业生产中以全芳族共聚酯居多，引入刚性扭曲成分、引入"侧步"结构、引入取代基等是较为常见的方法。

热致主链型液晶高分子主要有芳族共聚酯，此外还有含偶氮苯、氧化偶氮苯和苄连氮等特征基团的共聚酯、芳香族聚氨酯、芳香族聚碳酸酯、聚酰亚胺和聚对二甲苯等。

7.3.2.2　热致主链型液晶高分子的性质和应用

热致主链型液晶高分子的液晶态可以是向列态，也可以是近晶态，热致主链型液晶高分子处于熔融态时为不透明液体，具有各向异性熔体的剪切发白特征，在偏光显微镜下，可观察到双折射现象，并具有各种典型的液晶态结构。热致主链型液晶高分子具有高度取向有序和液态融于一体的特征,这也是它与其他聚合物材料的本质差别。这与前面讨论的微观结构有着必然联系。这一特征是对热致性主链型液晶高分子性质起决定作用。

(1)流变性(reology) 热致性主链型液晶高分子的流变性比较复杂,与分子量相近的聚合物相比,其剪切黏度(shear viscosity)要低很多,在从各向同性态向各向异性态转变时熔体黏度(melt viscosity)会非常明显的下降。如液晶高分子由各向同性态向刚进入向列型液晶相时,熔体黏度比类似的非液晶聚合物低三个数量级。

在较高剪切速率下的低熔体黏度是热致主链型液晶高分子一个非常重要的性质,在聚合物加工生产中可以带来以下好处:①当注模时流体的路径较长,或者形状复杂,或者注薄片型模具,采用低黏度熔体显然非常有利;②可以作为聚合物加工助剂使用,当某种聚合物难以加工时,加入热致主链型液晶高分子可以起到润滑剂的作用,比如在热塑性聚合物中只要加入10%的热致主链型液晶高分子,就可以使其黏度下降一半,使加工过程变得容易;③由于液晶高分子的流动黏度低,在加工时加入许多填充剂仍可保持一定的流动性。

热致主链型液晶高分子熔融加工过程中,由于伸长或伸展流动的存在,在熔融流动过程中聚合物就会发生链取向,而且聚合物的弛豫时间较长,因而这种取向被保留在加工的制品中,从而获得性能优异的制品。

(2)力学性质 热致主链型液晶高分子的力学性质,特别是拉伸强度和硬度与聚合物分子链的取向度密切相关。加工方法和加工制品类型对聚合物分子链的取向程度影响很大,如果加工制品外形尺寸小,受伸长流动场的作用大,聚合物分子链的取向度就高,力学性能就好。如图7-10所示,如果将液晶高分子压模成型,其力学性质与常规各向同性聚合物相同;而当液晶高分子受力被拉伸成膜或者纺成丝时,聚合物分子链高度取向,此时聚合物的力学强度也大大提高,液晶纤维的力学强度一般要比普通注模聚合物高两个数量级。

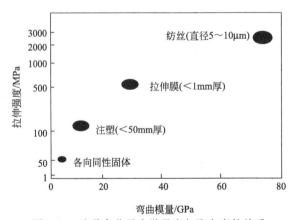

图7-10 液晶高分子力学强度与取向度的关系

另外注塑成型中高分子液晶聚合物的取向度较高,高度取向的表皮大大提高了材料的力学性能,从而使得热致性主链型液晶高分子的拉伸强度要优于用玻璃纤维增强的各向同性的热塑性塑料。

热致主链型液晶高分子材料具有很强的韧性,因而很抗冲击,类似于长纤维补强的聚合物材料或天然木头,不会因疲劳或脆性力而屈服,因而制得的成品不易被破坏。

热致主链型液晶高分子的线膨胀系数大大低于常规聚合物,甚至比加入玻璃纤维增强的聚合物还低,与常见的金属相类似,大约为$10\times10^{-6}℃^{-1}$,金属铜为$20\times10^{-6}℃^{-1}$。另外,其吸潮性很低,由于吸潮率引起的体积变化也非常小。这使得热致主链型液晶高分子可以应用于某些要求部件尺寸精确的工业。

热致主链型液晶高分子还有另外一个重要性质。多数热致主链型液晶高分子在35℃时,对氦、氢、氧、氩、氮和二氧化碳气体的渗透系数等于甚至小于目前已知透气率最小的材料之一聚丙烯酸酯。液晶高分子对气体的低溶解性可能是这一现象的主要原因。

综上所述，热致主链型液晶高分子材料与普通的高分子材料有较大的性质差别。热致主链型液晶高分子的应用主要基于它的良好力学性能，易流动、好的尺寸稳定性、能承载较多填充物以及化学稳定性好等性质。

热致主链型液晶高分子与热塑性聚合物性能比较如图 7-11 所示。

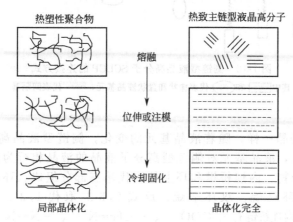

图 7-11　热致主链型液晶高分子与热塑性聚合物性能比较

因此，热致主链型液晶高分子材料的特性如下：①低熔体黏度，容易加工，注模性好；②低收缩率，低扭曲力，可精确注模；③高模量，高抗溶剂性，低吸水率，低透气性。

由于上述特性，热致性主链型液晶高分子首先在电子工业中得到应用，液晶材料可用于元件表面和印刷线路板表面的涂层，由于该材料与金属有一致的热膨胀系数，使得两者接触具有较小的应力而成为一个整体；另外可用来制作高精确度的电路多接点接口部件，它的高强度和高尺寸稳定性保证了计算机和大型电子仪器所要求的高可靠性。

热致主链型液晶高分子的低膨胀率和易流动使其很容易被加工成尺寸精确的注模部件，作为表面连接部件时良好的尺寸稳定性还保证它能在高温焊接后能有效消除内应力，防止焊点开裂。这一优点在作为光纤连接装置时具有特别重要的意义。另外，其良好的抗化学试剂、高的断裂强度等性质，使其可用于制备化学工业中使用的阀门等。

目前热致主链型液晶高分子的广泛推广应用的主要困难在于其较高的成本，如何降低原料的成本是目前应用研究的内容之一。除了开发低成本的高分子液晶外，采用与其他价廉的热塑性高分子材料共混是在保持一定性能的同时，能较大幅度降低成本的方法之一，如使用少量液晶高分子与尼龙共混即可得到热膨胀系数较小的材料。

7.4　侧链型液晶高分子

侧链型液晶高分子（side chain liquid crystalline polymers，SCLCP）是指液晶基元处于高分子侧链上的一类高分子液晶。大多数侧链型液晶高分子是由高分子主链、液晶基元和间隔基三部分组成，没有间隔基的为数较少。这三部分的连接方式如图 7-12 所示。

7.4.1　侧链型液晶高分子的结构特征

SCLCP 的液晶相生成能力、相态类型和液晶相的稳定性均由液晶基元、间隔基和高分子主链三部分所决定。

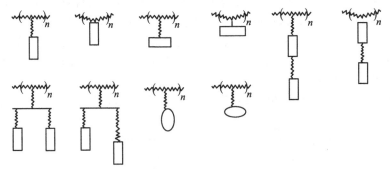

图 7-12　侧链型液晶高分子 SCLCP 的连接方式

其中 ▭ 和 ◯ 代表棒状和盘状液晶基元，〜〜〜 代表间隔基

7.4.1.1　液晶基元

与主链型高分子液晶一样，随着液晶基元的变化，侧链型液晶高分子会出现近晶相、向列相和胆甾相液晶态，液晶基元对侧链型高分子液晶的液晶相行为起着关键性作用。液晶基元主要由环状化合物、内连桥键和环上的取代基三部分组成。环状化合物有苯环、萘环、其他芳环、反式环己烷、双环辛烷、反式-2,5-二取代-1,3-二噁烷、1,3-二噻烷、1,3-氧硫杂环己烷等。内连桥键有 —COO— 、—CH=N— 、—N=N— 、—N(O)=N— 、—CH=N—N=CH— 等。环上的取代基主要有非极性取代基（烷基和烷氧基等）和极性取代基（氰基、硝基、氨基、卤素等）。

侧链型液晶高分子的双折射现象主要取决于液晶基元的共轭程度。介电常数的各向异性取决于环上取代基的位置和性质。形成的晶相结构则取决于液晶基元的结构、形状、尺寸和性质。如增加液晶基元刚性部分的长度时，相转变温度提高。聚硅氧烷侧链液晶高分子的结构如下：

当 n 分别等于 1、2 和 3 时，T_d 分别为 334K、592K 和 633K，可以明显看出刚性部分加长，相转变温度明显提高。

液晶基元上取代基对液晶的影响比较复杂。当取代基 X 位于液晶基元与间隔基相对的一端时，其性质对液晶基元的偶极矩等参数影响较大（结构如下），对液晶的热性质也产生影响（见表 7-7）。对于非极性取代基（烷基和烷氧基），倾向于生成向列相液晶，极性取代基（氰基和硝基）倾向于生成近晶相液晶。随着端基极性的增加，清晰点温度 T_d 也相应增高。没有取代基（X=H）时，液晶不易生成。

表 7-7　端基对液晶热性质的影响

X	相转变温度/K	$\Delta H_A/(\text{J/g})$
CN	$T_g=313, T_s=351, T_d=447$	5.0
NO$_2$	$T_g=293, T_d=438$	2.7
OMe	$T_g=280, T_s=347, T_d=377$	1.6
Me	$T_g=277, T_s=332$	2.0

Frosini 等也曾报道了下列聚合物当 $R^2 = H$、$R^1 = H$ 时有近晶相形成，$R^1 = CH_3$ 时无液晶相。

$$-(CH_2-CR^2)_n$$
$$COO-\bigcirc-CH=N-\bigcirc-R^1$$

$R^2 = H$、$R^1 = H$ 时，相变温度：$T_g = 93℃$，$T_s = 258℃$

$R^2 = H$、$R^1 = CH_3$ 时，相变温度：$T_g = 163℃$

当取代基在液晶基元的侧面时，侧基的结构和性质会影响分子的有序排列，另外侧基的电负性和形成氢键的能力等也会影响液晶材料的电磁性质和形成液晶的晶相结构。

7.4.1.2 间隔基

柔性空间间隔基在高分子主链和液晶基元之间起缓冲作用，减小主链运动对液晶结构的影响，有利于液晶相的形成。间隔基中对液晶形成产生影响的结构因素包括链长度、链组成、与高分子主链和液晶基元的连接方式等。间隔基与高分子主链的连接方式有酯键、C—C 键、醚键、酰胺键，与液晶基元的连接常通过酯键、C—C 键、醚键、酰胺键和碳酸酯键实现。连接方式不同会对液晶的稳定性产生影响，如酯键会在酸碱性条件下发生水解反应。间隔基本身多为饱和碳链、醚链或者硅醚链。间隔基的长度、组成和链的柔性等对液晶行为均有影响，链的柔性会对液晶的晶相、温度稳定性等造成影响。如当间隔基的长度太小时高分子主链对液晶基元的束缚性强，不利于液晶相的形成；当间隔基的长度过长时高分子主链对液晶相的稳定作用会有所削弱。

没有柔性间隔基时，柔性主链和刚性液晶基元侧链直接键合发生所谓"偶合"作用，即液晶基元要求取向有序排列，而主链倾向于采取无规构象，如果主链运动较弱，屈服于侧链液晶基元的作用则生成液晶相，但如果主链运动较强则不能形成液晶相。柔性大的主链和刚性大的液晶基元有利于高分子液晶相的生成。研究表明，主链有聚丙烯酸酯、聚甲基丙烯酸酯、聚丙烯酰胺和聚苯乙烯的无间隔基尾接型 SCLCP，液晶基元含两个苯环，绝大多数是近晶相液晶。而无间隔基层接型含三苯环液晶基元的聚甲基丙烯酸酯却显示向列相。

1978 年，Ringsdorf 和 Finkelman 等人提出了"柔性间隔基去偶概念"，即认为在主链与液晶基元之间插入足够柔顺的柔性间隔基，可以减弱两者热运动的相互干扰，从而保证液晶基元的取向有序排列，这就是"去偶"效应。当然目前已知的任何高分子体系都不是完全去偶的，因为如果完全去偶，那么不管高分子主链是什么，只要侧链的液晶基元相同，SCLCP 就应具有相同的液晶相类型和液晶相稳定性。

亚烷基柔性间隔基的长度会影响 SCLCP 的液相态的类型和稳定性。无间隔基时若能生成液晶相，一般为近晶相；短间隔基时生成向列相；长间隔基时生成近晶相。液晶相清亮点随间隔基长度增加有先降后升的趋势并有奇偶效应，间隔基很长时奇偶效应消失。

7.4.1.3 高分子主链

在侧链型液晶高分子中使用的聚合物骨架一般都具有良好的柔性，起着将小液晶分子连接在一起，并对其运动范围进行一定限制的作用。根据温度不同，聚合物分别表现出玻璃态、橡胶态和液态。最常见的高分子主链列于表 7-8。

表 7-8 侧链液晶高分子主链的主要类型

名称	结构	名称	结构
聚丙烯酸酯类	$-[CH_2-C(R)]_n-$ $\|$ COOAB	聚硅氧烷类	$-[Si(CH_3)_3-O]_n-$ $\|$ $(CH_2)_m OB$

名称	结构	名称	结构
聚苯乙烯类	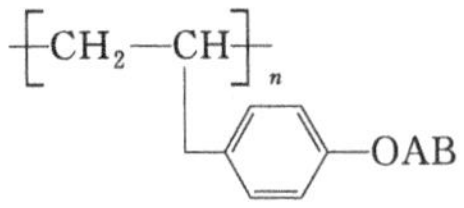 $-[CH_2-CH]_n-$ 苯环-OAB	聚丙二酸酯类	$-[OCCHCO-(CH_2)_m]_n-$ (两个C=O) AB
聚乙烯基醚类	$-[CH_2-CH]_n-$ OAB	聚丙烯醚类	$-[CH(CH_3)-CH]_n-$ OAB
聚环氧乙烷类	$-[OCH_2CH]_n-$ AB	聚环状甲亚胺醚类	$-[CH_2CH_2N]_n-$ COAB
聚丙烯酰胺类	$-[CH_2-CH]_n-$ CONHAB	聚(二取代磷腈)类	$-[(BAO)_2P=N]_n-$

注：表中的 A 代表间隔基，B 代表介晶基元。聚丙烯酸酯类结构式中的 R 可为 H、Cl、CH_3 或 CH_2COOAB。

自由基聚合是制备 SCLCP 最简便的方法，可制备聚丙烯酸酯、聚甲基丙烯酸酯、聚氯代丙烯酸酯、聚丙烯酰胺、聚衣康酸酯和聚苯乙烯衍生物等。用阴离子聚合方法可制备聚丙烯酸酯、聚甲基丙烯酸酯和聚苯乙烯衍生物等。用基团转移聚合方法可制备聚丙烯酸酯、聚甲基丙烯酸酯和聚丙烯酰胺等。这三种方法制得的同名聚合物的立体异构、分子量及其分布不同，后两种方法所得产物分子量分布较窄。

阳离子开环聚合可制备乙烯基醚、丙烯基醚、取代环氧乙烷、环状亚胺醚等单体对应的 SCLCP。逐步聚合方法可制得聚丙二酸酯类 SCLCP。用小分子与高分子链进行亲核取代反应的方法可制得聚甲基丙烯酸酯、聚丙烯酸酯、聚衣康酸酯、聚(2,6-二甲基-1,4-亚苯基醚)、聚甲基乙烯基醚-内二酸酯共聚物、聚(二取代磷腈) 等。用硅氢化反应可制备聚硅氧烷类。

由于不能实现完全去偶，高分子主链对于 SCLCP 的液晶相行为总会造成一定影响。高分子主链和侧链总有存在某种程度的相互偶合作用，热运动会相互影响，一方面高分子主链限制了侧链的平动和转动，改变了液晶基元所处的环境，从而影响 SCLCP 的液晶行为，这也正是同种间隔基和液晶基元所组成的侧链键合到柔性不同的主链上其液晶相行为不同的原因；另一方面刚性侧链限制了主链的平动和转动，增加了主链的各向异性和刚性，从而使柔性主链的构象不再是无规线团，而是扁长的和扁圆的线团构象。

除了以上的因素影响侧链型液晶高分子的液晶相的形成类型和稳定性，还要受到聚合物分子量及其分布、聚合度、液晶基元长度以及液晶基元和间隔基之间内连基等因素的影响。

总的来说目前绝大多数有柔性间隔基的侧链型液晶高分子，其性质在较大程度上取决于液晶基元，而受高分子主链性质的影响较小。这与主链型高分子液晶有很大的不同，高分子主链微小的化学结构的变化，都会引起其液晶行为的很大变化，同时，主链型高分子液晶是整个聚合物分子形成了各向异性结构。而侧链型高分子液晶的液晶相主要是由液晶基元的各向异性排列造成的，并不要求整个聚合物链处于取向状态。

7.4.2 主要的侧链型液晶高分子简介

侧链型液晶高分子一般不采用热致、溶致两类来进行分类。这主要是由于侧链型液晶高分子的溶解性质主要取决于高分子主链本身，通常采用的高分子主链又多为柔性链，即使在室温下为固态的此类聚合物，一般也存在合适的溶剂能够溶解它们，这就造成同一侧链型液晶高分子既可能是溶致性的，同时也可能是热致性的。侧链型液晶高分子可以按液晶基元与高分子主链的连接型和方式分为尾接型和腰接型。尾接型通过液晶基元的尾端与高分子主链相接，腰接型则通过液晶基元的腰部与高分子主链相接，如图 7-13 所示。

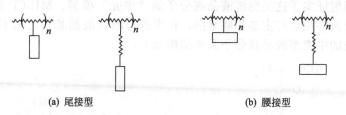

(a) 尾接型   (b) 腰接型

图 7-13　尾接型和腰接型侧链型液晶高分子

腰接型 SCLCP 与尾接型 SCLCP 的区别：

① 腰接型 SCLCP 的主链接于液晶基元腰部，这与近晶相的结构有所抵触，因此全部腰接型 SCLCP 的液晶相都是向列相，而尾接型 SCLCP 的近晶相最常见，向列相和胆甾相也存在；

② 腰接型 SCLCP 通过腰部与主链相连，阻碍了液晶基元绕自己长轴的旋转，有利于双轴向列相的生成；

③ 随柔性间隔基长度的增加导致分子构象可能发生"甲壳"结构的崩溃，表现为清亮点下降，液晶相热稳定性下降，而尾接型 SCLCP 的清亮点随间隔基加长而变的规律是先降后升。

两种尾接型 SCLCP 的结构如下：

腰接型 SCLCP 的结构如下：

$n=6,\ 11$；
$R=OC_mH_{2m+1}$
（$m=1\sim8$）

$R=C_nH_{2n+1}O$、
CN、C_nH_{2n+1}

下面主要介绍几种典型的 SCLCP。

7.4.2.1 刚性侧链型液晶高分子——甲壳型液晶高分子

1987 年，我国学者周其凤、黎惠民、冯新德三人在 Macromolecules 上发表文章，首次合成了液晶基元直接腰接于高分子主链上的新型刚性侧链型液晶高分子，并提出了 "mesogen-facketed liquid crystal polymers"（MJLCP，甲壳型液晶高分子）的概念，1990 年，Hardouin 首次用小角中子衍射证实了这类侧链液晶高分子的 "甲壳" 模型。MJLCP 分子中的刚性液晶基元是通过腰部或重心位置与主链相联结的，在主链与刚性液晶基元之间不要求柔性间隔基。周其凤课题组研究的甲壳型液晶高分子主要结构如下：

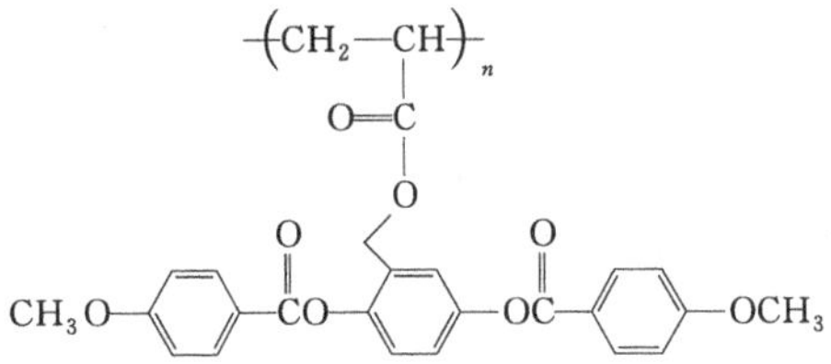

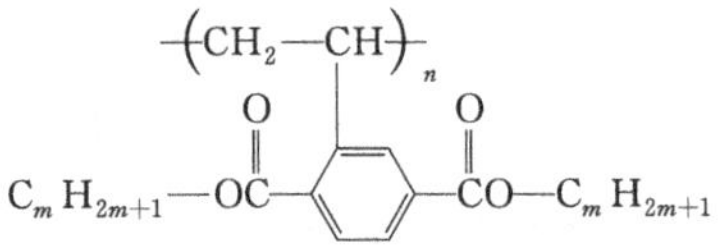

$m = 3 \sim 6，8，10，12$

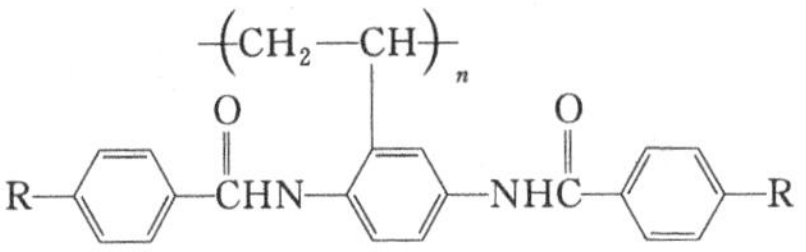

$R = CO_mH_{2m+1}$、C_mH_{2m+1}、CN

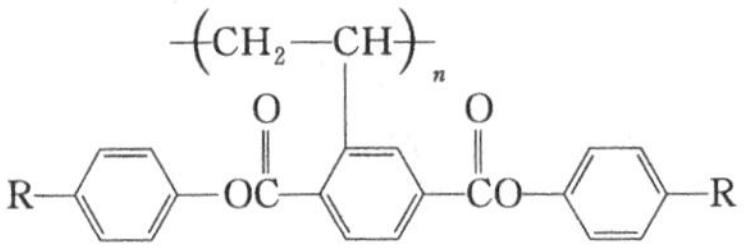

$R = H$、OC_mH_{2m+1}（$m = 1 \sim 8$）、CN

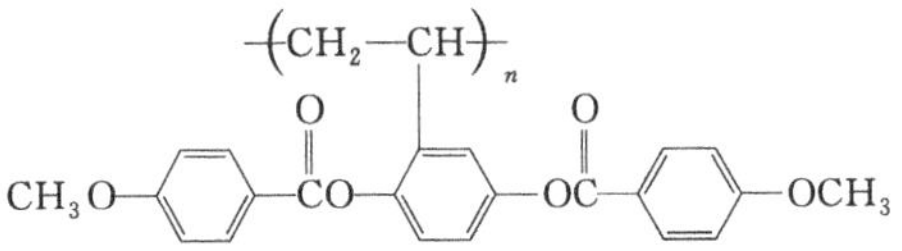

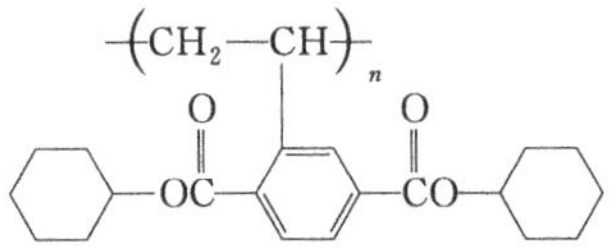

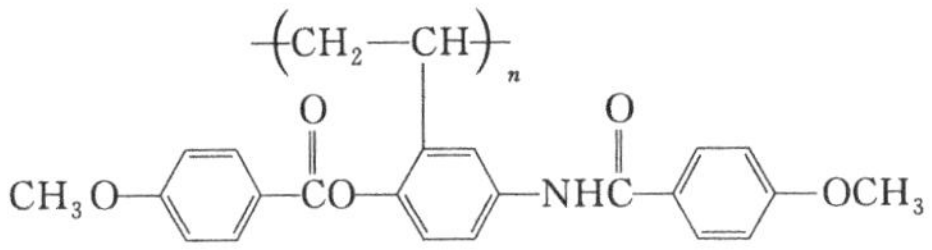

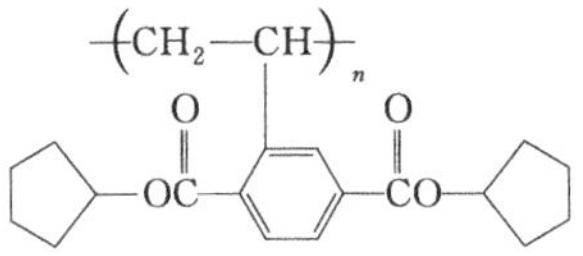

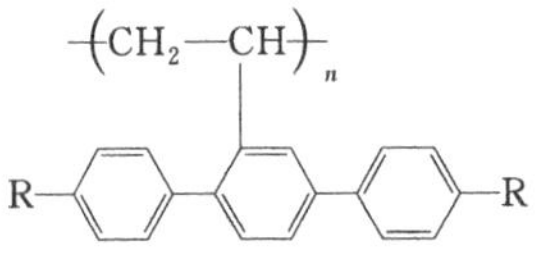

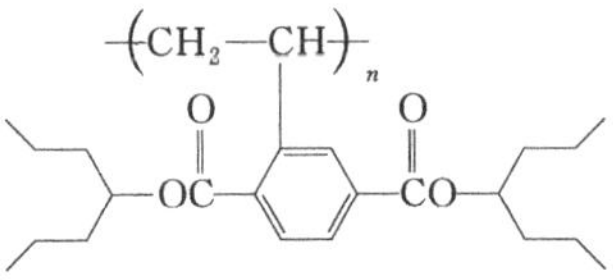

$R = OC_mH_{2m+1}$（$m = 1 \sim 11$）、$COOC_mH_{2m+1}$（$m = 1 \sim 12$）

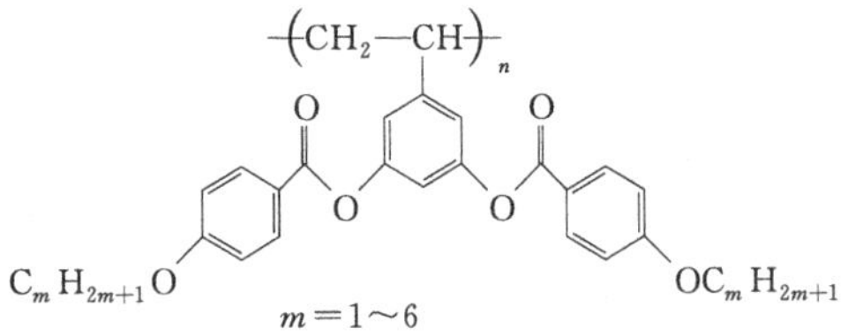

$m = 1 \sim 6$

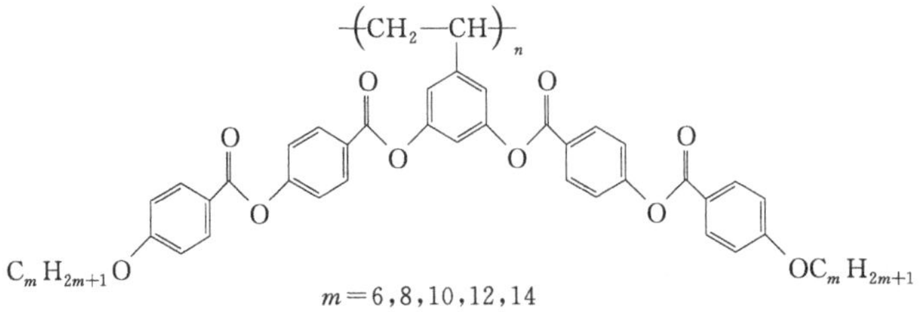

$m = 6，8，10，12，14$

由于在这类液晶高分子的分子主链周围空间内刚性液晶基元的密度很高，可以看出这类液晶高分子的分子主链被一层由液晶基元组成的氛围或 "外壳" 包裹着，分子主链周围空间内刚性液晶基元的密度很高，每个主链碳原子都不容易 "看" 到它自己的同类，四周所 "见" 到处都是液晶基元，于是分子主链被迫采取相对伸直的刚性链构象，若将这种因液晶基元的拥挤而造成的使分子链刚性化的作用称为"甲壳效应"，其强弱与液晶基元本身的结构有关，它越长越粗越刚硬，甲壳效应越强。这样的液晶高分子从化学结构上看属于侧链型液晶高分子，但其分子链的物理性质却与主链型液晶高分子相似，即具有明显有分子链刚性，有较高的玻璃化温度、清亮点温度和热分解温度，有较大的构象保持长度，可以形成稳定的液晶相。

甲壳型液晶高分子概念的提出已有20余年，随着新的聚合方法的出现，各种新型结构的甲壳型液晶高分子被设计和合成，目前已有几十种结构的甲壳型液晶高分子被设计并成功合成出。MJLCP 在主链和侧链液晶高分子之间架起了一座桥梁，它兼有主链液晶高分子刚性链的实质和侧链液晶高分子化学结构的形式，使其具有很多独特的性质和魅力，有待我们进一步去探索和发现。

7.4.2.2 聚丙烯酸酯侧链型液晶高分子

聚丙烯酸酯侧链型液晶高分子通常具有明显的玻璃化温度 T_g 和清亮点温度 T_i，其液晶相态多为向列相或近晶相，侧链液晶聚丙烯酸酯在液晶态温度范围内有时会出现两种有序相的混合相，有时还会发生从一种液晶相态向另一种液晶相态的转变，即在不同的温度范围内显示出不同的液晶相态。侧链液晶聚丙烯酸酯的相变温度随分子结构与分子量的不同发生较大变化，其 T_g 可低至 0℃ 以下，也可高达近 200℃，清亮点温度 T_i 可低至 50℃，也可高达 291℃，液晶态温度范围最窄为 10℃，最宽在 200℃ 以上。聚丙烯酸酯侧链型液晶高分子的结构通式如下：

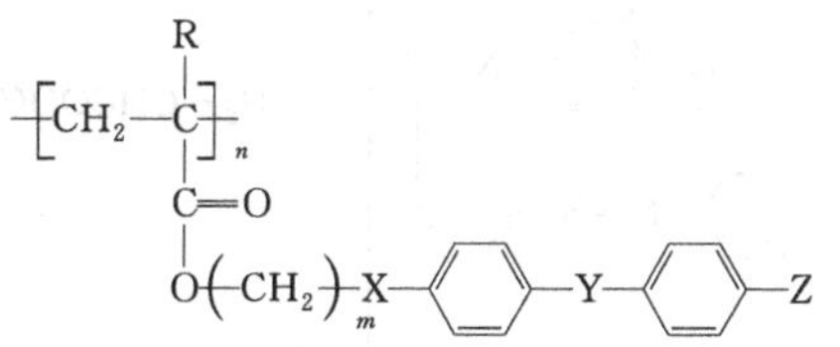

R＝H、CH₃；

X＝O、COO；Y＝O、 CH＝N 、COO；Z＝H、CN、OR¹、R¹ 为烷基

聚丙烯酸酯侧链液晶高分子的一个重要性质是当其处于液晶态时，外加场（力场、电场、磁场）极易使其液晶基元发生大范围取向排列，其响应时间短到几毫秒，最长也不过几秒。例如有些聚丙烯酸酯侧链液晶在其 T_g 以上施加 85V 和 50Hz 电场时，其液晶基元在 4s 内便沿电场方向发生完全取向，且随着取向过程的进行，原来混浊的聚合物膜逐渐转变成光学透明薄膜，若撤出电场，液晶基元将发生解取向。除了电场外，如果将向列相液晶聚丙烯酸酯夹在两块表面事先按一定方向摩擦过的玻璃片之间，再将其热处理数小时，也可获得光学透明的 10μm 的液晶薄膜。这种透明的液晶膜具有单轴单晶的光学性质，如果将其冷却到 T_g 以下，其中的取向结构可以固定下来。

另外聚（甲基）丙烯酸酯侧链液晶高分子还是目前研究最多的一类光致变色液晶高分子。聚甲基丙烯酸甲酯型光致变色液晶高分子的结构如下：

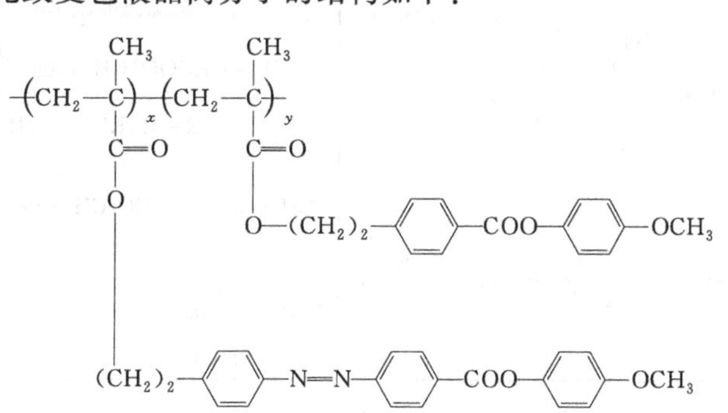

光致变色液晶高分子是指同时具有光致变色性能与液晶性能的高分子材料（见表7-9）。1983年，Talroze及Finkelmann等人将光致变色偶氮染料掺入液晶高分子内，得到了掺杂型光致变色液晶高分子。同年Finkemann等人与Ringsdorf等人将液晶单体与偶氮染料单体共聚，得到了侧链上同时含有偶氮基团与液晶基团的光致变色液晶高分子。1985年，Coles等人首先对光致变色液晶高分子的信息存储性能进行了研究，此后光致变色液晶高分子信息存储材料的研究便日益活跃起来，并很快成为信息存储领域研究的热点。

Ikeda等人对聚（甲基）丙烯酸酯型光致变色侧链液晶高分子的信息存储性能进行了深入研究。结果发现，光致变色侧链液晶高分子取代基为甲氧基的信息存储热稳定性很好，信息存储一个月后基本未变，存储分辨率可达 $2\sim4\mu m$。

表7-9 聚（甲基）丙烯酸酯型光致变色液晶高分子举例

编号	光致变色染料单体	介晶单体或共聚单体
1	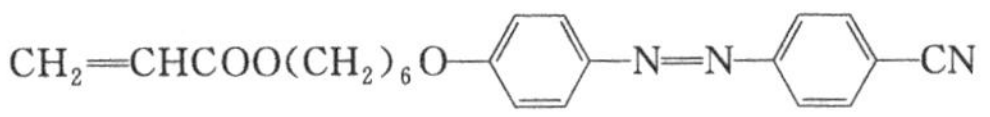 CH₂=CHCOO(CH₂)₆O—〇—N=N—〇—CN	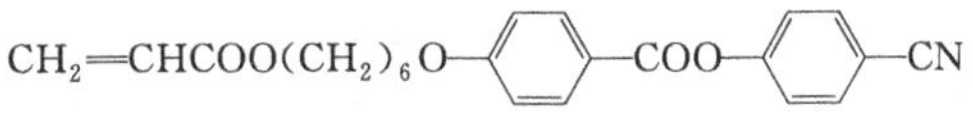 CH₂=CHCOO(CH₂)₆O—〇—COO—〇—CN
2	CH₂=CHCOO(CH₂)₆O—〇—N=N—〇	CH₂=CHCOOH CH₂=CHCOO CH₃ CH₂=CHCOO(CH₂)₆O—〇—〇—CN
3	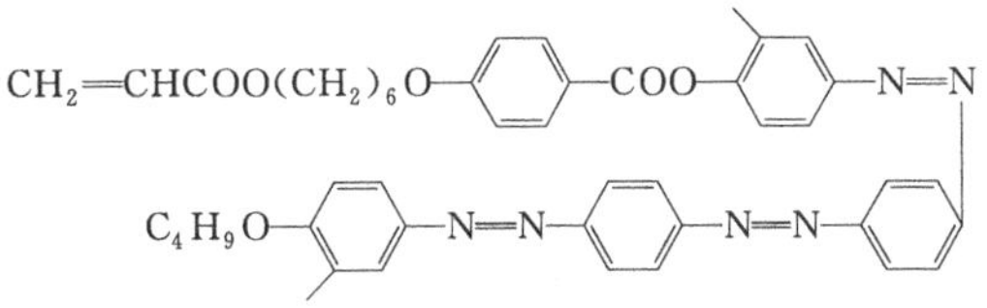 CH₂=CHCOO(CH₂)₆O—〇—COO—〇—N=N C₄H₉O—〇—N=N—〇—N=N—〇	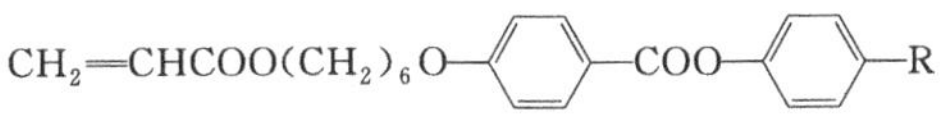 CH₂=CHCOO(CH₂)₆O—〇—COO—〇—R R=CN、OCH₃
4	CH₂=CRCOO(CH₂)N(C₂H₅)—〇—N=N—〇—NO₂	CH₂=CR¹COO(CH₂)O—〇—〇—X R=R¹=H,X=OCH₃；R=H,R¹=CH₃,X=CN； R=R¹=CH₃；X=O CH₃；R=R¹=CH₃,X=OCH₂Ph
5	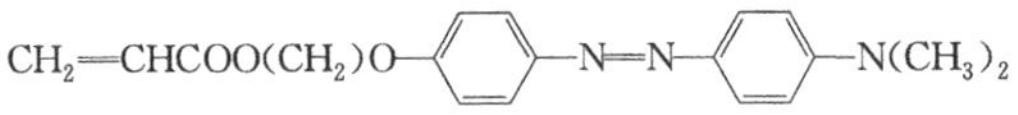 CH₂=CHCOO(CH₂)O—〇—N=N—〇—N(CH₃)₂	CH₂=CRCOO CH₃ R=H、CH₃
6	CH₂=CHCOO(CH₂)₆O—〇—N=N—〇—OR R=CH₂CH(C₂H₅)CH₃	CH₂=CHCOO(CH₂)₆O—〇—COO—〇—OCH₃
7	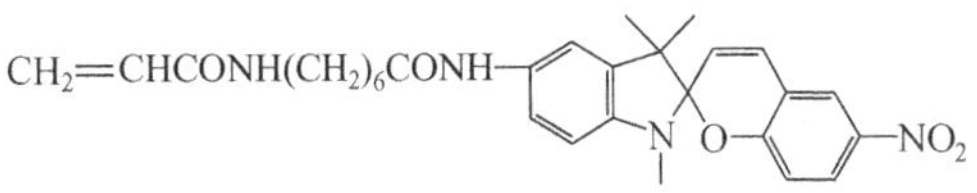 CH₂=CHCONH(CH₂)₆CONH—〇(螺吡喃)NO₂	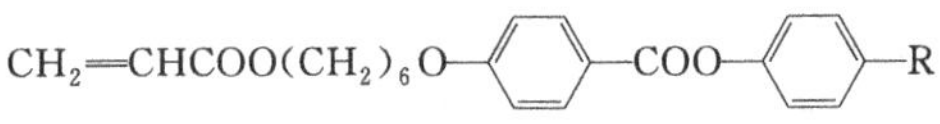 CH₂=CHCOO(CH₂)₆O—〇—COO—〇—R R=CN、OCH₃
8	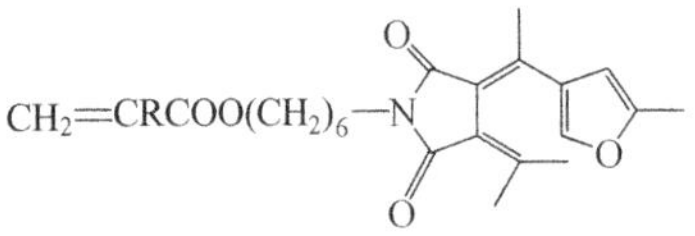 CH₂=CRCOO(CH₂)₆—（二酰亚胺-呋喃结构）	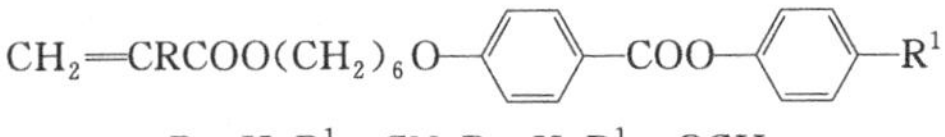 CH₂=CRCOO(CH₂)₆O—〇—COO—〇—R¹ R=H,R¹=CN；R=H,R¹=OCH₃
9	CH₂=C(CH₃)COO(CH₂)₆O—〇—N=N—〇—R	CH₂=C(CH₃)COO(CH₂)₆O—〇—N=N—〇—R¹（R²） R,R¹=(S)OCH₂CH(CH₃)C₂H₅、OCH₃、OC₆H₁₃、C₁₀H₂₁、NO₂ R²=H、CH₃

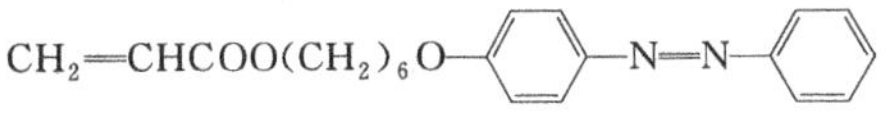

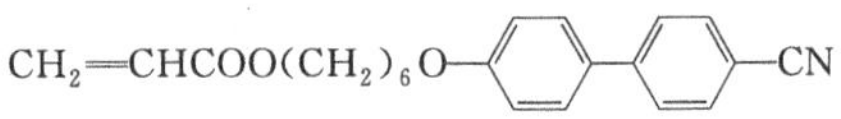

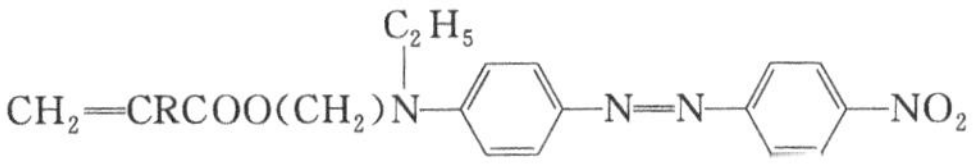

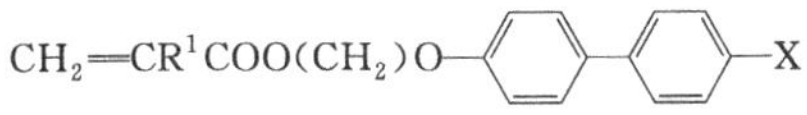

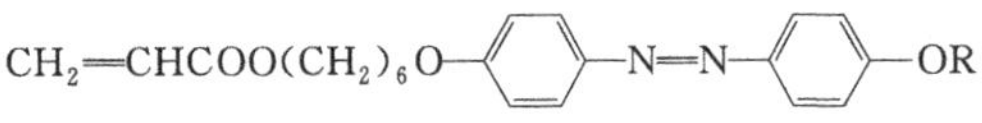

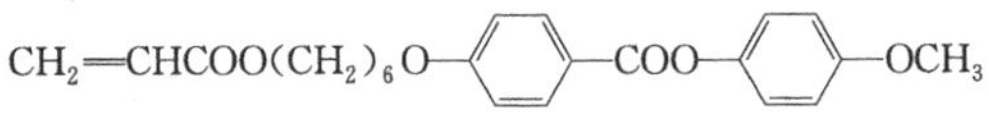

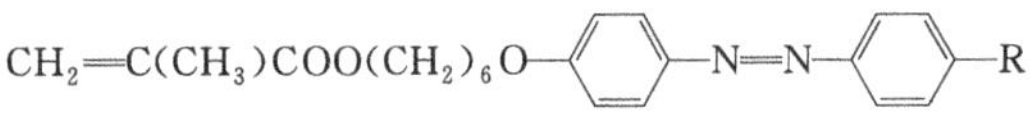

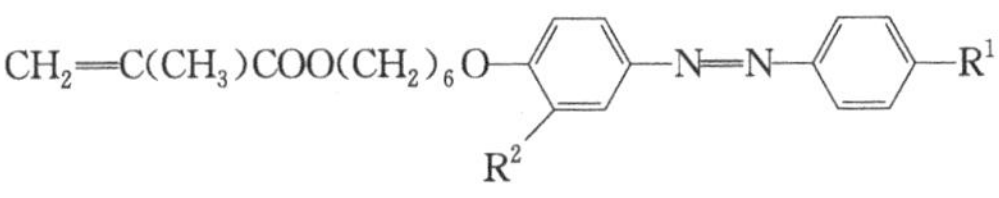

利用聚丙烯酸酯侧链液晶上述特殊光电性质，可将其作光学信息储存与加工材料、光学显示技术材料、全息光学元器件、光导纤维和光相位调制器（透镜）等。

7.4.2.3 氢键型侧链液晶高分子配合物

氢键型侧链液晶高分子配合物是重要的一类侧链液晶高分子。Mefahi 等在研究具有苯甲酸结构单元的聚羧基苯乙烯与聚 4-吡啶乙烯的共混中发现，由于氢键的作用，共混物中仅有单一的玻璃化温度。他们将这种思路应用于侧链液晶高分子的研究中，通过分子间氢键，将液晶小分子引入高分子，制成氢键液晶高分子。氢键型侧链液晶高分子是由具有氢键给体或氢键受体侧链的高分子与具有氢键受体或氢键给体末端的液晶小分子组装而成。其组分分子结构简单、合成步骤缩短，各组分上的化学修饰也变得简洁，这为寻找性能优异的液晶材料拓展了筛选空间。

分子间氢键型液晶结构见图 7-14。

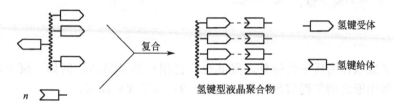

图 7-14 分子间氢键型液晶结构

例如，采用对聚苯乙烯甲酰氧基己氧基苯甲酸/4-甲氧基苯甲酰氧基-4′-苯乙烯基吡啶（P6OBA/MBSZ）中羧基和吡啶环的氢键，通过自组装制备了氢键型侧链液晶高分子 **4** 在 252℃呈现向列相。若将小分子 4-正烷氧基苯甲酰氧基-4′-苯乙烯基吡啶（nOSZ）上的烷基进行修饰（n＝1～8，10），**5** 会出现稳定的近晶 A 相，并且随着小分子 nOSZ 上的末端烷基链的碳数变化，其相应的相变温度会出现奇偶效应。

4

P6OBA nOSZ

5

如果将高分子主链改为带有苯甲酸侧链基团的聚甲基硅氧烷，可以改善液晶相性质。例如 **6** 和 **7**（n＝5，8，10），它们显示出良好的混溶性和热力学稳定性，并呈现近晶 A 相或 C 相。

6

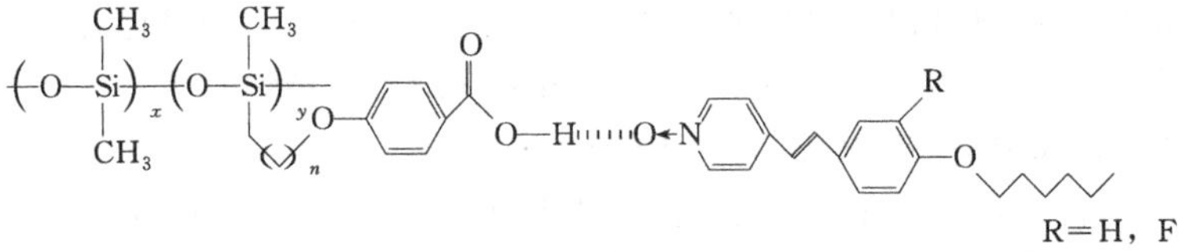

$$R=H, F$$

$$7$$

在氢键型侧链液晶高分子的结构中，除了常以吡啶结构作为质子受体外，也可以采用具有咪唑基液晶单体衍生物为受体与聚丙烯酸组装成氢键型侧链液晶高分子。例如 **8**，它们都具有近晶 A 相。

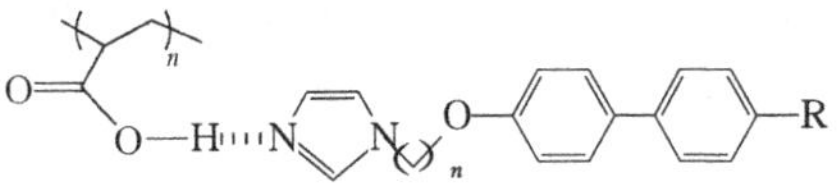

$$m=6, 10$$
$$R=CN, O(CH_2)_4CH_3$$

$$8$$

另外，除了羧基作为质子给体外，羟基也广泛用作质子给体。例如，聚 4-乙烯吡啶与 3-十五烷基苯酚作用形成的氢键型侧链液晶高分子 **9**，其呈现近晶相。

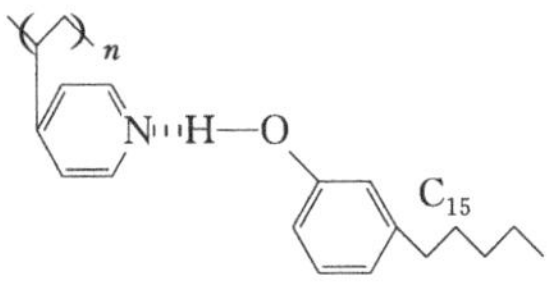

$$9$$

除了氢键和电子间相互作用生成液晶态外，离子间诱导或偶极矩诱导也可以产生液晶态。如以聚硅氧烷为主链、接枝共聚合成的一类侧链含磺酸离子的侧链液晶高分子，液晶的玻璃化温度很低。同时，在一定范围内，液晶的液晶相范围较没有离子的液晶聚合物拓宽。含羧酸离子的液晶聚合物，随着离子含量的增加，液晶高分子的液晶相逐渐缩短。含两性离子的液晶离聚物，随着离子含量的增加，液晶的液晶相大幅度提高，液晶的热稳定性也提高。聚丙烯酸与叔酰胺形成双亲性质的超分子结构，通过偶极矩诱导形成的配合物具有液晶性。

7.4.3 侧链型液晶高分子的应用

从应用角度来看，基于结构上的差别，主链型液晶高分子材料多用于制备一些高强度、高模量的结构材料，如超强纤维、增强材料等，而侧链型液晶高分子比较好地将小分子液晶性质和高分子材料性质结合为一体，是具有极大潜力的新型功能材料。例如，侧链型液晶高分子既具有小分子液晶的光电效应特性（尽管其响应时间还慢于后者的响应时间），又同时具有通用塑料所具备的良好加工性能。这就给出了一条获得高性能、低加工费用的特种材料的新途径。侧链型液晶高分子在功能膜材料、光信息储存、非线性光学和色谱等领域具有非常有前景的应用价值。

7.4.3.1 功能液晶膜

由于在电、磁、光、热、力场和 pH 值变化时，液晶分子将发生取向和其他显著的变化，使得液晶膜比一般的膜材料具有更高的气体、水、有机物和离子透过量和选择性。液晶膜作为富氧膜、外消旋体拆分膜、人工肾、药物控释膜和光控膜等将获得十分广泛的应用。

生物膜，如细胞膜的特殊性质一直是人们研究和模仿的对象，它的选择性透过和其他生理作用在生命过程中起着非常重要的作用。典型的生物膜含有 50% 左右的类脂和几乎同样数量的蛋白质。而细胞膜中的磷脂可形成溶致型液晶；构成生命的基础物质 DNA 和 RNA 属于生物性胆甾液晶；植物中起光合作用的叶绿素也表现液晶的特性。英国某生物学家曾指出："生命系统实际上就是液晶，更精确地说液晶态在活的细胞中无疑是存在的"。利用溶致性液晶高分子的成型过程，如形成层状结构，再进行交联固化成膜，可以制备具有部分类似功能的膜材料。脂质体（微胶囊）是侧链型液晶高分子在溶液中形成的另一类聚集态，这种微胶囊最重要的应用是作为定点释放和缓释药物使用，微胶囊中包裹的药物随体液到达病变点时，微胶囊被酶作用破裂放出药物，达到定点释放药物的目的。

将 LB 技术引入到液晶高分子体系中，得到的液晶高分子 LB 膜具有不同于普通 LB 膜和普通液晶的特殊性质。如某一两亲性侧链液晶高分子原本在 58~84，而经 LB 技术组装后，液晶相的稳定性大大提高，可在 60~150℃呈现液晶相。另外熔融冷却后的 LB 膜仍能呈现出熔融前分子规整排列的特征，表明液晶高分子的 LB 膜具有取向记忆功能。由于液晶高分子 LB 膜的独特性质，有望在波导领域应用。

7.4.3.2 图形显示方面

液晶高分子在电场作用下从无序透明态到有序不透明态的性质使其可用于图形显示器件。用于图形显示的液晶高分子主要为侧链型，它既具有小分子液晶的回复特性和光电敏感性，又具有低于小分子液晶的取向松弛速率，同时具有良好的加工性能和机械强度。使液晶高分子有可能用于液晶电视、电脑、数码相机、手机、广告牌等显示器件。液晶显示器件的最大优点在于耗电低，可以实现微型化和超薄化。液晶高分子作为图形显示器件，具有稳定性好、可靠性高、可以自成型、需要的辅助材料少、低热导率、低毒性和低成本等优点。与小分子液晶材料相比，液晶高分子在图形显示方面的应用前景在于利用其优点，开发大面积、平面、超薄型、直接沉积在控制电极表面的显示器。但是由于其液晶高分子有较高的黏度，使显示转换的速度明显减慢，因此，液晶高分子在图形显示方面的广泛应用还需解决许多的技术问题。

7.4.3.3 信息储存介质

液晶高分子一般利用其热-光效应实现光存储，其储存介质的工作原理如图 7-15 所示。首先将存储介质制成透光的液晶相晶体，这时测试的光将完全透过，证实没有信息记录；当用一束激光照射存储介质时，局部温度升高，高分子熔融成各向同性熔体，分子链失去有序度；当激光消失后，高分子凝结成不透光的固体，信号被记录。此时如果再照射测试光，将仅有部分光透过，记录的信息在室温下将被永久保存。将整个存储介质重新加热至熔融态，可以将分子重新有序排列，消除记录信息，等待新的信息录入。同目前常用的储存介质——光盘相比，由于其存储信息依靠记忆材料内部特性的变化，因此，液晶存储材料的可靠性更高，而且它不怕灰尘和表面划伤，更适合于重要数据的长期保存。

聚硅氧烷、聚丙烯酸酯或聚酯侧链型液晶高分子作为此种信息储存介质，为了提高写入光的吸收效率，可在液晶高分子中溶进少许小分子染料或采用液晶和染料侧链共聚物。向列、胆甾和近晶相液晶高分子都可以实现光存储。例如 Shibaev 使用向列型液晶聚丙烯酸酯，采用激光寻址写入图像，可在明亮背景上显示暗的图像，并可存储较长时间。Hirao 等利用有电光效应的高分子液晶，制备出了电记录元件。Eich 用含有对氰基苯基苯酸酯和对氰基偶氮苯液晶基元的聚丙烯酸酯基聚合物，以激光照射经摩擦平行取向的样品，实现了全息记录，选用的液晶高分子膜为 10μm，全息条纹分辨率达到 3000 线/mm，容量达 1Gbit/cm^2。侧链液晶高分子用于储存显示出寿命长、对比度高、储存可靠、擦除方便等优点，因此有极为广阔的发展前景。

7.4.3.4 非线性光学材料

非线性光学性质（NLO）指材料对一定频率范围的入射光具有非线性响应性质，如一定频率的光通过非线性光学材料后，透射光中除有原频率的光线外，还有频率二倍、三倍原频率的光成分，称倍频现象。

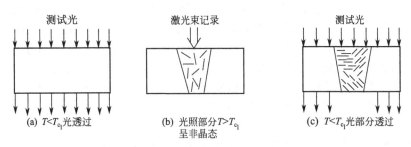

図 7-15 液晶高分子数据储存原理

利用液晶高分子组成 NLO 宾主体系或 NLO 小分子宾体键接到液晶高分子侧链上，可制得非线性光学材料，特别是侧链型液晶高分子是很有前途的非线性光学材料。例如偶氮基团可在光场的作用下产生反式正式反式异构循环而形成分子的有极取向，由此可产生一个非零的二阶极化率 $\chi^{(2)}$，因此，含有偶氮基团的有机聚合物是二阶非线性光学材料。液晶高分子材料作为非线性光学材料具有加工方法简便，NLO 系数比无机非线性光学材料大一个数量级，抗激光损坏性好，NLO 响应速度快，NLO 发色团的取向稳定性较高，以及 NLO 的热稳定性较高等优点。这类材料可望在光波导器件、光调制、光开关等二阶非线性光学器件以及高密度光存储中得到应用。

7.4.3.5 色谱分离材料

色谱分离的基础是被分析物在流动相和固定相中的分配不同，固定相可以是吸附在固体载体上的液体，也可以是固体本身。聚硅氧烷以其良好的热稳定性和较宽的液态范围作为气液色谱的固定相应用已经有很长历史，如聚二甲基硅烷和聚甲基苯基硅烷分别为著名的 SE 和 OV 系列固定相。当在上述固定相中加入液晶材料后，即成为分子有序排列的固定相。固定相中分子的有序排列对于分离沸点和极性相近，而结构不同的混合物有较好的分离效果，原因是液晶材料的空间排布有序性参与分离过程。

液晶固定相是色谱研究人员重点开发的固定相之一。小分子液晶的高分子化克服了在高温使用条件下小分子液晶的流失现象。侧链型液晶高分子可以作为低挥发、热稳定性高和高选择性的液晶固定相。例如，聚硅氧烷和聚丙烯酸酯类侧链液晶高分子（结构如下）可以单独作为固定相使用，在分离顺、反式脂肪酸甲基酯，杂环芳香化合物和多环芳烃等方面具有较一般固定相高的效率。另外，将手性液晶引入分子结构，使液晶高分子可以形成手性向列相液晶，将对光学异构体的分离提供了一种很好的分离工具。随着交联、键合等手段的采用，侧链型液晶高分子固定相正广泛应用于毛细管气相色谱、超临界色谱和高效液相色谱中。

7.4.3.6 液晶物质的发展历程

液晶态是由奥地利植物学家 F. Reinitzer 在 1888 年观察胆甾醇苯甲酸酯在 145.5℃ 和

196

178.5℃之间的物质形态时首先发现的，并由德国物理学家 O. Lehmann 所确定的。发展至今，液晶这一形态已经成为一个大的物质家族，其商业用途多达百余种，各类商品多达数千种，如液晶显示的手表、计算器、笔记本电脑和高清晰度彩色液晶电视都已经商品化，它使显示等技术领域发生重大的革命性变化。

研究较早的多是分子量较小的液晶单体（即小分子液晶），近年来将高分子量和液晶相有机结合的液晶高分子，以其鲜明的个性和特色，在高分子学科领域迅速发展壮大。液晶高分子（liquid crystals polymer，LCP）是在一定条件下能以液晶相态存在的高分子，与其他高分子相比，它有液晶相所特有的分子取向序和位置序，与其他小分子液晶相比，它又有高分子化合物的特性。液晶高分子目前已经成为功能高分子材料中的重要一员。

液晶高分子存在于自然界很多物质中，如纤维素、多肽、核酸、蛋白质、病毒、细胞及膜等都存在液晶态。液晶高分子的首次发现是 1937 年 Bawden 等观察到烟草镶嵌病毒的溶致液晶性。1949 年，美国物理学家 Onsager 对液晶高分子作出分子理论的解释。1956 年，高分子科学家 Flory 预言了刚性棒状高分子形成液晶态的可能性。1966 年，美国 DuPont 公司先后推出 PBA、Kevlar 等酰胺类液晶聚合物。1970 年，实现了高强度高模量的 Kevlar 纤维的小规模生产，此后液晶高分子进入了蓬勃发展时期，世界各大化工公司都在竞相致力于液晶高分子材料的开发和工业化生产。1981 年，DuPont 和 Union Carbide 公司分别实现了 Kevlar 纤维和液晶沥青碳纤维的大规模工业化。1984 年，美国 Dartco 公司的自增强塑料 Xydar 投产。1985 年，美国 Celanese 公司推出 Vectra 聚酯类液晶高分子系列。1986 年，美国 Eastman 公司开发了 X7G，日本住友化学开发了 Ekonol，德国 BASF 推出了 Ultrax 等聚酯类液晶高分子材料。不久，ICI、日本石油化学、上野制药和出光石油化学等公司也相继推出了他们自己的液晶高分子产品。近十几年来，科学家们纷纷致力于高分子液晶的深入研究，使液晶高分子在功能膜、复合材料、电光材料、疾病诊断材料等研究领域也取得了重大进展。液晶高分子材料的工业化和广泛应用正掀起传统材料工业的一场革命。

回顾历史，液晶材料的发展可划分为四个时期，见表 7-10。

表 7-10 液晶材料发展的四个时期

年代	发展期	年代	发展期
19 世纪末至 20 世纪初	液晶态的发现与液晶理论的萌芽期	20 世纪 70~80 年代	高分子液晶的工业化生产
20 世纪中期	小分子液晶的发展与高分子液晶的发现	20 世纪末至今	高分子液晶的深入研究和蓬勃发展

小知识

铁电液晶高分子是普通液晶分子接上一个具有不对称碳原子的基团，从而保证其具有扭曲近晶 C 相性质，其兼有液晶性、铁电性和高分子的特性。常用的不对称碳的基团分子的原料是手性异戊醇。已经合成出席夫碱型、偶氮苯及氧化偶氮苯型、酯型、联苯型、杂环型及环己烷型等各类铁电液晶高分子。铁电液晶高分子最初为 Shibaev（1984 年）等人所报道，已知有侧链型、主链型及主侧链混合型。但一般主要是指侧链型。铁电液晶高分子具有快速响应及双稳性、相变温度范围宽的优点，在光电功能材料和非线性光学材料方面有广泛的应用前景。

液晶弹性体（LCE）是指非交联型液晶聚合物经适度交联，并在各向同性态或液晶态显示弹性的聚合物。根据液晶基元的排列模式不同，液晶弹性体可分为向列相液晶弹性体、近晶相液晶弹性体及胆甾相液晶弹性体等。液晶弹性体结合了液晶的各向异性和聚合物网络的橡胶弹性，是一种具有独特性质的新型超分子体系。液晶弹性体对环境（电场、温度、化学环境、光等）很敏感，可以发生各向异性的可逆形变，而且成功实现了三维弯曲运动。液晶弹性体的这种外界刺激下的可逆形变使得其在微型制动器、人工肌肉等方面显示了广阔的应用前景。尤其是光致形变液晶弹性体的功能实现完全由光控制，不需要任何电池、电动机、齿轮等的介入，材料容易实现小型化，可为微型机器人与微机电系统（MEMS）提供重要的制动部件。

树枝状液晶高分子与一般的液晶高分子的刚性棒状分子结构不同，其分子构形呈球形或圆筒形。树枝状液晶高分子具有无链缠结、低枯度、高反应活性、高混合性、低摩擦、高溶解性、含有大量的末端基和较大的比表面积的特点，据此可开发多种功能性新产品。树枝状液晶高分子的化学组成、尺寸、拓扑形状、分子量及分布、繁衍次数、柔顺性及表面化学等均可进行分子水平的控制，从而可望进行功能性液晶高分子材料的"纳米级构筑"和"分子工程"。主链型液晶高分子用作高模高强材料，缺点是非取向方向上强度差，液晶树形物对称性强可望改善这一缺点。侧链液晶高分子可用于显示、记录、存储及调制等光电器件，但由于大分子的无规行走，存在链缠结导致光电响应慢，又因其前驱体存在邻基、概率及扩散等大分子效应，导致侧链上液晶基元数少，功能性差，树形物既无缠结，又因活性点位于表面，呈发散状，无遮蔽，连接的液晶基元数目多，功能性强，故可望解决困扰当今液晶高分子材料界的两大难题，成为 21 世纪全新的高科技功能材料。

思　考　题

1. 什么是液晶？什么是液晶高分子？
2. 液晶高分子有哪几种分类方法？分别说明各种类型的特点。
3. 液晶高分子的分子结构有什么特点？什么是液晶基元？
4. 主链型液晶高分子的结构特点是什么，列举几种溶致性主链液晶高分子和热致性主链液晶高分子。
5. 可以通过哪些方法改变聚合物链结构来制备热致性主链液晶高分子？
6. 侧链型液晶高分子主要由哪几部分组成？高分子主链主要有哪些类型？
7. 什么是侧链型液晶高分子的"柔性间隔基去偶概念"？
8. 甲壳型液晶高分子的结构特征。

参　考　文　献

[1]　周其凤，王久新. 液晶高分子. 北京：科学出版社，1994.
[2]　赵文元，王亦军. 功能高分子材料化学. 北京：化学工业出版社，1996.
[3]　吴其晔. 高分子凝聚态物理及其进展. 上海：华东理工大学出版社，2006.
[4]　张其锦. 聚合物液晶导论. 合肥：中国科学技术大学出版社，1994.
[5]　王国建，刘琳. 特种与功能高分子材料. 北京：中国石化出版社，2004.
[6]　李新贵，黄美荣. 高级液晶聚合物材料工程. 上海：华东师范大学出版社，2000.
[7]　Hsu CS. The application of side-chain liquid-crystalline polymers. Prog Polym Sci, 1997, 22：829-871.
[8]　Shibaev V, Bobrovsky A, Boiko N. Photoactive liquid crystalline polymer systems with light-controllable structure and optical properties. Prog Polym Sci, 2003, 28：729-836.
[9]　周其凤. 刚性链侧链型液晶高分子（甲壳型液晶高分子）研究进展. 高分子通报，1999，3：54-61.
[10]　陈小芳，范星河，宛新华，周其凤. 甲壳型液晶高分子研究进展与展望. 高等学校化学学报，2008，29（1）：1-12.
[11]　黄美荣，李新贵，伍艳辉. 功能侧链液晶聚丙烯酸酯的性能及应用前景. 功能材料，2002，33（5）：468-470.
[12]　韩相恩，阳岑，张艺馨，张术兵，李戈. 偶氮苯液晶聚合物的研究进展. 材料科学与工程学报，2008，26（3）：485-488.
[13]　王沛，明海，梁忠诚，等. 偶氮侧链聚合物液晶的光学性质及其光存储应用. 物理，2002，31（5）：

287-292.

[14] 赵昌燕，王明哲，王广途，等. 光致变色液晶材料研究进展. 化学研究与应用，2005，17（4）：439-442.

[15] 焦家俊，张祥祥. 氢键型液晶高分子的研究进展. 华东理工大学学报：自然科学版，2006，32（6）：736-744.

[16] Kato T，Kihara H，Uryu T，et al. Molecular self-assembly of liquid crystalline side-chain polymers through intermolecu-lar hydrogen bonding. Polymeric complexes built from a polyacylate and stibazoles. Macromolecules，1992，25（25）：6836-6841.

[17] 徐婉娴，尹若元，林里，俞燕蕾. 液晶弹性体刺激形变研究. 化学进展，2008，20（1）：140-147.

[18] 周德文，梁利岩，吕满庚. 光致变形型高分子材料，高分子通报，2008，6：13-18.

[19] 王锦成，李光，江建明. 高分子液晶的应用. 东华大学学报：自然科学版，2001，27（4）：114-118，124.

第8章 高分子功能膜材料

膜是一种能够分隔两相界面，并以特定的形式限制和传递各种物质的二维材料，在自然界中随处可见。天然存在的膜有生物膜，膜也可以人工制作，如高分子合成膜。膜可以是均相的，也可以是非均相的；可以是对称的，也可以是非对称的；可以是固体的，也可以是液体的；可以是中性的，也可以是带电荷的。膜的厚度可从几微米（甚至 $0.1\mu m$）到几毫米不等。

随着科学的发展，越来越多的人工合成膜相继被开发出来，应用到各个行业中，起到分离和选择透过等重要作用。高分子功能膜作为人工合成膜中的重要一员，在药物缓释、膜修饰电极、气体分离等领域表现出特殊的分离功能，并因其广阔的应用前景而受到极大的关注。本章将主要讨论高分子功能膜的分离原理，并以主要的分离膜为代表，介绍其制备方法和应用。

8.1 概　述

8.1.1 高分子分离膜的分类

高分子分离膜是具有分离功能，即具有特殊传质功能的高分子材料，又称为高分子功能膜。其形态有固态，也有液态。

高分子分离膜的种类和功能繁多，不可能用单一的方法来明确分类，现有的分类既可以从被分离物质的角度分，也可以从膜的形状、材料等角度分，目前主要有以下几种分类方式。

8.1.1.1 按被分离物质性质分类

根据被分离物质的性质可以将分离膜分为气体分离膜、液体分离膜、固体分离膜、离子分离膜和微生物分离膜等。

8.1.1.2 按膜形态分类

根据固态膜的形状，可分为平板膜（flat membrane）、管式膜（tubular membrane）、中空纤维膜（hollow fiber）、毛细管膜以及具有垂直于膜表面的圆柱形孔的核径蚀刻膜等。液膜是液体高分子在液体和气体或液体和液体相界面之间形成的膜。

8.1.1.3 按膜的材料分类

从膜材料的来源来看，分离膜可以是天然的也可以是合成的，或者是天然物质改性或再生的。不同的膜材料具有不同的成膜性能、化学稳定性、耐酸、耐碱、耐氧化剂和耐微生物侵蚀等，而且膜材料对被分离介质也具有一定的选择性。这类膜可以进一步分为以下几类。

（1）纤维素衍生物类　纤维素类材料是研究最早、应用最多的高分子功能膜材料之一，主要有再生纤维素、硝酸纤维素、二醋酸纤维素和三醋酸纤维素、乙基纤维素等。

（2）聚烯烃类　聚烯烃及其衍生物是重要的高分子聚合物，很多都可以用于制备气体分离膜，如低密度聚乙烯、高密度聚乙烯、聚丙烯、聚 4-甲基-1-戊烯、聚氯乙烯、聚乙烯醇、聚丙烯腈等。

（3）聚酯类　涤纶、聚碳酸酯、聚对苯二甲酸丁二酯这类树脂强度高、尺寸稳定性好、耐热和耐溶剂性优良，被广泛用于制备分离膜的支撑增强材料。

(4) 聚酰（亚）胺类　尼龙-6和尼龙-66是这一类分离膜材料的代表，常用于反渗透膜和气体分离膜的支撑底布，芳香族聚酰胺是第二代反渗透膜材料，用于中空纤维膜的制备。含氟聚酰亚胺作为具有实用前景的气体分离膜材料目前处于开发阶段。用聚酰胺类制备的膜，具有良好的分离与透过性能，且耐高压、耐高温、耐溶剂，是制备耐溶剂超滤膜和非水溶液分离膜的首选材料，缺点是耐氯性能较差。

(5) 聚砜类　这类材料包括聚砜、聚醚砜、聚芳醚砜、磺化聚砜等，是高机械强度的工程塑料，具有耐酸、耐碱的优点，多用于超滤膜和气体分离膜的制备，较少用于微滤，可在80℃下长期使用，缺点是耐有机溶剂的性能较差。

(6) 含氟聚合物　主要包括聚四氟乙烯、聚偏氟乙烯等，这类膜材料耐腐蚀性优异，适合于电渗析等高腐蚀场所。

(7) 其他材料　甲壳素是天然高分子中的一种可以用来制备离子交换膜和螯合膜的材料。有机硅聚合物和聚醚酮类近年来也开始广泛用于渗透汽化膜、荷电超滤膜和离子交换膜的制备。

8.1.1.4　按膜体结构和断面形态分类

按膜体结构主要分为致密膜（dense membrance）、多孔膜（porous membrance）、乳化膜（emulsion-type membrance）。致密膜又称为密度膜，通常是指孔径小于1 nm的膜，多用于电渗析、反渗透、气体分离、渗透汽化等领域；多孔膜可分为微孔膜和大孔膜，主要用于混合物水溶液的分离，如渗透、微滤、超滤、纳滤和亲和膜等。

按膜的结构分类，可以分为对称膜（symmetric membrane）和非对称膜（asymmetric membrane）。

对称膜又称为均质膜，是一种均匀的薄膜，膜两侧截面的结构及形态完全相同，包括致密膜和对称的多孔膜，如图8-1(a)所示。

非对称膜是指膜主体有两种或两种以上的形貌结构，是工业上运用最多的分离膜。一体化非对称膜是用同种材料制备、由厚度为0.1～0.5μm的致密皮层和50～150μm的多孔支撑层构成，其支撑层结构具有一定的强度，在较高压力下也不会引起很大的形变。在多孔支撑层上覆盖一层不同材料的致密皮层就构成复合膜（composite membrane）。对于复合膜，可优选不同的膜材料制备致密皮层与多孔支撑层，使每一层独立，从而发挥最大作用。非对称膜的分离主要或完全由很薄的皮层决定，传质阻力小，其透过速率较对称膜高得多，其结构如图8-1所示。

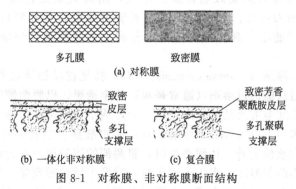

图 8-1　对称膜、非对称膜断面结构

8.1.1.5　按膜分离过程分类

按膜分离过程分类时，主要参照被分离物质的粒度大小及分离过程采用的附加条件，如压力、电场等。可以将膜主要分为以下几大类。

(1) 微滤膜 微滤膜 (microfiltrtion, MF) 具有比较整齐均匀的多孔结构, 膜孔径范围在 $0.05\sim20\mu m$, 孔隙率占总体积 $70\%\sim80\%$, 孔密度为 $10^7\sim10^8$ 个/cm², 分离过程主要是机械过筛作用, 操作静压差为 $0.01\sim0.2MPa$。因此, 分离阻力小, 过滤速度快, 主要用于从气相、悬浮液和乳浓液中截留微米级或亚微米级的细小悬浮物、微生物、细菌、酵母、微粒等, 在无菌液体制备、超纯水制备、空气的过滤以及生物检测等方面有广阔市场。

根据材料的种类, 制备微滤膜的方法主要有相转化法 (phase-inversion process)、辐射固化法、溶出法、拉伸法 (melt extruded)、烧结法 (sintered process)、核径迹蚀刻法和阳极氧化法等。

(2) 超滤膜 超滤是一种筛孔分离过程, 即在一定压力作用下, 对含有大、小分子溶质的溶液使溶剂和小分子溶质透过膜, 而大分子溶质被膜截留, 作为浓缩液被回收。超滤膜 (ultrafiltration, UF) 的过程如图 8-2 所示。

超滤膜也属于多孔膜的一种, 膜孔径范围为 $1\,nm\sim0.05\mu m$, 孔隙率约 60% 左右, 操作压力为 $0.2\sim0.4MPa$, 膜的透过速率为 $0.5\sim5m^3/(m^2\cdot d)$, 最适于处理溶液中溶质的分离和增浓, 或采用其他分离技术所难以完成的胶状悬浮液的分离。超滤膜多数为相转化法制备的非对称膜, 极薄的表面层具有一定孔径, 起筛分作用; 下层是具有海绵状或指状的多孔层, 起支撑作用 (见图 8-3)。

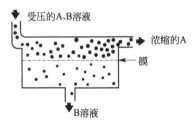

图 8-2 超滤过程基本原理

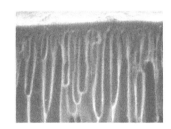

图 8-3 超滤膜不对称结构

(3) 纳滤膜 纳滤膜 (nanofiltration, NF) 一般是指操作压力 $\leqslant1.5MPa$、截留相对分子质量 $200\sim1000$、NaCl 的截留率 $\leqslant90\%$ 的膜。纳滤膜的孔径在 $2\sim5nm$, 介于超滤膜和反渗透膜之间, 对高价态离子有较高的截留率。与反渗透相比, 达到相同的渗透量, 纳滤的操作压差要低 $0.5\sim3MPa$, 因此又可称为低压反渗透膜或疏松反渗透。纳滤膜多数为聚砜多孔膜作支撑, 芳香族聚酰胺膜组成致密表层的三维交联复合膜, 其表层较反渗透膜的表层要疏松得多, 但比超滤膜的要致密得多。因此, 制膜关键是合理调节表层的疏松程度, 以形成大量具纳米级的表层孔。大部分纳滤膜表面带荷电, 其分离行为受到溶质荷电状态及其相互作用影响。纳滤膜在高、低价态离子分离方面展现独特性能, 适用于水的净化和软化。

(4) 反渗透膜 反渗透 (reverse osmosis, RO) 膜是在反渗透过程中使用的膜。反渗透又称为逆渗透, 是利用只能透过溶剂 (通常是水) 的半透膜, 以膜两侧的静压差为推动力, 实现溶剂从高浓度向低浓度溶液流动的分离过程。而渗透是在膜两侧的静压力相等的情况下, 溶剂在自身化学位差的作用下自发地从稀溶液侧通过膜扩散到浓溶液中的过程, 如图 8-4(a) 所示。渗透使得高浓度测液位上升, 达到平衡时, 膜两侧的溶液压力差为两溶液的渗透压差。当对浓溶液施压, 使得膜两侧静压差大于渗透压时, 就发生反渗透现象, 如图 8-4(c) 所示。

反渗透膜多数为非对称膜和复合膜, 支撑层厚度 $50\mu m$, 致密表面分离层只有 $0.2\mu m$, 且几乎无孔, 可以截留大多数 $0.1\sim1nm$ 的溶质 (包括离子) 而使溶剂通过, 操作压力一般为 $1\sim10MPa$。

上述几种不同膜在分离过程中的差异如图 8-5 所示, 而且由于膜孔径和孔隙率的差异, 其相应的推动力是不同。

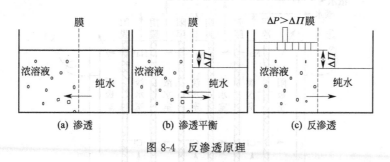

图 8-4　反渗透原理

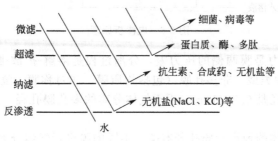

图 8-5　膜分离性能

（5）透析膜　透析膜是在透析过程中使用的膜，一般是"无孔"的（孔径 1nm 以下）。透析（渗析）是指膜两侧溶液中的小分子溶质（一般指中性分子）在自身浓度差的推动下由浓的一侧透向稀侧直至平衡，而大分子被半透膜截留的分离过程。

为减少扩散阻力，膜要高度溶胀，但这会影响其选择透过性。透析膜目前主要用于血液透析，使用膜材料有再生纤维素、乙烯-乙烯醇共聚物、乙烯-乙酸乙烯酯、聚丙烯腈（PAN）、聚醚砜（PES）、聚苯醚（PPO）等。

（6）电渗析　用离子交换膜

电渗析（electrodialysis membrance，ED）是指在电场作用下，以电位差为推动力，溶液中带电离子选择性地透过离子交换膜（ion exchange membrance）实现迁移的过程，用于溶液的淡化、浓缩、精制或纯化。电渗析过程中离子的移动速率取决于电场强度、离子的电荷密度、膜的性质以及溶液的阻力等因素。各种带电和不带电粒子在电场力和分离膜的双重作用下进行分离。

离子交换膜是电渗析的关键部分，是含有活性离子交换基团的网状立体结构高分子薄膜，其化学组成与离子交换树脂基本相同。离子交换膜外观要求应该平整、光滑、均匀、没有针孔。它对带电被分离物质的透过性影响有两方面：一是膜的结构和孔径影响所有物质的透过，二是膜的带电性质影响带电离子的透过。

电渗析系统由一系列平行交错排列于两极之间的阴、阳离子交换膜所组成，这些阴、阳离子交换膜将电渗析系统分隔成若干个彼此独立的小室，其中与阳极相接触的隔离室称为阳极室，与阴极相接触的隔离室称为阴极室，操作中离子减少的隔离室称为淡水室，离子增多的隔离室称为浓水室。如图 8-6 所示，在直流电场作用下，带负电荷的阴离子即 Cl^- 向正极移动，但它只能通过阴膜进入浓水室，而不能透过阳膜，因而被截留于浓水室中。同理，带正电荷的阳离子即 Na^+ 向负极移动，通过阳膜进入浓水室，并在阴膜的阻挡下截留于浓水室中。这样，浓水室中的 NaCl 浓度逐渐升高，出水为浓水；而淡水室中的 NaCl 浓度逐渐下降，出水为淡水，从而达到脱盐的目的。

（7）气体分离膜　气体膜分离是指利用气体混合物中各组分在膜中传质速率的不同使各组

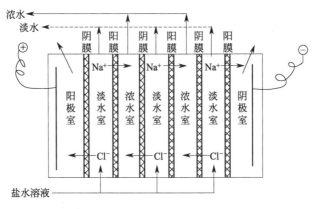

图 8-6 电渗析原理

分分离的过程，其推动力是膜两侧的压力差，分离过程是溶解-扩散-脱溶。气体分离膜（gas separation，GS）有两种类型：非多孔膜（包括均质膜、非对称膜、复合膜）和多孔膜。非多孔膜往往也有小孔，孔径是 0.5～1nm。用于气体分离的多孔膜孔径一般在 5～30nm，属于微孔膜。

膜的分离能力与气体的种类和膜孔径有关。不同的膜进行气体分离的机理不同，可以分为基于扩散速率的分离和基于溶解度的分离。目前气体分离膜多用于工业气体中氢的回收、氧氮分离、气体脱湿等。

（8）渗透汽化膜　渗透汽化的膜（pervaporation，PVAP）可以分为两大类：亲水膜（优先渗透水、甲醇等）和疏水膜（优先渗透有机组分），都是由致密皮层和多孔的亚层构成的不对称膜和复合膜。为减少蒸汽传递阻力并防止毛细管冷凝，要求亚层结构较为疏松，表面孔隙率高且孔径分布窄。

渗透汽化膜多选用聚丙烯腈、聚丙烯酰胺、聚乙烯醇、聚醚砜、有机硅等材料来制备。使用领域包括有机溶剂脱水、有机物的分离以及水中有机物的脱除等。

（9）液膜　处在液体和气体或液体和液体相界面的、具有半透过性的膜称为液膜（liquid membrance，LM）。液膜利用选择透过性原理，以膜两侧的溶质化学浓度差为传质动力，使原料液中待分离溶质在膜内相富集浓缩，分离待分离物质。

液膜基本分为支撑液膜（supported liquid membrane，SLM）和乳化液膜（emulsion liquid membrane，ELM）两类，如图 8-7 所示。支撑液膜采用多孔膜或多孔型固体支撑物做骨架的支撑液体形成膜。乳化液膜是两种不相混溶液体乳化时在两相界面产生的液体膜。乳化液膜通常由膜溶剂、表面活性剂和流动载体组成。分离涉及三种液体：通常将含有被分离组分的原料液作连续相，称为相 1；接受被分离组分的液体，称为相 2；成膜的液体处于两者之间，称为膜相。在液膜分离过程中，被分离组分从相 1 进入膜相，再转入相 2，浓集于相 2。

液膜在烃类混合物分离、废水处理、铀矿浸出液中提取铀以及金属离子萃取等领域有广阔的应用市场。

8.1.2　膜分离原理

分离膜的主要用途是通过膜对不同物质进行分离。在膜科学中，分离膜对某些物质可以透过，而对另外一些物质不能透过或透过性较差的性质称为膜的半透性。由于膜对不同物质的透过性不同以及不同膜对同一物质的透过性不同，可以使混合物中的某些组分选择性地透过膜，以达到分离、提纯、浓缩等目的。

在分离过程中，有的物质容易透过膜，有的物质则较难，其原因是它们与膜的相互作用机

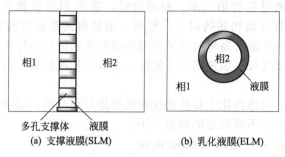

相1　相2

多孔支撑体　液膜

(a) 支撑液膜(SLM)

相2

相1　液膜

(b) 乳化液膜(ELM)

图 8-7　两种液膜原理

理不同，即膜分离原理不同。膜分离原理一般来说有下面三种，其中主要是筛分作用和溶解扩散机制。

8.1.2.1　筛分机制

筛分（molecular sieve mechanism），类似于物理过筛过程，是指膜能够机械截留比它孔径大或孔径相当的物质。被分离物质能否通过筛网，取决于物质的粒径尺寸（包括长度、体积、形状）和膜孔大小。当被分离物质以分子状态分散时，分子的大小就是粒子的尺寸；如果以聚集状态存在，则粒子的尺寸为聚集态颗粒的尺寸。

此外，物质颗粒与膜之间的吸附和电性能、物质颗粒自身之间的相互作用等因素对物质的截留也有一定影响。图 8-8 示意了微滤膜表面和网络内部对颗粒的各种截留：机械截留是由筛分过程决定的；吸附截留是由于物质颗粒与膜之间的相互作用产生的；架桥截留则是由物质颗粒间相互作用产生的，或是物质颗粒与膜之间以及物质颗粒间共同作用产生的。电镜观察证明了在膜孔的入口处微粒因为架桥作用被截留的情况。除物质分子大小以外，分子的结构形状、刚性等对截留性能也有影响。当分子量一定时，刚性分子与易变形的分子相比、球形和有侧链的分子与线形分子相比有更大的截留率。

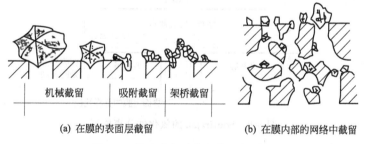

机械截留　吸附截留　架桥截留

(a) 在膜的表面层截留　　　　　(b) 在膜内部的网络中截留

图 8-8　微滤膜各种截留作用的原理

一般认为，微滤膜和超滤膜的分离机理为筛分原理，主要依据膜孔的尺寸和被分离物质颗粒的大小进行选择性透过。微滤截留 $0.1 \sim 10\mu m$ 颗粒，超滤截留分子量范围为 $1000 \sim 1000000$ 道尔顿（1 道尔顿＝1 原子质量单位）。

8.1.2.2　溶解扩散机制

当采用致密膜进行分离时，其传质机理不同于多孔膜的筛分机制，而是溶解-扩散机理（solution-diffusion theory），即渗透物质（溶质、溶剂）首先经吸附溶解进入聚合物膜的上游一侧，然后在浓度差或压力差造成的化学位差推动下以分子扩散方式通过膜层，再从膜下游一侧解吸脱落。

在溶解扩散机理中，溶解是分离过程的第一步，其速率取决于该温度下小分子物质在膜中的溶解度，服从 Herry 定律。影响溶解度的主要因素包括被分离物质的极性、结构相似性和酸碱性质等。扩散是分离过程的第二步，相对较慢，按照 Fick 扩散定律进行，是控制步骤。影响扩散过程的因素有被分离物质的尺寸、形状、膜材料的晶态结构和化学组成等。一般认为，小分子在聚合物中的扩散与高聚物分子链段热运动引起的自由体积变化有关，自由体积愈大扩散速率越快，升高温度可以加快高分子链段运动从而加速扩散，但不同小分子的选择透过性则随之降低。

反渗透、气体分离、渗透汽化主要按照这种机理进行膜分离，纳滤则介于筛分和溶解扩散之间，截留水和非水溶液中不同尺寸的溶质分子。

8.1.2.3 选择性吸附——毛细管流动理论

当膜表面对被分离混合物中的某一组分的吸附能力较强，则该组分就在膜面上优先吸附，形成富集的吸附层，并在压力下通过膜中的毛细孔，进入到膜的另一侧。与此相反，不容易被吸附的组分将不容易透过分离膜，从而实现分离。

反渗透脱盐就是以这种机理实现盐和水分离。当水溶液与具有毛细孔的亲水膜相互接触，由于膜的化学性质，使它对水溶液中的溶质具有排斥作用，导致靠近膜表面的浓度梯度急剧下降，在膜的界面上形成一层被膜吸附的纯水层。当膜孔径为纯水膜厚的 2 倍时，这层水在外加压强的作用下进入膜表面的毛细孔，并通过毛细孔流出，如图 8-9 所示。

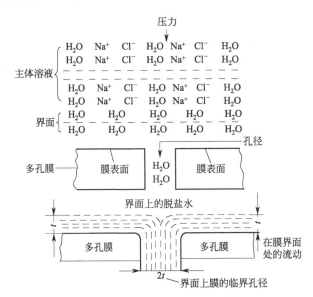

图 8-9 Sourirajan 的氯化钠分离模型

8.1.3 膜分离驱动力

分离过程是混合过程的逆过程，由于混合过程是自发进行的，所以分离过程需要输入能量，即分离过程需要外加的驱动力。

在天然的膜如生物膜中，物质通过膜主要有主动传递、促进传递和被动传递三种方式，其驱动力是不同的。主动传递意味着物质的传递方向为逆化学位梯度方向，被传递物质由低化学位相被传递到高化学位相，其推动力是膜中某种化学反应释放出的能量。促进传递是指膜内有特定载体，被传递的物质与载体发生反应，从而由高化学位相带入低化学位相，这种传递过程有很高的选择性。被动传递则是物质由高化学位一侧向低化学位一侧传递，这两相间的化学位差就是膜分离过程的推动力。

高分子功能膜分离过程均为被动传递过程，需要给待分离物质施加一定的推动力。这种外加驱动力是一种化学势梯度，主要包括压力梯度、浓度梯度、电势梯度或温度梯度。

（1）压力差驱动力　当膜两侧施加不同压力时，物质将会从高压的一侧通过膜进入低压端。这种驱动力为压力差驱动力，是一种外源性驱动力。微滤、超滤、纳滤、反渗透等膜过程多采用压力差驱动力，但不同的膜过程的压力差各不相同。

对膜施加压力可以有两种方式：一是在原料侧施加正压，迫使被分离的物质向常压侧移动，这种方法称为正压分离法；另一种方法是在收料侧进行减压，与处于常压的另一侧形成压力差，被分离物质向负压侧移动，这种方法称为负压分离法。

（2）浓度差驱动力　物质的传递大多通过扩散而不是对流实现的，当浓度不同的液体接触时，溶质会从高浓度区域自发扩散到低浓度区，其原因是物质的布朗热运动，这种驱动力称为浓度差驱动力。单位时间、单位面积上溶质或气体分子的扩散速率 R 与浓度梯度 dc/dx 成正比，如式(8-1) 所示。

$$R=-Ddc/dx \tag{8-1}$$

式中，D 为扩散系数；dc/dx 为浓度梯度；负号表示迁移方向与浓度梯度方向相反。扩散系数与扩散物质的分子性质和扩散介质有直接关系。

浓度差驱动力推动的膜分离过程，被分离物质可以是气体也可以是液体，如蒸汽渗透、透析、气体分离（也存在压力差驱动的方式）、膜接触器等。在全蒸发气体分离和蒸汽渗透过程以及混合气体分离过程中，推动力通常用分压差或活度差表示。

（3）电场驱动力　当膜两侧施加电场，带电离子或分子将受到电场力的驱动，向带有相反电荷的电极移动，并趋向于透过分离膜，这种驱动力称为电场驱动力。电场驱动力的大小除了与电场大小和电极形状有关外，还与被分离物质的荷电状态和价态有密切关系。电渗析和离子膜分离过程的主要驱动力为电场驱动力。

表 8-1 列出了主要的膜过程机理及其推动力等基本特征。

表 8-1　主要的膜过程及其基本特征

膜过程	推动力	传递机理	主要的透过物	截留物	膜类型
微滤	压力差	筛分	溶剂小分子溶质	悬浮物颗粒	纤维多孔膜
超滤	压力差	筛分	溶剂小分子溶质	胶体和超过截留分子量的分子	非对称性膜
纳滤	压力差	溶解扩散、Donna 效应	溶剂、低价态小分子溶质	有机物	复合膜
反渗透	压力差	溶解扩散、优先吸附毛细管流动	溶剂	溶质、盐	非对称性膜复合膜
渗析	浓度差	筛分微孔内的受阻扩散	溶剂和小分子物质	溶剂	非对称性膜
电渗析	电位差	反离子经离子交换膜的迁移	电解质离子	非电解质大分子物质	离子交换膜
气体分离	压力差	溶解扩散、筛分扩散	气体或蒸汽	难渗透性气体或蒸汽	均相膜、复合膜、非对称膜
渗透蒸发	压力差	溶解扩散	易渗溶质或溶剂	难渗透性溶质或溶剂	均相膜、复合膜、非对称膜
液膜分离	浓度差	反应促进和溶解扩散传递	液膜中难溶解组分	液膜中难溶解组分	乳状液膜支撑液膜

8.1.4　高分子分离膜的性能表征

分离膜是膜分离技术的关键，在选择膜产品的时候一般要根据膜的物理化学性能、分离性、透过性、毒性、价格等因素加以考虑，其中衡量分离膜是否有价值的两个重要指标是透过性能和分离性能。

8.1.4.1　透过性能

透过性能标志着膜的分离速度，分离膜的透过性能一般用透过速率 J 表示，是指单位时间内透过单位面积分离膜的物质的量。

对于水溶液体系，又称透水率或水通量，可由式（8-2）得到。

$$J = \frac{V}{At} \tag{8-2}$$

式中，J 为透过速率；V 为透过物的体积或质量；A 为膜有效面积；t 为过滤时间。

对于气体分离膜，透过速率用 R_p 表示，可由式（8-3a）得到。

$$R_p = DS \times (p_1 - p_2)/d \tag{8-3a}$$

式中，R_p 为透过速率；D 为气体在膜中的扩散系数；S 为气体在膜中的溶解系数；d 为膜厚度；p_1、p_2 为膜两侧的气体分压。

当同种气体透过不同气体分离膜时，透过系数取决于气体在膜中的扩散速率，而同种气体分离膜对不同气体进行分离时，气体对膜的溶解系数决定渗透系数的大小。而气体透过系数 $P = DS$，所以式（8-3a）可以改写为：

$$R_p = P \times (P_1 - P_2)/d \tag{8-3b}$$

对于液体，有相似的公式：

$$R_p = D \times (C_1 - C_2)/d \tag{8-4}$$

膜的透过速率与膜材料的化学特性和分离膜的形态结构有关，随操作推动力的增加而增大，其大小决定分离设备的选择和设计。影响膜透过性的因素如下。

（1）膜材料的组成和结构　材料组成中的官能团，例如—OH、—NH$_2$、—COOH 和—CHO 等基团对透过性有很大的影响。亲水性基团的存在能破坏水分子的缔合作用，容易使水透过膜；含亲水集团少的膜，水的透过性差。材料组成的结构如共聚，无论是嵌段、无规还是接枝共聚物，由于聚合物之间相容性的差异，造成相分离，形成不同微相分离的材料，从而影响被分离物质在膜中的扩散，影响透过性。

（2）被分离物质在膜中的溶解性能　若溶解性能好，则透过性好，这是由膜分离的溶解-扩散机理决定的。当被分离物质与膜、与溶剂相容性好时，它在膜和溶剂中均能溶解，不会残留在膜内。若它在溶液中的溶解性差时，则被分离物质会残留在膜内。

（3）分离膜的聚集结构和超分子结构　对于结晶态或无定形高分子膜，气体在无形高分子中扩散较快。因为结晶高分子间的相互作用强，分子链之间的间隙小，气体扩散困难。这可以用高分子的内聚能密度来判断，例如聚丙烯腈内聚能密度大，分子排列致密，气体透过系数很小。

（4）被透过物质的物理化学性质　体积较大的，或与高分子膜相互作用力大的物质，在膜内扩散较差，透过性也差。

8.1.4.2　分离性能

膜的分离性能决定其对被分离混合物中各组分的选择透过性。膜的分离能力要适度，因为膜的分离性能和透过性能彼此影响，要提高分离能力，就必须损失一部分透过性。膜的分离性能用选择性分离系数 α 表示，它指的是在相同条件下，两种物质的透过量之比。例如，单位时间内，A 和 B 物质通过单位面积的量分别是 Q_A 和 Q_B，选择透过性则为 $\alpha_{A/B} = Q_A/Q_B$。

针对不同的分离膜，膜的分离性能主要有以下几种表示方法。

（1）截留率（R）截留率在反渗透膜对盐水溶液的分离中通常采用脱盐率来表示，其有两种表示方法，即

$$R_0 = (1 - C_3/C_1) \times 100\% \tag{8-5}$$

$$R_r = (1 - C_3/C_2) \times 100\% \tag{8-6}$$

式中，R_0 为膜的表观截留率；R_r 为膜的实际截留率；C_1 为膜高压侧水溶液中溶质的本

体浓度；C_2 为膜高压侧界面上水溶液的溶质浓度；C_3 为膜低压侧水溶液的溶质浓度。

100%截留率表示溶质全部被膜截留，此为理想的半渗透膜；0 截留率则表示全部溶质透过膜，无分离作用。通常截留率在 0～100% 之间。

（2）截留分子量　截留分子量（molecular weight cut-off）是指能被膜截住的溶质中最小溶质的分子量。商品化的超滤膜和纳滤膜多用截留分子量或相近孔径的大小来表示其分离性能。确切地说，当采用相同分子量的聚乙二醇溶液作评价液，测得截留率在 90% 以上时，则可用聚乙二醇的分子量作为该膜的截留分子量；若采用蛋白质为评价液，截留率要求在 95% 以上。其他可用作基准物的已知分子量的球形分子有葡萄糖、蔗糖、杆菌肽、胃蛋白酶等。截留分子量与平均孔径的关系如表 8-2 所示。

表 8-2　截留分子量与平均孔径的关系

截留分子量	500	1000	10000	30000	50000	100000
孔径/nm	2.1	2.4	3.8	4.7	6.6	11.0

（3）分离系数（α）　对于气体分离膜，其对混合气体的分离效果用分离系数 α 表示，标志膜的分离选择性能。对于含有 A、B 组分的混合气体，其分离系数 $\alpha_{A/B}$ 定义为：

$$\alpha_{A/B} = \frac{[A组分的量/B组分的量]_{透过气}}{[A组分的量/B组分的量]_{原料气}} = \frac{1 - P_A'/P_A}{1 - P_B'/P_B} \tag{8-7}$$

式中，$\alpha_{A/B}$ 为气体分离膜的分离系数；P_A'、P_B' 为 A、B 组分在透过气中的分压；P_A、P_B 为 A、B 组分在原料气中的分压。

$\alpha_{A/B}$ 越大，表明两组分的透过速率相差越大，膜的选择性越好；$\alpha_{A/B}$ 等于 1，则表明膜没有分离能力。

（4）选择透过度和交换容量　交换容量是指每克干膜中所含活性基团的毫克数，单位为 mg/g，是电渗析过程中选择离子交换膜的关键指标之一，多数膜的交换容量为 2～3mg/g。一般来说交换容量大的膜，其选择透过性好，导电能力强。

离子交换膜对离子选择透过性的好坏往往用反离子迁移数和膜的透过度来表示。膜内离子迁移数是指某种离子在膜内的迁移量与全部离子在膜内迁移量的比值。例如，在阴离子膜-NaCl 溶液体系中膜内反离子迁移数为：

$$\bar{t}_{Cl^-} = \frac{Q_{Cl^-}}{Q_{Na^+} + Q_{Cl^-}} \tag{8-8}$$

式中，Q_{Na^+}、Q_{Cl^-} 分别为 Na^+、Cl^- 所负载的电量；$\bar{t}_{Cl^-}$ 为反离子迁移数。

某种离子在膜中的迁移数也可以用膜电位来表示。被膜隔开的两电解质溶液，其电位不一样，其电位差称为膜电位，可以用图 8-10 表示。

$$\bar{t}_i = \frac{E_m + E_m^0}{2E_m^0} \tag{8-9}$$

式中，E_m 为实际测定的膜电位；E_m^0 为在测定 E_m 的条件下理想膜的膜电位，可由能斯特公式计算得到。

电极 | 溶液　（1）　| 膜 | 溶液　（2）| 电极

电极电位　　　　　膜电位　　　　　电极电位

图 8-10　膜电位示意

膜的选择透过度 P_i 定义为 i 离子在膜中迁移数的增加值与该离子在理想膜中的迁移数的增加值之比，即

$$P_i = \frac{\bar{t}_i - t_i}{\bar{t}_i^0 - t_i} = \frac{\bar{t}_i - t_i}{1 - t_i} \qquad (8\text{-}10)$$

式中，$\bar{t}_i^0$ 为 i 离子在理想膜中的迁移数，$\bar{t}_i^0 = 1$；t_i 取膜两侧溶液平均浓度下的迁移数，由物理化学手册查得，$\bar{t}_i$ 通过测定膜电位得到。

一般要求使用的离子交换膜的选择透过度大于 85%，反离子迁移数大于 0.9，并希望膜在高浓度电解质中保持良好的选择透过性。

8.1.4.3 膜的形态结构

膜的物理形态结构如孔径及其分布、孔隙率、表面粗糙度及断面结构等，对膜的选择性、透过性和膜污染都有影响，尤其对以筛分为主要分离机理的微滤膜而言，膜孔尺寸是影响其分离性能的重要因素之一。

多孔膜表面的孔径有一定的分布，其分布宽度与制膜技术有关而成为分离膜质量的一个重要标志。一般来说，分离膜的平均孔径要大于被截留的溶质分子的分子尺寸。这是由于亲水性的多孔膜表面吸附有活动性和相对尺寸较小的水分子层而使有效孔径相应变小，这种效应在孔径愈小时愈显著。

表面荷电的多孔膜可以在表面吸附一层以上的离子，因而荷电膜的有效孔径一般比多孔膜更小。故对相同标称孔径的膜，荷电膜的水通量比一般多孔膜大得多。

膜孔径的测试方法有很多，大体可以分为直接法和间接法。直接法主要采用电子显微镜 EM（包括扫描电子显微镜 SEM 和透射电子显微镜 TEM）、原子力显微镜。间接法有泡点法、汞注入法、渗透率法、气体吸附-脱附法、热测法等。

膜孔径可以用标称值或绝对值来说明。膜标称值表明 95% 或更多的该尺寸下的溶质分子可以被截留，而绝对值是指与该尺寸相当或更大的溶质分子均被截留。液体置换法、压汞法等方法可用于测定膜的孔径分布。孔隙率是微孔总体积与滤膜体积之比，对于微滤膜，其表面孔隙率在 5%～70%，而超滤膜则很低，只有 0.1%～1%。

除了膜孔径，对于多孔膜，皮层厚度、孔径分布、表面孔隙率也是影响其分离特征的重要因素。

对于致密膜，由于基本无孔存在，制膜聚合物材料的化学结构、聚集态（如结晶态、无定形态、玻璃态、橡胶态）等决定了溶质在膜中的溶解度和扩散性。一般认为在膜内结晶区聚合物分子呈紧密规则排列，大分子链之间有强的作用力，使得膜的分离能力上升而透过率下降，但结晶区的存在能提高膜的物理化学稳定性。膜中高分子链的形态与取向也与膜的分离性能有关。例如，对于大多数气体分离膜，气体主要经无定形区进行渗透，而不通过晶区，这可以通过自由体积理论解释。但对某些聚合物则是例外，如聚 4-甲基戊烯，其晶区密度小于非晶区密度，晶区对透气性能也有贡献。此外，聚合物薄膜若经过拉伸，其分子链取向方向的透气性和选择性均有所下降；膜的交联度增加，透气性有所下降。但对尺寸小的分子，如 H_2、N_2 等，透气性则下降不大。

8.2 高分子分离膜的制备

膜的结构决定膜的性能，不同的制备方法可以得到不同结构和功能的膜。膜的制备是要通过适当的方法得到能满足特定的分离要求的膜。材料本身制约了所能选用的制膜方法、所能得到的膜的形态及所能适用的分离原理。换言之，对于某一分离问题非任何一种材料均可适用。

有许多方法可以用来制备高分子膜，不同的膜用不同的方法制备。主要的制膜方法包括溶液浇铸法、烧结法、拉伸法、径迹蚀刻法、相转法、溶胶-凝胶法、蒸镀法和涂覆法等。

8.2.1 致密膜的制备

致密对称膜是结构最紧密的一类薄膜，其孔径小于 1nm，膜中高分子以分子状态排列，混合物在膜中主要通过溶解-扩散运动实现分离，其制备主要通过以下几种方法实现。

(1) **溶液浇铸法**　选取适当的溶剂溶解高分子膜材料制成铸液，并将其均匀刮涂在不锈钢或玻璃板上，然后移置烘箱或特定环境干燥。若制备厚度小于 $1\mu m$ 的薄膜，则可采用旋转平台法。更薄的可利用水面扩展法，待溶剂挥发，可在水面得到厚度在 20nm 左右的聚合物膜。

溶剂对分离膜的物理机械性能和渗透性能影响很大。通常，溶剂的溶解能力越强，生成的聚合物的结晶度越低，膜的渗透性越好。另外、溶剂的挥发性速度、脱溶剂速度越快，高分子链聚集越快，分子来不及调整构象，易形成无定形聚合物。温度和溶剂的挥发性是决定脱溶剂速度的主要因素。在脱溶剂过程中，环境的湿度对膜的性质有影响。一般湿度大时，易形成孔隙率大的膜，提高了膜的渗透性。

(2) **熔融挤压法**　与溶液浇铸法不同，熔融挤压成膜没有溶剂参与，其制备过程是先将聚合物加热熔融，放置在两片模板间，并施以高压（10～40MPa），然后冷却固化成分离膜。

熔融拉伸制得的膜的性能取决于聚合物的组成和结构，包括分子链的刚性、聚合物的结构（如支化等）、分子量和分子量分布及分子间相互作用等。另外，成膜后的淬火和退火也会很大程度上影响膜的性质。快速淬火导致形成细小晶区；退火使晶区增大，结晶度提高。被分离分子是在无定形区域扩散的。所以，结晶度提高不利于渗透性的改进。

(3) **直接聚合成膜**　这是聚合物合成与成膜过程同时完成的致密膜制备方法，它是直接采用单体溶液进行注模成型。典型例子是聚酰胺和聚酯膜的制备。

8.2.2　多孔膜的制备

8.2.2.1　烧结法

烧结法（sintering）是制备微滤膜的常用手段，是将聚合物粉末或粒子加热至其熔融温度附近，使微粒表面软化，大分子链段相互扩散、联结最后形成多孔体的方法，其过程如图 8-11 所示。制膜过程中常掺进另一种不相熔合的添加剂，待烧结完成后，再从膜内萃取。烧结温度取决于所用的材料。膜孔径大小由聚合物颗粒控制，一般来说，颗粒愈小，膜孔径愈小；颗粒粒径分布越窄，膜孔径分布越窄。烧结法制得的薄膜孔径分布较宽，孔径一般为 0.1～ $10\mu m$，孔隙率为 10%～20%，但机械强度和抗压实性高，常用于聚四氟乙烯膜的制备。

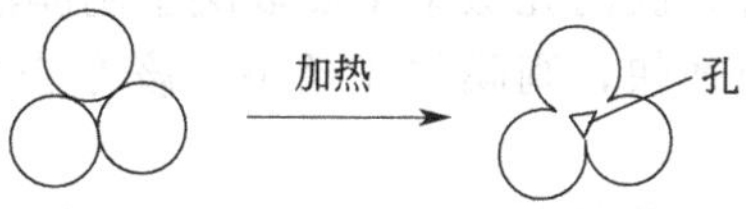

图 8-11　烧结过程

8.2.2.2　拉伸法

结晶性或半结晶高分子在熔点附近经挤压，快速冷却后会形成高度定向结晶膜，然后将膜沿垂直于挤压方向拉伸，会破坏其结晶结构，使薄膜表面破裂形成裂缝状小孔，最终制得多孔薄膜。拉伸法（stretching）又称为 Celgrad 法，该法制得的薄膜孔径大约为 0.1～ $3\mu m$，孔隙率可以高达 90%，最典型的是 Celanese 公司开发的聚丙烯微滤膜。

8.2.2.3　径迹蚀刻法

径迹蚀刻法（tracked-etching）适用于难溶聚合物，一般是先利用高能射线（如 α 射线）垂直照射薄膜（通常是聚碳酸酯膜），辐射粒子在穿透过程中将附近高分子链节打断，从而在薄膜中留下射线穿透径迹，然后将薄膜浸入蚀刻液（酸或碱溶液）除去小分子，最后得到均一孔径分布的圆柱形多孔薄膜。径迹蚀刻法得到的薄膜孔径范围一般为 0.02～ $10\mu m$，但表面孔隙率最大只有 10%。膜材料的选择主要取决于所制备的薄膜厚度和辐射强度，一般 1MeV 强度的射线可穿透 $20\mu m$ 的厚度，增大强度可选更厚的薄膜。孔隙率由辐射时间决定，孔径大小取决于蚀刻时间。

8.2.2.4 溶出法

溶出法（template leaching）主要是将难溶高分子材料掺入某些可溶组分，制成均质膜后，再将该组分溶解浸出制造孔洞。该法常用于多孔性玻璃膜的制备。

8.2.2.5 相转换法

相转化法（phase inversion）是最常用的薄膜制备方法，是通过各种手段使均相的高分子溶液发生相分离，变成两相系统，一相的高分子浓度较高，最后形成膜结构的高分子固相，一相为高分子浓度较稀薄，形成孔洞的液相。相分离过程是相转化法的核心，其主要参数由热力学因素和动力学因素控制。热力学因素可由平衡状态下的相图预测相分离的发生，动力学因素能推测成膜速率。

相转化法主要用于制备带有多孔皮层或致密皮层的一体化非对称膜，即皮层和支撑层是同一种高分子材料，且是同时形成的。

相转化过程主要通过以下几种方法实现：浸没沉淀法、热沉淀法、溶剂蒸发沉淀法、蒸汽相沉淀法。

（1）浸没沉淀法 浸没沉淀法（L-S法）即 Loeb-Sourlrajan 制膜过程，大部分工业用膜均采用浸没沉淀法制备。首先将配制好的制膜液浇铸在适当的载体平面（如金属或玻璃板）上，然后浸入含有非溶剂（多数情况是水）的凝固浴中，由于溶剂与非溶剂的交换而导致沉淀。膜的结构由传质和相分离两者共同决定的。聚合物的种类、溶剂和非溶剂的种类、制膜液的组成、凝固浴的组成、聚合物的凝胶化和结晶化特性、液-液分层区的位置、制膜液和凝固浴的温度、蒸发时间等因素对膜结构影响较大，改变其中一种或多种，可得到不同的膜结构：从高孔隙率的多孔膜到致密的"无孔"膜。制膜和溶剂蒸发时要注意环境温度，避免气流湍动，从而防止薄膜表面针孔和亮点的生成。

（2）热沉淀法 热沉淀法（thermal induced phase separation，TIPS）又称热诱导相分离法（TIPS），是将室温下不溶的聚合物加热配制成均相铸膜液，并流延制成薄膜后，然后冷却，使聚合物溶液发生沉淀、分相，最终形成微孔膜。溶剂在高温下可溶解聚合物，室温下是非溶剂，起"致孔剂"的作用。铸膜后控制降温速率和温度变化，可调整相分离过程，最终影响不同膜结构的形成。一般而言，膜的孔隙率主要取决于制膜液的初始组成，而孔径大小、分布基本取决于冷却速率。冷却速率快，则膜的孔径小。该方法主要适用于聚烯烃材料的加工，特别是聚丙烯薄膜的制备。

（3）溶剂蒸发沉淀法 溶剂蒸发沉淀法（precipitation by solvent evaporation）是将聚合物膜材料和溶剂（由易挥发的良溶剂和不易挥发的非溶剂组成）配制成铸膜液，然后涂覆在玻璃或其他支撑板上，在一定的温度、气氛下良溶剂逐渐挥发，聚合物沉淀析出，最终形成薄膜。这种方法是相转化制膜工艺中最早开发的方法，又称作干法。

（4）蒸汽相沉淀法 蒸汽相沉淀法（precipitation from the vapour phase）是首先把聚合物溶液在平板上刮涂成薄层，然后将其置于非溶剂的蒸气相或溶剂与非溶剂混合的饱和蒸汽气氛中，随着非溶剂的渗透，聚合物膜逐渐形成。可以通过调节非溶剂在气相中的蒸气压，控制非溶剂扩散进入刮涂层的速度。利用这种方法制得的薄膜表面大都没有致密皮层，而是多孔结构。

8.2.3 其他分离膜的制备

8.2.3.1 复合膜的制备

复合膜可以优选不同的聚合物制备致密皮层和多孔的支撑层，从而达到最佳的分离效果。这与相转化法加工形成的一体化非对称膜是不同的。在支撑体上形成薄层的方法主要有动力形成法、水面展开法、界面聚合法、原位聚合法、接枝法、等离子体聚合法、浸涂法、喷涂法等。

（1）动态形成膜　几乎所有的无机和有机聚电解质都可以用于动力形成膜（dynamic formed membrane）的制备。属于无机聚电解质的有 Al^{3+}、Fe^{3+} 等水合氧化物或氢氧化物。常用的有机聚电解质有聚丙烯酸、聚马来酸等，某些中性非聚电解质如甲基纤维素、聚氧化乙烯、聚丙烯酰胺以及某些天然物如黏土、乳清、纸浆废液等也能作为动态膜材料。陶瓷、烧结玻璃、烧结金属等多孔材料皆可充当动力形成膜的载体。动力形成膜又称作动态膜或胶质膜，一般是采用适当浓度的无机电解质溶液，以加压闭合循环流动方式，使溶液中的胶体粒子或微粒附着沉积在多孔支撑体表面形成薄层底膜，然后再用聚合物电解质稀溶液同样以闭合循环流动方式，将它附着沉积在底膜上，构成具有溶质分离性能、有双层材料的反渗透复合膜。多孔支撑体孔径一般为 $0.01\sim1\mu m$，最适宜范围为 $0.025\sim0.5\mu m$，厚度没限制。

（2）水面展开法　将高分子溶液倒在水面上，由于表面张力的作用形成超薄层，然后将其覆盖在多孔支撑体上就构成复合膜，制膜工艺分间歇法和连续法。

（3）界面缩聚法　该方法是将两种反应活性高的单体（例如酰氯和胺类单体）分别溶于两种不互溶的溶剂中，再将这两种溶液倒在一起，在两液相的界面上进行缩聚反应，聚合产物不溶于溶剂在界面析出，从而在多孔支撑体上形成一层薄膜。该方法可以制备厚度小于 50nm 的薄膜。

8.2.3.2　离子交换膜的制备

离子交换膜按制造工艺不同，可以分为三大类：异相膜（heterogeneous ion exchange membrane）、均相膜（homogeneous ion exchange membrane）和半均相膜。

（1）异相离子交换膜的制备　异相膜的制备有压延法、模压法、流延法等，其中压延法应用最广。压延法是以粉末状离子交换树脂为原料，添加黏合剂、增柔剂、润滑剂等，经混合后通过压延的方式形成薄膜。其中常用的离子交换树脂是聚苯乙烯强酸性阳离子交换树脂和聚苯乙烯强碱性阴离子交换树脂。常用的黏合剂为聚乙烯、聚丙烯、聚氯乙烯等。由于离子交换树脂分散在黏合剂中，膜结构不均匀，因此又称作非均相膜。黏合剂容易将离子交换树脂上的活性基团包裹，从而影响膜的电阻率，分离效果较差，但能满足水脱盐的要求，目前仍大量使用。

（2）均相离子交换膜的制备　均相离子交换膜可以由离子交换树脂直接薄膜化而形成，换句话说，就是离子交换树脂的合成和成膜同时进行，树脂上的活性基团与成膜材料有化学键作用，因此其组成完全均一。另一种方法是通过在薄膜上引入活性基团，也称作切削法。

（3）半均相离子交换膜的制备　半均相膜的外观、结构、性能介于均相膜和异相膜之间，其成膜材料和离子交换基团组合均匀，但没有化学键作用。其制备过程是用黏合剂浸吸单体进行聚合，再导入活性离子交换基团，制成含黏合剂的热塑性离子交换树脂，之后采用流延法等工艺加工成膜。

8.2.3.3　液膜的制备

液膜具有传质推动力大、速率高、试剂消耗量少等优点，缺点是强度差、破损率高、难以操作。如果液膜是在使用过程中形成的，那么该膜称为动态膜，如果液膜是预先制备的，则有乳化型液膜和支撑型液膜。

（1）乳化型液膜（ELM）　首先把两种互不相溶的液体，如水和油，在高剪切下制成乳状液滴，然后再将该乳液分散在第三相（连续相），即外相中。乳状液滴内被包裹的相为内相，内、外相之间的部分是液膜。乳液滴尺寸为 $0.5\sim10\mu m$。根据成膜材料也分为水膜和油膜两种。加入表面活性剂可以控制液膜的稳定性。乳液型液膜的传质比表面积最大，膜厚度最小，传质速率快，分离效果较好。

（2）支撑型液膜（SCM）　支撑液膜的制备是在多孔型固体支撑物上形成液体膜，形成的液体膜可以在支撑体的表面，也可以在支撑体的孔内，所以是液体膜和固体膜复合在一起的复合膜。形成液体膜的分子具有两亲性，液膜的亲水性面朝向水溶液，而另一面与油溶液接触。这种膜主要用于水溶液的脱盐。这种液膜制备工艺操作较简便，但存在传质面积小，稳定性较差，支撑液体容易流失的缺点，但与固体膜相比，有较高的选择性。

8.3 特殊的高分子分离膜

除了上述的高分子分离膜以外，还有一些特殊性能的高分子功能膜，其中比较重要的是 LB 膜（Langmuir-Blodgett film）和分子自组装膜，它们除了应用于分离领域外，还主要应用于光电子器械和分子电子器械领域。本节将对这两种膜分别作简单介绍。

8.3.1 LB 膜

LB 膜是一种超薄有序膜，是在气-液界面上形成的分子紧密有序排列的单分子膜。

LB 成膜材料一般是双亲分子，带有极性的亲水基团和非极性的疏水基团，两者的强度和比例要适当。如果分子的亲水性强，则分子就会溶于水；如果疏水性强，则会分离成相。除此之外，成膜材料的崩溃压（collapse presure）不能太低，且具有良好的向固体基片转移的性能。只有保持"两亲媒体平衡"状态的膜材料，才可以在一定的条件下铺开在液面上形成稳定的单分子膜。固体基片可以是普通玻璃、石英、金属、经硅烷化处理后的玻璃、硅片、CaF_2 片等。基片用于沉积 LB 膜之前通常要进行亲水或疏水处理。

LB 膜的制备是利用一种在分子水平上精确控制薄膜厚度的成膜技术，分为两个步骤（见图 8-12）。首先是单分子层的形成，将带有脂肪链疏水基团的双亲分子溶于挥发性溶剂中，滴在水面上，然后施加一定的压力，依靠成膜分子本身的自组织能力，得到高度有序、紧密排列的单分子层（Langmuir 膜）。也可以采用两亲性单体通过原位聚合形成单分子层。第二步是将不溶物单分子膜转移到固体基板上，组建成单分子或多分子的 LB 膜。单分子膜在基片上淀积主要有两种方法：垂直提拉法和水平提拉法。垂直提拉法利用适当的机械装置，将固体基片垂直插入水面，上下移动，单分子层就会附在基片上而形成一层或多层膜。水平提拉法（见图 8-13），又称作 Schaefer 法，将带有疏水表面的固体基片水平接触液面上的单分子层膜，同时将挡杆置于固体基片两侧，提拉固体基片，重复以上过程，就可形成 X 型 LB 膜。该方法可以

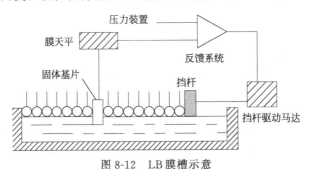

图 8-12 LB 膜槽示意

很好地保留分子在液面上的凝聚态和取向，一般只适用于制备疏水固体介质的 LB 膜。

LB 膜的结构根据膜分子在基片上沉积的顺序不同可以分为三类：y 型沉积、z 型沉积和 x 型沉积，如图 8-14 所示。y 型沉积，基片在上升和下降时均可挂膜，所得 LB 膜的层与层之间是亲水面与亲水面、疏水面与疏水面相接触。z 型沉积与 x 型膜相反，基片上升时挂膜，下降时不挂，要求基片表面为亲水性的。x 型沉积，基片只在下降时挂上单分子膜，而在上升时不挂膜，所得膜特点是每层膜的疏水面与相邻的亲水面接触，所用基片表面应是疏水性的。如果在制膜过程中添加引入别的组分，还可能制成混合膜和交替膜。

LB 膜在结构上类似于生物膜，可以通过选择不同的膜材料，累积不同的分子层，使之具有多种功能，从而达到最佳的物质分离效果，在仿生膜、分子电池和分子开关、电显示装置、

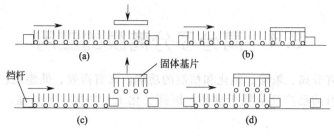

图 8-13 水平提拉法

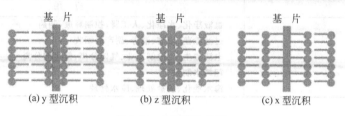

(a) y 型沉积   (b) z 型沉积   (c) x 型沉积

图 8-14 LB 膜的类型

信息记录材料、各种非线性器件、各类传感器等领域有极大应用前景，但还需解决膜机械性能较差、LB 成膜材料的设计、制膜设备昂贵、制膜技术要求很高等问题。

8.3.2 自组装膜

分子自组装膜（self-assembled film，SAF）是利用分子间的静电力、生物亲和力、化学吸附等作用力在基材表面上形成化学键连接的、取向紧密排列的二维甚至三维的有序单层或多层膜。

在溶液中制备分子自组装膜的过程如图 8-15 所示。自组装分子在形成膜的过程中与基材表面上的官能团发生反应形成了稳定的化学键。分子自组装膜的性质在很大程度上取决于自组装分子末端官能团的性质。

自组装膜的结构取决于基材表面特征、自组装分子类型、成膜分子与基底的相互作用、自组装工艺流程等因素。根据成膜分子与基底材料的不同，自组装膜主要分为以下几个体系：有机硅烷/SiO_2（或 Al_2O_3、玻璃、石英、云母、GeO_2、ZnSe）体系；烷基硫醇等含有巯基的化合物和 C_{60-} 硫醚衍生物/金属（金、银、铜）体系、醇（或胺）类化合物/铂体系、脂肪酸/金属氧化物（Al_2O_3、GuO、AgO 等）体系等。含硫化合物特别是硫醇及二硫化物/金是目前研究得最多的体系。

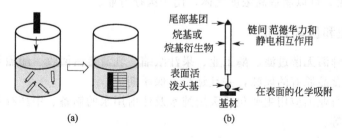

图 8-15 自组装膜的形成和自组装分子的结构

分子自组装膜是原位自发形成的、高密度堆积、缺陷少、结构稳定的有序膜，较 LB 膜有一定优势，具有热力学稳定、能量较低、易于用近代物理和化学的表征技术研究等特点，也便于调控膜结构和性质之间的关系，在生物分子电子学、生物传感器领域等均具有广阔的应用前景。

8.4 高分子分离膜的应用

膜分离技术具有分离、浓缩、纯化和精制的功能，又有高效、低能耗、操作简单、易于控制、环保等特点，目前已广泛应用于食品、医药、化工、环保、水处理、电子等领域，见表8-3。

表 8-3 分离膜的应用

应 用 领 域	应 用
医疗行业	血液净化、水净化、人工肾、控制释放、制药
食品加工	过滤除菌、浓缩、消毒、副产品回收
化学工业	电泳漆生产、电解工业、气体分离、催化剂分离
电子工业	超纯水制备
水处理	海水淡化、脱盐处理、废水处理

8.4.1 水处理

由于工业化发展带来的环境日趋恶化，水荒问题成为很多城市、国家面临的亟待解决的难题。除了节约用水以外，其中一项解决淡水短缺的措施就是海水和苦咸水的淡化。海水淡化是指将 35000mg/L 的海水淡化至 500mg/L 以下的饮用水。海水淡化方法主要有多级闪蒸（MSF）、多效蒸发（MED）和反渗透法，反渗透法耗能最小，最具有发展前景，有逐步取代多级闪蒸的趋势。目前国外已有日产水量 10 万吨级的反渗透海水淡化装置，研发的超低压反渗透膜的最大装置产水量为 650t/h。纳滤膜主要用于饮用水的净化领域，它可以脱除三卤甲烷中间体、异味、合成洗涤剂、可溶有机物等组分。膜法作为新兴、高效的分离过程在工业废水的处理上应用非常广泛，可以起到回收有用物质和排放污水达标双重作用。例如，用超滤法和反渗透法处理电镀工业含铬废水、造纸业废水、汽车工业电泳漆回收等。

8.4.2 气体分离和富集

温室效应带来的环境问题，使得工业废气尤其是 CO_2 的回收和脱除变得非常有必要，这主要利用气体分离膜和有机胺吸收相结合的方法。另外 SO_2、H_2S 等酸性气体的处理也必须依靠气体分离膜。目前常见的气体分离膜有富氧膜、富氮膜、富氢膜、H_2/CH_4、H_2/N_2、CO_2/CH_4 的分离膜，可以制备高浓度气体，用于医疗行业。

8.4.3 食品工业和医药行业

膜分离可用于啤酒无菌过滤、酶工业、果汁浓缩、乳清蛋白回收、酿酒等食品工业，因无需加热，能够保持食品原有的风味，并且延长其保质期。

分离膜在医药行业的应用主要包括医用纯水及注射用水的制备、中药有效成分的提取、血液透析及腹水超滤等。

8.4.4 微电子及化学工业

反渗透、离子交换、超滤等膜分离技术可用于微电子工业中超纯水、超纯气体的制备，可以将其中金属离子含量降到百万分之一以下。膜法在氯碱工业、有机物分离、气体富集等化工领域具有广泛应用，可逐步取代传统的化工分离过程。

思 考 题

1. 什么是膜？高分子分离膜按膜过程主要分为几类？
2. 按膜体结构和断面形态可以将高分子分离膜分为几类？
3. 什么是致密膜和多孔膜，其制备方法有哪些？
4. 膜分离原理主要包含的分离机理有哪些？简述其主要的影响因素。
5. 膜分离驱动力有哪些？
6. 简述膜透过性能及其影响的因素。
7. 针对不同的分离膜，膜的分离性能主要有哪几种表示方法？
8. 相转化法制备一体化非对称膜的方法有哪些？
9. 分离膜的主要性能指标是什么？
10. 什么是 LB 膜和分子组装膜？

参 考 文 献

[1] 马健标. 功能高分子材料. 北京：化学工业出版社，2000.
[2] 何天白，胡汉杰. 功能高分子与新技术. 北京：化学工业出版社，2001.
[3] 汪锰，王湛，李政雄. 膜材料及其制备. 北京：化学工业出版社，2003.
[4] 赵文元，王亦军. 功能高分子材料化学. 第二版. 北京：化学工业出版社，2003.
[5] 李琳，单德芳. 膜技术基本原理. 北京：清华大学出版社，1999.
[6] 清水刚夫. 新功能膜. 李富锦译. 北京：科学出版社，1990.
[7] 陈莉. 智能高分子材料. 北京：化学工业出版社，2005.
[8] Vankelecom I F J. Polymeric membranes in catalytic reactors. ChemRev, 2002, 102: 3779.
[9] Schreiber F. Structure and growth of self-assembling monolayers. Progress in Surface Science, 2000, 65: 151.

第9章　环境敏感高分子材料

　　环境敏感高分子材料是智能材料中的一类高分子材料，也称为机敏性高分子材料、刺激响应型高分子材料、智能高分子材料。环境敏感高分子材料具有传感、处理和执行功能，能响应外界环境的微小变化，如温度、酸碱度（pH 值）、离子、电场、溶剂、可见光、红外线、紫外线、应力、磁场等变化，使其分子结构和物理性能发生变化。其变化的方式有相变、形状变化、光学性能变化、力学性能变化、电场变化、体积变化、表面能变化、反应和渗透速率变化以及识别性能变化等。

　　环境敏感高分子材料自 20 世纪 80 年代初被报道以来，研究得最多的是刺激响应水凝胶（智能凝胶）。它在 20 世纪 90 年代作为软和湿件（soft and wet wares）材料成为环境敏感高分子材料的重要研究领域。

9.1　概　　述

9.1.1　环境刺激类型

　　环境敏感高分子材料在外界环境作用下，会产生相应的物理结构和化学性质的变化，有时甚至是突变。外界环境变化也称为外界环境刺激，可根据其性质分为物理刺激或化学刺激。

　　物理刺激主要指温度、电场、光、应力和磁场等方面的改变，它们引起分子之间的相互作用和各种能量的改变。化学刺激主要指 pH 值、离子、溶剂、反应物等这些刺激，它们会在分子水平上改变聚合物链之间或者聚合物与溶剂之间的相互作用。而所有这些刺激最终会使物质的相态、形状、光学、力学、电场、表面能、反应速率、渗透速率等物理或者化学性质发生相应的突变。有些聚合物体系往往结合了两种或两种以上的刺激。

9.1.2　环境敏感高分子材料分类

　　环境敏感高分子材料可以按照不同的分类方式进行分类。按照物理存在状态或应用形式可以分为以下几类。

　　(1) 聚合物溶液　聚合物以分子伸展状态溶解在溶剂中，通常用于研究各种外界刺激信号对其分子链基本性能的影响，以及探讨刺激-响应的机理。

　　(2) 水凝胶

　　① 交联水凝胶，是被水溶剂化的交联的三维聚合物网络，具有在水中可以溶胀却不溶解的性质，其体积能够随外部刺激的变化产生大幅度的溶胀和消胀。

　　② 可逆水凝胶，可以实现溶胶-凝胶可逆相转变的刺激响应凝胶，交联是靠疏水相互作用获得的。

　　(3) 聚合物胶束　胶束是由具有两亲性的嵌段共聚物在水介质中形成的，其刺激响应性有两种情况。

　　① 共聚物中只有一个嵌段的亲疏水性具有随外界刺激变化的特性，使其经历溶解→胶束（另一个嵌段为亲水嵌段）或胶束→沉淀（另一个嵌段为疏水嵌段）的变化过程，而调节整个

共聚物分子的亲疏水性的各种外界刺激包括温度、pH 值等。

②共聚物中的亲水嵌段和疏水嵌段都具有外界响应特性，导致可以形成刺激响应性的核-壳胶束结构。

(4) 智能改性表面　在聚合物、硅、金属等基材的表面采用刺激响应聚合物来使之功能化，从而在基材表面形成一个高度敏感的聚合物相，其亲疏水性或孔隙尺寸随外界刺激条件的变化而变化，实现材料界面性能的突变。

(5) 共轭物　刺激响应性聚合物可以和生物活性分子如药物或者蛋白质等，在溶液中形成共轭物 (conjugates)。共轭物之间的作用力可以是共价键，也可以是次价键 (如疏水作用、静电力作用等)，其中生物分子的活性可通过刺激响应聚合物链的亲水/疏水变化来控制。

另外，也可以按刺激响应机制分类：①温度敏感聚合物；②pH 敏感聚合物；③离子强度敏感聚合物；④光敏感聚合物；⑤电敏感聚合物；⑥磁敏感聚合物；⑦化学或生物分子敏感聚合物；⑧复合敏感聚合物。

其中，温度敏感聚合物和 pH 敏感聚合物是两类研究最多的聚合物体系。

9.1.3　凝胶的分类和性质

智能凝胶是环境敏感高分子材料中最重要的一类，它的许多性质都与凝胶相关。

凝胶是一种广泛存在于生物体内的物质，如海参，其身体的大部分是水凝胶，人与动物的眼部、关节等部位也存在大量凝胶。同时，凝胶也与人们的日常生活紧密相关，如隐形眼镜、纸尿布等都与水凝胶有关。凝胶是一类介于固体和液体之间、由溶剂和具有三维网络的高分子共同组成的分散体系。

9.1.3.1　凝胶的分类

凝胶种类很多，根据来源，可以分为天然凝胶和合成凝胶。例如，蛋白质、琼脂、果冻都属天然凝胶。而以高吸水树脂为代表的合成凝胶在过去几十年内得到了大规模运用。

依据凝胶中高分子的交联方式，分为化学凝胶和物理凝胶。化学凝胶是在凝胶形成过程中加入交联剂，高分子链段通过共价键连接起来的凝胶。而物理凝胶是由氢键、配位键等将高分子链段连接起来的凝胶。大多数天然凝胶是物理凝胶，依靠高分子内的氢键形成交联结构。

按照凝胶尺寸大小还可分为微凝胶、纳米凝胶等。

根据溶剂类型则可以分为有机凝胶和水凝胶。绝大多数天然凝胶和合成凝胶都是水凝胶。合成的高分子水凝胶是由亲水的均聚物或共聚物组成的水膨胀网络体系。由于类似于天然组织的高吸水性、弹性和生物适应性，在生物医学和药学领域发挥着重要作用，可以将之细分为无定形、半结晶、氢键结构、超分子结构和凝胶聚集体。

9.1.3.2　凝胶的性质

由于凝胶中的液体被高分子网络封闭在其中，因而一般来说是柔软而富有弹性的，其性质在很大程度上取决于高分子网络的结构、溶剂的性质、溶剂与高分子之间的相互作用。

溶胀现象是凝胶的重要特征，一般经历三个过程：①溶剂分子扩散进入高分子网络；②溶剂化作用使得高分子链段松弛；③高分子链段向三维空间伸展。研究表明，凝胶的溶胀取决于两种趋势的平衡：一方面，溶剂分子进入高分子网络中使其体积膨胀，大分子链呈伸展状态，构象熵值降低；另一方面，高分子分子链伸展，高分子网络受内部应力作用产生弹性收缩，促使凝胶体积减小。当上述倾向相互抵消时，凝胶处于溶胀平衡状态。若考虑化学势的影响，则可认为溶胀平衡是在凝胶表面由溶质浓度差产生的渗透压与由高分子网络弹性收缩产生的渗透压相互作用造成的结果。

高分子网络的交联程度越低，溶剂和高分子链间的亲和性越好，其体积膨胀现象越明显。

高分子水凝胶具有三维网络结构，在其大分子主链或侧链上有各种离子、极性基团和疏水基团。在溶胀过程中,一方面,水在亲水极性基团的作用下极力渗入网络内,使其体积膨胀;另一方面,膨胀使网络分子链伸长,从而产生收缩力而使体积收缩。当这两种相反方向的力相等时,就达到了溶胀平衡。高分子水凝胶的溶胀性质取决于其结构单元、构形、构象和聚集态,温度、压力以及水溶液的性质。溶胀的推动力是渗透压 P^0,根据 Flory-Huggins 理论得出如下公式:

$$P^0 = P_1^0 + P_2^0 + P_3^0 \tag{9-1}$$

式中　P_1^0——大分子链与水相互作用项;

　　　P_2^0——高分子水凝胶内外离子浓度差项;

　　　P_3^0——三维网络的橡胶弹性项。

而　　$P_1^0 = -RT/V_m [\varphi_B + \ln(1-\varphi_B) + \chi \varphi_B^2]$ (9-2)

$$P_2^0 = RT(C_1 - C_2) \tag{9-3}$$

$$P_3^0 = nRT \left[\frac{1}{2}(\varphi_B/\varphi_{BO}) - (\varphi_B/\varphi_{BO})^{\frac{1}{3}} \right] \tag{9-4}$$

式中　R——理想气体常数;

　　　T——热力学温度;

　　V_m——水的摩尔体积;

　　　χ——高分子-水相互作用参数;

　φ_{BO}——网络体积分数;

　φ_B——无规高聚物链体积分数;

　　C_1——凝胶中离子浓度;

　　C_2——溶液中离子浓度;

　　　n——$\varphi_B = \varphi_{BO}$ 时单位体积组成链的数目。

溶胀比,一般指平衡溶胀比 S_R,是表征凝胶体积相变化的最基本的物理量,用公式表示为:

$$S_R = \frac{W - W_0}{W_0} = \frac{\Delta W}{W_0} \tag{9-5}$$

式中　W_0——干凝胶的质量;

　　　W——凝胶在溶剂中溶胀平衡时的质量;

　　ΔW——溶胀平衡时凝胶净吸收的溶剂的质量。

有时也用溶胀后凝胶的体积 (V) 与干胶体积 (V_0) 之比 q 来表示溶胀的状况,q 称为溶胀(膨胀)度,用公式表示为:

$$q = V/V_0 \tag{9-6}$$

弹性模量 (E) 也是表征凝胶性能的一个重要物理量,但是由于凝胶是机械强度较差的"软""湿"体,所以经典力学仪器一般无法测定其弹性模量的变化。水凝胶的弹性模量和温度、交联度、溶胀度有关,当温度和交联度保持恒定时,弹性模量与溶胀度的关系为:

$$E = A \left(\frac{\nu}{\nu_0} \right)^{-\frac{5}{3}} = A q^{-\frac{5}{3}} \tag{9-7}$$

式中　q——膨胀度;

　　　A——弹性系数。

9.2　智　能　凝　胶

9.2.1　智能凝胶的分类和特性

能随溶剂组成、温度、pH 值、光、电场强度等外界环境产生变化,体积发生突变或某些物理性能变化的凝胶就称作为智能凝胶（intelligent gels）。

智能凝胶是 20 世纪 70 年代，田中丰一等在研究聚丙烯酰胺凝胶时发现的。他们观察到聚丙烯酰胺凝胶冷却时可以从清晰变成不透明状态，升温后恢复原貌。进一步的研究表明，溶剂浓度和温度的微小差异都可使得凝胶体积较之原来发生了突跃性变化，从此展开了智能凝胶研究的新篇章。

9.2.1.1 智能凝胶的分类

智能凝胶通常是高分子水凝胶，在水中可溶胀到一平衡体积而仍能保持其形状。在外界环境条件刺激下，它可以发生溶胀或收缩。依据外界刺激的不同，智能凝胶可分为温敏凝胶、pH 敏感凝胶、光敏凝胶、电场敏感性凝胶和压敏凝胶等。

根据环境变化影响因素的多少，又可将智能凝胶分为单一响应性凝胶、双重响应性凝胶或多重响应性凝胶，比如温度-pH 敏感凝胶、热-光敏感凝胶、磁性-热敏感凝胶等。

9.2.1.2 智能凝胶的特性

高分子凝胶受到外界环境条件（如 pH 值、溶剂组成、温度、光强度或电场等）刺激后，其体积会发生变化，在某些情况下会发生非连续的体积收缩，即体积相转变，而且是可逆的。体积相转变产生的内因是由于凝胶体系中存在几种相互作用的次级价键力：范德华力、氢键、疏水相互作用力和静电作用力，这些次级价键力的相互作用和竞争，使凝胶收缩和溶胀。

体积相转变是研究大尺寸凝胶时所观察到的现象，但实际上微观的小尺寸凝胶的体积变化是连续的。用激光散射技术研究聚 N-异丙基丙烯酰胺类（PNIPAAm）球形微凝胶，当平均直径为 $0.1 \sim 0.2 \mu m$，凝胶微球显示在不同温度下发生连续的体积相转变。对这种差异的解释是，在高分子凝胶中，存在分子量分布很宽的亚链，凝胶可看做由不同亚网络组成，每一个亚网络具有不同的交联点间分子量。当温度发生变化时，由长亚链组成的亚网络最先发生相转变，而不同长度亚链的亚网络将在不同温度下发生相转变，相转变的宽分布导致凝胶发生连续的体积相转变。由于大尺寸凝胶具有较高的剪切模量，少量长亚链的收缩并不能立即使凝胶尺寸发生变化，而随着温度的升高，当不同亚链收缩产生应力积累到一定程度，剪切模量不能维持凝胶宏观尺寸时，凝胶体积就会突然坍塌，导致大尺寸凝胶产生非连续相转变。而微凝胶的剪切模量较小，无法抗拒初始亚链收缩应力，所以会发生连续的体积相变化。

凝胶的溶胀或收缩过程为扩散控制型，并且，凝胶溶胀或收缩的速率与凝胶的尺寸密切相关。田中丰一等根据聚合物网络在介质中协同扩散的概念，推导出凝胶溶胀或收缩的特征时间：

$$\tau = R^2 / D \tag{9-8}$$

式中　R——凝胶的尺寸；

　　　D——协同扩散系数。

由上式可以看出，凝胶溶胀或收缩的特征时间与凝胶尺寸和协同扩散系数（D）有关。随聚合物浓度与交联密度不同，D 值为 $10^{-7} \sim 10^{-6} cm^2/s$。由于 D 的数值很难增大两个数量级，为加快响应速率，降低凝胶尺寸是有效的途径。

此外，为提高高分子凝胶对刺激响应的速率，还可通过设计特殊类型的凝胶来实现。例如：①制备多孔凝胶，用 γ 射线辐照聚乙烯基甲基醚（PVME）水溶液，使微相分离和交联同时进行，制成海绵状多孔结构的凝胶，由于多孔凝胶的结构细化，故溶胀或收缩响应速率加快；②采用具有悬挂链的凝胶，外界刺激时，因悬挂链一端可自由运动，而易于收缩；③引入亲水链或孔隙的凝胶，形成吸水或脱水通道，加快溶胀或收缩响应时间。

9.2.2 智能凝胶的种类

9.2.2.1 温敏凝胶

在 Tanaka 提出"智能凝胶"这一概念后几十年，许多相关研究都集中在随温度改变而发生体积相变的温敏凝胶上。当环境温度发生微小改变时，就可能使某些凝胶在体积上发生数百倍的膨胀或者收缩（可以释放出 90% 的溶剂），而有些凝胶虽然不发生体积膨胀，但它们的物理性质会发生相应的变化。

对应发生体积变化时的临界转化温度，称为低温临界溶解温度（low critical solution temperature，LCST）。表 9-1 列举了常见的在水溶液中具有 LCST 行为的聚合物。

表 9-1　水溶液中具有 LCST 行为的聚合物

功能团	聚　　合　　物
含醚功能团	聚环氧乙烷(PEO)、环氧乙烷-环氧丙烷共聚物、PEO-PPO-PEO 三元共聚物、聚乙烯基醚
含醇功能团	羟丙基丙烯酸酯、甲基纤维素、聚乙二醇及其衍生物
含取代酰胺功能团	聚(N-取代丙烯酰胺)
其他	聚甲基丙烯酸

温敏凝胶对温度的响应有两种类型：一种是在温度低于 LCST 时呈收缩状态，当温度高于 LCST 时则处于膨胀状态，这类凝胶属于低温收缩型温敏凝胶；当温度高于 LCST 时呈收缩状态，则是高温收缩型温敏凝胶。温度的变化影响了凝胶网络中氢键的形成或断裂，从而导致凝胶体积发生变化。

单一组分温敏凝胶存在两种不同的相态：溶胀相和存在于液体中的收缩相。凝胶响应外界温度变化产生体积相转变时，表面微区和粗糙度亦发生可逆变化。用原子力显微镜观察聚异丙基丙烯酰胺水凝胶海绵状微区结构，结果表明，凝胶的表面结构和粗糙度不仅取决于制备温度（低于或高于聚合物的相转变温度），而且与凝胶的状态（溶胀或收缩相）有关。凝胶表面粗糙度随温度的变化对应于宏观上的体积相转变。微区变化对温度可逆这一事实表明，这是本体相转变所引起的平衡相粗糙度的变化。

（1）聚丙烯酰胺及其共聚物温敏凝胶　含酰胺的温敏凝胶的主要有聚丙烯酰胺、聚 N-乙基丙烯酰胺、聚 N-异丙基丙烯酰胺、聚 N,N'-二甲基丙烯酰胺和聚 N,N'-二乙基丙烯酰胺等，这类水凝胶与水的作用主要是氢键。温度升高后发生亲水作用，导致凝胶与水相互作用参 χ 数突变，从而使溶胀体积突变。温度继续上升时，由于网络中聚合物分子间亲和作用加强，相互作用参数 χ 又变小。因此，这类水凝胶的温度响应原因是聚合物与水之间相互作用受温度影响所致。受温度影响的程度与聚合物结构有关。一般而言，单体 N 上烷基取代基的体积越大，取代基的数目越多，则所得聚合物凝胶的相转变温度 LCST 越低。

在这些温敏型凝胶中，聚 N-异丙基丙烯酰胺类水凝胶（PNIPAAm）是目前研究最多的、最详细的高温收缩型温敏凝胶。在温度低于 32℃ 时，由于水分子与 PNIPAAm 链段上的亲水的酰胺键形成氢键，大分子链段呈伸展状态，凝胶吸水导致体积膨胀，同时水分子在憎水的异丙基周围定向形成"冰山"结构，通过熵减降低体系的自由能。当温度升至 LCST 之上时，水形成的"冰山"结构瓦解，亲水基团作用变小，而疏水基团间的反应占据主要地位，分子链构象收缩。通过肉眼就可观察到凝胶中水分被挤出，凝胶体积变小。

含 N-取代基丙烯酰胺的温敏型凝胶一般包括以下几类。

① 非离子型。这类水凝胶最常用的单体包括 N-丙基/异丙基/环丙基丙烯酰胺。PNIPAAm 就属于非离子性温敏凝胶，这类凝胶显著特点就是可以通过改变聚合物骨架中"亲水-疏水平衡"来改变 LCST。当温度升高时，聚合物疏水作用增强，而聚合物与溶剂之间的氢键被破坏，使凝胶收缩。反之，凝胶则溶胀。

② 阴离子型。一般由 PNIPAAm 和甲基丙烯酸钠等阴离子单体共聚而成，其 LCST 的敏感温度范围与共聚单体的类型密切相关。由于阴离子相互排斥，当其含量增加，溶胀比增加，LCST 温度提高，因此，可用阴离子单体的量来调节溶胀比和热缩敏感温度。

③ 阳离子型。阳离子型温敏聚合物凝胶通常用阳离子单体如甲基丙烯酸（2-二乙氨基）乙酯等与NIPAAm等共聚交联，可得到阳离子型温敏凝胶，同阴离子型热缩温敏水凝胶类似，调节阳离子单体的用量也可调节溶胀比和相变温度。

④ 两性温敏水凝胶。这类水凝胶是由阳离子、阴离子单体和温敏性聚合物共聚而成的一类凝胶。如以NIPAAm、丙烯酰胺-2-甲基丙磺酸钠、N-(3-二甲基胺)丙基丙烯酰胺制得的水凝胶即为两性温敏凝胶。这类凝胶的组成和溶胀比的关系比较复杂，改变阴、阳离子单体量，所引起的体积相变化不对称。

含强酸盐的阴离子型温敏凝胶可获得大的溶胀比。例如，用丙烯酸（3-磺酸钾）丙酯（SPAP）作为阴离子单体，NIPAAm与少量交联剂MBA共聚制备的P（NIPAAm-co-SPAP）凝胶，溶胀比在30以上，而且敏感温度在人体温度（37℃）附近。

共聚单体的含量和结构也会影响温敏型凝胶温敏特性的变化。由N,N-二甲基丙烯酰胺（DMAAm）与NIPAAm共聚所得的聚合物，其LCST随DMAAm含量增加而升高，如表9-2所示。其原因是DMAAm酰胺的两个氢原子全部甲基化，不能形成氢键，而异丙基具有较大位阻也使酰胺基无法形成氢键；另一方面，甲基体积小于异丙基，使均聚物PDMAAm疏水性比PNIPAAm小得多；这两种作用皆会降低共聚物大分子间亲和力，所以使LCST有所提高。

表9-2　单体DMAAm含量对共聚物LCST的影响

DMAAm/%（摩尔分数）	0	22.3	53.5	82.0
LCST	33.3	36.8	51.6	—

N,N-二甲基丙烯酰胺与丙烯酸$C_1 \sim C_4$烷基酯共聚物水凝胶的溶胀行为一般有以下规律：随着丙烯酸酯含量的增加，水凝胶的相转变温度逐渐减小；同时，随着烷基体积的增大，相转变温度也不断减小。

(2) 含聚丙烯酰胺的互穿网络型温敏凝胶　聚丙烯酰胺的互穿网络共聚物（IPN）同样具有PNIPAAm的LCST特性，而且其溶胀收缩性能、机械强度、响应性更好。聚丙烯酸（PAAc）和聚N,N-二甲基丙烯酰胺（PDMAAm）互穿网络聚合水凝胶是常见的低温收缩型水凝胶。温度低于LCST时，PDMAAm链段上的酰胺基与PAAc上的羟基形成氢键，胶体体积收缩。温度高于LCST时，氢键遭到破坏，凝胶网络松弛，凝胶溶胀。聚合物PAAc/PNIPAAm互穿网络水凝胶，具有温度和pH双重敏感性。在酸性条件下，随温度升高，溶胀比上升。这是因为在酸性条件（pH=1.4）下，温度较低时，PAAc网络的高分子链中羧基（—COOH）之间存在氢键作用，整个网络中PAAc链互相缠绕，呈收缩状态；而随着温度上升，这种氢键作用被削弱，缠绕的PAAc高分子链逐渐解开分散到水溶液中，导致整个网络的溶胀率也随之上升；另一方面，温度上升使高分子链疏水作用增强，产生收缩，促使整个水凝胶的溶胀比下降。两种作用的最终结果是：IPN水凝胶表现为"热胀"的温敏性。在弱碱性（pH=7.4）时，在PNIPAAm的LCST（32℃）以下，由于PAAc充分伸展，导致交织在一起的PNIPAAm分子链也过分伸展而与水充分接触，接近自由高分子链的伸展状态，IPN凝胶表现"溶胀"性。当温度上升至PNIPAAm的LCST时，PNIPAAm产生典型的相分离现象，即高分子链突然收缩，此时PAAc高分子链间相互作用较弱，不足以抵制PNIPAAm高分子链收缩，所以溶胀比急剧下降，表现出"热缩"性。当温度继续上升时，PAAc高分子链间距离减小，其中羧酸根之间的静电斥力增大，最后与PNIPAAm高分子链的收缩作用趋于平衡，使凝胶的溶胀比也趋于平衡。

聚丙烯酰胺-PNIPA互穿网络聚合物凝胶在水-丙酮溶液中、温度37℃时，PNIPA链段收缩，而聚丙烯酰胺不变；当丙酮浓度大于34%时，聚丙烯酰胺收缩程度超过PNIPA。选择适当的温度和溶液浓度时，该凝胶条可以弯曲成字母"C"的形状。这种形变是可逆的。调整聚合物结构后，制得了形状记忆凝胶，室温下呈直线形，升高温度，可以逐渐转变为五角形、正方形，较已知的形状记忆合金和聚合物，能够对多种刺激做出更多的响应变形。这种材料有可能制成开关、传感器、玩具等。

（3）其他性质改变的温敏凝胶　除体积变化的温敏凝胶外，还有温致变色的温度响应性凝胶。聚磺酸-N，N-二甲基（甲基丙烯酰氧乙基）亚丙基胺凝胶（PDMAPS），其侧链上含有季铵阳离子和磺酸根阴离子。该凝胶存在一个高临界溶解温度（UCST）。低于 UCST 时，PDMAPS 以折叠卷曲状态存在，发生相分离，凝胶不透明，高于此温度时，分子之间热运动使分子链伸展，浑浊的水溶液溶解。

聚 N-异丙基丙烯酰胺-乙烯基磷酸共聚物随温度变化，体系的透光性发生明显改变，如图9-1 所示。

(a) 透明液体　　　　　　　(b) 白色液体　　　　　　　(c) 白色凝胶

图 9-1　凝胶体系透光性随温度发生的变化

9.2.2.2　pH 敏感性凝胶

pH 敏感性凝胶是除温敏水凝胶外研究最多的一类水凝胶，最早是由 Tanaka 在测定陈化的聚丙烯酰胺凝胶溶胀比时发现的。具有 pH 响应性的水凝胶网络中大多含可以水解或质子化的酸性或碱性基团，如—COO^-、—OPO_3^{3-}、—NH_3^+、—NRH_2^+、—NR_3^+ 等。外界 pH 值和离子强度变化时，这些基团能够发生不同程度的电离和结合的可逆过程，改变凝胶内外的离子浓度；另一方面，基团的电离和结合使网络内大分子链段间的氢键形成和解离，引起不连续的体积溶胀或收缩变化。

在一定离子强度下，凝胶的平衡溶胀体积在某一个 pH 值下会产生一个极大值。Sudipto 等人建立了模型来研究 pH 溶液中凝胶的溶胀/去溶胀行为。平衡模型可以预测在已知 pH 浓度和盐浓度下的凝胶溶胀率，动力学模型则用来计算 pH 值发生变化时凝胶的溶胀比。

pH 响应水凝胶的主要有轻度交联的甲基丙烯酸甲酯和甲基丙烯酸-N，N'-二甲氨基乙酯共聚物、聚丙烯酸/聚醚互穿网络、聚（环氧乙烷/环氧丙烷）-星型嵌段-聚丙烯酰胺/交联聚丙烯酸互穿网络以及交联壳聚糖/聚醚半互穿网络等。

水凝胶发生体积变化的 pH 值范围取决于其骨架上的基团。当水凝胶含弱酸基团时，溶胀比随 pH 值升高而增大；若含弱碱基团，情况则相反。根据 pH 敏感基团的不同，可分为阴离子型、阳离子型和两性型 pH 响应水凝胶。

（1）阴离子型　敏感基团一般是—COOH，常用丙烯酸及衍生物作单体，并加入疏水性单体甲基丙烯酸甲酯/甲基丙烯酸乙酯/甲基丙烯酸丁酯（MMA/EMA/BMA）共聚，来改善其溶胀性能和机械强度。

（2）阳离子型　敏感基团一般是氨基，如 N，N-二甲基氨乙基甲基丙烯酸酯、乙烯基吡啶等，其敏感性来自于氨基质子化。氨基含量越多，凝胶水合作用越强，体积相转变随 pH 值的变化越显著。

（3）两性型　大分子链上同时含有酸、碱基团，其敏感性来自高分子网络上两种基团的离子化。如由壳聚糖和聚丙烯酸制成的聚电解质 $semi$-IPN 水凝胶。在高 pH 值与阴离子性凝胶类似，在低 pH 值与阳离子性凝胶类似，都有较大溶胀比，在中间 pH 值范围内溶胀比较小，但仍有一定的溶胀比。

pH 敏感性凝胶还可以根据是否含有聚丙烯酸分为下面两类。

(1) 与丙烯酸类共聚的 pH 敏感凝胶　这类 pH 敏感性凝胶含有聚丙烯酸或聚甲基丙烯酸链节，溶胀受到凝胶内聚丙烯酸或聚甲基丙烯酸的离解平衡、网链上离子的静电排斥作用以及胶内外 Donnan 平衡的影响，尤其静电排斥作用使得凝胶的溶胀作用增强。改变交联剂含量、类型、单体浓度会直接影响网络结构，从而影响网络中非高斯短链及勾结链产生的概率，导致溶胀曲线最大溶胀比的变化。

用甲基丙烯酸（MMA）、含 2-甲基丙烯酸基团的葡萄糖为单体，加入交联剂可以合成含有葡萄糖侧基的新型 pH 响应性凝胶。该凝胶在 pH 值为 5 时发生体积的收缩和膨胀。溶胀比在 pH 值高于 5 时增加，低于 5 时减小。凝胶网络的尺寸在 pH 值 2.2 时仅有 18～35，而 pH 为 7 时，凝胶处于膨胀状态，网络尺寸达到 70～111，体积加大了 2～6 倍。凝胶共聚物中 MMA 含量增大时，凝胶网络尺寸在 pH=2.2 时减小，pH=7 时增大；而将交联密度提高后，凝胶网络尺寸在 pH=2.2 或 7 时均减小。该凝胶有望作为口服蛋白质的输送材料。

含丙烯酸和聚四氢呋喃的 pH 响应性凝胶，当凝胶中聚四氢呋喃含量低时，凝胶的 pH 响应性和常规的聚丙烯酸凝胶一致；当四氢呋喃含量增加，凝胶行为反之。当凝胶溶液 pH 值由 2 升至 10 时，聚四氢呋喃状态改变，导致凝胶收缩，较传统聚丙烯酸凝胶行为反常。

乙烯基吡咯烷酮与丙烯酸-β-羟基丙酯的共聚物和聚丙烯酸组成的互穿网络水凝胶具有温度和 pH 双重敏感性。在酸性环境中，由于 P（NVP）与 PAA 间络合作用，凝胶的溶胀比随温度升高而迅速降低；在碱性环境中，凝胶的溶胀比远大于酸性条件下溶胀比，且随温度升高而逐渐增大。

(2) 不含丙烯酸链节的 pH 敏感凝胶　一些对 pH 敏感的凝胶分子中不含丙烯酸链节。如分子链中含有聚脲链段和聚氧化乙烯链段的凝胶是物理交联的非极性结构与柔韧的极性结构组成的嵌段聚合物。用戊二醛交联壳聚糖（CS）和聚氧化丙烯聚醚（POE）制成半互穿聚合物网络（cr-CS/POE-$semi$-IPN）凝胶，在 pH=3.19 时溶胀比最大，pH=13 时趋于最小。这种水凝胶的 pH 敏感性是由于壳聚糖（CS）氨基和聚醚（POE）的氧之间氢键可以随 pH 变化可逆地形成和离解，从而使凝胶可逆地溶胀和收缩。

9.2.2.3　光敏感性凝胶

光敏感性凝胶是由于光辐射（光刺激）使得聚合物性能改变的凝胶。这类凝胶一般在聚合物链段上有发色基团或是在形成凝胶的体系中加入光敏分子。光照下，光敏基团或分子发生光异构、光离解，因光敏分子或基团构象变化和偶极距变化可使凝胶溶胀发生改变。常见的光敏基团异构化反应为三苯基甲烷衍生物的解离和偶氮类化合物的顺反异构。

含三苯基甲烷衍生物光敏基团的光敏感性凝胶主要有：含三苯基甲烷氢氧化物的聚丙烯酰胺或聚丙烯酰胺类衍生物，三苯基甲烷氰基的聚丙烯酰胺或聚丙烯酰胺类衍生物。例如，含少量无色三苯基甲烷氢氧化物的聚丙烯酰胺在波长大于 270nm 的紫外线照射 1h 后，凝胶可增重 3 倍，去紫外线后，在黑暗中放置 20h 后可恢复原来的重量。含少量无色三苯基甲烷氰基的聚 N，N'-异丙基丙烯酰胺凝胶在 32℃ 时用紫外线辐照和不辐照时，其溶胀体积可以可逆地突变 10 倍。

PNIPA 和含有光敏单体 4，4′-（对二甲氨基）二苯基-（4-乙烯苯基）甲基无色花青素的共聚凝胶，无紫外线照射时，凝胶呈现连续的尖锐的体积变化，而有照射时，则出现非连续的体积相转变，当光源移走，这种变化减弱。这可能是紫外线照射下，光敏分子离解形成的氰化物离子，使得凝胶产生内渗透压，促使凝胶对光响应发生溶胀。

除了对紫外线敏感的凝胶外，有的凝胶在可见光下能发生变化。含有叶绿酸铜三钠盐的

PNIPAAm 凝胶，吸收可见光后，可以引起聚合物温度上升，当温度控制适当时，凝胶可随光强变化产生不连续的体积变化。

9.2.2.4 电场敏感性凝胶

电场敏感性凝胶一般由高分子电解质网络组成。由于高分子电解质网络中存在大量的自由离子可以在电场作用下定向迁移，造成凝胶内外渗透压变化和 pH 值不同，从而使得该类凝胶具有独特的性能，比如电场下能收缩变形、直流电场下发生电流振动等。

电场敏感凝胶主要有聚（甲基丙烯酸甲酯/甲基丙烯酸/N，N'-二甲氨基乙酯）和甲基丙烯酸和二甲基丙烯酸的共聚物等。在缓冲液中，它们的溶胀速度可提高百倍以上。这是因为，未电离的酸性缓冲剂增加了溶液中弱碱基团的质子化，从而加快了凝胶的离子化，而未电离的中性缓冲剂促进了氢离子在溶胀了的荷电凝胶中的传递速率。

聚［（环氧乙烷-共-环氧丙烷）星形嵌段-聚丙烯酰胺］交联聚丙烯酸互穿网络聚合物凝胶，在碱性溶液（Na_2CO_3 和 NaOH）中经非接触电极施加直流电场时，试样弯向负极（见图 9-2），这与反离子的迁移有关。

电场下，电解质水凝胶的收缩现象是由水分子的电渗透效果引起的。外电场作用下，高分子链段上的离子由于被固定无法移动，而相对应的反离子可以在电场作用下泳动，附近的水分子也随之移动。到达电极附近后，反离子发生电化学反应变成中性，而水分子从凝胶中释放，使凝胶脱水收缩，如图 9-3 所示。

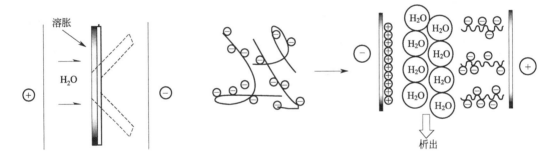

图 9-2　弯曲示意　　　　　　　　　图 9-3　水凝胶收缩机理

一般来说，自由离子的水合数很小，仅有几个；而电泳发生时，平均一个可动离子可以带动的水分子数正比于凝胶的含水量。例如，凝胶膨胀度为 8000 时，1000 个水分子可以跟着一个离子泳动。另外，在一定电场强度下，高分子链段在不同膨胀度情况下对水分子的摩擦力是导致凝胶电收缩快慢的原因。凝胶的电收缩速率与电场强度成正比，与水黏度成反比；单位电流引起的收缩量则与凝胶网络中的电荷密度成正比，而与电场强度无关。

水凝胶常在电场作用下因水解产生氢气和氧气，降低化学机械效率，并且由于气体的释放缩短了凝胶的使用期限。电荷转移络合物凝胶则没有这样的问题，但凝胶网络中需要含挥发性低的有机溶剂。聚（N-[3-(二甲基)丙基]丙烯酰胺(PDMA-PAA)作为电子给体，7,7,8,8-四氰基醌基二甲烷作为电子受体掺杂，溶于 N,N-二甲基甲酰胺中形成聚合物网络。这种凝胶体积膨胀，颜色改变。当施加电场后，凝胶在阴极处收缩，并扩展出去，在阳极处释放 DMF，整个过程没有气体放出。

另一大类电场敏感性凝胶是由电子导电型聚合物组成，大都具有共轭结构，导电性能可通过掺杂等手段得以提高。将聚（3-丁基噻吩）凝胶浸于 0.02mol/L 的 Bu_4NClO_4（高氯酸四丁基铵）的四氢呋喃溶液中，施加 10V 电压，数秒后凝胶体积收缩至原来的 70%，颜色由橘黄色变成蓝色，没有气体放出。当施加－10V 电压后，凝胶开始膨胀，颜色恢复成橘黄色。红外及电流测试结果显示，聚噻吩链上的正电荷与 ClO_4^- 掺杂剂上的负电荷载库仑力作用下形成络合物。外加电场作用下，由于氧化还原反应和离子对的流入引起凝胶体积和颜色的变化。有研究者认为是电场使聚噻吩环间发生键的扭转，引起有效共轭链长度变化导致上述现象的发生。

9.2.2.5 生物分子敏感凝胶

有些凝胶的溶胀行为会因某些特定生物分子的刺激而突变。目前研究较多的是葡萄糖敏感凝胶。例如，利用苯硼酸及其衍生物能与多羟基化合物结合的性质制备葡萄糖传感器，控制释放葡萄糖。N-乙烯基-2-吡咯烷酮和 3-丙烯酰胺苯硼酸共聚后与聚乙烯醇（PVA）混合得到复合凝胶，复合表面带有电荷，对葡萄糖敏感。其中硼酸与聚乙烯醇（PVA）的顺式二醇键合，形成结构紧密的高分子络合物。当葡萄糖分子渗入时，苯基硼酸和 PVA 间的配价键被葡萄糖取代，络合物解离，凝胶溶胀。该聚合物凝胶可作为载体用于胰岛素控制释放。体系中聚合物络合物的形成、平衡与解离随葡萄糖浓度而变化，因此能传感葡萄糖浓度信息，从而执行药物释放功能。

抗原敏感性水凝胶是利用抗原抗体结合的高度特异性，将抗体结合在凝胶的高分子网络内，可识别特定的抗原，传送生物信息，在生物医药领域有较大的应用价值。

9.2.2.6 压敏凝胶

压敏凝胶是随压力增加而溶胀、压力降低而收缩的凝胶。水凝胶的压力依赖性最早是由 Marchetti 通过理论计算提出的，其计算结果表明：凝胶在低压下出现坍塌，在高压下出现膨胀。

温敏性凝胶聚 N-正丙基丙烯酰胺（PNNPAAm）和聚 N-异丙基丙烯酰胺（PNIPAAm）在实验中确实表现出体积随压力的变化改变的性质。压敏性的根本原因是其相转变温度能随压力改变，并且在某些条件下，压力与温敏胶体积相转变温度还可以进行关联。

9.2.2.7 磁场敏感性凝胶

磁场感应的智能高分子凝胶由高分子三维网络和磁流体构成。利用磁流体的磁性以及其与高分子链的相互作用，使高分子凝胶在外加磁场的作用下发生膨胀和收缩。通过调节磁流体的含量、交联密度等因素，可得到对磁刺激十分灵敏的智能高分子凝胶。

例如，用聚乙烯醇（PVA）和 Fe_3O_4 制备的具有磁响应特性的智能高分子凝胶，在非均一磁场中通过适当地调整磁场的梯度，可以使凝胶作出伸长、收缩、弯曲等动作。磁溶胶中磁性微球的大小、浓度和 PVA 凝胶的交联度对其性能有很大的影响。

9.3 其他环境敏感高分子材料

9.3.1 温度响应高分子

温度响应高分子是高分子本身具有温度响应性，在水溶液中这类高分子都有一个浊点或称为低临界溶解温度（LCST）。通常，它们是一种水溶-水不溶性高聚物，其大分子链上存在亲水基团和疏水基团。

温度响应高分子的品种很多，有聚羟丙基甲基丙烯酸甲酯、羟丙基（羟乙基、羟丙基甲基）纤维素、聚乙烯醇衍生物、聚（N-取代）酰胺类（取代基可为吡咯烷酮、哌啶、L-氨基酸和噁唑啉）、环氧乙烷和环氧丙烷的无规共聚物和嵌段共聚物、聚环氧乙烷和聚甲基丙烯酸等。

产生 LCST 现象的原因是高聚物释放出了疏水界面上的水，从而引起了高聚物的沉淀，从溶于水成为不溶于水。这类聚合物可用增加或减少其亲水性基团的比例来调节 LCST 的高低。

9.3.2 刺激响应高分子水溶液

刺激响应高分子水溶液是把水溶性刺激响应高聚物溶于水中而制得的。它能在特殊的环境条件下从水溶液中沉淀出来。具有此种性质的聚合物体系可作为温度或 pH 指示器的开关，把某些生物分子或具有生物活性的分子如蛋白类、多肽类、多糖类、核酸类、脂肪类和各种配体或受体与它结合形成结合物，当给予某种外界刺激时，就能产生沉淀而从溶液中分离出来。

Hoffman 等将这类刺激响应高聚物与某种具有识别功能的生物分子或者某种受体的配体如细胞受体肽或抗体结合，应用于沉淀诱导的亲和分离过程。其过程是：当带有识别功能的生物分子或配体的刺激响应高分子的水溶液与溶酶体或细胞悬浮液混合时，刺激响应高分子能与溶酶体或细胞膜发生相互作用；之后，混合液接受某一外部刺激，刺激响应高分子-目标生物分子或细胞结合物从水溶液中沉淀出来而发生相分离；最后，改变条件使刺激响应高分子与目标生物分子或细胞分离。用此法可回收溶液中的免疫球蛋白（IgG），还能从溶菌酶中分离出 CD44 细胞。

9.3.3　载体表面的刺激响应高分子

用化学接枝或物理吸附的方法把刺激响应高分子固定在固体载体表面，当外部环境条件如溶液温度、pH 值或某些离子强度等发生微小变化时，能显著改变表面层的厚度、湿润性或电荷。由于表面层很薄，因此这种在固体载体表面的刺激响应高分子的响应速率要快于水凝胶。

将 PNIPAAm 接枝到细胞培养皿的表面，当温度低于 32℃ 时，由于 PNIPAAm 溶胀并含有大量水分，蛋白质或细胞易于脱附；当温度高于 32℃ 时，表面就会从亲水表面变为疏水表面，蛋白质或细胞易于吸附。应用这种规律，可用于细胞培养和转移。例如，采用电子线辐照法可向聚苯乙烯培养皿表面接枝聚异丙基丙烯酰胺，牛内皮细胞和鼠肝细胞在这种培养皿上在 37℃ 下生长 2 天后将温度降至 10℃ 保持 30min，即使不改变介质细胞也可从培养皿表面逐渐脱附。采用这种方法回收的细胞仍保持生长初期的底物粘连性与分泌活性，因而优于胰蛋白酶消化脱附法。还可以将这类刺激响应高分子沉积到多孔载体表面的孔道中。当改变温度时，载有这种高聚物的表面就会在亲水表面和疏水表面间变换，亲水表面可排斥蛋白质或细胞，疏水表面则可吸引蛋白质或细胞。因此这类表面能起到"开关"蛋白质或细胞的作用。

9.3.4　刺激响应高聚物膜

刺激响应高聚物膜是膜的通透性响应环境变化的一类膜材料。这类膜是利用高聚物可逆的构象和聚集态受外界刺激而变化的原理而研制成的。与普通膜的通透性同环境无关相反，这类膜类似生物细胞膜，能感知环境变化，且会响应环境变化改变自身的特性。

壳聚糖和丝心蛋白通过氢键形成的复合膜具有良好的 pH 值和离子响应性。这种复合膜还可以利用蒸发汽化来分离乙醇/水或分离异丙醇/水混合物。并且，该复合膜在 $AlCl_3$ 碱性溶液中的溶胀度随着 Al^{3+} 的浓度而变化，因此，这种复合膜可以用作为离子浓度控制的化学开关。

将聚丙烯酸接枝于经低温等离子体辐射处理的聚碳酸酯膜上，在中性和碱性区水透过的速率与 pH 值几乎无关，而在酸性区则在一定接枝密度下与 pH 值相关。原子力显微镜对此 pH 值敏感系统膜的观察结果表明，其分子阀特性源于接枝聚合物响应介质 pH 值变化动态开-闭膜孔道而调控过滤特性。

此外，多肽膜的渗透速率可随钙离子浓度和 pH 值或电场强度而变化。也有利用填料粒子受外界环境变化在膜内的分布发生变化，从而改变其渗透速率的，如 SiO_2 填充高密度聚乙烯的微孔膜。

9.4　环境敏感高分子材料的应用

环境敏感高分子材料在过去 10～15 年间，已经进行了许多应用研究，它们已经或将会应用于下列领域。

① 光电和电子领域：可用作开关、传感器、显示器件和记忆材料等。

② 医药和生物工程领域：可用作光指示器、沉淀分离剂、相转移催化剂、微孔膜上的渗透开关、药物释放控制系统、固定化酶治疗装置和植入片剂等。

③ 机电一体化领域：可用作化学机械系统的材料。

④ 智能材料领域：它可作为传感元件和执行元件，有的还可同时具备传感和执行两种功能。

除此之外，刺激响应高聚物在航空、航天、建筑等领域的应用研究也有不少报道。由上可见，这类材料具有广泛的应用前景。

由于智能凝胶是环境敏感高分子材料中研究最多的一类材料，因此，对它们的应用研究的报道较其他类别环境敏感高分子材料中更多，所以下面主要列举智能凝胶的应用。

智能凝胶以其独特的性能，在过去几十年日益受到人们的关注，相关研究和开发工作发展迅速。利用智能凝胶在外界刺激下的变形、膨胀、收缩等响应，可实现化学能与机械能直接转换，开发出以凝胶为主体的传感器、人工触觉系统、药物控制释放系统、化学存储器、分离系统等。其中部分产品已进入市场。表 9-3 列出智能凝胶的部分应用领域。

表 9-3 智能凝胶的应用

领　域	用　途
传感器	光、热、pH 选择传感器,生物传感器,超微传感器等
驱动器	人工肌肉
显示器	可任何角度观察的热、盐、红外敏感的显示器
光通信	温度和电场敏感光栅
药物载体	控制释放、定位释放
选择分离	大分子溶液增浓、膜渗透控制
生物技术	细胞脱附、亲和沉淀
生物催化	活细胞固定、酶固定
智能织物	热适应性织物和可逆收缩织物

（1）药物释放系统　智能凝胶药物释放系统能感觉由疾病产生的信号并判断信号的强弱，释放相应量的药物。

利用伴刀豆球蛋白（Con-A）与葡萄糖及具有生理活性的糖基化胰岛素（G-胰岛素）的竞争及互补结合的性质，制成了胰岛素自动调节给药系统。在聚甲基丙烯酸羟乙酯（PHEMA）凝胶袋内装入 G-胰岛素-Con-A 混悬液。当血糖浓度偏高时，葡萄糖穿过 PHEMA 膜进入袋中，从 Con-A 结合物中替代 G-胰岛素，使 G-胰岛素释放出来并发挥作用，降低血糖水平；血糖水平降低又会抑制这一取代反应，促使 G-胰岛素停止释放。

以聚氧化乙烯（PEO）和聚氧化丙烯（PPO）为主的三嵌段聚合物 PEO-PPO-PEO（商品名 Pluronic polyols）与聚丙烯酸（PAA）聚合，可以形成的一种智能凝胶。这种凝胶的聚丙烯酸部分具有生物粘连性和 pH 敏感性，疏水的 PPO 链段能在体温附近胶凝，制成胶囊后可以让亲脂性药物在水溶液中缓慢释放。由该产品制得的滴眼液对温度和剪切力敏感，能在数小时内缓慢释放药物，从而克服传统眼药水易被泪水稀释流失的缺陷。

壳聚糖（2-氨基-2-脱氧-β-D-葡聚糖）是甲壳素脱乙酰化得到的天然聚合物，具有良好的生物相容性和生物降解性。Hoffman 等人在 Pluronic 聚合物侧链上接枝壳聚糖，该聚合物在 pH 值为 7.4、升温至 37℃时形成凝胶，可用于青光眼药物以及通过鼻腔的受体蛋白质的给药系统。

热敏水凝胶应用于控释系统的关键是膨胀程度、相转变温度和转变速率。研究最多的这一类凝胶是聚丙烯酰胺的 N-取代衍生物，尤其是 PNIPA。将直径为 1.5cm 的 PNIPA 圆形膜浸于 50℃水中 4min，收缩后放入维生素 B_{12} 缓冲溶液中 40℃过夜，此时凝胶膨胀吸收药物。取出膜用冷缓冲溶液淋洗，然后置于 50℃缓冲液中，由于物理收缩和挤压作用，维生素 B_{12} 释放。

用聚（丙烯酰胺-甲基丙磺酸-co-N-甲基丙烯酸丁酯）［P(AMPS-BMA)］制备的电流敏感性释放系统，以依酚氯铵为模型药物，采用不同强度的电刺激，药物呈现完全开关式的脉冲式释放，这意味着释放速率的大小可通过电流强度调节。

温敏性的水凝胶 PNIPAAm-MAAc/AAc 在脉冲电场下有良好的可重复性的溶胀-收缩变化。当该凝胶装载药物时，可以对体内的环境化学信号及传感器上的电信号作出反应，实现药物控制释放。该凝胶装载胰岛素，在脉冲电场下（0～5V）溶胀-收缩，表现为药物释放的开关，有良好的重复性。

（2）化学分离和化学阀　利用智能凝胶受外界环境的刺激膨胀收缩，导致其网络尺寸和高分子链段与溶剂间的相互作用发生某种程度的改变，可以选择性分离不同性质、形状大小的化合物。聚电解质凝胶可以根据凝胶内外离子浓度差，应用 Donnan 平衡理论进行电解质的浓缩分离。表 9-4 列举了利用智能凝胶刺激响应特性的分离技术。

表 9-4　智能凝胶在分离过程中的应用

外界环境	凝胶的物理化学性质变化	分离技术
pH 值	凝胶的物理化学性质变化	萃取
温度	溶胀、收缩（动态）	固液分离
混合溶剂组成	溶胀、收缩引起的物性变化（静态）	吸附分离
化学或生化试剂	亲水性、疏水性	膜分离
盐	离子基团的解离	吸水、脱水
电场	高分子链间的相互作用	吸湿、脱湿
磁场	汽液（凝胶）平衡关系	

利用丙烯酸共聚凝胶膜浓缩乙醇水溶液，在操作中改变氯化钠盐的浓度，使凝胶状态发生改变，与普通蒸馏相比更有效。水和乙醇的气液平衡关系在有无凝胶时不同，吸水凝胶的存在使得乙醇在气相富集，从而得到高于母液 2～3 倍浓度的溶液。

在丙烯酸和 N-异丙基丙烯酰胺共聚物凝胶中，含有由两个丙烯酸单体形成的羧基螯合基，可以与二价金属离子形成络合物。该凝胶在温度低于 37℃溶胀，此时螯合基分离；当凝胶在高于 50℃收缩时，螯合基聚集活化，捕捉溶液中的金属离子。凝胶再次膨胀时，金属离子被释放。不同相转变温度的凝胶可以络合不同的金属离子。因此，这种凝胶材料可以用于水的净化。

聚丙烯酸的羧基可随溶液 pH 的变化而离解或非离子化，解离时产生离子，使官能团之间的距离增大，大分子网络伸展；反之，在非离子化状态时，因无斥力，大分子网络收缩。利用聚丙烯酸凝胶可伸缩的特性，将其接枝于多孔性高分子膜材上，借助接枝链的伸缩性使孔径变化，可控制膜对某些物质（液体、溶质）的渗透性。当 pH 值较高时抑制渗透，当 pH 值较低时促进渗透。

（3）调光材料　对环境刺激有响应的智能凝胶也可用作调光材料。这类凝胶玻璃由微凝胶和凝胶粒子组成，可以按照布拉格衍射理论调节光强和光波长，从而影响光的透过和反射，有望制成传感器和光学装置等。

以 N-异丙基丙烯酰胺、N，N-亚甲基双丙烯酰胺、N，N，N'，N'-四亚甲基二胺合成 PNIPA 凝胶，然后将其与聚乙烯醇复合制得温度响应的调光玻璃。室温时，凝胶呈现透明状态，可以观察到玻璃上的图案。放置在红外灯下几秒钟后，由于吸收了红外等产生的热量，玻璃不透明。关掉红外灯后，玻璃上的图案又清晰可见。

用反相悬浮聚合法合成的含有 0～30％颜料的彩色 PNIPAM 微凝胶，直径在 20～200μm，凝胶溶胀-收缩的体积变化是影响材料调光能力的重要因素。体积变化小，光线调节性差。颜料含量为 20％的彩色凝胶在室温下颜色鲜艳，而升至 34℃时，由于凝胶收缩，色彩变淡。降温后，凝胶恢复原貌。经 100 次加热-冷却循环实验后，凝胶内的颜料粒子未析出，凝胶性质稳定。

（4）酶的固定　用 PNIPA 固定嗜热菌蛋白酶得到 PNIPA-嗜热菌蛋白固定化酶，将其作用于底物溶液。利用温度高于 LCST 时 PNIPA 在底物溶液中可以沉淀出来，离心使固定化酶与底物和产物分离，整个过程酶的活力基本上不损失。这种温度敏感型水凝胶固定酶的方法可以避免对酶的活力造成伤害，并且还提高了酶的稳定性。

以木瓜酶为模型蛋白质吸附在聚（N-异丙基丙烯酰胺-co-丙烯酸）凝胶上，结果表明，当凝胶中羧基含量较高时，酶的保留活力较高。

（5）人工肌肉　凝胶的收缩膨胀可以将化学能或电能转化为机械能，这一现象使得科学家们很早就预计智能凝胶能够作为人工肌肉的材料。

将铁磁体材料作为种子植入凝胶中，施加磁场后，铁磁体发热并促使其周围的凝胶温度升高，诱发收缩膨胀；去除磁场后，凝胶温度冷却，恢复至原来的形状。也可以将镍埋入预先成型的凝胶中或在微米级的镍表面涂上聚乙烯醇，加入到单体中再聚合形成凝胶。这两种技术可用于人工肌肉、植入式给药系统等领域。

总之，智能凝胶是一种迅速发展的新型功能高分子，其刺激响应特性在许多领域展现了良好的应用前景。今后的发展方向将在提高凝胶的响应性、制备新型接枝或互穿网络聚合物，以及如何将凝胶用于软湿技术的开发，更好地满足医疗卫生、医药、化工、机械等领域的特殊需求。

思　考　题

1. 环境敏感高分子材料是指哪些材料，应具有什么性质？
2. 环境敏感高分子材料可以按哪些方式进行分类？
3. 什么是凝胶？什么是溶胀比、溶胀度？叙述凝胶的溶胀过程。
4. 什么是智能凝胶？哪些刺激可以引起智能凝胶的响应？什么是体积相转变？
5. 智能凝胶有哪些种类？
6. 温敏凝胶有哪两种类型？试举一例说明。
7. N-取代基丙烯酰胺的温敏型凝胶一般包括哪几类？
8. pH 敏感性智能凝胶在分子结构上有什么特点？
9. 举两个以上的例子说明智能凝胶的应用。

参　考　文　献

[1]　Langer Robert，Peppas Nicholas A. Advances in biomaterials，drug delivery，and bionanotechnology. AIChE Journal，2003，49（12）：2990-3006.
[2]　Tanaka T，et al. Phys Rev Lett，1978，40：820.
[3]　Ron Dagani. Intelligent gels. Chemical & Engineering News，1997.
[4]　张侃，张黎明. 环境敏感水凝胶的研究进展. 广州化学，2001，24（4），46-54.
[5]　Jiantao Zhang，Shiwen Huang，Renxi Zhuo. Preparation and Characterization of Novel Temperature Sensitive Poly（N-isopropylacrylamide-co-acryloyl beta-cyclodextrin）Hydrogels with Fast Shrinking Kinetics.

Macromol Chem Phys，2004，205：107-113.

[6]　Otake K，Inomata H，Konno M，Saito S. Macromolecules，1990，23：283.

[7]　Feil H，Bae Y H，Fei jen J，Kim S W. Macromolecules，1993，26：2496.

[8]　Principi T，Goh C C E，Liu R C W，Winnik F M. Macromolecules，2000，33：2958.

[9]　Virtanen J，Baron C，Tenhu H. Macromolecules，2000，33：336.

[10]　Kruo T，Kikuchi A，et al. J Control Rel，1995，36：125.

[11]　Xianzheng Zhang，Chihchang Chu. Synthesis of temperature sensitive PNIPAAm cryogels in organic solvent with improved properties. Journal of Materials Chemistry，2003，13（10）：2457-2464.

[12]　陈莉，韩永良，赵义平. 环境响应型智能高分子凝胶. 天津工业大学学报，2004，23（4）：83-87.

[13]　王昌华，曹维孝. 新型阴离子型温敏水凝胶. 高等学校化学学报，1996，17（2）：332-333.

[14]　陈莉. 智能高分子材料. 北京：化学工业出版社，2005.

[15]　Gyoung T，et al. In Situ Thermal Gelation of Water-Soluble Poly（*N*-isopropylacrylamide-*co*-vinylphosphonic acid）. Journal of Applied Polymer Science，1998，70：1947-1953.

[16]　Tanaka T，et al. Phys Rev Lett，1980，45（20）：1636-1639.

[17]　Bumsang Kim，Nicholas A. Peppas，Synthesis and characterization of pH-sensitive glycopolymers for oral drug delivery systems. J Biomater Sci Polymer Edn，2002，13（11）：1271-1281.

[18]　Sudipto K. De N R Aluru. Member IEEE，Johnson B，Crone W C，David J Beebe. Member，IEEE，and J. Moore，Equilibrium Swelling and Kinetics of pH-Responsive. Hydrogels：Models，Experiments and Simulations. Journal of Microelectromechanical System，2002，11（5）：544-555.

[19]　杜鹃，彭宇行，等. 高分子学报，2001，（4）：441-444.

[20]　Atsushi Suzuki，Yoichi Tanaka. Phase transition in polymer gels induced by visible light. Nature，1990，46：345-347.

[21]　许美宣，等. 电场驱动的高分子凝胶. 高分子通报，1996，2：87-93.

[22]　张志斌，等. 生物医用智能高分子材料刺激响应性研究. 生物医学工程学杂志，2004，21（5）：855.

[23]　Lee K K，et al. Chemical Engineering Science，1990，45（3）：766-767.